商管全華圖書 叢書 BUSINESS MANAGEMENT

中華民國物流協會「供應鏈管理專業認證－營運管理師」適用教材

供應鏈管理

Supply C
Concepts ces

觀念、運作與實務

第3版

編審 中華民國物流協會

SHIPMENT

WEIGHING

DELIVERY

SHIPPING

ASSORTING

AIR FREIGHT

ADDRESS

31 TERM

TRANSPORTATION

全華

推薦序 | Preface

　　二十一世紀為企業經營無國界的時代，經濟的全面自由化使資金、貨品、技術、服務及人才在國際間可以來去自如，這種局面改變了全球產業的競爭結構。現今，企業間的競爭從傳統單一產業對單一企業的競爭演變為供應鏈對供應鏈的競爭，為了建立以供應鏈管理為軸心的經營體系，企業的首要之務在於建立優質且有彈性的物流系統─有效整合採購、生產、組裝、儲存、配送、售後服務及 IT 技術。

　　基於產業分工及全球業務外包的趨勢，產業的上、中、下游企業進行物流整合，發展夥伴關係，並進而推動供應鏈管理的過程中，實有賴於物流業者的參與，來提供高效、專業的物流服務，以降低企業的營運成本及提高服務品質，創造顧客的滿意度及忠誠度。物流業扮演支援臺灣所有產業提高市場競爭力的策略夥伴角色，其重要性不可等閒視之。

　　如上所言，要順利推動產業供應鏈管理有賴於工商企業與物流業者彼此間的精誠的合作，發揮協同整合的精神，其關鍵成功要素必然包括擁有不同層級的專業供應鏈人才，根據 DHL 公司針對全球 350 位以上負責供應鏈及作業管理的 CEO 及高階幹部所做的調查報告，指出目前全球正面臨供應鏈人才短缺的問題，從斷層走向了危機，長遠來看，供應鏈人才欠缺將演變為公司在世界舞台競爭力不足的危機，領先的公司正致力於解決人才短缺的問題，他們有計畫地建立健全的人才管道，有 65% 的公司透過諸如人才認證及企業內訓的方式來鼓勵供應鏈專業人才的學習發展。

　　中華民國物流協會成立已屆 22 年，是國內最早成立的物流專業組織，系統化的培養實務為導向的專業物流人才一直是中華民國物流協會最重要的任務之一，物流協會除了針對業界人士開設物流專業的國內外認證課程外，從 2006 年開始，也針對大專技職體系物流與流通相關科系的同學，開設初級物流人才培訓課程，主要的兩個認證課程分別為『物流運籌管理』及『倉儲與運輸管理』。針對全球供應鏈發展的趨勢及企業對人才的需求，物流協會從 2018 年起正式推出『供應鏈營運管理師』專業證照，為在校的同學打好供應鏈管理的基礎。相信協會推出的『供應鏈營運管理師』認證課程可以協助學員畢業後能順利接軌到企業，發揮學以致用的精神協助企業有效執行供應鏈管理相關的業務及工作，促進學員職涯的發展，也為服務的企業帶來貢獻。

中華民國物流協會──理事長

王清風　謹識

推薦序 | Preface

　　隨著經貿自由化的發展趨勢，企業運用各區域資源與經濟之比較利益，進行全球化營運與管理，供應鏈的運作與規模亦趨向多元發展。個人從事供應鏈與物流管理之資訊與教育訓練工作二十多年，親身見證產業快速發展在知識與運作模式的精進與變革，使得專業供應鏈與物流人才的培養，成為提升企業競爭力的關鍵因素。

　　本認證專書配合中華民國物流協會，針對大專院校『供應鏈營運管理師』專業證照的推動，特聘產、學界供應鏈與物流管理專家撰寫與審定，內容兼具廣度、深度與專業性，同時將複雜的供應鏈運作模式，以生動活潑、易於明瞭的流程圖，搭配系統文字說明與呈現，兼顧供應鏈與物流管理的理論及實務，有助於學習者瞭解整體供應鏈管理的觀念、運作與效益，適合供應鏈管理、全球運籌與物流管理、運籌管理、航運管理、交通運輸、運輸管理、行銷與流通、國際企業、工業管理與企業管理等相關科系課程之大專院校師生，做為教學與證照推動上之教科書。同時對於從事供應鏈管理、運籌管理、流通管理、國際貿易、進出口與保稅業務、資材物料管理、倉儲管理、採購與供應管理、國際物流管理等相關業者，作為新進員工或培訓，相關專業知識與運作實務之參考。

　　身為供應鏈與物流產業的一份子，樂見此寶貴認證專書的出版，同時配合證照的推動，使在學年輕學子或有意轉換跑道之社會人士，藉由本專書的學習與領會，培養對於供應鏈與物流管理的基本知識與正確觀念，奠定未來投入供應鏈、物流與流通相關領域工作良好的基礎。

　　在此僅以此序文，對中華民國物流協會、作者與審定，耗時費心完成此一佳作，表達由衷敬佩之意，更預祝所有讀者開卷有益、學有所穫，並誠摯推薦這本好書。

中華民國物流協會——理事
台灣國際物流暨供應鏈——理事長
宇柏資訊股份有限公司——董事總經理

秦玉玲　謹識

編審序 | Preface

　　全球化時代企業已邁入無國界經營，經濟自由化使資金、貨品、技術、服務及人才在國際間自由移動，改變了全球產業的競爭結構：由傳統企業間競爭轉向供應鏈間的競爭。企業為了建立以供應鏈管理為軸心的營運體系，勢必都將面臨建立供應鏈上游以及下游客戶間的策略夥伴關係，以強化其競爭力。因此，培育具備供應鏈思維的管理人才，乃是現今企業所迫切關注的議題之一。

　　中華民國物流協會自 1995 年成立以來，便致力於培育臺灣的物流專業人才，雖然主要培訓對象為在職人士，然為培育企業新血，本會亦從 2008 年開始推出了以大學技職體系流通與物流相關科系學生為培訓對象的物流運籌人才專業證照，該證照並獲得教育部的採認推薦。有鑑於現今企業界對供應鏈管理人才的重視，本會亦順應此需求，針對大學與技職體系學生，於 2012 年起再推出供應鏈管理專業證照，初期採用國際知名學者所著之供應鏈管理教材為認證培訓教材，多年來本會相當重視推動之成果，並經許多教師反應認為該教材雖編纂邏輯嚴謹、內容豐富且有國際案例，然作為大專院校供應鏈管理能力之基礎培訓，教材宜更深入淺出並增加國內案例說明。因此，本會有鑑於供應鏈管理議題包含宏觀面的策略規劃及營運面的管理實務，故將供應鏈管理專業證照分為二張同級的證照：一為『供應鏈策略規劃師』證照，仍沿用原先採用之認證教材，另一為『供應鏈營運管理師』證照，則採用本次新編輯的教材，特邀請實務經驗豐富及熟悉國內教學環境的王翊和先生為執筆撰述，並由中華民國物流協會組織專家群擔任教材編審的工作。

　　供應鏈營運管理師之認證教材共分為三大部分：第一部分為觀念篇，主要將供應鏈的發展沿革與功能分別進行說明：第二部分為運作篇，針對供應鏈的全球運籌作業以及資訊整合管理進行闡述；第三部分為實務案例篇，剖析與闡述臺灣企業供應鏈管理、臺灣相關保稅區通關作業與商業模式的實際案例。期藉由觀念建立、運作理解到案例內化，協助讀者了解供應鏈的整體系統與運作，除可增進就業競爭力，亦可作為未來再升級研修進階課程的基礎。

　　在教材的設計與編輯方面，本會一貫秉持持續改善與精益求精的精神，然教材編纂工作龐雜細微，或有疏漏，尚祈各界多多包涵及鞭策，讓人才培育工作更加務實到位。

中華民國物流協會

本書特色 | Feature

1. 觀念、理論與實務並重

    本書內容兼顧供應鏈管理理論與實務運作，內容包含；(1) 供應鏈管理觀念篇（供應鏈管理概論、協同規劃與作業、生產與存貨及採購與供應管理）；(2) 供應鏈管理運作篇（國際運輸、倉儲管理、進出口通關及供應鏈資訊系統）；(3) 供應鏈管理實務案例篇（臺灣企業供應鏈管理與保稅商業模式），有助於讀者瞭解供應鏈管理整體的觀念、運作與實務。

2. 文圖並茂、增進學習效果

    將複雜的供應鏈管理之觀念、理論與實務，以生動活潑、易於明瞭的架構與流程圖，搭配系統文字說明與呈現，給予讀者最佳的學習效果，有助於學習者瞭解整體供應鏈管理的營運範疇、管理效益及實務應用。

3. 教學與業界參考書

    提供教學者完整精美的教學版簡報光碟，適合供應鏈管理、全球運籌與物流管理、運籌管理、航運管理、運輸科技、航空運輸管理、行銷與流通、國際企業、工業管理與企業管理等相關科系課程之技術學院、大學及研究所師生，做為教學與研究上之參考。本書並可提供從事供應鏈管理、運籌管理、國際貿易、進出口、保稅業務、報關、物料管理、倉儲、採購、國際海空運承攬業、國際運輸業及物流中心等相關業者，對新進員工或人力資源培訓上，充實專業知識之參考。

4. 認證考試內容彈性選擇

    本書為中華民國物流學會 (Taiwan Association of Logistics Management) 供應鏈管理專業認證指定教材。除第 1～5 章為必考章節外，可依據學習者不同專業科系與學程，從第 6～9 章的國際運輸、倉儲作業與管理、貨物進出口通關作業及供應鏈資訊系統四個的章節，選擇兩個章節參加認證考試，適合不同領域與學科背景的學習者學習與應考。

目次
Contents

必考 **壹、供應鏈管理－觀念篇**

選考
任選二章

貳、供應鏈管理 – 運作篇

參、供應鏈管理 – 實務案例篇

第壹篇

供應鏈管理－觀念篇
（必考）

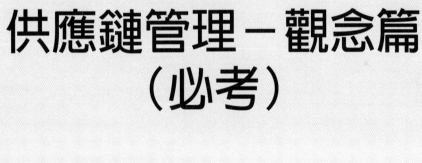

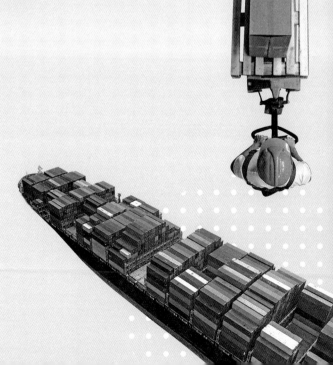

供應鏈與全球運籌管理概論

本章重點

1. 說明企業全球化的原因？

2. 說明何謂「供應鏈管理」？

3. 瞭解「推式供應鏈」、「拉式供應鏈」與「推拉式供應鏈」的差異，及不同生產作業模式之優缺點。

4. 說明「長鞭效應 (Bullwhip effect)」的原因及其因應之道。

5. 說明國際物流業者在供應鏈所扮演的角色。

6. 說明國際物流業者應具備哪些管理能力？

1-1　供應鏈管理意涵

面對全球化的競爭，企業必須快速回應才能滿足市場的需求。換言之，是以最低的成本，將客戶所需要的物料或產品，運送至需要的市場或生產基地。現今企業所面臨的挑戰如下：

1. 如何有效利用全球資源，並保持最低的庫存量以降低存貨成本、提高存貨週轉率及防止呆料的產生，以利資金的週轉及營運成本的降低。

2. 全球資源與商品的有效流通，涉及企業、供應商與客戶間各項相關正確資訊的有效流通與分享，以提升企業整體營運效益。

為達成上述目標，供應鏈管理可以創造低成本、高效率、高彈性及快速回應的競爭優勢，進而為企業創造利潤與附加價值。

一、企業全球化的原因

企業全球化營運與管理的主要目的為充分運用各區域資源與經濟之比較利益，創造企業的利潤與附加價值。企業全球化的原因包括有下列幾點：

1. 市場的考量

　企業尋找國外市場之動機為追求企業的持續成長，當國內市場已趨近飽和時，必須向外擴張市場。企業全球化的佈局，會考量生產據點是否靠近市場、關鍵零組件能否有效流通、存貨風險及獲取的利益等因素。企業拓展海外市場，通常會選擇接近當地市場，生產客製化的產品以供應當地市場的需求，提高市場交貨反應能力。此外，企業會選擇考量投資新興及具有成長潛力的市場，如開發中的金磚四國（指中國大陸、印度、俄羅斯與巴西），常以先設立海外生產據點作為企業進入當地市場的跳板，以便後續開發當地市場，此為促成企業全球化的原因。例如臺灣資訊廠商大都以國際品牌大廠代工為主，配合國際品牌大廠在新興市場之供貨而設立生產據點，以掌握客戶資訊進一步提高附加價值。

2. 技術的考量

　企業競爭優勢的關鍵在於具有先進的技術，能夠快速研發並生產新產品以滿足顧客的需求。基於技術的取得，促使許多企業將生產與研發機構設置在國外（例如新竹科學園區許多研發單位在美國矽谷），企業可在適當的區域，進行研發與設計，經由跨國公司的知識分享，提升產品研發的速度與能力，強化國際市場的競爭力。

3. 成本的考量

企業常會利用國外廉價的生產要素，包括人工、原物料、能源及資金，以有效訂單處理並考量生產及運輸整體供應鏈成本，在世界不同的區域或國家設立生產組裝據點，為企業全球化另一主要的原因。

4. 經濟和政治層面的考量

企業至海外投資時，亦會考量當地政經環境因素，包括匯率波動、地區貿易協定、市場開發程度、非關稅障礙與政治穩定性，這些因素對廠商在投資決策與廠址選擇有重大的影響。

二、何謂供應鏈管理

　　美國供應鏈管理協會 (CSCMP) 定義供應鏈管理 (Supply Chain Management) 為從生產至運送最終產品到顧客手中的所有活動，亦即從接單到訂單管理、供給與需求的管理、原料、製造及組裝、倉儲與運送、配送到通路，最後送達消費者手中的一連串流程。因此，供應鏈可視為不同企業間從產品之原料來源、製造、配銷、運送等形成一個緊密合作關係之網絡結構，包括物流、資訊流與金流。

　　供應鏈管理為企業與其供應商與下游顧客為確保在最適當的時間，生產及配送最適當的產品至最適當的地點來滿足下游顧客與市場的需求，進而達到降低整體營運成本，及提昇供應鏈中所有成員競爭力的目標，所進行的資訊與流程整合。供應鏈管理包含了設計與管理所有的活動，牽涉到採購、運輸以及到最後所有的物流管理活動。供應鏈管理通常須網路內的夥伴合作並建立關係，包括有供應商、中介商、第三方服務提供者以及顧客，提供正確的產品及服務，在正確的時間及數量，並在適當的成本下，送至正確的地點。

　　供應鏈管理的活動如圖 1.1 所示，是由許多上、中、下游，的合作廠商活動所組成，提供消費者的最終產品。而且由於一次產銷作業可能是由一個或多個不同層級的供應商提供原料，並且在製造商方面也有零組件與最終產品的不同層級。因整個供應鏈常是一個複雜的網路型態。例如：NIKE 就有好幾百個一階供應商，而所有層級的供應商則有好幾千家，TOYOTA 汽車網的所有供應商共有二萬多家，可見其供應鏈系統的龐大與複雜。

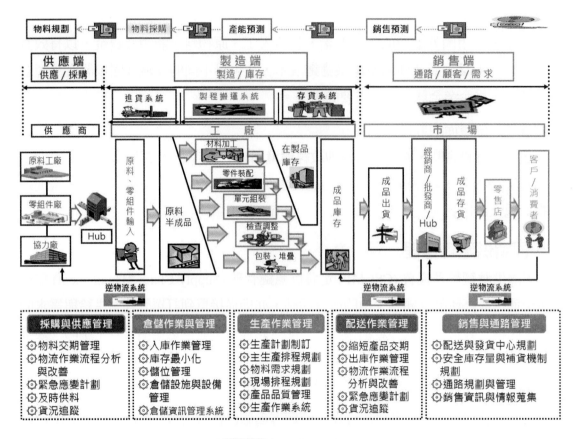

圖 1.1 供應鏈示意圖

供應鏈的組成與管理可分為供應端、製造端與銷售端，說明如下：

1. 供應端

供應端根據客戶的銷售預測進行備料，向上游供應商提出相關原物料或零組件採購需求。而供應商如何在製造商要求的數量與交期下穩定的供貨，還須隨時因應製造端的需求變動，增加或減少供料，並控制存貨數量在合理的範圍。供應端在配合製造端的生產作業時，必須使彼此的供需差異降至最小，並提供彈性與穩定的物料供應。

供應端的採購與供應管理目標包含物料交期管理、物流作業流程分析與改善、緊急應變計劃、及時供料與貨況追蹤等項目。

2. 製造端

製造端的生產作業，包含原料、零組件的輸入，原料、半成品的加工、製造、品檢與包裝。除了建立彈性製造能力，快速反應生產線變動的需求，降低在製品庫存與生產成本外，還必須配合下游客戶大量客製化的要求。

在庫存管理方面，除了維持原物料合理的安全庫存外，還需配合製造需求，維持穩定的物料供應與調撥。製造端主要生產管理包括下二個項目：

(1) 倉儲作業與管理

包含入庫作業管理、庫存最小化、儲位管理、倉儲設施與設備管理與倉儲資訊管理系統維護等項目。

(2) 生產作業管理

包含生產計劃制訂、主生產排程規劃、物料需求規劃、現場排程規劃、產品品質管理與生產作業系統等項目。

3. 銷售端

銷售端下訂單給製造端時，常須要求：(1) 滿足下游市場少量多樣化的需求；(2) 客戶要求縮短交貨期限；(3) 產品生命週期大幅縮短，所以必須有效的縮短補貨前置時間，同時維持彈性合理的定價與行銷策略、通路經營、售後與維修服務與建置逆物流系統亦是客戶端的管理重點。供應端的採購與供應管理目標包含配送與發貨規劃、安全庫存量與補貨機制規劃、通路規劃與管理及銷售資訊與情報蒐集等項目。

三、供應鏈管理的類型

從製造供應鏈的觀點，依生產作業流程可分為推式 (Push Strategy) 供應鏈、拉式 (Pull Strategy) 供應鏈與推拉式供應鏈三大類，分述如下：

1. 推式供應鏈

推式 (Pull) 供應鏈模式，亦即所謂的計畫生產模式 (Build to Stock, BTS)，如圖 1.2 所示；此模式為最傳統的供應鏈，主要是先預測市場景氣與客戶需求，排定生產計畫、主生產排程、物料與產能計畫進行生產，再將所生產之產品運送至倉儲、銷售據點與通路，直接以「存貨」來滿足客戶訂單需求。此種計畫式生產模式常會因為需求預測不準，導致庫存的過剩或是缺貨。也無法滿足客戶對於產品快速回應 (Quick Response, QR) 及客製化的需求。

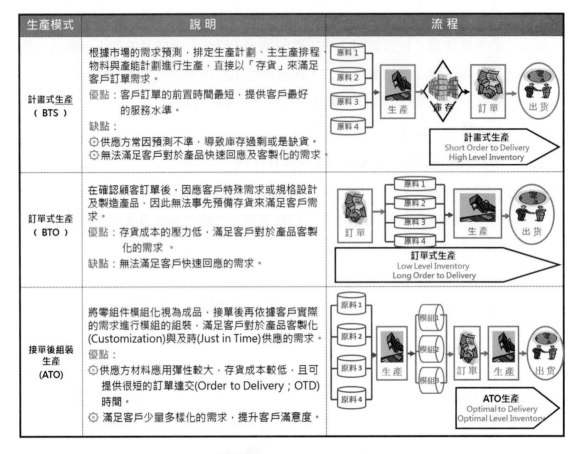

生產模式	說明	流程
計畫式生產 （BTS）	根據市場的需求預測，排定生產計劃、主生產排程、物料與產能計劃進行生產，直接以「存貨」來滿足客戶訂單需求。 優點：客戶訂單的前置時間最短，提供客戶最好的服務水準。 缺點： ◎供應方常因預測不準，導致庫存過剩或是缺貨。 ◎無法滿足客戶對於產品快速回應及客製化的需求。	計畫式生產 Short Order to Delivery High Level Inventory
訂單式生產 （BTO）	在確認顧客訂單後，因應客戶特殊需求或規格設計及製造產品，因此無法事先預備存貨來滿足客戶需求。 優點：存貨成本的壓力低，滿足客戶對於產品客製化的需求。 缺點：無法滿足客戶快速回應的需求。	訂單式生產 Low Level Inventory Long Order to Delivery
接單後組裝生產 （ATO）	將零組件模組化視為成品，接單後再依據客戶實際的需求進行模組的組裝，滿足客戶對於產品客製化(Customization)與及時(Just in Time)供應的需求。 優點： ◎供應方材料應用彈性較大，存貨成本較低，且可提供很短的訂單達交(Order to Delivery；OTD)時間。 ◎滿足客戶少量多樣化的需求，提升客戶滿意度。	ATO生產 Optimal to Delivery Optimal Level Inventory

圖 1.2 供應鏈管理類型

2. 拉式供應鏈

   拉式 (Pull) 供應鏈，即所謂的接單後生產 (Build to Order, BTO) 模式如圖 1.2 所示；有別於推式供應鏈的長期預測，是在確認顧客訂單後，因應客戶特殊需求或規格設計及製造產品，因此無法事先預備存貨來滿足客戶需求。此種生產模式的優點在於確認客戶訂單實際訂購量後才開始備料生產，以降低因需求預測不準所帶來庫存過剩的風險，同時可為客戶量身訂作、設計及製造符合客戶個別需求或規格的產品。但缺點是生產時間過長，無法滿足客戶快速回應的需求及產品生命週期短且變化太快的產業。

3. 推拉式供應鏈

   為有效解決上述兩種生產模式的不足及缺點，取而代之的是運用模組化 (Modularization) 技術，將產品轉換為數種標準化的零組件或模組 (Module) 來組裝

的生產方式。其主要優點為縮短訂單達交 (Order to Delivery, OTD) 時間與滿足客戶對於產品客製化的需求。

推拉式供應鏈將零組件模組化視為成品，以接單後組裝生產 (Assemble to Order, ATO)，依據客戶實際的需求進行模組的組裝，滿足客戶對於產品客製化與及時 (Just in Time) 供應的要求。

以 DELL 電腦為例，先製造各種電腦零件，當接到客戶的訂單時，再依據客戶選擇的規格與零件，透過完整的上下游零件供應與裝配工廠及行銷通路，在最短的時間完成產品組裝與交付客戶。例如：955（95% 的出貨，在下單 5 天內交貨）、983（98% 的出貨，在下單 3 天內交貨）及 1002（100% 的出貨，在下單 2 天內交貨）等出貨模式。

四、價值鏈分析與供應鏈管理

如圖 1.3 所示，企業在執行相關營運管理的過程中，必需完成包含進料物流、生產作業、出貨物流、市場行銷與售後服務等主要活動，是為價值鏈 (Value Chain)，亦被稱為供應鏈，以下針對價值鏈分析 (Value Chain Analysis, VCA) 及應用在供應鏈管理創造之效益，依序說明如下：

圖 1.3 價值鏈分析
資料來源：股感知識庫網站（2021）

1. 價值鏈分析

   從產品的設計、生產、行銷到運輸及整個支援作業等多項活動，分析企業競爭優勢、找尋最大價值的方法。例如製造業透過大量原料的採購與製造，達成生產上的規模經濟 (Economies of scale)，為企業創造成本優勢的價值；或是零售商針對客戶提供客製化的服務（如試衣間的提供或個人購物諮詢服務等），這些都是企業在創造本身價值的行為。

   價值鏈分析分為「主要活動」與「支援活動」，主要活動如圖 1.4 所示，分為下列五種類型：

   (1) 進料後勤

   　　原物料搬運、倉儲、庫存管理、運輸調度與向供應商退貨。

   (2) 生產作業

   　　將原物料、零組件投入轉化為最終產品形式的各種相關活動，如機械加工、包裝、組裝、設備維護、檢測等。

   (3) 出貨物流

   　　集貨、儲存與將產品發送給買方有關的各種活動，如產成品庫存管理、原材料搬運、運輸配送調度等。

   (4) 市場行銷

   　　提供買方購買產品的方式與推銷顧客進行購買相關的各種活動，如廣告、促銷、銷售隊伍等。

   (5) 售後服務

   　　提供服務以增加或保持產品價值有關的各種活動，如安裝、維修、培訓、零件供應等。

圖 1.4　價值鏈分析之主要活動
資料來源：股感知識庫網站（2015）

主要活動是與實體產品的進料、生產、出貨、市場行銷及售後服務等活動有關，亦會隨產業不同而展現出不等的重要性。例如對經銷商而言，進出貨最重要；站在工廠的角色與立場，生產作業可能才是重點。

而「支援活動」如圖1.5所示，是輔助主要活動，透過下列四種類型來支持主要活動，依序說明如下：

(1) 採購與物料管理

指購買用於企業價值鏈各種投入的活動，採購既包括企業生產原料的採購，也包括支持性活動相關的購買行為，如研發設備的購買等，另外亦包含物料的的管理作業。

(2) 技術研究與開發

每項價值活動都包含著技術成分，無論是技術訣竅、程式，還是在製程中所體現出來的技術，都可藉此活動開發獨特的新產品，強化競爭優勢。

(3) 人力資源管理

包括各種涉及所有類型人員的招聘、僱用、培訓、開發與 酬等各種活動，以達到最佳客戶服務的目標。

(4) 企業基礎制度

企業基礎制度支撐了企業的價值鏈。如：會計制度、行政流程（如建立有效的資訊系統）等。

圖1.5 價值鏈分析之支援活動
資料來源：股感知識庫網站（2015）

近年來供應鏈管理普遍受到企業的重視，關鍵在於企業相關核心活動能否被有效的推動，透過價值鏈分析可以檢視企業是否具備良好的供應鏈管理，建立自身的核心能力與競爭優勢，進而創造企業本身最大的價值。

1-2 全球供應鏈之國際物流系統

隨著企業國際化與全球佈局，如何整合全球之供應商、通路商、外包商、企業本身價值鏈活動，形成一個高效率的供應鏈體系，提供客戶最迅速、高品質的服務，成為企業增加競爭優勢的方式。

一、國際物流服務業者

國際物流涉及多個國家、多個地區的物流業務運作，國際物流業者在全球供應鏈作業與管理，扮演著重要的地位。如圖 1.6 所示，國際物流成員包含承攬業者、報關行、物流中心或倉儲業者 (Hub)、陸運業者、航運業者、航空業者、鐵路業者、航空貨運集散站、貨櫃集散站等業者，各司其職，並進行一定程度的協同作業，方能順利將貨物準時、準確的由起始地送達目的地。

供應商透過各種運輸模式，將原物料運送至工廠生產及製造成產品後，因時制宜、因地制宜選擇不同的運輸工具，將貨物運送至海運或空運進出口集散站，在此過程中涉及海空運承攬業及報關等物流作業，透過海運或空運運送至他國港口後，因應客戶需求，亦可利用其他運輸模式，爭取運輸時效。對進口的貨物而言，則須完成清關、拆櫃、分裝等作業，再經由當地陸運業者將貨物運送至區域經銷商、物流中心，或直接運送至客戶手中。

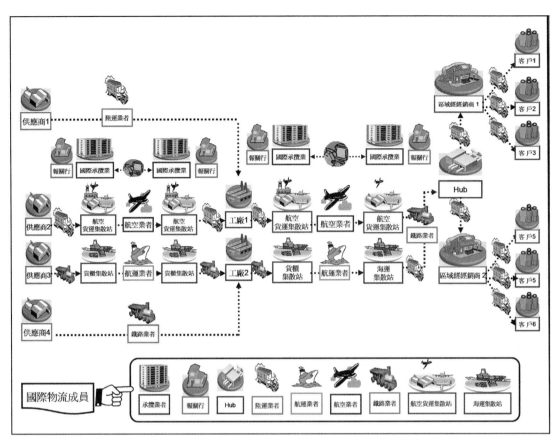

圖 1.6　國際物流範疇圖

二、國際物流服務業的能力

　　國際物流業者介於供應商與客戶間，是達成國際買賣交易重要的媒介。國際物流運作順暢與否，影響企業進行全球供應鏈管理的成敗甚鉅，國際物流業重要的物流管理能力，包括有倉儲管理能力、運輸管理能力與資訊管理能力，分述如下：

（一）倉儲管理能力

　　在國際物流作業中，倉儲提供貨物集併、儲存、拆裝與流通加工的功能，且多數集中在經海關核准登記供儲存保稅貨物的保稅倉庫或國際物流中心，賦予相關租稅的優惠，並進行因國際物流必須之重整、貼標、改包裝、品質檢驗及流通加工，提升貨品的附加價值。

　　一般而言，貨物從生產國工廠或倉庫運送至附近港口的貨櫃集散站或機場的航空貨運站集併等待裝運出口，在抵達目的港後，貨物有可能會在倉庫中儲存及拆裝，待客戶需要時再進行配送。如果貨物沒有立即使用或消費，仍須在客戶或是各階層的通

路中，如經銷商、批發商、零售商的倉庫儲存，從供應鏈管理的角度，如何透過良好的倉儲管理，減少貨物的儲存時間、庫存數量，同時避免缺貨的情形，提升貨物與現金的週轉，是企業進行全球供應鏈管理中重要的能力之一。

（二）國際運輸管理能力

國際運輸管理是國際物流服務中重要的項目，由於運輸具有路線複雜、距離遙遠、運輸時間長、手續繁雜、風險大的特性。國際貿易與全球供應鏈管理皆是透過不同的運輸模式的選擇，將物料或半成品移運至下一個生產單位，或是將成品運送至顧客端的作業。

由於國際運輸常以兩種或兩種以上不同運輸模式的組合進行所謂的複合式運輸 (Intermodal Transportation)，在出口國的倉儲將貨物「化零為整」集併成大宗貨物，進行出口國至進口國的跨國界集中配送。同理，在進口國的倉儲將大宗貨物進行「化整為零」拆裝，或是進行「越庫作業 (Cross Docking)」，在完成流通加工包裝後，進行多品項、小批量及高週轉率的到戶配送，從而降低整體的配送成本。因此運輸模式組合的決策主要是在考量運輸成本、在途存貨成本、在途時間、運送可靠度及整體顧客服務水準等因素，在物流成本與運輸時效性的權衡下選擇最適的方式。各種運輸模式特性的比較，如下表 1.1 所示。

表 1.1　各種運輸模式特性比較

各運輸模式比較	公路運輸	鐵路運輸	航空運輸	海洋運輸
每延噸公里的成本	中等	低到中	高	低 / 非常低
速度（公里 / 小時）	0-100 公里	0-80 公里	300-960 公里	0-35 公里
送貨可達範圍	網路遍佈	有限網路	特定網路	特定網路
主要優點	◎彈性高 ◎接近度（可及性）高 ◎成本投資相對便宜	◎運輸量大 ◎運輸貨物種類繁多 ◎適合長途運輸 ◎可精確計算運送時間	◎運輸效率高 ◎續航能力強	◎運輸量大 ◎運輸成本低廉 ◎運輸距離長
限制	◎運輸量相對較小 ◎可靠度與安全性相對較低 ◎運輸時間準點率差 ◎運輸量相對較小 ◎可靠度與安全性相對較低 ◎運輸時間準點率差	◎投資成本昂貴 ◎接近程度低 ◎前置作業時間長	◎易受天候影響 ◎成本高昂 ◎運量有限	◎運輸速度較低 ◎運輸時間掌握不易

（三）資訊管理能力

　　在複雜多變的國際物流與供應鏈體系中，物流資訊管理系統運用了通訊技術、網路技術、相關軟硬體技術與電子商務技術等，建置相關作業系統。如圖 1.7 所示，物流資訊管理系統可包含訂單管理系統 (Order Management System)、倉儲管理系統 (Warehouse Management System)、運輸及配送管理系統 (Transportation Management System) 及存貨管理系統 (Inventory Management System) 等。

　　因應國際物流相關採購、訂單、運輸、入出庫、庫存、交貨及帳務管理等作業需求，應用資訊系統並結合計量經濟、作業研究、模擬等數量分析方法，可更有效進行市場需求預測、提升訂單處理的正確性、降低安全庫存、縮短接單到發貨的交期、合理安排運輸路線、提升車輛裝載率與利用率、貨況追蹤與庫存查詢、文件與單據無紙化、提升倉儲與揀貨作業的正確性等效益，物流資訊管理系統的應用為國際物流與供應鏈管理的運作提供更有效率及便捷的服務，為國際物流業者重要的能力。

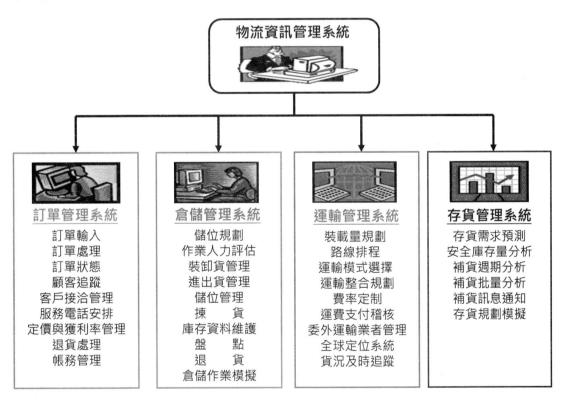

圖 1.7　物流資訊管理

1-3　全球運籌管理

隨著國際經濟活動的發展，企業受到過內外市場的影響及吸引，逐漸走入國際市場，且為了因應全球貿易自由化及國際化潮流，傳統的企業紛紛走向成「多國企業化發展」，除了服務國內顧客外，並將產品以各種途徑運送至各個消費市場，使得企業體系的整體供應鏈發展能夠分別位於不同國家，增進全球運籌發展。企業除了必須具備國內物流之觀念外，尚須有處理距離、需求及多元化等不確定性問題之能力，並能夠仰賴國際物流系統有效作業之支援，加強企業在國際市場的行銷機會與能力，以達到彈性、快速反應及處理顧客需求的目的，並降低庫存及提高周轉率。

全球運籌的管理活動，包括了營運、運輸、行銷、銷售、採購及售後服務等在國界、區域和通路等整合活動，因此企業需要發展一套不同於區域物流整合的作業模式，以降低整個供應鏈的庫存存量、營運成本、耗費時間、潛在成本、風險及危機，建立企業之競爭優勢。

一、全球運籌管理之意涵

「全球運籌管理」(Global Logistics Management) 概念之興起與全球產業發展趨勢密不可分。由於產品生命週期變短，消費者對產品功能或特徵走向多樣化，且對交貨的時間與品質更加嚴格，也因此造成企業營運成本不斷提高，企業為了能更接近市場、迅速的服務顧客，必須進行全球化的市場行銷，並且思考如何能以最低成本，且在最短的時間內，設計生產出符合顧客需求的產品，並正確無誤地送達顧客所指定之地點。

全球運籌已成為不可避免的趨勢與潮流，有別於供應鏈的管理，全球運籌所強調的是整合全球各地不同的比較利益條件，把散佈在全球各地的原物料、生產據點與整體的配銷通路予以整合串連、有效地管理來因應全球市場的需求。因此企業必須積極地了解整體需求的變動，隨時依據各區域市場的需求來調整企業的局部程序與整體流程的規劃，將有限的資源來做最合理化的分配，為一種跨國界的供應鏈之資源整合模式，在多國規劃並執行企業運籌管理活動，包括全球市場的行銷、產品設計、供應商管理、採購、後勤作業、生產、製造、組裝、運輸、配送、庫存、顧客服務等整體管理體系的運作，其核心意涵有三：

1. 降低生產與運輸成本、縮短交期時間，快速回應市場變化與客戶需求。

2. 依據市場即時需求生產，將企業整體經營成本、庫存與風險降至最低。

3. 建構企業核心能力 (Core Capability of Enterprise) 與競爭優勢 (Competitive Advantage)，創造企業整體經營最大綜效 (Synergy)。

二、全球運籌管理之企業型態

由於企業全球的佈局與建構充滿著太多不確定因素與風險，而且不同區域市場的民俗風情、法令政治等，都可能造成企業海外經營的變數。所以不同的產業環境與市場區別，企業均必須採取不同的策略來因應市場多樣化的需求。也由於這多樣化的需求異動，促使企業必須積極主動地去收集產業資訊、協調生產運作的流程以迅速反應市場需求的變化。

許多企業在推行國際化的策略時，會嘗試利用許多不同的國際化模式以降低全球營運的風險與鞏固既有之競爭優勢，並得仔細評估國際市場的進入模式，是藉由購併、策略聯盟的合作，自己逐步來建構散佈於全球的生產行銷網絡；或是藉由與其他企業供應鏈之配合，企業專注在生產、行銷等企業專長的核心程序，而將其他非核心能力之運作程序（例如：原物料的補給，商品的配送等）託付給較具有市場優勢或當地之企業，以配合企業全球運籌之佈局。若以全球運籌的策略的分類，可將企業分為四種類型：

1. 多國籍企業 (Multi-domestic Enterprises)

這是全球市場發展的早期，各個國家設立較嚴格的關稅壁壘，市場間的物流與資訊流較不順暢，因此企業需要至各個國家設立獨立的分公司，並針對各地市場環境的差異設置不同的營運模式，提供不同的產品與服務。這種組織結構之資源整合與協同運作程度較低，總公司與各地區子公司的關係並不密切。此種策略型態以歐洲國國家之多國籍企業為主，例如：英國與荷蘭的跨國消費品公司聯合利華 (Unilever) 針對歐洲每一個市場，因地制宜開發出不同的清潔用品，並且在每一個地主國皆設置製造工廠。

2. 國際型企業 (International Enterprises)

隨著全球市場間的交流日越密切，一些國家間的市場流通障礙與關稅壁壘逐漸減少，而在產品功能與品牌形象具有優勢的企業，採取以母公司為核心基地，將產品與服務推進至其他國家市場。國際型企業主要由總部來主導國際市場的開發與

利用，各地子公司雖然擁有部分的自主權，不過主要的產品技術與資源還是來自於母公司的提供，主要的價值鏈活動還是擺放在企業總部。

一些國際型企業在總部設有國際部門，掌管國外市場發展與海外分公司業務。國際型企業組織的優點是資源整合與一體指揮運作程度較高，但缺點則是各國子公司的自主性低，困難滿足本土市場需求，彈性與速度也較差。此種策略型態以美國多國籍企業為主，例如日本豐田汽車 (TOYOTA) 將部分汽車設計與製程技術移轉至子公司，但最核心技術仍集中在美國母公司。

3. 全球化企業 (Global Enterprises)

綜合多國化組織與國際化市場組織在運作上的特色，既能整合全球資源一體運作，又能因應各地市場需求差異，彈性授權各地區子公司，快速滿足海外分公司發展上的需求。全球化運作組織雖然強調中央集權整合運作，重視規模經濟 (Economies of Scale) 效益，但同時也不忽視範疇經濟 (Economies of Scope) 的效益。全球化企業是由總部來研擬全球化發展策略，在共同願景目標下，充分運用全球資源，將企業的價值鏈活動在全球各地區做出最適配置。

全球化企業強調運用全球人才，進軍全球市場，重視不同地區人才的溝通、協同合作、以及文化融合。對於全球化企業而言，並沒有所謂的國內市場，只有各國市場，並由各國市場來組成全球市場；因此全球化運作組織也比較類似一種跨越國界的運作組織 (Transnational Operation Structure)。此種企業型態，例如全球速食業龍頭「麥當勞」讓分布在全球各區域或國家的麥當勞分公司，依據當地的飲食文化或宗教習俗，建立在地化食品品評系統 (Food Sensory Evaluation)，落實全球企業在地化策略；或是日本 AIWA 公司在東南亞建立許多中低價位視聽產品製造基地，但核心技術仍掌握在母國日本。

4. 全球運籌型企業 (Global Logistic Enterprise)

所謂全球運籌型企業則是前述三種型態企業的再延伸，突破各國的疆界與藩籬，運用各地的資源與市場，將原本單一國家體系的供應鏈擴充至全球的營運模式，進行全球佈局的規劃與應用。一般而言，全球運籌型企業必須同時達到下列三個經營目標：

(1) 滿足本土市場需求：充分考量各地環境差異，彈性因應各地市場的特殊需求，運用全球資源力量來快速滿足當地的需求。

(2) 全球資源整合與經營效率提升：將全球資源整合起來，以最有效率方式進行運作，以發揮企業整體綜效。

(3) 全球知識分享與創新：將研發成果與技術知識在全球據點進行分享，並運全球資源進行技術創新，以提升跨國企業在各市場的競爭力。

企業在海外設廠的目的不僅是為了獲取低廉的勞動力，接近市場、服務顧客、延攬專業人才、取得技術、加速創新等，才是許多企業海外設廠的動機。以美國長期以來均是全球吸引外資最多國家的事實來看，外資到美國設廠的目的絕非是為低廉的勞動力，市場、人才、技術才是美國吸引外資的主要原因。

在全球化競爭的新經濟時代，任何企業均無法全面性的進行設計、生產、行銷等各項價值活動，企業之全球運籌策略，需依賴產業網路內各成員的資源進行流通與合作互惠，藉由彼此核心競爭能力的串聯與互補來整合全球性之產銷活動，藉由海外需求市場的開發與全球資源的整合來作企業全球營運最合理的分配與規劃，全球運籌 (Global Logistics) 是全球生產與行銷的國際化策略。

三、全球運籌管理運作模式

企業界對於全球運籌管理模式大致可分為以下三種不同運作模式。

1. 直接運送模式 (Direct Shipment)

如圖 1.8 所示，由於資訊產品的產品生命週期短，商品在工廠製造完成後，必須在非常短的時間內，由工廠直接安排最快速的運輸模式，運送到下游客戶手中，以達到時效性要求。其程序為：

(1) 將組裝完畢之完成品，直接運送給客戶。

(2) 視每日客戶訂單需求量，再由製造商直接安排運至客戶端。

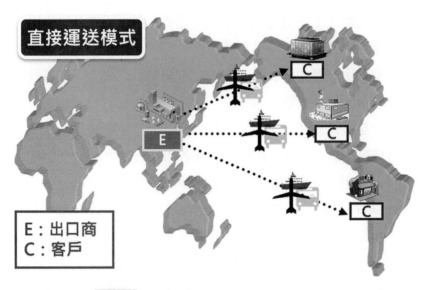

圖 1.8 直接運送模式 (Direct Shipment)

2. 當地補貨中心 (Local Buffer Center)

如圖 1.9 所示，依據傳統國際物流作業，根據客戶實際提貨數量作為雙方交易的依據，將貨物運送至客戶當地的補貨中心 (DC)，就近支援當地通路或市場的補貨作業，而當地庫存風險，由製造商承擔。其一般作業程序如下：

(1) 運送至客戶當地補貨中心。

(2) 客戶可直接至物流中心提貨。

(3) 由客戶重新包裝後，再由客戶安排運至通路商或零售商。

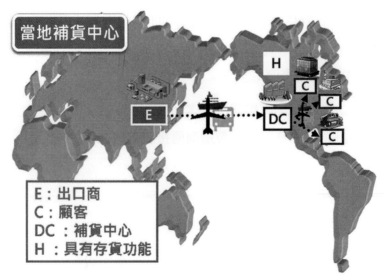

圖 1.9 當地補貨中心 (Local Buffer Center)

3. 海外組裝中心 (Configuration Center)

如圖 1.10 所示，針對客戶實際訂單需求（包含數量、規格與交期等），在客戶當地設立組裝中心，並依據客戶所下之銷售預測，適時的供應零組件或半成品至海外組裝中心，在確認客戶實際訂單需求後，進行模組 (Module) 生產後運送給客戶。其運作程序為：

(1) 運送至客戶當地規劃中心。

(2) 可視每日客戶訂單需求量，再由海外組裝中心 (DC) 安排運至客戶端。

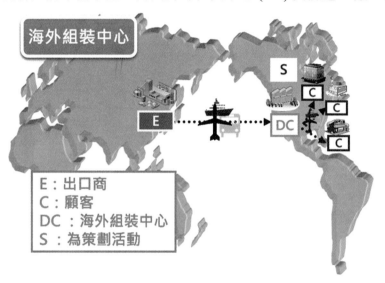

圖 1.10　海外組裝中心 (Configuration Center)

有關各種全球運籌模式運作的優缺點整理如表 1.2 所示：

表 1.2　各種全球運籌管理模式運作之優缺點比較表

全球運籌模式	優點	缺點
直接運送模式	1. 品質控制程度較高。 2. 低成品庫存。 3. 可快速反映市場價格變化。 4. 可以簡化組裝的程序。 5. 運籌管理費用成為變動成本。	1. 原物料備料前置時間的掌控必須更為嚴謹。 2. 不適用在較複雜或客製化程度較高的產品生產，適用於標準化與大量生產的產品需求。 3. 為達貨物運輸的時效，必須花費較高的運輸成本。

全球運籌模式	優點	缺點
當地補貨中心	1. 在當地委外（Outsourcing）給適當專業物流公司，即可運作，人員無須太多額外訓練。 2. 營運管理成本較低。 3. 可以支援複雜的產品種類。	1. 容易受到市場需求的波動與影響，海外庫存與備料不易調節。 2. 無法根據上下游供應關係，對市場價格做即時反應。 3. 自接單至貨到下游廠商或終端客戶，需配合國際物流業者的運作，交貨時間較長。 4. 海外庫存及倉租管理費用，無法由固定成本轉成變動成本。
海外組裝中心	1. 適合複雜或客製化程度較高的訂單需求。 2. 具備即時供應（Just In Time, JIT）的當地支援能力。 3. 製造商供應同質性較高的半成品或模組，由海外當地組裝中心依據客戶需求做組裝，有效降低整體營運成本。 4. 提供依據客戶實際需求的客製化產品與服務。	1. 海外半成品與模組庫存週轉問題，不易改善。 2. 須提前備料支援海外組裝中心，對於市場價格的變動，無法作快速的反應。 3. 海外組裝中心組裝的產品，須再次進行品質管理，才能確保產品的品質。 4. 海外組裝中心營運之固定成本，無法隨實際出貨量之大小轉為變動成本。

資料來源：[2]、[6]、[7]、[19]

自我練習

第一部分：選擇題

第一節　供應鏈管理意涵

(　　) 1. 供應鏈管理包含哪些階段的物流活動？

　　A. 原物料物流　　　　B. 生產物流　　　　C. 銷售（消費）物流

　　① A、B 正確，C 不正確　　　② A、B、C 皆正確

　　③ A、C 正確，B 不正確　　　④ B、C 正確，A 不正確

(　　) 2. 供應鏈管理可以為企業經營帶來哪些效益？

　　A. 創造低成本、高效率　　　B. 高彈性及快速回應

　　C. 利潤與附加價值

　　① A、B、C 皆正確　　　　　② A、B 正確，C 不正確

　　③ A、C 正確，B 不正確　　　④ B、C 正確，A 不正確

(　　) 3. 企業推廣供應鏈管理創造的優勢與效益為何？

　　①企業自身的成功　　　　　　②促進供應鏈整體成員的成功

　　③供應商的成功　　　　　　　④直接顧客的成功

(　　) 4. 針對企業強化供應鏈管理所創造的優勢與效益，下列敘述何者**正確**？

　　A. 不僅在於節流 (Costdown)，同時也能創造利潤與提升股東權益

　　B. 提升顧客服務水準，創造銷售收益

　　C. 降低存貨與作業成本，提升整體營收

　　① A、B 正確，C 不正確　　　② A、C 正確，B 不正確

　　③ A、B、C 皆正確　　　　　　④ B、C 正確，A 不正確

(　　) 5. 針對企業全球化的原因，下列敘述何者**正確**？

　　A. 市場的考量　　　　　　B. 技術的考量

　　C. 成本的考量　　　　　　D. 經濟和政治層面的考量

　　① AB　② ABC　③ ABD　④ ABCD

( ) 6. 不同的生產模式各有其優缺點，有關計畫式生產的敘述，下列選項何者**錯誤**？

① 客戶訂單的前置時間最短，提供客戶最好的服務水準

② 供應方常因預測不準，導致庫存過剩或是缺貨

③ 可以滿足客戶對於產品快速回應及客製化的需求

④ 上述①、②、③選項皆不正確

( ) 7. 有關訂單式生產 (BTO)，下列敘述何者**錯誤**？

① 在確認顧客訂單後，因應客戶特殊需求或規格設計及製造產品，無法事先預備存貨來滿足客戶需求

② 對供應商而言，存貨成本的壓力低，並滿足客戶對於產品客製化的需求

③ 可以滿足客戶快速回應的需求

④ 可以滿足客戶對於產品客製化的需求

( ) 8. 有關接單後組裝生產 (ATO) 的敘述，下列選項何者**錯誤**？

① 滿足客戶對於產品客製化 (Customization) 與及時 (Just in Time) 供應的需求

② 提供很短的訂單達交 (Order to Delivery, OTD) 時間

③ 滿足客戶少量多樣化的需求，提升客戶滿意度

④ ATO 主要適用於製造業（例如：筆記型或平板電腦的組裝），並不適用於流通業之連鎖商店型態的經營（例如：便利超商或量販店）

( ) 9. 比較「推式供應鏈」與「拉式的供應鏈」的差異性，下列敘述何者**正確**？

① 採用「拉式的供應鏈」是屬於零售商比較強勢的模式

② 採用「推式的供應鏈」是屬於製造商比較強勢的模式

③ 選項①與選項②皆正確

④ 選項①與選項②皆不正確

( )10. 以下哪一種企業內的功能是負責運輸及儲存原物料，以配合不同時間及地點的需要？

① 物流　② 生產製造　③ 行銷與銷售　④ 研究與開發

( )11. 價值鏈分析 (Value Chain Analysis, VCA) 為主要活動與支援活動，下列選項何者屬於價值鏈分析的「**主要活動**」敘述何者**正確**？

A. 進料後勤　B. 生產作業　C. 出貨物流　D. 市場行銷　E. 售後服務

① ABC　② ABCD　③ ABCE　④ ABCDE

( )12. 價值鏈分析的「**主要活動**」中，將原物料、零組件投入轉化為最終產品形式的各種相關活動，如機械加工、包裝、組裝、設備維護、檢測等，下列選項何者屬於此項活動？
①進料後勤　②生產作業　③出貨物流　④售後服務

( )13. 價值鏈分析的「**主要活動**」中，集中、儲存與將產品發送給買方有關的各種活動，如產成品庫存管理、原材料搬運、運輸配送調度等。下列選項何者屬於此項活動？
①進料後勤　②生產作業　③出貨物流　④售後服務

( )14. 價值鏈分析的「**主要活動**」中，提供買方購買產品的方式和推銷顧客進行購買相關的各種活動，如廣告、促銷、銷售隊伍等。下列選項何者屬於此項活動？
①進料後勤　②生產作業　③出貨物流　④售後服務

( )15. 價值鏈分析 (Value Chain Analysis, VCA) 為主要活動與支援活動，下列選項何者屬於價值鏈分析的「**支援活動**」敘述何者**正確**？
A. 採購與物料管理　　　　　B. 技術研究與開發
C. 人力資源管理　　　　　　D. 企業基礎制度
① AB　② ABC　③ ACD　④ ABCD

( )16. 價值鏈分析的「**支援活動**」中，指購買用於企業價值鏈各種投入的活動，採購既包括企業生產原料的採購及研發設備的購買等，同時包含物料的的管理作業。下列選項何者屬於此項活動？
①採購與物料管理　②技術研究與開發　③人力資源管理　④企業基礎制度

( )17. 價值鏈分析的「**支援活動**」中，每項價值活動都包含著技術成分，無論是技術訣竅、程式，還是在製程中所體現出來的技術，都可藉此活動開發獨特的新產品，強化競爭優勢。下列選項何者屬於此項活動？
①採購與物料管理　　　　　②技術研究與開發
③人力資源管理　　　　　　④企業基礎制度

( )18. 價值鏈分析的「**支援活動**」中，包括各種涉及所有類型人員的招聘、僱用、培訓、開發和報酬等各種活動，以達到最佳客戶服務的目標。下列選項何者屬於此項活動？
①採購與物料管理　　　　　②技術研究與開發
③人力資源管理　　　　　　④企業基礎制度

( )19. 在企業經營與管理，有一種策略分析方法，可以檢視企業是否具備良好的供應鏈管理，建立自身的核心能力與競爭優勢，進而創造企業本身最大的價值。請問是下列哪一項分析方法？

①價值鏈分析 (Value Chain Analysis, VCA)

②損益平衡分析（Break Even Point, BEP）

③多變量分析 (Multivariate Analysis)

④可靠度分析 (Reliability analysis)

第二節　全球供應鏈之國際物流系統

( )20. 有關國際物流的內涵與特色，下列敘述何者**正確**？

A. 涉及跨越二個國家以上的貨物運輸、倉儲、配送、包裝與資訊傳遞的物流作業

B. 涉及國際貿易商品買賣的行為，會隨各國或區域產業的結構與基礎結構之不同，而會有不同的營運模式

C. 涉及貨物流動（物流）外，還涉及金流與資訊流

① A、B 正確，C 不正確　　　② A、B、C 皆正確

③ A、C 正確，B 不正確　　　④ B、C 正確，A 不正確

( )21. 國際物流業者介於供應商與客戶間，是達成國際買賣交易重要的媒介，必須具備哪些技能與管理能力？

A. 倉儲管理能力　　　B. 運輸管理能力　　　C. 資訊管理能力

D. 交際應酬能力　　　E. 英語溝通能力

① ABC　② ABCE　③ ABDE　④ ABCDE

( )22. 國際物流中有關倉儲管理能力的意涵，下列敘述何者**正確**？

①提供貨物集併、儲存、拆裝與流通加工的功能

②減少貨物的儲存時間、庫存數量，同時避免缺貨的情形

③選項①正確，選項②錯誤

④選項①與選項②皆正確

( )23. 運輸的基本功能包括：

①「物品的移動」　　　②「物品的儲存」

③「為客戶創造效用」　　　④以上皆是

(　)24. 運輸量小，可靠度與安全性低，運輸時間準點率差，乃屬於何者運具的服務特性？

　① 鐵路　② 管路　③ 公路　④ 水路運輸

(　)25. 有關**鐵路運輸**的特性，下列敘述何者**正確**？

　A. 運輸量大　　　　　B. 投資成本低　　　　　C. 運輸時間較長

　D. 運費低廉　　　　　E. 易受天候影響

　① ABC　② ACD　③ ABDE　④ ABCDE

(　)26. 有關**航空運輸**的特性，下列敘述何者**正確**？

　A. 運輸量有限　　　　B. 可到達地點有限（需有機場設施）

　C. 運費高　　　　　　D. 運輸時間快速　　　　E. 不受天候影響

　① ABC　② ABCD　③ ABDE　④ ABCDE

(　)27. 有關**水路運輸**的特性，下列敘述何者**正確**？

　A. 運輸量大　　　　　B. 受天候及港口設施影響　　C. 運費低廉

　D. 運輸時間快速　　　E. 安全性頗高

　① ABC　② ABCD　③ ABCE　④ ABCDE

(　)28. 有關**公路運輸**的特性，下列敘述何者**正確**？

　A. 運輸量較小　　　　B. 運送時間較彈性　　　　C. 運費低廉

　D. 可到達地點（可及性）較廣泛　　　　　　　　E. 安全性頗高

　① ABC　② ABCD　③ ABCE　④ ABCDE

(　)29. 現代供應鏈管理資訊系統需具備的特性，下列敘述何者**正確**？

　A. 促進資訊分享、交流及支援企業與供應商之協同合作

　B. 上下游資訊分享與協同合作，有效降低長鞭效應

　C. 提升企業運籌管理與快速反應能力

　D. 提升決策資訊的正確性

　① AB　② ABC　③ ACD　④ ABCD

(　)30. 為有效推動供應鏈管理，企業應採取什麼樣的經營態度？

　① 凡事盡量自己來做

　② 盡可能把作業外包

　③ 只執行少數企業自己專長的事情，其餘作業則外包出去

　④ 以不變應萬變

( )31. 以下針對供應鏈管理的敘述，哪一個**錯誤**？

    ① 在一個有競爭力的供應鏈中，企業間的關係從過去的鬆散關係，走向虛擬整合的緊密依存關係

    ② 供應商的管理關係是一個很重要的管理課題

    ③ 供應鏈的關係中，通常最有「權利」的一方，從相對弱者，獲得最大利益

    ④ 供應鏈管理中，經常會有策略聯盟的關係存在

( )32. 下列何者並非物流的主要活動？

    ① 產品定價　② 顧客服務　③ 實體配送　④ 存貨管理

第三節　全球運籌管理

( )33. 有關「全球運籌管理」(Global Logistics Management) 的意涵，下列選項何者**正確**？

    A. 降低生產與運輸成本、縮短交期時間，快速回應市場變化與客戶需求

    B. 依據市場即時需求生產，將企業整體經營成本、庫存與風險降至最低

    C. 建構企業核心能力與競爭優勢，創造企業整體經營最大綜效

    ① A、B、C 皆正確　　　　　② A、B 正確，C 不正確

    ③ A、C 正確，B 不正確　　　④ B、C 正確，A 不正確

( )34. 全球運籌管理有關**企業型態**的敘述如下：企業需要至各個國家設立獨立的分公司，並針對各地市場環境的差異設置不同的營運模式，提供不同的產品與服務。這種組織結構之資源整合與協同運作程度較低，總公司與各地區子公司的關係並不密切。試問屬於全球運籌管理之何種**企業型態**？

    ①多國籍企業 (Multi-domestic Enterprises)

    ②國際型企業 (International Enterprises)

    ③全球化企業 (Global Enterprises)

    ④全球運籌型企業 (Global Logistic Enterprise)

( )35. 全球運籌管理有關**企業型態**的敘述如下：由總部來主導國際市場的開發與利用，各地子公司雖然擁有部分的自主權，不過主要的產品技術與資源還是來自於母公司的提供，主要的價值鏈活動還是擺放在企業總部。試問屬於全球運籌管理之何種**企業型態**？

    ①多國籍企業 (Multi-domestic Enterprises)

    ②國際型企業 (International Enterprises)

    ③全球化企業 (Global Enterprises)

    ④全球運籌型企業 (Global Logistic Enterprise)

(　　)36. 全球運籌管理有關**企業型態**的敘述如下：綜合多國化組織與國際化市場組織在運作上的特色，既能整合全球資源一體運作，又能因應各地市場需求差異，彈性授權各地區子公司，快速滿足海外分公司發展上的需求。試問屬於全球運籌管理之何種**企業型態**？

①多國籍企業 (Multi-domestic Enterprises)

②國際型企業 (International Enterprises)

③全球化企業 (Global Enterprises)

④全球運籌型企業 (Global Logistic Enterprise)

(　　)37. 全球運籌管理有關企業型態的敘述如下：突破各國的疆界與藩籬，運用各地的資源與市場，將原本單一國家體系的供應鏈擴充至全球的營運模式，進行全球佈局的規劃與應用。試問屬於全球運籌管理之何種**企業型態**？

①多國籍企業 (Multi-domestic Enterprises)

②國際型企業 (International Enterprises)

③全球化企業 (Global Enterprises)

④全球運籌型企業 (Global Logistic Enterprise)

(　　)38. 下列選項何者是全球運籌型企業必須達到經營目標？

A. 滿足本土市場需求　　　　B. 全球資源整合與經營效率提升

C. 全球知識分享與創新

① A、B、C 皆正確　　　　② A、B 正確，C 不正確

③ A、C 正確，B 不正確　　④ B、C 正確，A 不正確

(　　)39. 有關全球運籌管理模式的敘述如下：商品在工廠製造完成後，在非常短的時間內，由工廠直接安排最快速的運輸模式，運送到下游客戶手中，以達到時效性要求。試問屬於全球運籌管理之何種**全球運籌管理模式**？

①直接運送模式 (Direct Shipment)

②當地補貨中心 (Local Buffer Center)

③海外組裝中心 (Configuration Center)

④以上皆非

（　）40. 有關全球運籌管理模式的敘述如下：依依據傳統國際物流作業，根據客戶實際提貨數量作爲雙方交易的依據，當地庫存風險，由製造商承擔，把貨物運送至客戶當地的補貨中心，就近支援當地通路或市場的補貨作業。試問屬於全球運籌管理之何種全球運籌管理模式？

①直接運送模式 (Direct Shipment)　　②當地補貨中心 (Local Buffer Centert)

③海外組裝中心 (Configuration Centert)　④以上皆非

（　）41. 有關全球運籌管理模式的敘述如下：針對客戶實際訂單需求（包含數量、規格與交期等），在客戶當地設立組裝中心，並依據客戶所下之銷售預測，適時的供應零組件或半成品至海外組裝中心，在確認客戶實際訂單需求後，進行模組 (Module) 生產後運送給客戶。試問屬於全球運籌管理之何種全球運籌管理模式？

①直接運送模式 (Direct Shipment)　　②當地補貨中心 (Local Buffer Center)

③海外組裝中心 (Configuration Centert)　④以上皆非

第二部分：簡答題

1. 請簡述：企業進行全球化布局的考量因素爲何？

2. 請說明何謂「供應鏈管理」？

3. 請簡述：接單後組裝生產 (Assemble to Order, ATO) 的特色爲何？

4. 請簡述：國際物流業者應具備哪些管理能力？

5. 請簡述：何謂延遲策略 (Postponement Strategy) 的定義與理論根據？

6. 請就你的觀點，簡述運用先進規劃與排程 (Advanced Planning and Scheduling, APS)，對於縮短接單至出貨 (Order To Delivery, OTD) 時間的效益爲何？

7. 請說明：倉儲在國際物流作業中的功能爲何？

8. 請說明：資訊管理能力對於國際物流系統的重要性爲何？

9. 請說明：全球運籌管理之意涵爲何？

10. 請簡述：全球運籌管理之企業型態，有哪四種類型？

11. 請簡述：全球運籌管理運作模式，有哪三種類型？

12. 請說明：全球運籌型企業 (Global Logistic Enterprise) 必須同時達到的三個經營目標爲何？

13. 請說明：海外組裝中心 (Configuration Center) 的運作程序爲爲何？

 參考文獻

1. 中華民國物流協會網站，http://www.talm.org.tw，民國 110 年。

2. 中華民國物流協會，物流運籌管理 4 / e，前程文化，民國 107 年。

3. 美國供應鏈管理協會 (Council of Supply Chain Management Professionals, CSCMP)，http://cscmp.org/about-us/supply-chain-management-definitions.,2021 年。

4. 王立志，系統化運籌與供應鏈管理，滄海書局，民國 95 年。

5. 吳仁和，資訊管理－企業創新與價值，智勝文化事業有限公司，7 版，民國 107 年。

6. 呂錦山、王翊和、楊清喬、林繼昌，國際物流與供應鏈管理 4 版，滄海書局，民國 108 年。

7. 沈國基、呂俊德、王福川，運籌管理，前程文化事業有限公司，民國 95 年。

8. 林東清，資訊管理：e 化企業的核心競爭能力，智勝文化事業有限公司，7 版，民國 107 年。

9. 林則孟，生產計畫與管理，2 版，華泰文化事業股份有限公司，民國 101 年。

10. 股感知識庫網站：https://www.stockfeel.com.tw，價值鏈分析－從企業內部活動找尋競爭優勢，民國 104 年。

11. 股感知識庫網站：https://www.stockfeel.com.tw，拆解企業內部活動 尋找自己的競爭優勢，民國 110 年。

12. 郭幸民，供應鏈協同規劃與作業，英國皇家物流與運輸協會 CILT 供應鏈管理主管國際認證課程資料，民國 105 年。

13. 張福榮，圖解供應鏈管理，五南圖書，民國 104 年。

14. 許振邦，採購與供應管理，智勝文化事業有限公司，5 版，民國 107 年。

15. 葉清江、賴明政，物流與供應鏈管理，全華圖書，民國 103 年。

16. 鄭榮朗，工業工程與管理，6 版，全華圖書，民國 107 年。

17. 鄭榮朗，生產作業與管理，5 版，全華圖書，民國 107 年。

18. Ananth V.Iyer, Sridhar Seshadri and RoyVasher 原著，洪懿妍 譯，TOYOTA 豐田供應鏈管理，第一版，美商麥格羅希爾國際股份有限公司台灣分公司，民國 98 年。

19. Lee J. Krajewski, Manoj K. Malhotra, Larry P. Ritzman 原著，白滌清 編譯，作業管理，第 11 版，台灣培生教育出版股份有限公司，民國 107 年。

20. David Simchi-Levi, Philip Kaminsky, Edith Simchi-Levi 原著，何應欽 編譯，供應鏈設計與管理，第三版，美商麥格羅 希爾國際股份有限公司 臺灣分公司，民國 102 年。

21. Christopher Martin(2015),Logistics and Supply Chain Management,Prentice Hal.

22. Dalton,Gregory(1999),"Globalization-Global Gravity",Information Week,p18

23. Edward Frazelle 原著，何應欽 編譯，物流與供應鏈管理，第三版，美商麥格羅 希爾國際股份有限公司 臺灣分公司，民國 102 年。

24. Fawcett, Lisa M. Ellram, JeffreyA. Ogden, (2007), Supply Chain Management: From Vision to Implementation, Prentice Hall,.

25. Frazelle, E. H. (2001), Supply Chain Strategy, McGraw-Hill.

26. Lee, C.C. and Chu, W. H. J. (2005), Who should control inventory in a supply chain?, European Journal of Operational Research, 164, pp 158–172.

27. Lee, H. L., Padmanabhan, V., and Whang, S. (1997), The Bullwhip Effect in Supply Chain, Sloan Management Review, Spring.

28. Stanley E Fawcett, Lisa M. Ellram, Jeffrey A. Ogden, (2007), Supply Chain Management: From Vision to Implementation, 1st edition, Pearson Education.

29. Sunil Chopra, Peter Meindl 原著，陳世良 審訂，供應鏈管理，第四版，台灣培生教育出版股份有限公司，民國 100 年。

30. Tom Mc Guffry, Electronic Commerce and Value Chain Management,1998.

31. Van der Hoop, J.H.(1992), "Global Logistics － What's So Specific?" Council of Logistics Management :Annual Meeting Proceeding, pp.135-146

32. William J. Stevenson, (2007) Operations Management, 9th edition, McGraw-Hill Education.

供應鏈生產管理

本章重點

1. 說明製造策略，有關計畫生產 (Make-to-Stock, MTS)、接單生產 (Make-to-Order, MTO)、接單組裝 (Assembly-to-Order, ATO)、接單設計 (Engineer-to-Order, ETO) 四種製造策略的特色與重點。

2. 說明製造策略，有關連續式生產 (Continuous production)、批量式生產 (Batch production)、零工式生產 (Job shop production)、專案式生產 (Project production) 四種生產型態的特色與重點。

3. 瞭解總體規劃及考量的因素。

4. 說明主排程規劃 (Master Scheduling) 及特性。

5. 說明物料需求規劃 (Material Requirement Planning) 的架構及方式。

6. 說明產能規劃 (Capacity Planning)。

7. 說明瓶頸控制及避免瓶頸製程產能浪費的對應方式。

8. 瞭解現場排程規劃 (Shop Floor Scheduling) 與派工的法則。

2-1 供應鏈生產管理的基本介紹

生產 (Production) 是一個從投入 (Input)，經過製程轉換 (Process)，到產出 (Output) 的過程；經由此依程序，會創造或改變產品或服務的效用 (Utility)，使產品或服務的附加價值(Value)得以提升。以下針對生產系統、生產計畫及生產方式，依序說明如下：

一、生產系統的介紹

所謂的生產系統 (Input-Process-Output, IPO)，乃是指一套有效將資源轉換為產品或服務的機制。此套機制當中，另設定資訊回饋的管道，以將轉換過程回傳給系統。生產系統內的主要元素包含投入、加值過程、產出、及回饋與控制四大項（圖 2.1）。分別敘述如下：

「投入」意指將生產資源投入的作業。對製造業來說，資源指的是生產過程中所需要的元素，例如：原物料、機器、廠房、模具、人員、水電氣等；對服務業來說，資源指的是服務過程中所需使用的元素，例如：店面、服務人員、廣告與宣傳、道具或服裝等；對於農業來說，資源指的是生長過程中所需要的元素，例如：種子、肥料、灌溉水或農具等。

「產出」意指產品的完工或服務的完成。對製造業來說，產出代表具體的實體，例如：電腦、冰箱、汽車等生產完成的產品；對服務業來說，產出代表某次被服務的感覺與經驗，例如：享受一次美食、聽完一場演說、體驗一次理髮、完成一次購物等；對農業來說，產出代表農作物的收成，例如：採收了當季的蔬菜或水果等。

至於「加值過程」是指資源被有效轉換為具備市場價值的產品或服務的過程。以製造業來講，例如：家電公司的產線將零組件透過作業人員與機台進行生產組裝的所有步驟；以服務業來講，例如：一場演說的過程中，演講者的專業論點不斷透過麥克風傳遞給聽眾的過程；以農業來講，例如：農夫透過撥種、施肥、採收等步驟將農作物辛苦栽種出來的過程。

最後是「回饋與控制」的部分，意指透過資訊管道將生產過程與產出結果通知規劃者，用以協助規劃者掌握與調節進度，使之達成預期的產出。以製造業來講，例如：現場人員將產出結果回饋給 ERP 系統，以便規劃者掌握生產實績；以服務業來講，例如：演講過程中演講者透過語言與聽眾進行互動，以了解聽眾是否接收演講者提出的觀點；以農業的觀點，例如：農夫觀察農作物的生長過程以決定施肥與澆水的份量等。

以上簡單敘述生產系統中的四大元素。因為生產系統的最終目的是為了產出具備市場價值的產品或服務，如果產出的結果不具備市場價值的話，那就失去了生產的意義了，不如讓資源停留在原來的狀態。

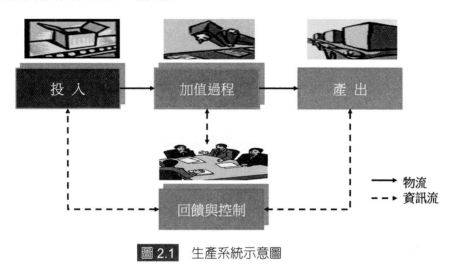

圖 2.1　生產系統示意圖

二、生產計畫的架構

　　企業為達永續經營的目的，必定得設定具體的經營方向，以當作公司整體的經營目標，此為所謂的「企業目標」。而為了將此目標完整實現，公司高階主管亦會為公司設定可量化的營運目標，主要為營收目標與獲利目標兩項。銷售主管根據此營運目標展開具體的「銷售計畫」，以輔助企業目標的實現。另外，生產管理主管亦根據上述「企業目標」與「銷售計畫」，在經濟性與可達性的考量下，另外提出「總體規劃」。以上可視為一般公司的「長期計畫」內容。

　　當然，要讓公司「長期計畫」實現，自然需要「中期計畫」的支持，尤其是「主排程規劃」與「物料需求規劃」。規劃人員根據「出貨計畫」當中的需求數量與需求時間展開「主排程規劃」活動，並且制定「主生產排程」(Master Production Schedule, MPS) 與「物料需求規劃」(Material Requirement Planning, MRP)，用以明確指示材料的購入計畫與成品的生產計畫。當然上述規劃項目都必須適當的檢核產能的供給能力，以確保產能供給不虞匱乏，此部分產能檢核包含「資源規劃」、「粗估產能需求規劃」與「產能需求規劃」三項。

　　最後根據製造現場的資源限制，包含人員、機台、工具等，將上述中期計畫的內容展開為「現場排程」，並設定適當的材料與半成品的投入時間與數量。最後再由規劃人員確認最終的生產實績，並且回饋到「出貨計畫」進行比對，以確認出貨需求已經被滿足。當然，若有任何需要，亦可進行適當的調整。

上述生產計畫的架構，如圖 2.2 所示當中，我們可以發現生產計畫的功能之間存在很強的上下階層關係：上層功能需要下層功能的有力支持才能順利達成；下層功能需要上層功能的具體指示才能夠有效展開。後續的章節中，將說明上述架構當中的關鍵功能，包含「總體規劃」、「主排程規劃」、「物料需求規劃」、「產能規劃」、「現場排程」等，請參考後續章節。

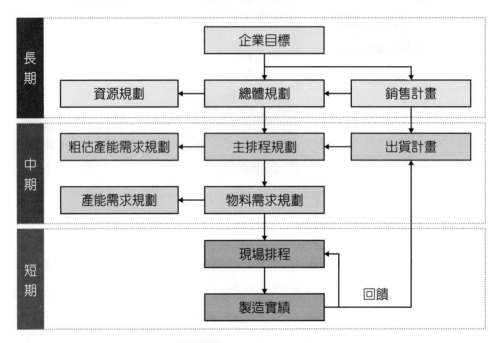

圖 2.2　生產計畫架構圖

三、生產策略 (Production Strategy)

因應市場環境需要，不同的產業會制定不同的生產策略以對應客戶與市場的需求。以下說明產品定位策略策略與製程定位策略，各有不同的運作機制及特色，分敘述如下：

（一）產品定位策略 (Product Positioning Strategy)

意指企業面對客戶，對於產品製造與交貨時間（前置時間）的滿意度所因應的策略。換言之，前置時間長則客戶等待時間較長，無法立即取貨；前置時間短則客戶等待時間較短，可以較快取貨。產品定位策略可分為下列四種，依序說明如下：

1. 計劃生產 (Make-to-Stock, MTS)

客戶訂單尚且沒有確認之前，先以預測量來制定生產計畫，完工之後放置於倉庫內，若客戶訂單一確認就可以馬上出貨，故供貨的前置時間相當短促。此種製造

策略適用於少樣多量的產業環境中，其需求量穩定且通常為標準產品，故即使以預測量進行生產也不必太擔心呆滯風險。

2. 接單生產 (Make-to-Order, MTO)

確定接收客戶訂單後才將需求納入生產計畫中，並且追蹤生產進度與安排出貨計畫。此種策略大都應用於多樣少量的產業環境中，其需求量不穩定且產品樣式繁多，因此需求不容易精準預測，貿然進行生產將容易變成呆滯，故只能等到客戶訂單確定之後再安排生產。然而也因為如此，其供貨的前置時間比 MTS 增長許多。

3. 接單組裝 (Assembly-to-Order, ATO)

此種製造策略首先設定製程當中最關鍵的零組件（或最關鍵的製程），並將此關鍵零組件（或關鍵製程）的製程位置定義為製程分界點，分界點之前採用 MTS 策略；分界點之後則採用 MTO 策略。前段依照此關鍵零組件（或關鍵製程）進行預測、採購、生產，並將完工後的半成品放置到倉庫 (MTS)。等待正式接收客戶訂單之後，再根據客戶需求由倉庫領取完工的半成品，以進行剩餘製程的加工與製造 (MTO)。此種組合式策略結合部分 MTS 與 MTO 的優點，除了可以加速對應客戶需求之外（縮短供給前置時間），也可以減少呆滯料的風險。

4. 接單設計 (Engineer-to-Order, ETO)

此種製造策略乃是接單生產 (MTO) 的延伸。作業內容不僅包含生產製造的需求，也將開發與設計的需求統一下單給製造商。此種製造策略的優點在於客戶可以減少開發成本的投入，並且妥善利用供應商的設計資源與製造資源進行整合性的作業，以達成快速的開發與量產的效益。雖然客戶下單到實際收貨的總體時間將因此拉長，但是考量前端開發成本的節省，仍有機會獲得經濟性的效益。客戶可以進行仔細評估與考量之後，決定是否委託製造商設計。

不同的產業特性適用不同的製造策略，其決定的主要力量在於市場機制。汽車業一開始為傳統的製造業，產品主要以大量生產的標準產品為主，消費者沒有選擇產品樣式的權利，屬於計畫生產 (MTS) 的製造策略。然而時至今日，汽車業已經演變為可以提供消費者網路下單的方式，消費者可以透過網路勾選喜歡的式樣，包含汽車顏色、內裝款式、安全配備等。汽車業儼然變成接單生產 (MTO) 策略。另外，半導體代工業原本也只是將客戶設計的商品進行生產製造的行業 (MTO)，現在卻也演變為可以接受客戶委託設計，然後接著生產與製造的行業 (ETO)。類似的轉變悄悄地在各行各業中發酵，有些已經成型，有些則正在發展中。

另外，我們可以觀察上述四種不同的製造策略在交貨時間上明顯的差距。MTS已經將成品製造完成並且放置在倉庫中，客戶下單之後只須包裝與運輸即可出貨，故供貨時間只剩物流作業而已，是最短的一種策略；ATO 則是接單之後必須進行後段加工，因此供貨時間除了物流作業之外，另外還需要一部分的生產作業，故供貨時間相對長了一些；MTO 的供貨時間包含完整的生產作業，因此供貨時間再比 ATO 略長了一些；至於 ETO 則是由開發與設計作業起算到生產完成，因此供貨時間包含設計、生產、以及物流時間，故供貨時間為所有製造策略當中最長的一種。如下圖 2.3 所示。

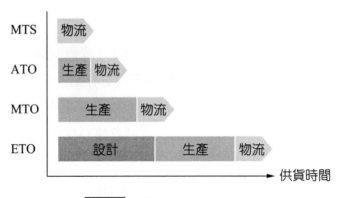

圖 2.3　各種生產策略的比較

為了強化 ETO 的供貨時間效率，一種同樣源自接單生產 (MTO) 的強化策略因應而生，稱之為客製化生產 (configuration to order, CTO)。MTO 主要對應少量多樣的產業環境，但受限於生產能力，其可提供給客戶的產品種類仍屬有限。CTO 則是致力於補足此方面的不足，透過開發資料庫的整合與設計，除了提供更多樣式的產品之外，另外也允許客戶提出新的樣式。不僅如此，CTO 致力於縮短供貨交期時間，其改善措施包含協同設計與開發、增進預測精度、強化生產製造效率、提升物流配送效率等。希望藉由全面性機能的展開，有效縮短開發設計時間與交貨時間。

（二）製程定位策略 (Process Positioning Strategy)

意指針對產品的生產流程，依據設備使用時間的長短與重複性來區分，面對需求數量穩定且產品種類標準化的產業，其生產型態通常為連續式生產或批量式生產的型態；反之，若需求量變化大且產品種類繁多的產業，其生產型態則為零工式生產或專案式生產的型態，甚至可能只生產一件而已。而連續式生產或批量式生產在生產數量上，比零工式生產或專案式生產的批量大許多。製程定位策略可分為下列四種，依序說明如下：

1. 連續式生產 (Continuous production)

   大量且連續生產特定標準化產品（少樣多量）的生產型態，通常一條生產線只生產一種產品，因此很少發生整備成本 (Setup Cost) ，例如石油產品之生產。廠間或廠內的物流配送以管線或輸送帶，以達到快速生產的目標。製造策略通常為計畫生產 (MTS) 為主，配合需求預測來制定生產計畫，並於完工後堆置於倉庫，等待客戶實際訂單確認後再出貨。

2. 批量式生產 (Batch production)

   同樣為大量生產的型態之一，其整備費用高且整備時間久，因此每次開機生產某種產品，規劃者通常會安排持續生產數個小時甚至數天的時間，以減少頻繁的產品切換造成產能的浪費。

3. 零工式生產 (Job shop production)

   相對於上述兩項，零工式生產主要用以對應產品種類繁多或產品規格差異大的產品。因此客戶每次訂購的批量也不若上述兩者那麼龐大，最少甚至只有一件而已。這樣的生產需求，製造現場將同類型或同功能的機台組成相同的工作站，以提供類似或同款的服務與作業。例如同樣都是焊接的機台，可以將自動焊接與手動焊接聚集在一起，以組成焊接工作站。除了簡化管理之外，也可以簡化生產物流動線。

4. 專案式生產 (Project production)

   當發現既有的生產流程已經無法滿足某一高度客制化的需求時，規劃者會重新編列一組特定的資源（人員與設備），來滿足此一特別需求的生產型態，稱之為專案式生產。例如：興建一棟新購物商場，或建造一艘太空梭等。

   上述四種生產型態當中最顯著的差異點就是生產批量：連續式生產為四者當中最大，其次是批量式生產與零工式生產，最後為專案式生產（圖 2.4 所示）。雖然生產型態主要受限於市場機制，但是少部分因素也是因為製程與設備上的限制。舉例來說，某化學工廠的主要製程為化學品的凝固作業，此凝固時間至少需要六個小時的烘烤才能完成，因此該製程的生產批量即朝向最大批量來設計，這樣才能一次烘烤比較多的半成品。

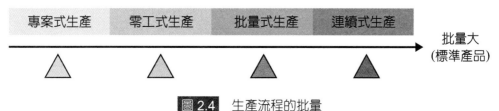

圖 2.4 生產流程的批量

| 2-2 | 主排程規劃與物料需求規劃 |

　　總體規劃 (Aggregate Planning) 係決定未來 1~3 年各產品族之生產與資源的分配計畫，以達到需求與供給之間的平衡。其考慮的因子包含銷售部門的預測、競爭者行為、經濟環境、原物料取得、產能來源等因素。總體規劃目標除了滿足未來的需求之外，亦要規劃適當的生產水準與庫存水準以及產能的供給狀況。

一、總體規劃的考量因素

　　總體規劃作業中考量的因素大致上可以區分為外部因子（例如：經濟環境）與內部因子（例如：存貨水準）。一般公司對於內部因子的掌握度通常優於外部因子，是故規劃作業可以完整將內部因子納入考量，但是對於外部因子卻時有忽略，或以假設條件簡單帶過而已。

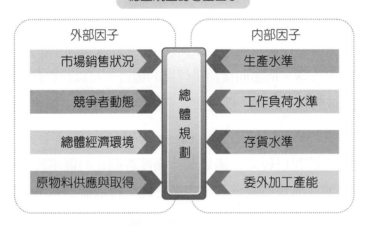

圖 2.5　總體規劃考量因素
參考資料：歐宗殷（民 106）

（一）總體規劃的主要功能

　　總體規劃係屬於長期規劃，因此規劃越完整周詳，越有助於下層規劃的展開與執行。另外，總體規劃乃為所有生產管理活動展開的第一階段，諸多重大生產計畫與決策制定都依此規劃逐一展開，像是評估現有產線稼動狀況、或是評估增設新生產線等。此方面的決策，牽涉到公司資本投資回收的表現，故也常常以成本與效率的觀點來檢討，以求最適決策的確立。總體規劃的主要功能分述如下：

1. 提供管理者使用資源之依據，避免發生資源閒置或過度負荷，進而降低生產成本。

2. 透過銷售預測以使生產資源完成更適切的分配，除了滿足客戶需求，並支持與實現銷售計畫。

3. 在需求變動大或季節性的不穩定環境下，幫助提早完成產能分配。

4. 製造資源不足時，幫助充分使用資源以獲得最大產出，或者提出產能擴充計畫以跨大獲利。

（二）總體規劃的供需策略

總體規劃的供需策略主要的策略有三：分別為追逐需求策略、平準化產能策略以及外包生產策略如表 2.1，依序說明如下：

1. 追逐需求策略 (chase strategy)

如圖 2.6 所示，又稱需求匹配 (demand matching) 隨著市場需求的波動，廠商須設法調整產能與需求同步，亦即隨市場需求的起伏，廠商必須改變產能的大小，以滿足市場需求，採用追逐需求策略的三個理由：

(1) 產品存貨成本高昂。

(2) 產品容易陳腐，故不能存貨太久。

(3) 產品壽命周期太短，容易過時，故不宜堆積存貨。

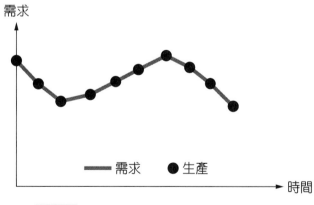

圖 2.6　追逐需求策略（Chase strategy）

2. 平準化產能策略 (level strategy)

如圖 2.7 所示，在產能固定的前提上，以存貨調節為主要手段，可搭配定價、促銷等需求面因應方法，使產能平準化，而產品必須是能夠儲存的，方可適用此一策略。

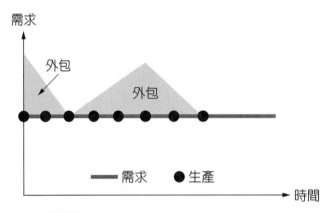

圖 2.7　平準化產能策略（level strategy）

3. 外包生產策略 (subcontracting)

如圖 2.8 所示，在不輕易裁員使員工工作穩定的前提下，以加班和調整工作時數爲主要手段，當然亦可配合需求因應方法，因此生產規劃僅是以平均最低需求量作爲產能的規劃標準，一旦需求大於產能，就委由外包來生產。

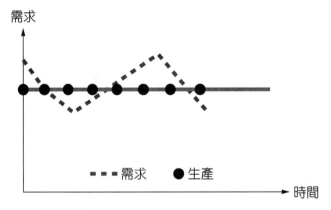

圖 2.8　外包生產策略（subcontracting）

表 2.1　追逐產能、平準化及外包生產策略之優缺點

特點策略	產能	優點	缺點
追逐產能策略	隨著市場需求的波動，廠商須設法調整產能與需求同步。	1. 幾乎零庫存。 2. 產品品質優良。 3. 員工的技能與彈性需要不斷提升。	1. 頻繁的調整產出率。 2. 爲滿足需求的波動，必須容忍在需求較低時的低人員使用率及低機台使用率。

| 平準化產能策略 | 在產能固定的前提上，以存貨調節爲主要手段。 | 1. 穩定產出。
2. 穩定的人員使用率。
3. 資源利用率穩定。 | 1. 存貨成本提高。
2. 處理存貨會增加加班時間與閒置時間。
3. 容易忽略品質問題。 |
| 外包生產策略 | 以平穩最低需求量作爲產能的規劃標準，一旦需求大於產能能委由外包來生產。 | 1. 產出更加穩定。
2. 沒有庫存的問題。
3. 穩定的人員使用率。
4. 資源利用率穩定。 | 1. 長期下來會失去競爭力。
2. 所扶植的外包商有可能取而代之。 |

資料來源：[9]、[10]、[13]

例題

新台漁業公司在下一季，接到的鮪魚罐頭訂單需求與每個月的工作天數如下表 2.2 所示，應用：1. 追逐需求策略、2. 平準化產能策略、3. 外包生產策略，計算不同月份，每一天必須生產的數量。

表 2.2　新台漁業訂單需求

項目	訂單需求	工作天數／月
第 1 個月	72,000 個鮪魚罐頭	25
第 2 個月	63,250 個鮪魚罐頭	23
第 3 個月	67,200 個鮪魚罐頭	24

說明

說明如下：

1. 追逐需求策略

   第 1 個月：72,000 個鮪魚罐頭 ÷ 25 天 = 2,880 個／天

   第 2 個月：63,250 個鮪魚罐頭 ÷ 23 天 = 2,750 個／天

   第 3 個月：67,200 個鮪魚罐頭 ÷ 24 天 = 2,800 個／天

2. 平準化產能策略

   (1) 3 個月訂單總需求 = 72,000 ＋ 63,250 ＋ 67,200 = 202,450 個鮪魚罐頭

   (2) 3 個月的工作天數總和 = 25 ＋ 23 ＋ 24 = 72 天

(3) 平均每日生產量 = 202,450 個鮪魚罐頭 ÷ 72 天 = 2,811.8 個鮪魚罐頭

→ 2811.8 個鮪魚罐頭取高斯符號 = 〔2,811.8〕= 2,812 個鮪魚罐頭

3. 外包生產策略

第 1 個月：72,000 個鮪魚罐頭 ÷ 25 天 = 2,880 個 / 天

第 2 個月：63,250 個鮪魚罐頭 ÷ 23 天 = 2,750 個 / 天

第 3 個月：67,200 個鮪魚罐頭 ÷ 24 天 = 2,800 個 / 天

取 3 個月生產量中的最小值：2,750 個 / 天

表 2.3　追逐產能、平準化及外包生產策略－鮪魚罐頭

差異分析 / 日	每月外包數量 = 差異分析 / 日 × 工作天數 / 月
2,880 個 － 2,750 個 = 130 個	第 1 個月的外包數量 ×130 個 × 25 天 = 3,250 個
2,750 個 － 2,750 個 = 0 個	第 2 個月的外包數量 0 個 × 23 天 = 0 個
2,800 個 － 2,750 個 = 50 個	第 3 個月的外包數量 50 個 × 24 天 = 1,200 個

二、主排程規劃 (Master Scheduling)

主排程規劃是一套用來擬訂「產品」或「半成品」於「何時生產」及「生產多少數量」的規劃系統，其產出為「主生產排程」(Master Production Schedule , MPS)。經過 MPS 的計算，可以得到提供訂單以外的「可允交貨量」(Available to Promise, ATP)，讓銷售人員依據此可允交貨量，了解可以接受客戶額外與臨時訂單的時間與數量。

（一）面面俱到的主排程

主排程的規劃結果可視為客戶需求與工廠產能之間的主要溝通橋樑，且因為主排程牽涉到諸多不同的單位，因此主排程規劃人員除了具備生產排程的專業素養之外，另外也必須額外培養「面面俱到」與「瞻前顧後」的細心感度，向各部門進行協調與疏通，以促成公司利益最大化。

主排程規劃幾乎與公司各部門都存在直接或間接的作業關係，因此任何規劃的過程與結果必先進行跨部門溝通與協調，以免造成規劃結果無法實現的困境（如圖2.9所示）。關於主排程規劃與各部門的關係，分述如下：

1. 主排程規劃的結果最主要以滿足客戶需求為首要，因此計畫排定之後，必須知會銷售部門，以獲得該部門對於出貨計畫的認同。

2. 主排程規劃的內容必須由製造部門提供現場資源才能完成，因此主排程規劃結果亦須知會生產製造部門，以獲得該部門對於生產排程的認同。尤其針對產品切換造成的效率損失，更需要妥善溝通以獲得認同與支持。

3. 主排程規劃需要的人力產能與出勤班表必須知會人資部門，以核算人工費用，以及是否違反勞動法令規定。

4. 主排程規劃的結果若牽涉到新產品的上市，必先知會研發部門，以使之及早對應，以免耽誤產品上市時間或拖累市場佔有率。

5. 主排程規劃的結果，若牽涉到產品品質議題，必先請品質單位進行釐清，包含與供應商定義允收規格、與客戶確認品質規範、與製造現場確認生產規格等。

6. 主排程規劃的過程，若牽涉到產品最佳獲利組合的判斷，除了與銷售部門洽談之外，另外也必須請財務部門評估，以掌握公司財務目標的取向，共謀最大的獲利。

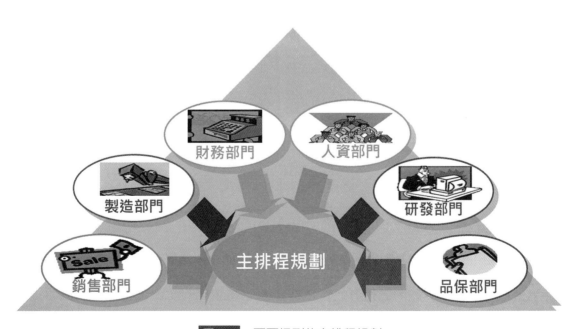

圖 2.9　面面俱到的主排程規劃
參考資料：張保隆等（2006）

除了上述案例之外，事實上，尚且還有其他單位也需要與主排程規劃配合，例如進出口部門必須掌握出貨計畫以安排卡車或船運；總務單位必先知道出勤的班表以安排交通車或預定餐點等，幾乎企業內所有的部門都與主排程規劃有關。

（二）規劃架構

主排程規劃架構的主要輸入參數包含：需求預測計畫、客戶訂單、經銷商訂單、補貨訂單、以及期初的庫存水準等，至於輸出的部分則爲主生產排程 (MPS)、可允交貨量 (ATP)，以及各期別的庫存水準等（如圖 2.10 所示）。

在此規劃過程中，另外包含一部分的產能檢核功能，稱之爲「粗估產能需求規劃」(Rough-cut Capcity Planning)。其做法爲：將主排程規劃結果的產能需求量，比對「瓶頸製程」的產能供給量，若是瓶頸製程的產能供給大於生產計畫的產能需求，代表絕大部份製程的產能供應都是充足的。所謂瓶頸製程指的是生產製程中產能供給最吃緊的製程，如果瓶頸製程的產能供給足夠的話，那麼遑論其他非瓶頸製程了。當然，其他非瓶頸製程並非不需要檢核產能，非瓶頸製程的產能檢核保留到「物料需求規劃」的階段，再由「產能需求規劃」這項功能來確認。

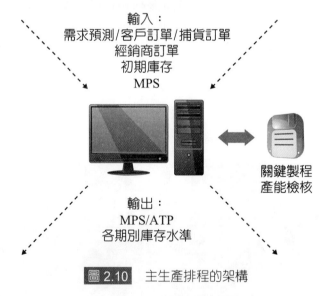

輸入：
需求預測/客戶訂單/捕貨訂單
經銷商訂單
初期庫存
MPS

關鍵製程
產能檢核

輸出：
MPS/ATP
各期別庫存水準

圖 2.10 主生產排程的架構

主排程規劃的特性具備以下幾點，茲分別敘述如下：

1. 只考慮重要產銷因素，例如客戶需求計畫、瓶頸製程的產能供給等，其他非重點因素並非本階段考量重點。

2. 因屬於中期生產計畫，因此規劃時間大約設定爲一季或半年，且規劃週期大都以週爲單位。

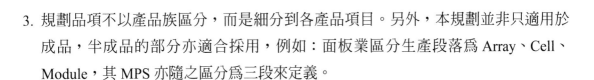

3. 規劃品項不以產品族區分，而是細分到各產品項目。另外，本規劃並非只適用於成品，半成品的部分亦適合採用，例如：面板業區分生產段落為 Array、Cell、Module，其 MPS 亦隨之區分為三段來定義。

MPS 的計算方式採取保守原則進行，其需求量以「需求預測量」與「客戶訂單量」兩者當中的最大值來估算。其中庫存扣除需求量若為負數或零值，則「預計可用量」皆為零值，亦即已經出現供給不足的情況，必須馬上安排生產以補足缺口。然而，生產線一旦啟動生產，有時候會以「需要多少生產多少」的方式進行生產，然而大部分的生產線都會因為生產稼動的效益而制定一個「最小生產批量」，以降低生產線的整備成本。

（三）時間柵欄

依照傳統的生產規劃活動，規劃者必須在主排程規劃活動中訂定三階段的時間柵欄 (Time Fense)，並且分別給予不同的彈性限度（如圖 2.11 所示），以減少計畫變異帶來的衝擊。詳細如下所述：

1. 凍結區域

此規劃期間之內的生產排程禁止任何變動。這樣做的好處在於避免排程變動後引發的連鎖不良效應，例如：新排程所需要的材料供給不足（或過剩）、以及新排程所造成的產能調動引發製造現場的混亂等。

2. 適度變動區域

此規劃期間之內的生產排程可允許微幅的調整，雖然定義為訂單與預測共存的區域，但是未確認的部分必須儘量減少，並且規劃者必須儘快進行確認，以減少排程上的混亂。

3. 可變動區域

此規劃期間之內的生產排程允許自由的調整與變動，銷售單位可以根據供給產能與客戶訂單之間的產能空檔，了解可以向客戶爭取的訂單空間有多少。

以上三段區間，若是越靠近現時點，可彈性調整的空間越小；越遠離現時點，可彈性調整的空間越大。等到時序往前滾動之後，MPS 也會跟著滾動到下一個時區，而所有的計畫都必須重新再確認與調整。

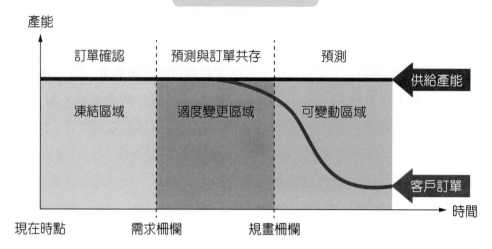

主生產排程的時間柵欄

圖 2.11　主生產排程的時間柵欄與凍結區域示意圖

以生產魔術方塊（玩具）為例，①期初存貨 = 500，②每批 MPS = 1,000，1 月份主生產排程的規劃如下：

表 2.4　魔術方塊（玩具）主生產排程

月份	1 月			
週數	第一週	第二週	第三週	第四週
預計銷量	400	500	600	700
實際訂單數量	450	400	500	600
預計存貨（註 1）	① 50	② 550	③ 950	④ 250
MPS		1,000	1,000	1,000
ATP（註 2）	(1) 50	(2) 600	(3) 500	(4) 400

1. 預計存貨的計算方式（註 1）：

= 現有存貨＋ MPS（當庫存不足時就必須排入生產，最小生產批量為 1,000）－預計 Max 銷量﹛預計銷量或實際訂單數量，取大者﹜

(1) 50 = 500 － 450

(2) 550 = 50 ＋ 1,000 － 500

(3) 950 = 550 ＋ 1,000 － 600

(4) 250 = 950 － 700

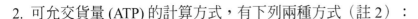

2. 可允交貨量 (ATP) 的計算方式，有下列兩種方式（註 2）：

首先，以期初存貨實際訂單數量，或是 MPS 減去下一個 MPS 排入之前所有實際訂單數量之總和。

(1) 50 = 500 － 450

(2) 600 = 1,000 － 400

(3) 500 = 1,000 － 500

(4) 400 = 1,000 － 600

三、物料需求規劃 (Material Requirement Planning)

物料需求規劃 (Material Requirement Planning) 主要用以承接主生產排程，並且計算滿足主生產排程需要的物料數量及需求時間點。其主要目的在於確保物料供給之穩定，包含如期達交與如數達交兩部分。以下針對 MRP 的輸入與輸出資料、

（一）MRP 的輸入資料

物料需求規劃在輸入資料的部分如圖 2.12，包含主生產排程 (MPS)、物料清單 (Bill of Material, BOM) 及存貨記錄檔，依序說明如下：

1. 主生產排程 (MPS)

又稱主日程計畫，是 MRP 的主要輸入項目，其內容乃根據客戶訂單及市場需求預測、可用存貨數量、到期日及產能等因素，決定「何時生產」及「生產多少數量」。

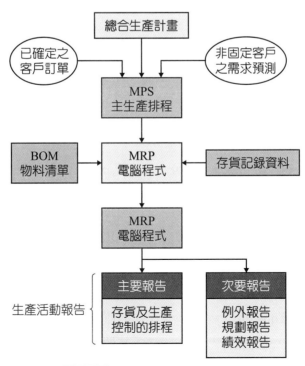

圖 2.12　物料需求計畫運作方式

資料來源：洪振創、湯玲郎、李泰琳（民 105）

2. 物料清單 (Bill of Material, BOM)

所謂「物料清單」為組成某成品 (Finished Product) 所需要的半成品 (Semi-Finished Product)、零組件 (Components) 及原物料 (Raw Materials) 的數量以及樹狀結構表達（圖 2.13）。物料清單應用再製造單位 (Unit) 為個、台、輛等可數單位，同時可作為產品定價分析的依據。例如電腦組裝業、汽車業及機械製造業等產業，而連續流程 (Process Industry) 則以配方 (Recipe) 表示其生產涉及的物料間之關係，例如石化業、飲料業等。

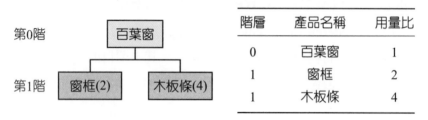

階層	產品名稱	用量比
0	百葉窗	1
1	窗框	2
1	木板條	4

圖 2.13　百葉窗　物料清單（BOM）結構圖

例題

產品 X 之產品物料清單 (BOM) 結構圖如下，請試算各零組件 J、M 與 N 之個別需求量為？

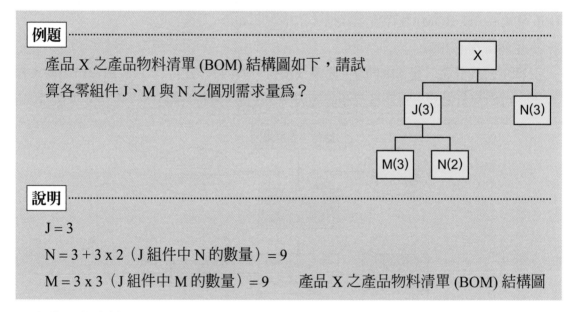

說明

J = 3

N = 3 + 3 x 2（J 組件中 N 的數量）= 9

M = 3 x 3（J 組件中 M 的數量）= 9　　產品 X 之產品物料清單 (BOM) 結構圖

3. 存貨紀錄資料

主要包含每一物料、半成品的存貨狀況，用以決定淨需求，每發生異動時（如收料，發料），都必須改變個體存貨項目的狀況。存貨記錄資料應包括下列項目：

(1) 零件編號 (Part number)。　　　　(4) 成本資料 (Cost data)。

(2) 庫存量 (On-hand quantity)。　　　(5) 前置時間 (Lead time)。

(3) 在途量 (On-order quantity)。　　　(6) 其他可能資料。

（二）淨需求計算

1. 決定各料件的毛需求：根據客戶訂單及市場需求預測，在不考慮現有庫存與在途庫存數量的情況下

> **毛需求＝主生產計畫需求量／（1－料件不良率）**

2. 計算各料件淨需求：

> **毛需求－（現有庫存量＋在途庫存量）**

註：現有庫存餘額以良品為主，不包含呆料與廢料。

例題 ....

某物料品項毛需求為 100 件，現有庫存量 35 件，在途庫存量為 25 件，則淨需求數量為何？

說明 ....

淨需求＝毛需求－（現有庫存量＋在途庫存量）

　　　　＝100 件－（35 件＋25 件）

　　　　＝40 件

（三）輸出資料

MRP 軟體運算後產生的書出資料包括：

1. 主要報告：A. 計劃訂單日程表、B. 訂單的開立、C. 訂單的修改。
2. 次要報告：A. 績效控制報告、B. 計劃執行報告、C. 例外報告。

最後依據 MRP 的執行結果，分析各個計劃期間各項生產訂單對於人員及設備產能的需求，預先針對相關產能加以安排及規劃。

（四）MRP 資料更新與維護方法

物料需求計畫的資料更新與維護方法分為再生法 (Regenerative) 與淨變法 (Net Change) 兩種方法，其做法與優缺點如表 2.5 所示：

表 2.5　物料需求計畫資料更新與維護方法比較

比較	再生法（Regenerative）	淨變法（Net Change）
作法	每隔一段時間（例如：一週或一個月），在物料需求發生變動時，根據新的資料，將整個物料需求計畫重新計算一次。	僅針對物料需求計畫中有發生變動的相關物料項目予以更新。
優點	1. 處理成本較淨變法爲低。 2. 可省去由於資料相互抵消，所需重新修訂等工作。	可提供最即時的資料給決策者。
缺點	無法提供最新的資料給決策者。	處理成本較高。

參考資料：鄭榮郎（民 107）、葉保隆（民 102）

（五）批量決策方法 (Lot SizingTechnique)

上述案例中使用的生產批量爲需求多少生產多少的策略，也就是所謂的「批對批」的方式。事實上，物料需求規劃在生產批量的設定有四種方式，包含逐批訂購、經濟批量、最低成本法、定期訂購法四種（表 2.6）。簡單說明如下：

表 2.6　物料需求規劃的批量方法

方法	優點	缺點	實用性
批對批	沒有庫存成本	將產生較高的換線成本	低
經濟批量	計算方式不困難	須比較過才能確定成本是否適當	中
最低成本法	成本最低	計算繁雜且計算成本大（計算時間冗長）	低
定期訂購法	計算方式最容易且成本適當	不確定過去經驗是否適用現行	高

參考資料：張保隆等作者 (民 100)

1. 逐批訂購法 (Lot-for-Lot)

   訂購量的多寡完全由淨需求決定，優點是持有成本最低，沒有庫存壓力。缺點如下：

   (1) 生產線的切換頻率高，容易產生較高的整備成本 (Setup Cost)。

   (2) 每次訂購量不同，無法以批量訂購、以量制價的方式取得採購上的折扣優惠。

2. 經濟批量 (Economic order quantity, EOQ)

   根據經濟訂購批量 (EOQ) 的公式來決定訂購量，目的在使總成本（訂購成本＋儲存成本）最小化。此法的優點是計算方式並不困難，但缺點是計算結果與實際情

境，存在很大的不確定性，因為每期的需求量並非穩定的固定數值，故無法確定平均需求量的代表性，也就是說規劃者無法保證此法帶來的效果。

$$EOQ = \sqrt{\frac{2DS}{H}}$$

　　其中 D= 單位時間平均需求，S= 每次整備成本，H= 每單位持有成本

3. 最小總成本法 (Least Total Cost, LTC)

顧名思義，是以最小的成本為目標進行計算，是比較持有成本與整備（或訂單）成本，將｜總訂購成本－總持有成本｜取絕對值後，當計算結果趨近於 0 時，得到在計畫期限 (Plan Horizon) 內最低總成本要求（即為最佳訂購策略）。此法計算過程繁雜，若是小型工廠的計畫，此法尚且能夠對應；若是中大型工廠的計畫，此法的計算規模勢必非常龐大，其運算將耗費相當冗長的時間才能獲得結果，實務上不容易執行。

4. 定期訂購法 (Fixed-period Ordering)

乃是根據過往的經驗得知相對可接受的生產量，計算方式為本期的需求量除上過去一年的平均生產量之後，得到平均每次生產的期別數。本法的優點在於計算相當容易，但缺點則是過去經驗不一定適用於現在，故無法確定是否已經達到最佳化。然而，因為計算容易，因此廣為一般產業界所採用。如表 2.7 所示：訂購期為 3 個計畫期間，每次均訂購 3 期的訂購量。因此，將第 1 期淨需求 25 單位、第 2 期淨需求 20 單位及第 3 期淨需求 40 單位加總後，於第 1 期發出總合 85 單位的訂單發出量，第 4 期之後依此類推，每 3 期合併其需求來發出訂單。

表 2.7　定期訂購法

期間	1	2	3	4	5	6	7	8	9
淨需求	25	20	40	35	10	0	20	20	5
訂單發出量	85			45			45		

（六）MRP 對於生產管理的效益

　　物料需求規劃儘量避免可因為客戶訂單頻繁的變動就增加庫存備料，因為如此的控管方式，反而最容易造成呆滯庫存，甚至影響企業營運資金的週轉與調度，造成財務風險。MRP 系統對於生產管理的效益如下：

1. 降低在製品庫存。
2. 精確掌握主生產排程計畫的產能需求與物料需求資訊。
3. 有效控管生產前置時間。

2-3 　產能與現場排程規劃

　　產能規劃屬於生產計畫的一環，用以確保產能供給可以對應需求，避免計畫因為產能不足而無法實現。本章節將產能規劃區分為兩大主題，分別為：產能的意義與衡量、以及瓶頸控制。

一、產能的意義與衡量

　　基本上產能可分為下列三種：

1. 設計產能 (Design Capacity, DC)
   意指工廠內所有生產機台，在最完美的情況下，不考慮缺料、人力支援不足或機臺故障等情形下，將所有工時都用於生產，依照標準工時或標準產量計算其所能達到的最大產出，又稱理想產能產 (Ideal Capacity) 或基本產能 (Basic Capacity)。

2. 有效產能 (Effective Capacity, EC)
   在考慮產品組合改變、機器設備保養、排程及生產線平衡等實際狀況後，可能達成的最高產出，一般有效產能小於設計產能。

3. 實際產能 (Actual Output, AO)
   在實際生產情況下達成的最高產出，但因機器、設備故障或人員技術差異等因素常使實際產能小於有效產能。

　　根據上述三種產能的衡量，可以推導出生產管理的作業績效指標：

1. 生產效率 (Efficiency) = 實際產能 (AO) / 有效產能 (EC)
2. 產能利用率 (Capacity Utilization) = 實際產能 (AO) / 設計產能 (DC)

> **例題**
>
> 某食品工廠每天鮪魚罐頭的設計產能為 1,000 罐，有效產能為 800 罐，實際產能 750 罐。試問：
>
> (1) 生產效率為多少？
>
> (2) 產能利用率為多少？
>
> **說明**
>
> (1) 生產效率 = 750 罐 /800 罐 = 93%
>
> (2) 產能利用率 = 750 罐 /1,000 罐 = 75%

二、影響產能的因素

影響有效產能的主要因素有下列幾項：

1. 設備因素：包括維修工具是否齊全，數量是否足夠；位址因素，如維修點與收件門市的距離；環境因素，如維修環境的光線與通風。

2. 產品與服務因素：如維修工程師負責維修的項目的多寡。

3. 製程因素：包括維修的收、送件流程；維修問題的評估；與消費者溝通的流程。

4. 人為因素：員工維修技術的提升、員工的工作滿意度、缺席率。

5. 政策因素：工作時間是否需要調整、是否需要加班或採輪班制。

6. 作業因素：料件的存貨決策，排程問題。

7. 供應鏈因素：運輸與維修時間是否適配、維修收件門市的產能。

8. 外部因素：政府的環保政策、工會的限制條款。

另外產能規劃在服務業的應用範圍可以相當廣泛，但目前大部份的服務業因組織架構的關係，導致服務產能無法依流程而串連起來進行管理，因此為有效落實產能規劃可應用於服務業，使顧客的服務需求品質及投入的服務供給能獲得平衡且保持穩定。服務業的產能規劃與製造業比較，所面臨的挑戰，主要有三個因素：

1. 服務必須靠近顧客，且考慮顧客的便利性。因此，產能必須和位置一起考量。

2. 服務是無法儲存的，因此，產能維持的成本和客戶所能獲得的服務品質之間的取捨將成為一大挑戰。

3. 服務的需求是反覆無常的，在需求的時機和所需的服務時間，都會因為顧客的不同而產生差異。

服務業是一個需求隨時間變化快速，且尖峰與離峰差異明顯的產業，為滿足顧客需求，服務業者通常會準備滿足尖峰需求的服務容量，雖然這種方式可滿足尖峰時的顧客需求，但當需求離峰時，則會有服務容量大量閒置的現象。在這種兩難的情況下，一方面想增加服務容量，一方面又怕離峰時服務容量的閒置，因此思考如何經由「服務容量利用率」的管理，提高服務容量之使用。一般最佳的作業點約在最大產能的 70%，如此才能使服務者能夠忙碌，且又有足夠的時間服務顧客，並保持足夠的產能以免調度上的困難。

三、限制理論 (Theory of Constrains, TOC)

限制理論為一全方位的生產管理哲學，強調「瓶頸工作站」會限制整體的產能，生產系統隨產業別不同而存在差異，有的產業具備數百道製程與數十種不同機器（如電子業）；有的產業卻只有寥寥可數的製程與機器（如傳統產業）；有些產業甚至完全沒有機器產能（如金融業）。無論製造業或服務業的流程管理，都適用「瓶頸控制」的概念，即透過管理瓶頸製程的方式來掌控整體生產系統的實質產出，可以達成三項企業整體營運目標：(1) 增加系統的產出；(2) 降低整體庫存水準；(3) 降低整體作業費用。

事實上，瓶頸控制的概念已經被推廣一段時日，此概念一開始發跡於製造系統當中，後來慢慢被推廣到所有的產業，無論生產製造、專案管理、服務仲介，都適用此一概念。

生產系統當中產能最吃緊的製程即可定義為「瓶頸製程」，至於其餘的製程都可被稱為「非瓶頸製程」。一個生產系統當中通常只有一個瓶頸製程，但是少部分的情況，例如兩個製程的供給產能在伯仲之間，那麼該生產系統可能會存在兩個瓶頸製程。關於瓶頸製程與生產系統之間的關係，茲以下圖 2.14 的案例來進行說明：

1. 假設投入的速度 > 瓶頸製程的產出速度，那麼增加投入的速度無助於提升整體系統的產出速度，若投入站本身就是該生產系統的瓶頸製程則除外。
2. 假設非瓶頸製成的產出速度 > 瓶頸製成的產出速度，那麼提升非瓶頸製成的速度亦無助於提升整體系統的產出速度。
3. 瓶頸製成的產出速度 = 整體生產系統的產出速度，因此提升瓶頸製程的速度等於提升整體生產系統的產出速度。

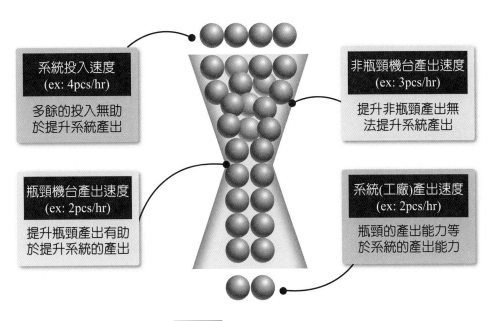

圖 2.14　瓶頸控制的觀念

　　前述已經對瓶頸製程做了基本的介紹與討論，那麼接下來就是如何透過瓶頸製程的保護來確保與提升生產系統的產出呢？這個問題的答案可以分成「基本面」與「積極面」兩項分別討論。

　　「基本面」的重點在於「避免瓶頸製程產能的浪費」。因為瓶頸製程的利用率最高，因此她的產能也最珍貴，絕對不可有絲毫的浪費產生。以下為幾種瓶頸製程的浪費形式與對應方式：

1. 加工浪費
   (1) 不良品流入瓶頸製程造成加工浪費 ⇒ 瓶頸製程前設定檢查站
   (2) 瓶頸製程自身加工不良造成浪費 ⇒ 瓶頸製程品質提升
2. 閒置浪費
   (1) 材料不及供給造成停工（等待材料）⇒ 瓶頸製程物料計畫檢核
   (2) 人員不及操作造成停工（等待人員）⇒ 瓶頸製程人力派工檢核
   (3) 模具不及設定造成停工（等待模具）⇒ 瓶頸製程模具派工檢核

　　至於「積極面」的重點在於「提升瓶頸製程的產能」。因為瓶頸製程的產出能力制約整體系統的產出能力，因此提升瓶頸製程的產出能力，就等於提升整體系統的產出能力。以下為幾種提升瓶頸製程產能的方式：

1. 既有產線的產能擴充

    (1) 瓶頸製程加工速度提升（單位時間產出增加）。

    (2) 瓶頸製程有效作業時間提升（減少故障與保養頻率、縮短修復時間與保養時間）。

    (3) 瓶頸製程作業效率提升（自動化物流設備導入、快速模具更換系統導入）。

2. 非既有產線的產能擴充

    (1) 關鍵製程外包給公司以外的產線進行生產。

    (2) 增購關鍵製程的機台、擴編關鍵製程的人員、興建新生產線等。

　　上述「既有產線的產能擴充」牽涉到的資本投資通常比「非既有產線的產能擴充」成本低廉。因此，建議先以「既有產線」為優先考量。若確實無法提升、或者已經提升到了一定極限，再改為「非既有產線」。

四、現場排程規劃 (Shop Floor Scheduling)

　　現場排程規劃承接中期規劃結果（主生產排程與物料需求規劃），並且考量現場的實際情況（例如：人力出勤狀況、模具供給狀況、整備的狀況等）後將此中期規劃結果轉換為製造現場可執行的細部排程計畫，然後依此下達工作指示（工單），以完成預定生產目標、滿足客戶出貨需求。

　　現場排程規劃的目的，主要以實現主生產排程與物料需求計畫為目標，但也要兼顧現場生產績效指標。基本的現場生產指標包含：提高產能利用率、縮短生產週期時間、降低庫存水準、減少整備成本等。

　　一般而言，現場排程與主排程之間通常存在些許的緩衝 (buffer)，允許生管人員依據現場實際的狀況進行微幅調動，包含原料何時投入與生產等。現場排程包含投料作業與派工作業兩大項目，其中投料 (Releasing) 作業內容為「挑選適當工作投入製造現場的過程」，而派工 (Dispatching) 作業內容為「挑選適當的工作於適當的機台進行加工的過程」，上述兩者都是為了確保指定工作可依照需求於期限內轉換為成品的必要程序（如下圖 2.15 所示）。

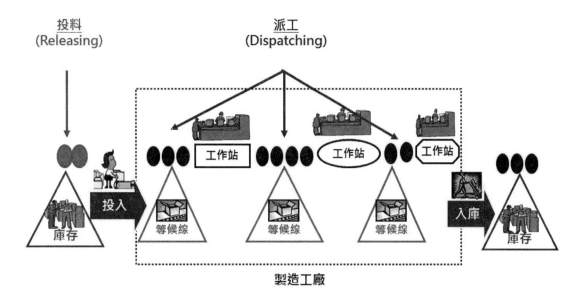

圖 2.15 投料與派工示意圖

一般投入計畫的資訊包含：投入的原料種類、投入的數量、投入的時間點、以及投入的優先次序。常見的投料法則如表 2.8 所示：

1. 只考慮交期的投料法則

   此法依據「交期剩餘天數」來設定投料的優先次序。其主要考量點僅止於滿足客戶交期，是故「交期」為此法則的唯一參數，距離交期最急迫的工作，其投入生產的優先權越高。

2. 兼顧交期與作業時間的投料法則

   此法依據「交期剩餘天數與作業剩餘時間的比值」來判定。除了交期之外，此法另外考量作業時間，必需利用兩者剩餘天數的比值進行比較，比值越小代表越急迫，故投入的優先權也越高。

3. 考慮在製品水準的投料法則

   此法先依據「交期剩餘天數與作業剩餘時間的比值」來設定優先次序，但必須確定在製品水準水準低於目標值的時候，始可根據上述優先次序進行投料。理想的在製品水準，主要可以幫助工件快速通過生產流程，減少工件逗留於生產系統，這樣的結果也將協助生產系統建構合理的庫存水準，間接成就合理的現金週轉率。至於合理的在製品水準，以不讓瓶頸製程斷料為原則來設定，也就是以「投入點到瓶頸製程之間的在製品水準」為在製品庫存水準的目標值。當在製品水準低於此目標值的時候，始可投入新的原物料。

表 2.8　投料法則考量項目

項次	考量項目 名稱	交期	作業時間	在製品水準
1	交期投料法	☆		
2	交期與作業時間投料法	☆	☆	
3	在製品水準投料法	☆	☆	☆

五、派工法則

　　派工法則一般都以簡易的派工法則爲主要方式，因爲此等簡易法則可以使現場績效達成管理者可接受的水準。簡單的派工法則如先到先服務法則 (FCFS)、最短加工時間的工作最優先加工 (SPT) 及最早到期日的工作最優先加工 (EDD) 等，都是相當普遍與易於導入的法則。其餘強調數學運算的派工法則，如基因法、Tabu 搜尋法等，雖可達到更好的績效結果，但是此等法則的複雜度高，若沒有強大的運算系統支援，通常不容易實現。本單元將以介紹簡易派工法則爲主：

1. 先到先服務法則 (First Come First Serve Rule, FCFS)

　　工作先抵達先服務，最先到達者優先被執行，是最普遍的排序方式，非常適用在服務業。例如銀行、郵局採用抽號碼牌的方式來進行服務，在服務業最常用也最公平。

2. 最短加工時間的工作最優先加工 (Shortest Process Time Rule, SPT)

　　依照加工時間排序，最短加工時間的工作最優先被執行。此法在製造業非常普遍，具有的優勢如下：(1) 總工作時間最短；(2) 可服務最多的顧客；(3) 總延遲時間 (Total Lateness Time) 最短。

3. 最早到期日的工作最優先加工 (Earliest due date Rule, EDD)

　　依照工作到期日 (Due Date) 排序，到期日最早的最優先被執行。表示越緊急的訂單或服務，必須優先執行。此法在製造業也屬常見，具有總延遲時間最短的優勢。

4. 關鍵性比例優先法則 (Critical Ratio Rule, CR)

　　計算各工作「（到期日－現在日期）/ 加工時間」的 CR 值，比值最小的工作最優先加工。

5. 最小寬裕時間法 (Minimum Slack Time, ST)

計算各工作的「到期日－加工處理時間」的 ST 值，差額最小者最優先加工。

6. 整備成本最小法 (Minimum Facility Setup Cost, Setup)

整備成本最小的工作最優先加工。

　　例如：目前有 A ～ E 五項工作等著進入生產線，其工作（依到達順序）、加工時間及到期時間（距離到期日的小時）如表 2.9 所示，試問：

表 2.9　尚未進入生產排程的工作

工作 （依到達順序）	加工時間 （小時）	到期時間 （距離到期日的小時）
A	30	105
B	120	240
C	60	60
D	150	255
E	75	225

(1) 若以先到先服務法則 (First Come First Serve Rule, FCFS)，則先後順序 (A-B-C-D-E)。

(2) 若以最短加工時間法則 (Shortest Process Time Rule, SPT) 進行派工，則先後順序為：A-C-E-B-D。

(3) 若以最早到期日的工作最優先加工 (Earliest due date Rule, EDD) 進行派工，則先後順序為：C-A-E-B-D

(4) 若以關鍵性比例優先法則 (Critical Ratio Rule, CR) 進行派工，首先計算 A ～ E 五項工作的的 CR 值（表 2.10），再進行排序（CR 值最小的優先），則先後順序：C-D-B-E-A。

表 2.10　A～E 五項工作的的 CR 值

工作	加工時間 （小時）	到期時間 （距離到期日的小時）	CR 值
A	30	105	3.5
B	120	240	2
C	60	60	1
D	150	255	1.7
E	75	225	3

(5) 若以最小寬裕時間法 (Minimum Slack Time , ST) 進行派工，首先計算 A～E 五項工作的的 ST 值（表 2.11），再進行排序（ST 值最小的優先），則先後順序：C-A-D-B-E。

表 2.11　A～E 五項工作的的 ST 值

工作	加工時間 （小時）	到期時間 （距離到期日的小時）	CR 值
A	30	105	75
B	120	240	120
C	60	60	0
D	150	255	105
E	75	225	150

　　上述派工法則各有不同的考量重點，也因此引導生產系統達成不同的績效表現，不過這也意味某些績效指標將因此被忽略，端看規劃者的目標與生產系統的環境需求來設定。論述如下所示：

1. 先到先服務法則為最直接與公平的方式，雖然此法在各項績效並非能夠達成任何突出的表現，然若此法可以搭配優良的投料法則，大抵可以達成令人滿意的績效表現。

2. 最短加工時間的工作最優先加工法則為諸多法則當中最能達到最短作業流程時 間的方式。但此法獨厚「短作業時間」的工作，因此排擠「長作業時間」的工作，有些時候甚至導致某部分工作的延遲。

3. EDD/CR/ST 三種派工法則以交期爲首要考量的派工法則，因爲特別著重交期方面，自然在如期達交與如數達交上表現最佳，其餘指標則是表現平平。

4. Setup 只考慮整備成本最小化（例如：更換模具），故以整備成本昂貴的製程才能使用，其餘整備成本小的製程通常不建議使用。

　　投料與派工法則都屬於現場排程的一部分，而且兩者之間存在著密不可分的關係。以下針對服務對象、管理對象、與影響對象進行分項敘述，以讓讀者了解投料與派工法則彼此之間的依存關係：

1. 服務對象：投料法則主要服務的對象是原材料，而派工法則主要服務的對象則是半成品。

2. 管理對象：投料法則用以控制生產流程起始站的投入次序，派工法則則是用以控制產線中各製程站別的加工次序。

3. 影響對象：相較於派工法則，投料法則對於生產線績效（如庫存控管、作業流程時間與交期達成）具備更大的影響力。但是要讓現場表現地更好，適當搭配派工法則的修飾，才能使製造現場的排程規劃結果更佳完善。

　　以上三點的論述可以看出投料與派工兩者的相依關係，除了承先啓後的次序關係之外（服務對象與管理對象），另外也具備相輔相成的夥伴關係（影響對象）。任何作業環境若只單獨存在投料或派工作業之一，將很難引導生產系統成就更理想的績效結果。當規劃者處於多目標的生產系統當中，就可以透過投料與派工法則的彈性組合，來成就多目標的績效表現。例如交期投料法則＋SPT 派工法則即以交期爲準則進行投料，確保大部分的交期可以被滿足之後，再透過 SPT 進行派工以確保各工作的作業流程時間最短。

　　另提供一項觀念以供讀者參考：所謂最佳投料或最佳派工的概念通常不容易驗證，若想在實務上達到最佳決策，除了不易計算之外，即便是運算出來，也不容易判定是否就是最佳解。因此一般所認定的「最佳決策」嚴格說來只算是「相對最佳」，並無法證明是否爲「實際最佳」。至於相對最佳決策如何獲得呢？常見的做法是將所有參數輸入模擬運算器當中，透過模擬運算來作評估與選擇，表現相對理想的決策即爲相對最佳解。

　　以圖 2.16 來說明。假設 A 代表所有可能性，透過投料法則的設定之後，可能性縮小爲 B。再經過派工法則設定之後，可能性再縮小爲 C。最後經由各種組合的比較結果，找出相對最佳決策 D。

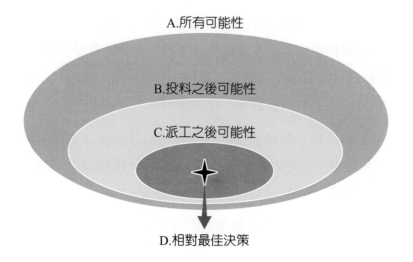

圖 2.16 投料與派工的框架範圍

　　最後，並非考慮最多因素的法則就是最佳的法則。實際的作業環境中，評估哪個法則最適合作業環境的需求，才是最務實的作法。舉例來說，某個需求穩定的產業當中，或許只需使用交期來設定投料次序即可，其餘額外的考量都可能只是錦上添花、徒增運算成本，完全不會有實際的效果。因此建議規劃者必須尋找屬於各別作業環境最適當的管理法則。

自我練習

第一部分：選擇題

第一節　供應鏈生產管理的基本介紹

(　) 1. 供應鏈「大量生產」是現代化工廠的特點之一，從事『大量生產』的基本條件是：
① 標準化　② 多元化　③ 資訊化　④ 專業化

(　) 2. 關於訂單生產與存貨生產之比較，下列敘述何者**錯誤？**
① 訂單生產採用通用機器，存貨生產採用專用機器
② 訂單生產產品規格標準化，存貨生產產品規格由顧客自訂
③ 訂單生產產品種類較多，存貨生產產品種類較少
④ 訂單生產機器設備採用功能別佈置，存貨生產採用產品別佈置

(　) 3. 下列關於連續生產與間斷生產之敘述，何者**錯誤？**
① 連續生產效率高、彈性小
② 間斷生產效率低、彈性大
③ 間斷生產使用特殊專用機器或自動化生產方式
④ 連續生產產品規格標準化且產量龐大

(　) 4. 當企業的競爭優勢為**「客製化與快速交貨時」**，最適合的生產模式為何？
① 計劃生產 (Make-to-Stock, MTS)　② 接單組裝 (Assembly-to-Order, ATO)
③ 接單生產 (Make-to-Order, MTO)　④ 大量生產 (Mass Production)

(　) 5. 以預測量來制定生產計畫，完工之後放置於倉庫內，若客戶訂單一確認就可以馬上出貨，適用於少樣多量的產業環境中，其需求量穩定且通常為標準產品，是在描述哪一種生產策略 (Production Strategy)？
① 計劃生產 (Make-to-Stock, MTS)
② 接單生產 (Make-to-Order, MTO)
③ 接單組裝 (Assembly-to-Order, ATO)
④ 接單設計 (Engineer-to-Order, ETO)

(　　) 6. 確定接收客戶訂單後才將需求納入生產計畫中，應用於多樣少量的產業環境中，其需求量不穩定且產品樣式繁多，在等到客戶訂單確定之後再安排生產，是在描述哪一種生產策略 (Production Strategy)？

　① 計劃生產 (Make-to-Stock, MTS)

　② 接單生產 (Make-to-Order, MTO)

　③ 接單組裝 (Assembly-to-Order, ATO)

　④ 接單設計 (Engineer-to-Order, ETO)

(　　) 7. 依照關鍵零組件進行預測、採購、生產，並將完工後的半成品放置到倉庫，等正式接收客戶訂單後，再根據客戶需求進行剩餘製程的加工與製造，優點為可以縮短供給前置時間，同時也可以減少呆滯料的風險，是在描述哪一種生產策略 (Production Strategy)？

　① 計劃生產 (Make-to-Stock, MTS)　　② 接單生產 (Make-to-Order, MTO)

　③ 接單組裝 (Assembly-to-Order, ATO)④ 接單設計 (Engineer-to-Order, ETO)

(　　) 8. 同時將生產製造與開發與設計的需求統一下單給供應商，如此可以減少開發成本的投入，並且妥善利用供應商的設計與製造資源進行整合性作業，以達成快速開發與量產的效益，是在描述哪一種生產策略 (Production Strategy)？

　① 計劃生產 (Make-to-Stock, MTS)

　② 接單生產 (Make-to-Order, MTO)

　③ 接單組裝 (Assembly-to-Order, ATO)

　④ 接單設計 (Engineer-to-Order, ETO)

(　　) 9. 下列四種生產策略 (A、B、C、D)，請依據供貨時間長短，由大至小順序排列？

　A. 計劃生產 (Make-to-Stock, MTS)　　B. 接單組裝 (Assembly-to-Order, ATO)

　C. 接單生產 (Make-to-Order, MTO)　　D. 接單設計 (Engineer-to-Order, ETO)

　① A>B>C>D　② B>C>D>A　③ C>A>D>C　④ D>C>B>A

(　　)10. 石油產品之生產，屬於何種的製程定位策略 (Process Positioning Strategy)？

　① 連續式生產 (Continuous production)　② 專案式生產 (Project production)

　③ 零工式生產 (Job shop production)　　④ 批量式生產 (Batch production)

( )11. 大量且連續生產特定標準化產品（少樣多量）的生產型態，通常一條生產線只生產一種產品，因此很少發生整備成本 (Setup Cost)，是在描述哪一種製程定位策略 (Process Positioning Strategy)？

① 連續式生產 (Continuous production)　② 專案式生產 (Project production)
③ 零工式生產 (Job shop production)　　④ 批量式生產 (Batch production)

( )12. 為大量生產的型態之一，整備費用高且整備時間久，每次開機生產某種產品，通常會安排持續生產數個小時甚至數天的時間，以減少頻繁的產品切換造成產能的浪費，是在描述哪一種製程定位策略 (Process Positioning Strategy)？

① 連續式生產 (Continuous production)　② 專案式生產 (Project production)
③ 零工式生產 (Job shop production)　　④ 批量式生產 (Batch production)

( )13. 為滿足某一高度客製化的需求，規劃者會重新編列一組特定的資源（人員與設備），來滿足此一特別需求的生產型態。例如：興建一棟新購物商場，或建造一艘太空梭等，是在描述哪一種製程定位策略 (Process Positioning Strategy)？

① 連續式生產 (Continuous production)　② 專案式生產 (Project production)
③ 零工式生產 (Job shop production)　　④ 批量式生產 (Batch production)

( )14. 生產批量下列四種製程定位策略 (A、B、C、D)，請依據生產批量，由大至小順序排列？

A. 連續式生產 (Continuous production)　B. 專案式生產 (Project production)
C. 零工式生產 (Job shop production)　　D. 批量式生產 (Batch production)

① A>B>C>D　② B>C>D>A　③ A>D>C>D　④ C>A>D>B

第二節　主排程規劃與物料需求規劃

( )15. 下列何者**不是**總體規劃 (Aggregate Planning) 所考慮的因素？
①內部投資報酬率　②存貨水準　③競爭者動態　④市場銷售狀況

( )16. 下列何者是總體規劃 (Aggregate Planning) 所考慮的因素？
A. 原物料供應與取得　　B. 生產水準　　C. 委外加工產能
D. 總體經濟環境　　　　E. 員工薪資
① AB　② ABC　③ ABCD　④ ABCDE

（　）17. 有關**總體規劃 (Aggregate Planning)** 的主要功能，下列敘述何者**正確**？

A. 提供管理者使用資源之依據，避免發生資源閒置或過度負荷，進而降低生產成本

B. 透過銷售預測以使生產資源完成更適切的分配，除了滿足客戶需求，並支持與實現銷售計畫

C. 製造資源不足時，幫助充分使用資源以獲得最大產出，或者提出產能擴充計畫以跨大獲利

① A、B 正確，C 不正確　　② A、C 正確，B 不正確

③ A、B、C 皆正確　　④ B、C 正確，A 不正確

（　）18. 總體規劃的供需策略，基本上有**平準化 (Level Output Strategy)** 與**追逐型 (Chase Demand Strategy)** 兩種，下列敘述何者**錯誤**？

①當企業希望存貨成本極小化時，應採取平準化策略

②當企業希望維持固定的工作人力時，應採取平準化策略

③當企業希望維持產能利用率極大化時，應採取追逐型策略

④選項①、②、③皆錯誤

（　）19. 下列何者不是**主排程規劃 (Master Scheduling)** 提供之資訊？

① 何地生產 (where)　　② 生產什麼產品 (what)

③ 何時生產 (when)　　④ 生產多少數量 (how much)

（　）20. 有關 **ATP「可允交貨量」**的敘述，下列選項何者**錯誤**？

① ATP 為「Able to Purchase」的英文簡稱

② ATP 意指「對客戶已承諾訂單之最終產品 (Final Product) 交貨量」

③ ATP 值由物料需求規劃 (Material Requirement Planning) 計算得出

④ ATP 值須隨時更新，以保障對客戶額外與臨時訂單的承諾與否

（　）21. 主排程規劃 (Master Scheduling) 必須於公司內部進行跨部門溝通與協調的部門？

A. 銷售部門　B. 生產製造部門　C. 研發部門　D. 財務部門　E. 人資部門

① AB　② ABC　③ ABCD　④ ABCDE

（　）22. 下列何者不是主排程規劃 (Master Scheduling) 的**輸入資訊**？

① 可允交貨量 (ATP)　　② 客戶訂單

③ 需求預測計畫　　④ 期初的庫存水準

( )23. 下列何者不是主排程規劃 (Master Scheduling) 的**輸出資訊**？

① 可允交貨量 (ATP)　　　② 各期別的庫存水準

③ 需求預測計畫　　　　　④ 主生產排程 (MPS)

( )24. 有關主排程規劃 (Master Scheduling) 的敘述，下列選項何者**錯誤**？

① 主排程規劃最主要以滿足客戶需求為首要，計畫排定之後，無須知會企業相關部門

② 擬訂「產品」或「半成品」於「何時生產」及「生產多少數量」的規劃系統

③ 其產出為「主生產排程」(Master Production Schedule, MPS)

④ 提供訂單以外的可「可允交貨量」(Available to Promise, ATP)，幫助業務人員因應客戶額外與臨時的訂單

( )25. 時柵 (time fence) 的觀念是用於：

① 預測未來的需求

② 區隔不同產品的排程

③ 提供決策者的報表

④ 根據時程的緊迫程度來管控排程的變更，減少計畫變異帶來的衝擊

( )26. 在主排程規劃中訂定三階段時間柵欄 (Time Fense)，生產排程允許自由調整與變動的階段是在：

① 凍結區域　② 適度變動區域　③ 可變動區域　④ 以上皆非

( )27. 在主排程規劃中訂定三階段時間柵欄 (Time Fense)，生產排程禁止任何變動的階段是在：

① 凍結區域　② 適度變動區域　③ 可變動區域　④ 以上皆非

( )28. 下列何者不是物料需求計畫的**主要輸入**？

① 主生產排程　② 物料清單　③ 採購單　④ 庫存資料

( )29. 對於 MRP 的敘述，下列何者**錯誤**？

① 需事先知道 BOM　　　　② 需事先知道物料存貨狀態

③ 產出的報表之一是採購訂單　④ 產出的報表之一是主生產排程

( )30. 物料需求規劃 (Material Requirement Planning) 在輸入資料的部分，不包含下列哪一選項？

① 主生產排程 (MPS)　　　② 物料清單 (Bill of Material, BOM)

③ 存貨紀錄資料　　　　　④ 產能負荷狀況

( )31. 下列何者不是物料需求規劃 (MRP) 系統的**輸出資訊**？

① 外購訂購單　② 製造命令單　③ 物料清單　④ 例外報表

( )32. 在材料需求計畫中計算淨需求的公式，下列何者**正確**？

① 淨需求 = 毛需求 − 現有庫存量 − 在途庫存量

② 淨需求 = 毛需求 + 現有庫存量 − 在途庫存量

③ 淨需求 = 毛需求 − 現有庫存量 + 在途庫存量

④ 以上皆非

( )33. 某物料品項毛需求為 50 件，現有庫存量 25 件，在途量為 20 件，則淨需求？

① 0　② 5　③ 30　④ -15

( )34. 產品 TV-33 之 BOM 結構圖如右圖所示，設產品 TV-33 個別需求為 1；請問各零組件 A、B、C 與 D 之個別需求量為？

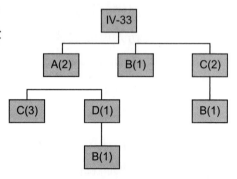

① A = 2, B = 3, C = 5, D = 2

② A = 1, B = 3, C = 5, D = 1

③ A = 2, B = 5, C = 8, D = 2

④ A = 1, B = 5, C = 8, D = 1

( )35. 有關物料需求計畫資料更新與維護方法，下列敘述何者**錯誤**？

① 淨變法 (Net Change) 僅針對物料需求計畫中有變化的部分予以更新

② 再生法 (Regenerative) 在物料需求發生變動時，根據新的資料，將整個物料需求計畫重新計算一次

③ 淨變法的缺點是處理成本太高

④ 再生法的優點是可提供最即時的資料給決策者

( )36. 有關物料需求計畫資料更新與維護方法，下列敘述何者**錯誤**？

A. 淨變法 (Net Change) 在物料需求發生變動時，根據新的資料，將整個物料需求計畫重新計算一次

B. 再生法 (Regenerative) 僅針對物料需求計畫中有變化的部分予以更新

C. 淨變法的優點是處理成本較低，可省去由於資料相互抵消，所需重新修訂等工作

D. 再生法的優點是可提供最即時的資料給決策者

① AB　② CD　③ ABC　④ ABCD

(　)37. 在 MRP 中，訂購量之多寡完全由淨需求決定，需求多少即依前置時間之要求訂購需求量，這是屬於何種批量政策？

① 定期訂購法　② 逐批訂購法　③ 定量訂購　④ 經濟批量法

(　)38. 決定 MRP 之批量決策方法 (Lot SizingTechnique)，下列何種方法可獲得**最低**的**存貨持有成本 (Holding Cost)**？

① 逐批訂購法 (Lot-for-Lot)

② 經濟批量 (Economic order Quantity)

③ 定期訂購法 (Fixed-period Ordering)

④ 最小總成本法 (Least Total Cost, LTC)

(　)39. 物料採購批量採用**最小總成本法 (Least Total Cost, LTC)** 是基於下列何種原理？

① 採購成本最低

② 倉儲成本最低

③ 訂購量最低

④ 持有成本約等於整備（或訂單）成本時的批量

(　)40. 有關物料需求規劃 (MRP) 對於生產管理的效益，下列敘述何者**錯誤**？

① 提升員工工作滿意度

② 降低在製品庫存

③ 有效控管生產前置時間

④ 精確掌握主生產排程計畫的產能需求與物料需求資訊

(　)41. 有關物料需求規劃 (MRP) 對於生產管理的效益，下列敘述何者**正確**？

A. 有效控管生產前置時間

B. 降低在製品庫存

C. 精確掌握主生產排程計畫的產能需求與物料需求資訊

D. 提升員工維修技術

① AB　② ABC　③ ACD　④ ABCD

第三節　產能與現場排程規劃

(　)42. 有關產能的敘述，下列敘述何者**正確**？

① 有效產能＞設計產能＞實際產能　② 設計產能＞有效產能＞實際產能

③ 實際產能＞有效產能＞設計產能　④ 以上皆非

(　)43. 有關產能的敘述，下列敘述何者**正確**？

A. 設計產能 > 有效產能 > 實際產能

B. 實際產能 > 有效產能 > 設計產能

C. 產能利用率 = 實際產能 / 設計產能

D. 產能利用率 = 有效產能 / 設計產能

E. 生產效率 = 實際產能 / 有效產能

① ABC　② ACE　③ ABCD　④ ABCDE

(　)44. 影響有效產能的主要因素有下列幾項？

A. 設備因素　　　　　　　B. 政策因素　　　　C. 製程因素

D. 政府環保政策　　　　　E. 產品與服務

① AB　② ABC　③ ABCD　④ ABCDE

(　)45. 某生產冰箱工廠的設計產能為 100 台，有效產能為 80 台，實際產能 70 台，試問**生產效率**為多少？

① 95%　② 87.5%　③ 70%　④ 60%

(　)46. 某生產冰箱工廠的設計產能為 100 台，有效產能為 80 台，實際產能 70 台，試問**產能利用率**為多少？

① 50%　② 60%　③ 70%　④ 80%

(　)47. 下列關於製造業與服務業的比較，下列敘述何者**錯誤**？

① 製造業的生產活動與顧客消費常會同時進行

② 製造業的品質與生產績效較易衡量

③ 服務業提供無形的產出

④ 服務業的產出標準化程度較低

(　)48. 有關瓶頸製程的概念，下列敘述何者**錯誤**？

① 生產系統當中產能最吃緊的製程即可定義為「瓶頸製程」，至於其餘的製程都可被稱為「非瓶頸製程」

② 提升瓶頸製程的速度可以提升整體生產系統的產出速度

③ 提升非瓶頸製成的速度對於提升整體系統的產出速度成效甚大

④ 無論製造業或服務業的流程管理都適用「瓶頸控制」來掌控整體生產系統的實質產出

( )49. 有關提升與擴充**瓶頸製程產能**的方法，下列敘述何者**錯誤**？
　　① 非關鍵製程外包　　　　② 擴編關鍵製程的人員
　　③ 快速模具更換系統導入　④ 縮短修復時間與保養時間

( )50. 有關提升與擴充**瓶頸製程產能**的方法，下列選項何者**正確**？
　　A. 自動化物流設備導入　　B. 裁減生產線員工人數
　　C. 關鍵製程外包　　　　　D. 增購關鍵製程的機台
　　E. 減少故障與保養頻率
　　① AB　② ABCD　③ ACDE　④ ABCDE

( )51. 在生產管理運用瓶頸製程管理，可以達成企業整體營運目標為何？
　　A. 增加系統的產出　B. 降低整體作業費用　C. 降低整體庫存水準
　　① A、B 正確，C 不正確　　② A、B、C 皆正確
　　③ A、C 正確，B 不正確　　④ B、C 正確，A 不正確

( )52. 有五張訂單在同一機台上進行加工，其工作（依到達順序）、加工時間及到期時間（距離到期日的天數）如下表所示，試問若以**先到先服務法則**(First Come First Serve Rule, FCFS)，則先後順序為：
　　① A-B-C-D-E　② D-C-A-E-B　③ B-D-A-C-E　④ C-D-A-B-E

工作 （依到達順序）	加工時間 （天數）	到期時間 （距離到期日的天數）
A	4	10
B	6	14
C	3	4
D	2	6
E	5	16

( )53. 續上題，試問若以**最短加工時間法則** (Shortest Process Time Rule, SPT) 進行派工，則先後順序為：
　　① A-B-C-D-E　② D-C-A-E-B　③ B-D-A-C-E　④ C-D-A-B-E

( )54. 續上題，試問若以**最早到期日的工作最優先加工** (Earliest due date Rule, EDD) 進行派工，則先後順序為：
　　① A-B-C-D-E　② D-C-A-E-B　③ B-D-A-C-E　④ C-D-A-B-E

(　　)55. 續上題，試問若以**關鍵性比例優先法則 (Critical Ratio Rule, CR)** 進行派工，則先後順序為：

① A-B-C-D-E　② D-C-A-E-B　③ C-B-A-D-E　④ C-D-A-B-E

(　　)56. 續上題，試問若以**最小寬裕時間法 (Minimum Slack Time, ST)** 進行派工，則先後順序為：

① A-B-C-D-E　② C-D-A-B-E　③ C-B-A-D-E　④ D-C-A-E-B

第二部分：簡答題

1. 請試述：總體規劃的主要功能為何？

2. 總合生產規劃主要的策略有三：分別為 (1) 追逐需求策略、(2) 平準化產能策略以及 (3) 外包生產策略，請試述：採用「追逐需求策略」的三個理由為何？

3. 請試述：何謂主排程規劃 (Master Scheduling)？

4. 物料需求規劃在生產批量的設定，請試述：逐批訂購法 (Lot-for-Lot) 的優缺點為何？

5. 請試述：物料需求規劃 (MRP) 對於生產管理的效益為何？

6. 某食品工廠每天鯖魚罐頭的設計產能為 1,000 罐，有效產能為 900 罐，實際產能 800 罐。試問：(1) 生產效率為多少？　(2) 產能利用率為多少？

7. 請試述：影響有效產能的主要因素。（請列舉 4 項）

8. 透過管理瓶頸製程的方式來掌控整體生產系統的實質產出，可以達成哪三項企業營運目標？

9. 生產系統當中產能最吃緊的製程即可定義為「瓶頸製程」，至於其餘的製程都可被稱為「非瓶頸製程」。請試述：提升瓶頸製程產能的方式為何？

10. 請簡述：現場排程規劃 (Shop Floor Scheduling) 的目的為何？

 參考文獻

1. 田曉華，應用產能規劃於服務管理，http://mymkc.com，民國 102 年。
2. 呂錦山、王翊和、楊清喬、林繼昌，國際物流與供應鏈管理 4 版，滄海書局，民國 108 年。
3. 林則孟，生產計畫與管理，華泰文化事業股份有限公司，2 版，民國 101 年。
4. 張保隆、陳文賢、蔣明晃、姜齊、盧昆宏、王瑞琛、黃明官，「生產管理」，華泰文化，民國 100 年。
5. 王立志，「系統化運籌與供應鏈管理」，滄海書局，民國 95 年。
6. 沈國基、呂俊德、王福川，運籌管理，前程文化事業有限公司，民國 95 年。
7. 葉保隆，生產管理（含供應鏈管理），鼎文書局，民國 102 年。
8. 洪振創、湯玲郎、李泰琳，物料與倉儲管理，高立圖書，民國 105 年。
9. 鄭榮郎，工業工程與管理，6 版，全華圖書，民國 107 年。
10. 鄭榮郎，生產作業與管理，5 版，全華圖書，民國 107 年。
11. 謝志岳，供應鏈生產管理，皇家物流與運輸協會 新加坡分會 (CILT Signapore) 供應鏈管理師 國際認證課程資料，民國 105 年。
12. 謝志岳、王翊和、劉彩霈等，供應鏈與物流管理，宏典文化事業，1 版，民國 100 年。
13. 歐宗殷，圖解生產計畫與管理，五南文化事業，1 版，民國 106 年。
14. Lee J. Krajewski, Manoj K. Malhotra, Larry P. Ritzman 原著，白滌清 編譯，作業管理，第 11 版，台灣培生教育出版股份有限公司，民國 107 年。
15. Richard B. Chase, F. Robert Jacobs , Nicholas J.Aquilano, (2006), Operations Management for Competitive Advantage, 11th edition, McGraw-Hill Education.
16. Sharman, G., "The Rediscovery of Logistics," Harvard Business Review, pp.71-79, September / October 1984.
17. William J. Stevenson, (2007) Operations Management, 9th edition, McGraw-Hill Education.

Note

Chapter ▶ **3**

供應鏈存貨管理

本章重點

1. 說明存貨的種類？

2. 說明存貨的分類方式。

3. 存貨管理須考量哪些成本？

4. 維持合理的存貨須注意哪些事項？

5. 何謂安全存量？影響安全存量的因素有哪些？

6. 訂購點衡量。

7. 說明最適經濟訂購量的計算方式。

8. 瞭解物料盤點目的與方法。

9. 說明存貨盤點制度。

3-1　存貨的定義與分類

　　存貨為支援生產相關活動及滿足顧客需求所預先準備的物料或產品，彌補「需求」與「供給」在時間與數量上不確定性的措施。存貨的規劃、管理與控制至為重要。存貨管理所涵蓋的範圍廣泛，在供應鏈管理中扮演重要的角色，為企業整體營運成本的關鍵因素。

一、存貨的分類

　　存貨 (Inventory) 是指企業為了進行加值活動，而儲存的貨品或資源，物料管理上所稱的存貨包括兩種：第一種為服務業的存貨，它們將在提供服務時被使用；第二種為製造業之存貨，被使用於製造流程中，或是成為最終產品的一部分。存貨的種類可分類如下（如圖 3.1 所示）：

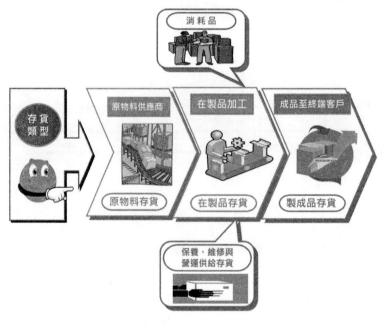

圖 3.1　存貨的分類

1. 原物料存貨 (Raw Material)

　　未經加工之原料。如鐵礦、煤礦、水泥及大豆穀物等即是。

2. 在製品存貨 (Work in Progress, WIP)

　　為已經處理，但尚未完成的成分或原料，在製品的主要目的是在於降低完成商品所需要的時間，以達到降低庫存的目的。在平面顯示器產業，液晶面板廠，在尚

未決定液晶電視的生產尺吋前，向玻璃基板製造商採購之基礎玻璃基板，即為未經研磨及切割之在製品狀態存貨。

3. 製成品存貨 (Finished Goods)

又稱最終產品，是指加工完成可以出貨之產品。銷售對象為消費者，多為製成品，若銷售對象為其他生產者，作為其他生產者之原物料，則稱為半製成品。在 TFT-LCD 產業，如液晶、偏光片、彩色濾光片、背光模組、濺鍍靶材、配向膜等相關半製成品等即屬於平面顯示器上游產業關鍵材料或零組件。

4. 保養與維修品存貨 (Maintenance/Repair/Operating, MRO)

供給有關可讓機器設備和流程有效運作的存貨，滿足因時間不確定所造成的突發性、臨時性之維護及修繕需求。以半導體產業晶圓製造為例，四大關鍵瓶頸製程：蝕刻、離子植入、薄膜沈積、黃光顯影的設備及其備用零組件，必須就近存放於發貨中心 (Hub)，因應隨時可能發生的設備故障或維修之所需，維持設備最佳運轉狀態。

5. 消耗品 (Consumables)

生產最主要的存貨為前四項，但有一些存貨雖與生產產品無直接的關聯，但也會影響生產的存貨，除了一般事務用品、潤滑油等，另外光電或半導體業使用之經常性耗材，如晶圓擦拭布、感光紙、無塵紙及無塵衣等，此等物料價值較低，一般以定期檢核即可。

　物流系統控制整個供應鏈的產品及材料的移動與儲存，在供應鏈中存貨有許多不同的表現形式。存貨管理水準的高低將直接影響整個供應鏈是否可以達到其預期目標。在供應鏈管理中維持合理的存貨原因如下：

1. 使企業達到規模經濟

不論是在採購、運輸和製造方面達到規模經濟才能降低原物料或是產品的單位成本。

2. 調節供需均衡

季節性供需的不均衡必須藉由庫存加以調節，例如：聖誕節、復活節、情人節的相關產品需求量暴增，必須以事先庫存的數量來供應市場需求。

3. 專業化製造

存貨的運用能幫助企業內部生產不同之專業產品。例如：惠而浦 (Whirlpool) 公司與其專業工廠共同設立一共用倉庫，降低其生產成本。

企業如有良好的存貨管理機制，則具有下列優點：(1) 可滿足顧客的需求；(2) 降低訂購成本；(3) 減少缺貨成本；(4) 提升生產作業的穩定與彈性；(5) 提供原物料價格波動時的緩衝。但是如果存貨管理不良，也會產生下列缺點：(1) 增加持有成本；(2) 無法因應需求波動所產生的缺貨現象；(3) 造成對於顧客服務水準的下降與訂單流失；(4) 生產線面臨斷料的風險。

二、ABC 存貨分類方式

ABC 存貨分類方式根據各類存貨所帶來的經濟效益，以及所消耗的經濟資源之相對關係，作為實施重點管理的基礎。依不同存貨的重要性加以分類，ABC 物料分類統計關係如圖 3.2 所示。

1. A 類物料：存貨數量最少，約占庫存數量的 15% ～ 20%，但存貨的價值卻最大，約占 70% ～ 80% 的存貨價值。
2. B 類物料：存貨數量約占庫存數量的 30%，存貨的價值約占 15% ～ 25%。
3. C 類物料：存貨數量最多，約占庫存數量的 55%，但存貨的價值卻最少，約占 5%。

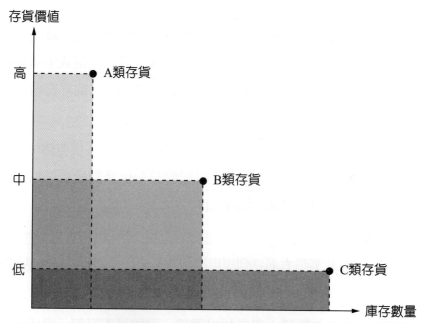

圖 3.2 ABC 存貨分類統計關係圖
參考資料：Ballou, R. H., （2004）

ABC 法則的主要目的為針對不同的存貨等級訂定存貨政策，使管理者能夠著重於高流通、高單價的商品，運用有限的人力及時間達到更精準的預測、更穩定的供應與降低安全庫存的效益。

三、存貨成本

一般而言，存貨管理中必須考慮的相關成本，分別為產品成本 (Product Cost)、訂購成本 (Ordering Cost)、持有成本 (Carrying Cost) 及缺貨成本 (Stock-out Cost)。

（一）產品成本 (Product Cost)

指從供應商處取得商品所發生之成本，為存貨管理必須考量的重要成本之一。不同訂購量所享有之折扣及供應商之授信條件，均會影響產品成本。高科技製造業大部分關鍵材料價值不斐，因此如何計算合理的庫存，避免資金的積壓與存貨的折舊，為企業重視的議題，一年的產品總成本，其基本計算方式如下：

$$產品成本 = 產品單價 \times 年需求量$$

（二）訂購成本 (Ordering Cost)

訂購成本包括編製及發出訂單、選擇供應商、搬運或運送物料、物料到達時的驗收及檢驗存貨之成本。此成本與採購金額與項目多寡無關，而與核發出訂單之次數相關，次數越多，成本越高。半導體或光電業之關鍵材料供應商為建立 JIT 即時生產與供貨模式，一般而言，會預先將安全庫存存放於製造商附近之保稅倉庫或物流中心，以便就近供貨，因此於保稅倉庫或物流中心所產生之相關物流作業成本，包含理貨、通關及配送成本，為關鍵材料供應商計算存貨經濟訂購量重要考量因素，其計算公式如下：

$$每年訂購成本 = 每一次訂購成本 \times 每年訂購次$$

（三）持有成本 (Carrying Cost)

持有成本源於企業持有準備供銷售商品的存貨所導致。此類成本包括資金因投資於存貨凍結，喪失其他獲利之機會成本，此為所有存貨持有成本的最大項目。其他與倉儲有關之成本，包含倉庫之租金、保險費、存貨過時、折舊、損壞成本，亦是持有成本的一部分，半導體或光電產業之關鍵材料供應商存放於製造商附近之保稅倉庫或物流中心之倉租即是。其計算公式如下：

$$年持有成本 = 年平均存貨量 \times 每年每單位物料之儲存成本$$

（四）缺貨成本 (Stock-out Cost)

　　缺貨指當顧客對某一產品有需求時，卻無法供應該產品。缺貨成本包括緊急訂購成本，例如額外之訂購成本及相關之運輸成本，以及可能因顧客買不到貨而喪失顧客的成本。一般而言，缺貨成本較不易衡量，常以物料價格一定之百分比計算。半導體或光電產業製造商對於缺貨的忍受度非常低，安全庫存水準之設定相對較高，其計算公式如下：

$$年缺貨成本 = 年平均缺貨量 \times 每年每單位物料之缺貨成本$$

四、如何維持合理存量

　　存貨管理的兩項主要目的，一為維持最高顧客服務水準、二為使存貨最小化，兩者常會牴觸，必須取得平衡點。一味追求存貨最小化往往會降低顧客服務品質；一味追求顧客服務最大化也往往會使存貨成本攀升。服務水準需求高之顧客需準備較高的存貨量；相對而言，服務水準需求不高之顧客，則不需太多的存貨量。而整體存貨管理所追求的目標，為如何使存貨水準與顧客服務水準達成均衡。存貨管理失調可能會造成存量過剩或存量短缺兩種現象。存量過剩會造成下列各種損失：存貨管理失調可能會造成存量過剩或存量短缺兩種現象。存量過剩會造成下列各種損失：

1. 存貨週轉慢、積壓很多資金。
2. 物料會折舊或陳腐而變成廢料、廢品。
3. 物料流行過時或新產品設計出現，造成銷售不出而形成呆料、呆貨。

　　存量短缺會造成下列各種損失：

1. 生產線停工、待料、倉儲缺貨的損失。
2. 缺貨、遲延交貨而造成銷貨損失、顧客不滿甚至流失的損失。

　　如何維持企業內的合理的存貨水準，可採行的原則與方式如下：

1. 遴選優良供應商
   優良供應商必須能在適當的時間，提供適當數量與品質優良之物料的能力，具有穩定且良好的供應商，變化性較低，如此則不會使存量水準遽增，而達到存量水準最小化。

2. 縮短前置時間
   採購及製造前置時間較短，則企業之存量會較低，反之，則會較高。

3. 強化銷售預測能力

預測能力之強化可將銷售誤差降低至最小程度，因而可減低必要的存量水準。

4. 實施及時供應系統

所謂及時供應系統 (Just In Time System)，係指在生產作業流程中，需要裝配任何產品時，其裝配之必要物料與零件，可以在每次剛好必要使用時，以剛好需要的數量，到達生產線作業之需求。若實施及時供應系統，則可降低存量水準。

5. 採行經濟訂購量

採行經濟訂購量，在需求固定下，可得出總成本最小化的訂購量，亦可降低存貨成本。

6. 確保存量記錄之正確性

存量記錄不正確，則必須提升安全存量以因應之。倘若能確保存量水準之正確性，更能正確的預測，則可將安全存量降低。

7. 降低物料品質不良率

物料品質不良率高，則必須有相對比率的安全存量以因應之。倘若能再加強供應商的溝通、強化物料進廠檢驗及物料庫存，以降低物料品質不良率，則可降低相對比率的安全存量。

如圖 3.3 所示，臺灣企業由歐、美、日輸入關鍵零組件、製程設備，以及由亞太地區輸入原料、零配件或半成品，在臺灣相關保稅區，包含科學園區、加工出口區或保稅工廠等，從事加工、製造，最後再轉運行銷世界各國。或者將關鍵零組件、機台設備、零配件或半成品輸出至中國大陸，進行二次加工後再出口，存貨管理是全球供應鏈管理中重要的一環。

存貨在企業生產基地、倉儲物流中心及運輸途中，每年耗費的成本約佔總價值的 20% ～ 40%。如何進行有效的存貨控管，希望在存貨成本最小化的前提下能滿足顧客服務的要求，是存貨管理必須要考量的因素。

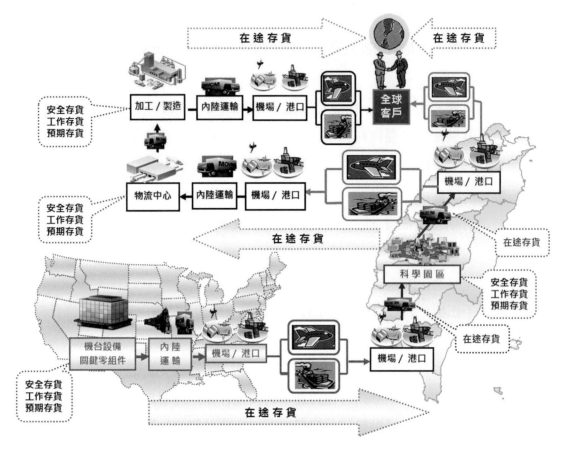

圖 3.3 臺灣企業全球供應鏈模式中各類存貨型態

3-2　安全存量與再訂購點

　　一般對於市場需求量的認知，都是以平均需求量的概念來決定應該維持多少存量，來滿足客戶的訂單需求。然而如果以平均需求量來設定存貨水準，即表示當顧客下訂單時，有一定的機率是處於缺貨狀態，對顧客而言，是無法容忍這樣的服務水準。以下將針對安全存量的定義、維持安全存量的目的及影響安全存量之因素，依序說明如下：

一、何謂安全存量

　　安全存量係指為了克服因前置時間與需求量變動所造成的存貨短缺現象，廠商必須準備額外之安全庫存量以避免缺貨風險。維持安全存量的主要目的如下：

1. 緩衝需求的不穩定性 (Uncertainty)

   避免需求預測不準確所造成的缺貨損失。

2. 提升供應的穩定性

   避免因供貨來源不可靠，如前置時間變動過大或物料不良率太高，而造成的缺貨損失。

　　安全庫存量設定太少時，則容易造成缺貨，無法有效的因應突發性高於平均的需求量，造成顧客滿意度下降，進而影響到公司市場佔有率；反之，若安全庫存量設定過多時，則會造成營運資金因庫存而積壓，降低資金週轉率與變現率，進而影響公司之獲利。因此安全存量必須大於期望需求，安全存量一方面可降低存貨短缺的風險，另一方面卻會增加安全存量持有成本，安全存量與缺貨風險為一互補關係。影響安全存量之因素包含下列幾項：

1. 前置時間與需求量

   平均前置時間越長，平均需求量越大，則安全存量越大；反之則越小。

2. 前置時間與需求量之變異

   前置時間與需求量的變異越大，則安全存量越大；反之則越小。

3. 服務水準

   期望服務水準越高，則安全存量越大，反之則安全存量越小。期望服務水準越高，安全存量越大，則存量短缺機率越小，短缺成本也越小。

4. 前置時間

   前置時間越長，需要越多的安全庫存才能達到一定的服務水準。

二、再訂購點的衡量

　　在現實情境中，市場對於存貨的需求往往隨著時間的不同而有所差異。即市場的需求絕非固定不變。而補貨前置時間 (Replenishment Lead Time) 亦存在著諸多變動因素，不論是存貨需求或補貨前置時間，兩者均屬於動態而非靜態的狀況。存貨管理的核心議題是以特定的顧客服務水準下，以最低的存貨成本，滿足市場與顧客訂單的需求。因此在進行安全存量決策時，存貨需求與補貨前置時間不應設定為常數，而應設定為動態隨機變數，以決定最適的訂購量與訂貨時機。

1. 再訂購點的定義及其影響因素

   所謂再訂購點 (Reorder Point, ROP) 係指存貨水準降至某預定數量時，進行一定數量的補貨，除了安全存量的因素外，尚需考量到下列各項因素：

   (1) 前置時間 (Lead Time)

   係指顧客下訂單到收到貨品所需的時間，包含採購前置時間、生產前置時間、物流前置時間等。前置時間除了會影響到安全庫存量之設定外，也會影響到再訂購點之高低。前置時間包括：

   ① 補貨處理時間

   公司內部處理補貨訂單所花費之時間，例如：生產工單、採購單之處理等活動。

   ② 計畫之供貨時間

   供應商供給或內部生產所花費之時間，例如：生產工單發放到工廠到生產完成、供應商收到採購單到訂購者收到供應商所送達之物料等活動。

   ③ 收貨處理時間

   物料於倉儲作業所花費之時間，例如：進行收貨、上架、入庫等活動。所以前置時間之長度與再訂購點之高低是呈正比的，前置時間越長，訂購點就會越高；反之，當前置時間很短，再訂購點就會越低。

2. 平均物料消耗率

   物料平均消耗率與補貨之前置時間會交互作用，會對再訂購點產生影響。在固定之補貨前置時間下，再訂購點之訂量與物料平均消耗率呈正比，當物料平均消耗率越高，再訂購點就會越高；反之，當物料平均消耗率越低，再訂購點就會越低。

3. 服務水準與缺貨風險

   存貨中所指服務水準是指庫存水準，足以應付顧客所需求之機率。舉例來說，95% 的服務水準代表著所持有的存貨足以應付 95% 的顧客需求，其中有 5% 的機率有存貨短缺的風險。

4. 再訂購點衡量

   企業應維持多少產品的庫存量，會受到物料需求量、前置期、安全存量等因素之影響。圖 3.4 說明再訂購點＝前置時間之平均需求量＋安全存量；除了考量平均需求量外，還需將安全存量納入考量；所謂「安全存量」為依據不同機率的服務水準所設定，可相當程度的降低在前置時間內的缺貨風險。但是在前置時間內的任何

時點，若是有突發性的需求或是急單，超過原先服務水準所設定的安全存量，仍需另外訂購才能避免缺貨的危機。

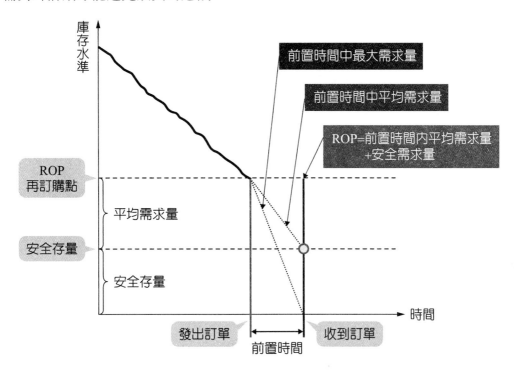

圖 3.4　前置時間之再訂購點與安全存量的設定

　　一般說來，再訂購點的衡量依前置時間與需求量是否為固定或變動之不同，而有不同再訂購點之衡量。誠如先前介紹的機率與安全庫存量，在一般物料規劃中，補貨的前置時間會有變動的情形，如生產原料短缺、供應商送貨途中遇到交通阻塞，或在國際運輸中遭遇不可抗拒的因素，如颱風、戰爭時航權或航道遭到禁航、罷工、鐵路公司、航空公司或航商罷工等人為或天然因素，都會影響補貨的前置時間；此外，每單位時間之需求量均會受到景氣循環、淡旺季需求、產能或品管良率等因素，亦會影響再訂購點之衡量。

3-3　最適經濟訂購量

　　存量控制首重存貨數量之正確計算，然後決定維持的存量水準高低，當存量低於再訂購點或遇到訂購週期時，隨即發出訂單。因此，存量控制的下一個問題是訂購數量的決策，其目的即在於決定物料的訂購數量。以下即針對最適經濟訂購量說明如下：

一、最適經濟訂購量之衡量

經濟訂購量 (Economic Order Quantity, EOQ) 又稱為定量訂購法（Q 模式），是由 Ford W. Harris 於 1915 年所提出；此模型以數學公式來說明持有成本與訂購成本兩項存貨成本項目的關係，考量在最低存貨成本下，計算出特定存貨的每次固定的訂貨數量，並說明訂購成本與存貨持有成本間的關係。其中存貨持有成本隨著訂購數量增加而增加，而訂購成本則隨著訂購數量增加而減少，因而形成兩者此消彼長的關係。經濟訂購量的作業流程如圖 3.5 所示，EOQ 為庫存低於再訂購點 (ROP) 時發出固定數量的採購單，在 ABC 存貨分類方式，比較適合商品價值與重要性較高的 A 類與 B 類存貨管理。最終並以兩項成本加總之最低成本值推導出經濟訂購批量。

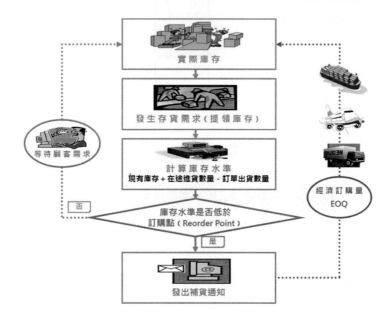

圖 3.5 經濟訂購量存貨控制流程

一般 EOQ 的衡量須在需求量已知且確定、補貨的前置時間固定、沒有考量到缺貨及數量折扣的情況下進行，最適經濟訂購量衡量必須符合下列各項假設：

1. 總成本只考慮存貨持有成本與訂購成本，不考慮缺貨成本與顧客服務水準的問題。
2. 年需求量、存貨持有成本與訂購成本等參數皆為已經且固定的數值。
3. 只考慮一項物料的計算，不考慮種物料之間的交互關係
4. 物料訂購採用一次訂購與補足的方式，物料用畢之後剛好補足，故最大庫存等於訂購量。

5. 定義補貨的前置時間為零，故最低庫存可為零。

6. 物料的耗用率固定，且最大庫存等於訂購量、最小庫存等於零，因此平均庫存量
為訂購量的二分之一，如圖 3.6 所示。

7. 沒有任何購買折扣條件，也不會產生任何倉庫空間不足的問題。

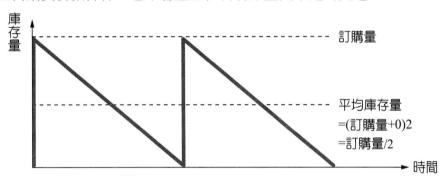

圖 3.6　EOQ 平均庫存量示意圖（補貨前置時間為零）

上述假設條件在現實情境下幾乎不可能做到，例如，需求量的求得就是相當困難
的任務，尤其越是競爭的產業，需求的變化量更是巨大且難以預估。再則，如果讓安
全庫存降至零時再進行補貨，那會造成在補貨期間面臨嚴重的缺貨風險。然而，即便
如此，EOQ 仍然可以提供一個庫存管理的思考方向，幫助我們獲得庫存管理知識的
基本了解，以便後續更深入的探討與分析。

二、經濟訂購週期衡量

「經濟訂購週期」(Economic Order Period, EOP) 是以「時間」而非以「數量」，
來找出最適當的週期時間，以達成存貨成本最適量的管理方法，又稱為定期訂購法 (P
模式)。其主要概念為，設定固定訂購的週期時間來審視存貨量，並且下單補足目標
庫存量為主，是故屬於一種「定期訂購」的管理手法。另外，因為訂購量必須考量訂
購時點的庫存量，是故每次訂購的數量可能不一樣，視訂購時點的庫存量來決定。

一般來說，某些不適用持續性庫存盤點的產業通常無法執行定量訂購法，因為庫
存數量無法隨時取得，是故無法知道庫存量是否已經碰觸到再訂購點。針對這些產
業，導入定期訂購的方式來協助進行庫存管理或許比較方便些，像是藥局或是便利商
店等。而在 ABC 存貨分類方式，EOP 模式比較適合商品價值與重要性較低的 C 類存
貨管理。

假設非常理想的狀態下，庫存耗用率和補貨前置時間皆為固定常數的話，那麼定期訂購模式與定量訂購模式兩者的執行結果並不會有太多的差異。然而實務上，庫存耗用率與補貨前置時間各自存在一定的變異條件，因此非常難以固定，是故採用定期訂購模式與定量訂購模式的結果通常是不會相同的。

經濟訂購週期計算時有兩個變數必須決定：一是固定清查存貨的時間或是訂貨週期 T，通常為週、月或其他固定期間，一般設定為常數；另一變數是目標存貨水準，而訂購數量是依據過去的需求量與設定之目標存貨水準間的存貨數量差異而定，其訂貨數量的選擇如圖 3.7 所示。

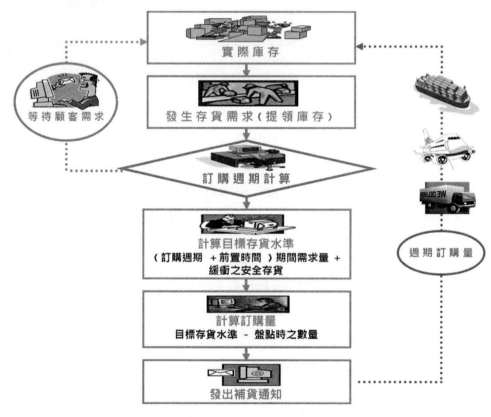

圖 3.7 週期存貨系統控制流程

此一模式具有下列特性：

1. 需求量非固定常數，而是成機率之分佈。
2. 前置時間固定不變，而訂購量則一次補足。
3. 此模式訂購量非固定，而是訂購週期固定不變。
4. 此模式每週期之存貨數量必須能滿足訂購週期 + 前置時間之需求。

5. 由於訂購週期 + 前置時間 = 保護期間，因此存貨水準相對較高。

6. 每週期之訂購量爲：每週期所需之存貨盤點時之數量。

　　例如：自動販賣機的補貨方式即是典型的「經濟訂購週期」補貨策略，某自動販賣機販售礦泉水、綠茶（無糖）、綠茶（含糖）與咖啡 4 種飲料商品，每種飲料在自動販賣機最大庫存數量 A(CAPACITY) 皆爲 50 瓶飲料。負責自動販賣機的業務人員固定每 7 天補貨一次，在現場檢視每一項飲料剩餘庫存 B（目視檢視）。如圖 3.8 所示，補貨方式是以各個飲料最大庫存數量 A 減去剩餘庫存 B（目視檢視），在 7 天的補貨週期內，萬一發生缺貨，業務人員也不會前往自動販賣機現場補貨，消費者只能另尋其它自動販賣機或便利超商購買所需飲料。

　　如表 3.1 所示，定期訂購（P 模式）的庫存設定量較高，一旦發生缺貨不會立即補貨，缺貨風險較高，適用重要性較低的 C 類物料，但是較不適用重要性較高的 A、B 類物料。

補貨週期：7天	礦泉水	綠茶（無糖）	綠茶（含糖）	咖啡
最大庫存數量 A（CAPACITY）	50	50	50	50
剩餘庫存 B（目視檢視）	5	15	25	35
補貨（A-B）	50－5＝45	50－15＝35	50－25＝25	50－35＝15

圖 3.8 自動販賣機補貨作業

三、定期訂購（P 模式）與定量訂購（Q 模式）之比較

　　針對定期訂購（P 模式）與定量訂購（Q 模式），在訂購決定、訂購量、需求異常增加、存貨監督、安全存量、庫存量、維護時間，及適合物料盤點與管理的種類，整理如表 3.1 所示：

表 3.1　定期訂購（P 模式）與定量訂購（Q 模式）之比較

比較項目	定期訂購（P 模式）	定量訂購（Q 模式）
訂購決定	以時間決定訂購點	以數量 (ROP) 決定訂購點
訂購量	每週期所需之存貨－盤點時之數量	經濟訂購量 (EOQ)
需求異常增加	導致較大的訂購量	導致訂購周期縮短
存貨監督	下訂單或補貨前檢查持有庫存水準，決定訂購或補貨數量多少。	嚴密監督庫存水準，以便瞭解持有庫存水準何時到達再訂購點 (ROP)。
安全存量	因為需考慮前置時間及下次訂購周期內的需求，考慮時間較長，所以安全庫存量也多。	只考慮前置時間內需求，故安全庫存量較少。
庫存量	較多	較少
維護時間	定期訂購，不須費時紀錄。	需持續記錄，故較耗時。
物料種類	C 類物料	A、B 類物料

3-4　物料盤點與庫存周轉率

　　對物料進行盤點的目的就是確認存貨數量與紀錄上的資料是否相符，管理人員可採用兩種策略來進行盤點 (Physical Counting)：第一個策略是讓整個倉庫停止運作，在此期間內，由存貨盤點小組對封閉式倉庫與現場的存貨進行物料盤點，一旦清點完畢且誤差消除，倉庫就即刻恢復各項倉儲作業；另一種方法是循環盤點（或持續存貨盤點），這種方法無須中斷各項倉儲作業，存貨盤點小組定期對存貨進行盤點，並將持續更新存貨的結果。

一、物料盤點目的

　　以下說明物料盤點，主要目的與管理重點：

1. 確保物料供應穩定

　　物料盤點能主動掌控庫存量，瞭解各單位庫存狀況，俾使企業能依營運計畫順利運作，適時、適量供應各部門所需物料。

2. 合理控制庫存

　　存貨和應收帳款是同樣性質，屬於流動資產，如果庫存量太多，會造成資金囤積、孳息損失外，也會造成管理費及損耗率增加。反之，若庫存量不足，則無法適時供應顧客需求，或貽誤商業契機。

3. 成本與利潤的計算

透過物料盤點，能瞭解企業營運物料實際成本支出費用的多寡，進而可核算出營運的毛利與利潤。

4. 避免物料耗損與呆料發生

物料盤點可防止物料因管理不當造成的的過期、變質、霉爛或呆料之損失，同時也可防範物料之失竊與私用，減少舞弊事件發生。

二、物料盤點方法

物料盤點的方法有下列數種，茲分述如下：

（一）依實施時間而分

1. 定期盤點法

所謂定期盤點法，係指以固定的時間如一週或一個月，對倉庫存貨進行盤點，以瞭解實際庫存情形，並作為核算該期物料成本的依據，及物料請購之參考。通常大型企業是以一個月為單位，分上、下旬作二次盤點，但至少每個月要進行一次盤點，避免物料閒置或變質產生浪費。至於小型企業因物料數量少，每週盤點一次即可。定期盤點法是物料成本計算法中，最基本而簡單，且廣為普遍使用的一種方法。其成本計算公式如下：

$$物料成本 = 期初存貨 + 本月進貨 - 期末存貨$$

說明：本月進貨係指使用單位本身該月份直接進貨量，以及來自其他單位或倉庫撥入材料量之總數。

2. 不定期盤點法

所謂不定期盤點法，係指管理者或會計稽核等部門人員，為落實物料管理，瞭解各部門有關物料管制的情形，及對所屬部門人員之日常考評，採取不定期盤點的抽查方式，可以瞭解平常庫存量管理情形，減少人為弊端，發揮倉庫物料管理的功效。

（二）依實施方式而分

1. 全面性盤點

所謂全面性盤點，係指餐飲物料管理者，根據庫房物料清冊、物品收發報表及庫存量帳卡，逐項加以清點盤存，並逐筆予以詳細登陸在物品盤存表上，以供成本控制及相關管理部門參考。

2. 抽樣性盤點

　　所謂抽樣性盤點，通常係在物料中篩選出 20 種主要材料作為抽樣盤存對象，而不像前述「全面性盤存」將庫存每類物料均加以詳細盤點查核。因此不必耗費太多人力、物力，即可達到物料管制之效。

三、庫存周轉率 (Inventory Turnover /Inventory Carry Rate)

　　指一定期間 (一年或半年) 庫存物料周轉的速度，為企業庫存管理有效指標。其基本意義為資金→物料→產品→銷售→資金為一個周轉，單位時間內周轉數多時，則銷售數多，利潤有可能相對增加，即在相同資金下的利益率較高。因此，單位時間內周轉的速度即可代表企業利益，稱為庫存周轉率。以餐飲經營而言，生鮮食品多為數天至一周，冷凍及加工食品多為一月至三月。採用售價盤存法的企業，用售價來計算如：銷售金額 / 平均庫存金額；銷售額或量控管之企業，計算銷售金額或量和庫存的比率，較利於資金周轉考量。主要計算方式為出庫使用總金額或總數量與該時段庫存平均金額或數量的比：

$$\text{庫存周轉率} = \text{銷售數量} / \text{平均庫存數量}$$

$$\text{庫存周轉率} = \text{銷售金額} / \text{平均庫存金額}$$

$$\text{庫存周轉率} = \text{銷售成本} / \text{平均存貨成本}$$

　　庫存周轉率高，相對的資金周轉速度快，表示資金之利用率高，即以少量現金即可有效產生利益，但可能增加採購、進貨、庫存的管理工作量，如何取得平衡需視資金多寡與營業經驗而定。在庫存績效評估與分析時，庫存周轉率為相當重要之績效指標。台漁公司在 2014 年一月份的銷售物料成本為 50 萬元，月度初庫存價值為 10 萬元，月度末庫存價值為 15 萬元，其庫存周轉率計算為：

平均庫存金額 = (10 + 15) / 2 = 12.5

庫存周轉率 = (50 / 12.5)×100% = 400%

　　相當於台漁公司用平均 12.5 萬的現金在一個月度裡面讓物料周轉了 4 次，取得 4 次利潤。因此，就可估算年庫存周轉率為 4×12=48，即每年以 12.5 萬的現金轉了 20 次利潤，當然需假設每月平均銷售物料成本與庫存平均值不變。

　　存貨管理所涵蓋的範圍廣泛，為支援生產相關活動及滿足顧客需求所預先準備的物料或產品，彌補「需求」與「供給」在時間與數量上不確定性的措施。在全球供應

鏈管理中扮演重要的角色,因此存貨的規劃、管理與控制至為重要。另一方面,國際物流系統控制全球供應鏈的產品及物料的移動與儲存,存貨管理水準的高低,將直接影響整個供應鏈是否可以達到其預期目標與效益,為企業整體營運成本的關鍵因素。

自我練習

第一部分：選擇題

第一節　存貨的定義與分類

(　) 1. 有關存貨管理原則，下列敘述何者**錯誤**？
① 支援生產相關活動及滿足顧客需求
② 在採購、運輸和製造方面達到規模經濟，降低原物料或是產品單位成本
③ 須準備較高的存貨量，降低顧客缺貨風險
④ 季節性供需的不均衡必須藉由庫存加以調節

(　) 2. 良好存貨管理機制，是影響企業整體營運成本的關鍵因素，下列敘述何者**錯誤**？
① 提供原物料價格波動時的緩衝　② 增加持有成本
③ 降低訂購成本　　　　　　　　④ 支援生產相關活動及滿足顧客需求

(　) 3. 良好存貨管理機制，是影響企業整體營運成本的關鍵因素，下列敘述何者**正確**？
A. 降低訂購成本　　　　　　　B. 提升顧客服務水準
C. 囤積物資、賤買貴賣　　　　D. 增加持有成本
E. 提升生產作業的穩定與彈性
① ABC　② ABE　③ ABDE　④ ABCDE

(　) 4. ABC 存量管制方法中，某物料項目約佔全部物料的 10%，且價值約佔 70%，應被歸類為
① A 類　② B 類　③ C 類　④ 無法歸類

(　) 5. 有關 ABC 存貨分類與管理原則，下列敘述何者**錯誤**？
① 將存貨按成本比重高低分為 A、B、C 三類，依據其重要性採取不同的控制方法
② A 類存貨數量最多，但存貨的價值卻最少，應採用簡單控制即可
③ C 類存貨數量最多，但存貨的價值卻最少，應採用簡單控制即可
④ 管理者應著重於高流通、高單價的商品管理

（　　） 6. 如何維持合理庫存是企業管理的重要工作，下列敘述何者**錯誤**？

　　① 庫存過剩會造成資金的積壓

　　② 庫存過剩會造成物料折舊或陳腐過期而變成廢料、廢品

　　③ 庫存短缺會造成銷貨損失、甚至流失顧客

　　④ 需準備較高的存貨量以滿足顧客服務最大化的需求

（　　） 7. 如何維持合理庫存是企業營運的重要工作，下列敘述何者**錯誤**？

　　① 遴選優良供應商　　　　　　② 驗收作業與維持合理庫存無關

　　③ 強化銷售預測能力　　　　　　④ 實施及時供應系統

（　　） 8. 有關如何維持企業內的合理的存貨水準，下列敘述何者**正確**？

　　A. 採行經濟訂購量　B. 強化銷售預測能力　C. 確保存量記錄之正確性

　　① A、B 正確，C 不正確　　　② A、B、C 皆正確

　　③ A、C 正確，B 不正確　　　④ B、C 正確，A 不正確

（　　） 9. 如何維持合理庫存是餐飲管理的重要工作，下列敘述何者**正確**？

　　A. 強化物料驗收、降低物料品質不良率　　　B. 遴選優良供應商

　　C. 採行經濟訂購量　　　　　　　　　　　　D. 實施及時供應系統

　　E. 確保存量記錄之正確性

　　① ABC　　② ABCE　　③ ABDE　　④ ABCDE

（　　）10. 有關存貨管理原則，下列敘述何者**錯誤**？

　　① 支援生產相關活動及滿足顧客需求

　　② 在採購、運輸和製造方面達到規模經濟，降低原物料或是產品單位成本

　　③ 須準備較高的存貨量，降低顧客缺貨風險

　　④ 季節性供需的不均衡必須藉由庫存加以調節

（　　）11. 如何維持合理庫存是企業經營管理的重要工作，下列敘述何者**錯誤**？

　　① 庫存過剩會造成資金的積壓

　　② 庫存過剩會造成物料折舊或陳腐過期而變成廢料、廢品

　　③ 庫存短缺會造成銷貨損失、甚至流失顧客

　　④ 需準備較高的存貨量以滿足顧客服務最大化的需求

第二節　安全存量與再訂購點

（　）12. 有關安全存量的敘述，下列敘述何者**錯誤**？
　　　① 在商品市價低時買進囤積，在市價好時賣出
　　　② 避免需求預測不準確所造成的缺貨損失
　　　③ 提升供應的穩定性
　　　④ 實施及時供應系統，則可降低安全存量

（　）13. 從物料採購開始到交貨完成，稱之為何種時間？
　　　① 採購標準時間　② 採購前置時間　③ 採購適當時間　④ 採購變異時間

（　）14. 有關影響**安全存量 (Safety stock)** 的因素，下列敘述何者**錯誤**？
　　　① 平均需求量　② 存貨持有成本　③ 服務水準　④ 前置時間

（　）15. 有關影響**安全存量 (Safety stock)** 的因素，下列敘述何者**錯誤**？
　　　① 維持安全存量的目的為緩衝需求的不穩定性及提升供應的穩定性
　　　② 前置時間越長，需要越多的安全庫存才能達到一定的服務水準
　　　③ 安全存量設定越高，則持有成本越低
　　　④ 需求量的變異越大，則安全存量越大

（　）16. 有關影響**安全存量 (Safety stock)** 的因素，下列敘述何者**正確**？
　　　A. 前置時間與需求量　　　　B. 前置時間與需求量之變異
　　　C. 服務水準　　　　　　　　D. 前置時間
　　　E. 存貨持有成本
　　　① AB　② ABC　③ ABCD　④ ABCDE

（　）17. 有關**再訂購點 (Reorder Point, ROP)** 的敘述，下列何者**正確**？
　　　① 再訂購點 = 前置時間之平均需求量 + 安全存量
　　　② 再訂購點 = 前置時間之平均需求量 − 安全存量
　　　③ 安全存量 = 再訂購點 + 前置時間之平均需求量
　　　④ 前置時間之平均需求量 = 再訂購點 + 安全存量

（　）18. 有關**再訂購點 (Reorder Point, ROP)**，下列敘述何者**錯誤**？
　　　① 係指存貨水準降至某預定數量時，進行一定數量的補貨
　　　② 服務水準設定越高，則再訂購點設定就會越高
　　　③ 物料平均消耗率越高，則再訂購點設定就會越高
　　　④ 補貨的物流前置時間越長，則再訂購點設定就會越低

(   )19. 有關影響**再訂購點 (Reorder Point, ROP)** 的因素，下列敘述何者**正確**？

A. 前置時間　　　　　　　　B. 平均物料消耗率

C. 服務水準與缺貨風險　　　D. 訂購成本　　　　　E. 存貨持有成本

① AB　② ABC　③ ABCD　④ ABCDE

(   )20. 再訂購點 (Reorder Point, ROP) 的決定不受何種因素影響？

① 購備時間　② 耗用率　③ 安全存量　④ 驗收方式

(   )21. 有關訂購的**前置時間 (Lead Time)**，下列敘述何者**錯誤**？

① 係指顧客下訂單到收到貨品所需的時間

② 安全存量與前置時間成正比

③ 安全存量與前置時間成反比

④ 前置時間越短，再訂購點愈低

第三節　最適經濟訂購量

(   )22. 關於**經濟訂購量 (EOQ)**，又稱定量訂購（**Q 模式**）的敘述何者**正確**？

① 耗用金額較大　　　　　　② 訂購量變動

③ 訂購時間不定　　　　　　④ 所需安全存貨較高

(   )23. 有關存貨計算公式，**可供出貨數量－訂單出貨數量**為何？

① 訂單庫存數量　　　　　　② 總庫存數量

③ 現有庫存數量　　　　　　④ 安全庫存數量

(   )24. 有關「**經濟訂購量 (EOQ)**」的假設，下列敘述何者**錯誤**？

① 需求量是變動的　　　　　② 存貨持有成本是固定

③ 訂購成本是固定　　　　　④ 最大庫存等於訂購量

(   )25. 有關「**經濟訂購量 (EOQ)**」的敘述，下列敘述何者**錯誤**？

① 考量在最低存貨成本下，計算出特定存貨的每次固定的訂貨數量

② 庫存數量計算：現有庫存＋在途進貨數量－訂單出貨數量

③ 持有成本隨著訂購數量增加而增加

④ 訂購成本則隨著訂購數量增加而增加

(   )26. 有關「**經濟訂購量 (EOQ)**」的敘述，下列敘述何者**正確**？

A. 需求量固定　　　　　　　B. 存貨持有成本固定

C. 訂購成本固定　　　　　　D. 最大庫存等於訂購量

① AB　② AC　③ ABC　④ ABCD

(　　)27. 有關「**經濟訂購週期**」(Economic Order Period, EOP) 的假設，下列敘述何者**錯誤**？

① 訂購期間固定　　② 訂購量固定

③ 訂購量則一次補足　④ 週期訂購量：每週期所需之存貨盤點時之數量

(　　)28. 有關「**經濟訂購週期**」(Economic Order Period, EOP) 的敘述，下列敘述何者**正確**？

A. 訂購量固定

B. 訂購量則一次補足

C. 訂購週期固定

D. 每週期訂購量 = 每週期所需之存貨盤點時之數量

① AB　② ABC　③ BCD　④ ABCD

(　　)29. 有關「**經濟訂購週期**」(Economic Order Period, EOP) 的敘述，下列敘述何者**錯誤**？

① 前置時間固定不變，訂購量一次補足

② 訂購量非固定，而是訂購週期固定不變

③ 每週期之訂購量：每週期所需之存貨－盤點時之數量

④ 訂購週期 + 前置時間 = 保護期間，存貨水準相對較低

(　　)30. 有關「**經濟訂購量 (EOQ)**」與「**經濟訂購週期**」(EOP) 的比較，下列敘述何者**錯誤**？

① **EOQ** 模式是指庫存低於再訂購點 (ROP) 時發出固定數量的採購單

② **EOQ** 模式的採購（**補貨**）數量不固定

③ **EOP** 模式訂購（**補貨**）週期固定

④ **EOP** 模式（**補貨**）數量不固定

(　　)31. 有關「**經濟訂購量 (EOQ)**」與「**經濟訂購週期**」(EOP) 的比較，下列敘述何者**錯誤**？

① EOQ 模式比較適合商品價值與重要性較低的 C 類存貨管理

② EOQ 模式比較適合商品價值與重要性較高的 A 類與 B 類存貨管理

③ EOQ 模式是指庫存低於再訂購點 (ROP) 時發出固定數量的採購單

④ EOP 模式訂購（補貨）週期固定

( )32. 有關「經濟訂購量 (EOQ)」與「經濟訂購週期」(EOP) 的比較，下列敘述何者**正確**？

A. EOQ 模式是指庫存低於安全庫存量時發出固定數量的採購單

B. EOQ 模式的採購（補貨）數量固定

C. EOP 模式訂購（補貨）週期固定

D. EOQ 模式比較適合商品價值與重要性較高的 A 類與 B 類存貨管理

E. EOP 模式比較適合商品價值與重要性較低的 C 類存貨管理

① AB　② ABC　③ BCDE　④ ABCDE

第四節　物料盤點與庫存周轉率

( )33. 有關**物料盤點作業管理**，下列敘述何者**正確**？

① 確保物料供應穩定　　　② 合理控制庫存

③ 避免物料耗損與呆料發生　④ 以上皆是

( )34. 有關**物料盤點的方法**，下列敘述何者**錯誤**？

① 定期盤點法是目前最基本而簡單，且廣為普遍使用的一種方法

② 定期盤點可以避免物料閒置或變質產生浪費

③ 定期盤點計算公式：物料成本＝期初存貨＋本月進貨－期末存貨

④ 定期盤點以抽查方式，可以瞭解平常庫存量管理情形，減少人為弊端

( )35. 有關**物料盤點的實施方式**，下列敘述何者**正確**？

① 全面盤點；係指根據庫房物料清冊、物品收發報表及庫存量帳卡，逐項加以清點盤存

② 抽樣盤點；通常係在物料中篩選出 20 種主要材料進行盤點，不必耗費太多人力、物力，即可達到物料管制之效

③ 選項①、②皆正確

④ 選項①不正確、②正確

( )36. 物料盤點有關**定期盤存制**的敘述，以下何者**錯誤**？

① 平時應該知道存貨實際量

② 盤點時間會在年中及年底盤點，或可能每一至三個月盤點一次

③ 是物料成本計算法中，最基本而簡單且廣為普遍使用的一種方法

④ 物料成本＝期初存貨＋本期進貨－期末存貨

（　　）37. 庫存週轉率指一定期間（一年或半年）庫存原物料週轉的速度，對於企業庫存管理有效指標非常重要，以下何者為非？

① 庫存週轉率＝銷售金額／平均庫存數量

② 庫存週轉率＝銷售金額／平均庫存金額

③ 庫存週轉率＝銷售成本／平均存貨成本

④ 庫存週轉率＝銷售數量／平均庫存數量

（　　）38. 宇柏公司在 2014 年一月份的銷售原物料成本為 50 萬元，月度初庫存價值為 10 萬元，月度末庫存價值為 15 萬元，其庫存週轉率為何？

① 200%　② 300%　③ 400%　④ 500%

（　　）39. 大昌公司在 2017 年商品的銷貨成本為 1,600 萬元，2017 年初的商品庫存價值為 900 萬元，2017 年末的商品庫存價值為 700 萬元，那麼其存貨周轉率為何？

① 200%　② 300%　③ 400%　④ 500%

第二部分：簡答題

1. 請簡述：企業具備良好的貨管理機制，具有的優點為何？

2. 請簡述：企業如何維持合理的存貨水準？（請列舉 5 項）

3. 請試述：維持安全存量的主要目的為何？

4. 請簡述：影響安全存量之因素為何？

5. 請簡述：再訂購點 (Reorder Point, ROP) 的意義為何？並試列舉 3 項再訂購點的影響因素？

6. 請簡述：訂購模式中定期訂購（P 模式）與定量訂購（Q 模式）的意義為何？若與 ABC 管理結合的話，請問針對 C 類商品你建議的採購方式為何？（請說明原因）

7. 定量訂購法（Q 模式）採購量固定，採購的時間不固定；

   (1) 請問應於何時採購？亦即指庫存量低於哪個數量時？

   (2) 並請簡述其計算方式。

8. 請簡述：述物料盤點，主要目的與管理重點為何？

9. 請試述：何謂定期盤點法？定期盤點法之成本計算為何？

10. 宇博公司在 2016 年一月份的銷售物料成本為 125 萬元，月度初庫存價值為 15 萬元，月度末庫存價值為 10 萬元，其庫存周轉率為何？

參考文獻

1.　王立志，系統化運籌與供應鏈管理，滄海書局，民國 95 年。

2.　李均、李文明編著，生產作業管理，普林斯頓國際有限公司，民國 95 年。

3.　呂錦山、王翊和、楊清喬、林繼昌，國際物流與供應鏈管理 4 版，滄海書局，民國 108 年。

4.　沈國基、呂俊德、王福川，運籌管理，前程文化事業有限公司，民國 95 年。

5.　林則孟，生產計劃與管理 2／E，華泰文化事業股份有限公司，民國 101 年。

6.　洪振創、湯玲郎、李泰琳，物料與倉儲管理，高立圖書，民國 105 年。

7.　洪興暉，供應鏈不是有料就好，美商麥格羅希爾國際股份有限公司臺灣分公司，民國 106 年。

8.　許振邦，採購與供應管理，智勝文化事業有限公司，5 版，民國 106 年。

9.　黃惠民、楊伯中，供應鏈存貨系統設計與管理，滄海書局，民國 96 年。

10.　歐宗殷，圖解生產計畫與管理，五南文化事業，1 版，民國 106 年。

11.　鄭榮郎，工業工程與管理，6 版，全華圖書，民國 107 年。

12.　鄭榮郎，生產作業與管理，5 版，全華圖書，民國 107 年。

13.　Ananth V.Iyer, Sridhar Seshadri and RoyVasher 原著，洪懿妍 譯，TOYOTA 豐田供應鏈管理，第一版，美商麥格羅 希爾國際股份有限公司 臺灣分公司，民國 98 年。

14.　Ballou, R. H., (2004), Business Logistics/Supply Chain Management. 5th Edition Prentice-Hall, Upper Saddle River, New Jersey.

15.　Bowersox, D. J., Closs, D. J. and Cooper, M. Bixby, (2002), Supply Chain Logistics Management, McGraw-Hill.

16.　Lee J. Krajewski, Manoj K. Malhotra, Larry P. Ritzman 原著，白滌清 編譯，作業管理，第 11 版，台灣培生教育出版股份有限公司，民國 106 年。

17.　Richard B. Chase, F.Robert Jacobs,Nicholas J.Aquilano, (2007), Operations Management , for Competitive Advantage 11th edition, McGraw-Hill Education.

18.　Stanley E Fawcett, Lisa M. Ellram, Jeffrey A., (2007), Ogden, Supply Chain Management: From Vision to Implementation ,1st edition, Pearson Education.

19. Sunil Chopra, Peter Meindl 原著，陳世良 審訂，供應鏈管理，第四版，台灣培生教育出版股份有限公司，民國 100 年。

20. William J. Stevenson, (2011), Operations Management 11th edition, McGraw-Hill Education.

採購與供應管理

本章重點

1. 說明採購工作流程與工作重點。

2. 瞭解供應商評選標準。

3. 依據產品採購成本的多寡，產品或服務取得的風險高低策略性，分別針對策略性產品、關鍵性產品、關鍵性產品、一般性產品，進行分析與評估。

4. 國際採購作業中，說明比詢價更需要考慮的因素。

5. 分別針對品質、成本、交期、服務與彈性 4 個供應商評估指標進行說明。

6. 說明交期縮短在供應管理的優點。

7. 說明改善交期的方法與策略為何？

4-1　採購管理原則與考量因素

企業的策略都是以創造競爭優勢為準則。在現今的大環境下，企業必須在成本、產品品質、運送效率、交期、產品導入時機及機動性等方面展現競爭力。以下說明採購管理功能與目標：

一、採購管理的原則與技能考量

（一）訂單價格與整體擁有成本

企業採購人員必須確實掌握訂單價格與總成本的尺度，不能光看價格本身。因為對公司而言，最低的報價並不代表最低的成本，必須要求採購人員對整體擁有成本(Total Cost of Ownership, TCO) 做出合理的評估。所謂 TCO 為產品或服務交貨之前或之後，所發生的額外成本，加上原始採購價格。該成本通常可以分類為交易前、交易中與交易後，或採購價格與內部成本。如果要使用整體擁有成本分析當作成本降低的工具，則必須從找出並分析成本動因，來尋求任何可以避免成本的機會。TCO 所包含的成本內容，包括採購物品的價格與物品的運送成本，加上搬運、檢驗、品質、重（返）工、維修、以及其他與採購相關的成本，也包括報廢成本在內。在衡量所有關於採購及使用的相關費用後，決定自製、外購（外部零件、物料採購）或是作業委外。

（二）產品品質

產品品質如有問題，將導致返工、停工、交期延誤，甚至顧客流失的風險。為減少此類問題的發生，採購人員應認真做好供應商的選擇，並積極參與品質控制流程等有關的管理工作。

（三）縮短採購週期與交期

採購部門在縮短採購運作週期與交期的工作中，可考慮運用策略性方法，例如，改善進貨品質、增加送貨頻率、供應商先期參與、減少供應商總數、採用合作關係和策略聯盟等。

（四）減少文書作業

採購人員應瞭解如何運用電腦、電子資料交換、電子商務、電子化採購等方式，以持續降低採購的交易成本。

（五）採購技能

採購人員非但要對已有的技術做到精益求精，更要未雨綢繆，努力學習新知，如同其他專業一樣，採購領域也在持續地變遷中。採購人員應具備的知識與技能，在知識方面，包括：(1) 全面品質管理；(2) 品質不良的成本估算；(3) 與供應商的關係；(4) 供應商的分析與評選；(5) 最低總成本；(6) 價格與成本分析；(7) 供應商開發；(8) 品質保證系統；(9) 供應鏈管理；(10) 競爭市場分析。

另一方面，在技能方面，包括：(1) 人際關係；(2) 顧客導向；(3) 做決定的能力；(4) 談判技巧；(5) 分析的能力；(6) 變革管理；(7) 衝突管理；(8) 解決問題的能力；(9) 影響力與說服力；(10) 資訊科技的應用。

（六）外包

企業將某項業務功能全部委託給供應商來完成的作法稱為外包服務 (Outsourcing)，又簡稱為外包，可使企業全心致力於自己的核心業務。採購部門有責任將供應市場的情況納入決策過程中，並向高層管理人員提供有關的資料分析，以便讓他們對外包的做法做出決定。

二、採購管理的目標

針對採購的五大要素進行說明，分別是供應商 (Supplier)、交期 (Delivery Time)、價格 (Price)、數量 (Quantity) 及品質 (Quality)，說明如下：

（一）供應商

一般採購人員對於供應商的認知，普遍認為選擇規模較小的供應商，對於交貨品質與供貨穩定性較有疑慮。但是面對規模較大的供應商，企業本身的規模與採購需求有限，不易取得價格與服務的優惠。因此企業必須審視本身的規模與產銷需求，選擇適合的供應商合作，並建立長期夥伴關係，方可獲得合理的價格及穩定、可靠的貨源。

同時企業亦須同步開發「替代供應貨源」，建立與供應商之間良性的競爭模式，穩定供貨來源並提升採購績效。

（二）交期

從採購的觀點，從企業向供應商發出採購訂單，到貨物運送至指定交貨地為止的這段期間 (Period)，稱之為採購前置時間或交期。採購人員應從縮短交期著手，配合生產排程與及時供貨作業持續供貨，確保生產線、通路或銷售點無缺貨之虞。

（三）價格

就採購的觀點，並非採購價格越低越好，價格只是交易的顯性數字，許多隱性成本，例如品質、服務等差異，是無法反映在價格上。因此，採購人員對於價格的認知，是必須在合乎品質要求的前提下，以「最低價格」購得所需的產品與服務。

（四）數量

採購數量的多寡決定議價能力 (Barging Power) 與折扣優惠，但是仍須考量產品生命週期 (Product Lifecycle)、庫存數量及存貨周轉率 (Inventory Turnover) 等因素，有效降低不必要的持有成本 (Carrying Cost)、庫存積壓及營運資金周轉的風險。

（五）品質

採購人員對品質的要求不可無限上綱而增加成本的負擔，仍需視產品的需求與規格，取得產品或服務在品質與價格的均衡。另外供應商交貨品質不能有明顯的差異，方能確保產品在生產線或是購買者的品質一致性，避免生產線上良率降低，或是顧客抱怨、退貨，甚至流失訂單與商機的風險。

有別於傳統採購對於「合適」的價格即為最低的價格，現代採購管理的觀念，「合適」的價格是指最低整體擁有成本 (TCO)；「合適」的品質已從穩定的品質的演進成供應商的 零次品率；「合適」的數量也從傳統的批量採購，演進至以供應商存管理 (VMI) 為核心，滿足企業對於及時供應 (JIT) 與最小庫存的要求；「合適」的供應來源也由不斷開發新的供應商，對現有供應商造成競爭與降價的壓力，轉變為建立互信、互惠的策略性夥伴關係。唯有「合適」的時間，不論是傳統或是現代的採購思維，強調縮短交期及供貨的持續性。

採購人員的主要工作，即是在這彼此互相牴觸 (Trade-Off) 五個「合適」中求得平衡點，以有效控制採購與庫存成本，提升產品或服務的品質與可靠度，滿足客戶對於訂單在品項、數量與交期的要求，達成企業採購策略的目標，提升企業整體營運效益與競爭力。

三、國際採購考量因素

採購領域中，整體擁有成本又稱為總取得成本，能提供企業進一步了解及管理內部運作時，所產生的成本總和，並將予量化與管理。整體擁有成本一般包含採購物品的價格，與物品的運送成本，加上搬運、檢驗、品質、重（返）工、維修、退貨、報廢等成本。以下運用整體擁有成本的觀念，說明國際採購總成本的意涵。

一般而言，當地採購的採購成本為供應商的出廠價格加上內陸運費；可是跨國性採購的成本就相對複雜，價格只是其中之一，許多隱藏性成本如圖 4.1 所示，下列因素是比詢價更需考慮的因素：(1) 商務出差費用；(2) 交貨前置時間；(3) 供應彈性；(4) 批量與配送頻率；(5) 供應品質；(6) 運輸與倉儲成本；(7) 付款條件；(8) 資訊協同能力；(9) 匯率、稅率及關稅；(10) 國貿條規；(11) 售後維修與服務。

圖 4.1　國際採購考量因素
參考資料：許振邦（民 106）

（一）差旅成本

　　跨國性的供應商開發，多半由企業成立跨部門小組協同作業，其成員包含採購、工程、品管與行銷等人員。所產生的國際商務差旅及國際郵電的聯繫成本，都是當地採購所不會產生的隱藏成本。

（二）交貨前置時間

　　國際採購交貨前置時間一般較當地採購為長，例如從亞洲以貨櫃運輸至歐洲的航期近 1 個月，如改以航空運輸，雖然可節省時間，但運輸成本相對可觀。當前置時間的變異增大時，企業需要的安全存貨就會暴增。

（三）供應彈性

　　供應彈性是指供應商在不降低其他績效表現下對訂單數量變異的容忍度。當供應彈性越低，供應商配合訂單數量改變的前置時間變異就越長。因此，供應彈性影響廠商持有的存貨水準。

（四）批量與配送頻率

供應商所提供的配送頻率及最小批量影響企業每次補貨的數量，當補貨策略採一次購足的批量運送，公司的週期存貨增加，存貨持有成本亦會增加。因此，供應商的配送頻率增加，可以降低存貨持有成本及安全存量。

（五）供應品質

不良的供應品質會增加企業物料供應的風險。品質會影響供應商完成滿足訂單的前置時間，以及造成前置時間的變異，因為接下來的訂單通常需要重新維修瑕疵品，讓企業需要準備更多的存貨，也會影響顧客對於產品的滿意度。

（六）運輸與倉儲成本

交易總成本中包含由原物料從供應商端運送至買方的運輸成本，相較於國內採購，雖然從國外採購可能取得較低的產品價格，但卻可能導致較高的進口運輸成本，這是在比較供應商時必須考慮的。距離、運輸模式、倉儲發貨中心及配送頻率都會影響與每家供應商來往時的進貨運輸成本。

（七）付款條件

包含可延遲付款的時間及供應商提供的數量折扣。供應商允許延遲付款可讓買方提高現金流量，其節省的成本是可以量化。定價條件亦包含超過某個數量可以提供的折扣，數量折扣降低單位成本，但會增加所需訂購批量及其產生的週期存貨。

（八）資訊協同能力

是指影響企業供需配合的能力。好的協同可以產生較好的補貨規劃、降低存貨的持有，以及因為存貨不足而產生的銷售流失。良好的資訊協同可以降低長鞭效應，並在改善顧客回應能力時亦降低生產、存貨及運輸成本。

（九）匯率、稅率及關稅

匯率、稅率及關稅對一家全球性製造及供應的公司來說是很重要的。貨幣波動對零件價格的影響更甚於其他因素的加總，財務上的避險可以對通貨的波動有所規避。不同地區的供應商所產生不同程度的稅率及關稅對於總成本的影響也顯著不同。

（十）國貿條規

國際商會對其所訂定的國際貿易條件，簡稱國貿條規 (International Commerical Terms, Incoterms) 之解釋，除了價格條件外，包含買賣雙方的義務、貨物風險的移轉界限，及供應商應向買方提出何種文件，皆有詳細的規定。

一般常用的貿易條件如 EXW、FOB、CIF、DDU 等，請參閱 2010 年版國貿條規內容。

（十一）售後維修與服務

企業、經銷商把產品（或服務）銷售給買方後，提供的一系列服務，包括產品介紹、送貨、安裝、調試、維修、技術培訓、到府服務等。售後服務是賣方對買方負責的重要措施，也是提昇產品競爭力的有利條件。售後服務的內容包括：(1) 代為消費者安裝、調試產品；(2) 根據買方要求，進行有關使用等方面的技術指導；(3) 保證維修零配件的供應；(4) 產品保固期內負責維修等服務。因此採購人員必須確認與評估產品售後保固、維修服務的條件與成本，切莫造成議價時獲得較低的採購成本，但日後維修的隱藏成本很高的窘境。

四、採購人員應避免的行為

採購人員不得有下述行為：

1. 利用職務關係對廠商要求、期約或收受賄賂、回扣、餽贈、優惠交易或其他不正利益。
2. 接受與職務有關廠商之食、宿、交通、娛樂、旅遊、冶遊或其他類似情形之免費或優惠招待。
3. 不依相關規定或未公正辦理採購。
4. 妨礙採購效率，例如：一再開標流標廢標不知檢討。
5. 浪費公司資源，例如：呆料、存貨過多仍繼續採購；或進行不必要之採購。
6. 洩漏應保守秘密之採購資訊。
7. 利用職務關係募款或從事商業活動。
8. 利用職務獲不正當利益。
9. 利用職務關係媒介親友至廠商處所任職。
10. 利用職務關係與廠商有借貸或非經公開交易之投資關係，要求廠商提供與採購無關之服務。
11. 為廠商請託或關說。
12. 藉婚喪喜慶機會向廠商索取金錢或財物。
13. 從事足以影響採購人員尊嚴或使一般人認其有不能公正執行職務之事務或活動，例如與廠商人員結伴出國旅遊。

4-2　採購作業與績效評估

採購部門執行的採購項目從原料、零件到各式各樣的服務，雖然有許多不同種類，但無論其採購物品的特性為何，一般都會經過一個標準程序來完成。由於採購部門是直接面對供應商的窗口，也是對內各相關部門的溝通管道，為了使採購作業能更順利的進行，基本上應該賦予採購部門以下四種決策權：

1. 供應商的選擇。
2. 決定交易的價格與條件。
3. 對採購規範的質疑與確認。
4. 負責對供應商的一切聯繫工作。

以下針對採購作業流程與工作重點，說明如下：

一、採購作業流程

採購作業流程如圖 4.2 所示，流程的第一步是確認採購需求，採購需求可以是生產用的物料或是一項專業服務，也可以是一些零配件或辦公設備，一旦有採購需求，採購作業流程便正式啟動了。接著準備好規格說明書，採購人員就可以開始物色供應來源，選定合適的採購法，並決定要採用競標的方法或是談判的方法與供應商進行交涉。此外，在選定供應商之前，首先要對採購案本身加以評估，同時亦須對候選的供應商進行評估，最後就是合約的簽定和執行了。

(1)確認採購需求 → (2)提出請購 → (3)與使用單位溝通細節 → (4)尋找並確認有潛力的供應商 → (5)發出詢價通知並審核報價 → (6)選擇供應商

(7)談判合約條款 → (8)準備與發出採購訂單；供應商簽回 → (9)訂單的跟催與催貨 → (10)收貨與檢驗 → (11)付款與結案 → (12)採購紀錄歸檔

圖 4.2 採購作業流程

參考資料：許振邦（民 106）

針對上述採購作業流程的作業重點，分述如下：

（一）確認採購需求

採購前須確認所需物品或服務的種類、型態及頻率，並做好市場需求預測與分析，作業重點如下：

1. 決定採購策略。
2. 預測需求數量。
3. 預測與分析市場趨勢。

（二）提出請購

使用部門向採購部門提出請購需求，由請購部門填妥「請購單」(Purchase Requisition)，再交由採購部門執行後續的採購作業。作業重點如下：

1. 準備請購單。
2. 審核請購單的資訊是否完整。
3. 輸入請購資訊。
4. 將請購單送交採購部門。
5. 在請購單上蓋收發章。
6. 採購人員將請購單載入記錄簿。
7. 分發請購單。
8. 確認請購是否符合公司政策。
9. 確認請購簽章是否經過適當的授權。

（三）與使用單位溝通需求的細節

採購部門應先與使用單位溝通採購需求與規格制訂，在不犧牲品質為前提，以最符合成本效益的方式，購買到符合使用單位需求的產品。作業重點如下：

1. 草擬一般性的規格。
2. 草擬技術性的規格。
3. 請教工程單位。
4. 請教供應商。
5. 請教顧客。
6. 請教資深採購人員。
7. 確認商業通用規格。

（四）尋找並確認有潛力的供應商

採購部門運用專業、系統化的策略進行搜尋、評估，建立品質優良、成本效益優越的供應商團隊，滿足企業對物料供應、產品與服務的需求。作業重點如下：

1. 成立供應商評估小組。
2. 建立目標。
3. 建立供應商評估準則。
4. 取得潛在供應來源的資訊。
5. 完成初步的評估作業。
6. 寄發供應商調查表。
7. 取得供應商財務資訊。
8. 進行供應商實地訪查與評估。
9. 整合資訊以利研判。

（五）發出詢價通知並審核報價

發出詢價通知前需提出報價與規格書 (Quotation and Specification)，內容包含採購的產品名稱、工程圖面、數量、規格、交期等，及其它協助採購人員執行報價作業的資訊。作業重點如下：

1. 建立參與報價的供應商名單。
2. 準備報價規格資料。
3. 審核並批准報價資料。
4. 建立報價格式。
5. 準備與寄發報價文件。

（六）選擇供應商

供應商評估的重要項目為品質、價格、交期與服務，作業重點如下：

1. 更新供應商評估表資料。
2. 審核供應商綜合評估表。
3. 評估供應商：
   (1) 品質。
   (2) 價格與總成本。
   (3) 交貨。
   (4) 服務。
4. 諮詢相關部門或人員的意見。

（七）談判合約條款

談判是採購部門與供應商，透過協商方式，追求雙方接受合約的過程。採購部門與供應商的關係，將取決於供應商是否會確實履行合約載明的條款與內容，及採購部門是否要求供應商無償提供合約內容以外的要求或服務。因此買賣雙方應努力共創雙贏 (Win-Win)，建立與維持買賣雙方長期合作的夥伴關係，作業重點如下：

1. 供應商調查。
2. 市場情況調查。
3. 分析運輸與倉儲能力。
4. 選擇談判小組成員。
5. 完成價格與成本分析。
6. 調查企業的的需求。
7. 諮詢使用單位意見。
8. 建立談判策略。
9. 執行談判。

（八）準備與發出採購訂單

採購訂單的擬定與發送，無論是以人工或是電子資料交換的方式執行，均需載明合約完整的內容與資訊。作業重點如下：

1. 輸入訂單資料。
2. 開列訂單。
3. 訂單的簽核。
4. 遞送訂單至各簽核人員批准。
5. 分開訂單副本。
6. 分送訂單副本。
7. 寄（傳）送訂單與回覆確認。
8. 訂單歸檔。
9. 處理訂單的更改。

（九）訂單的跟催與催貨

採購部門希望供應商能按照合規定如期交貨，但實務工作上常有遲交的情形發生。因此必須透過跟催與催貨，方能有效監控供應商訂單履行與交貨狀況，作業重點如下：

1. 與供應商聯繫。
2. 與銷售人員聯繫。
3. 追蹤需求時間以及要求抵達時間。
4. 詢問有關延遲狀況。
5. 將日期的更正輸入電腦。
6. 標示重要物料以供驗收與進料檢驗作業。
7. 安排急貨的運送。
8. 取貨。

（十）收貨與檢驗

資材部門收料人員必須檢查與核對收到貨物的數量與品項，是否與出貨明細相符，同時檢查貨物包裝、外觀是否有在運送途中受損的情形。在完成收貨作業後，進料品檢人員將針對貨物作進一步的品質檢驗，收貨與檢驗作業重點如下：

1. 目視檢驗包裝。
2. 核對包裝明細。
3. 核對數量。
4. 移至進料檢驗區。
5. 執行進料檢驗。
6. 將不良品移至隔離區。
7. 將合格品移至待入倉區。
8. 將「待處置品」移至物料審核委員會 (Material Review Board, MRB) 確認區。
9. 參加物料審核委員會會議(MRB Meetings)。
10. 通知供應商有關進料不良的狀況。

（十一）付款與結案

在買方完成檢驗與收貨的程序後，買方財務會計部門執行後續應付帳款的處理，作業重點如下：

1. 審核請款文件是否完整。
2. 核對訂單、包裝明細及發票。
3. 如果有不符合之處，應立即通知採購人員。
4. 通知相關部門經理有關非系統請購。
5. 遵循公司付款與折扣規定執行付款。

（十二）採購記錄歸檔 工作重點

買方財務會計部門會將依據供應商名稱或訂單號碼加以分類，保存所有交易紀錄、文件與商業發票，提供日後稽核與稅務申報的憑證，作業重點如下：

1. 請購單歸檔。
2. 訂單副本歸檔：
   (1) 採購聯。　　　　　　　　(4) 品管聯。
   (2) 確認聯。　　　　　　　　(5) 會計聯。
   (3) 收料聯。　　　　　　　　(6) 請購者聯。
3. 檔案：
   (1) 往來記錄。　　　　　　　(4) 品質文件。
   (2) 報告。　　　　　　　　　(5) 圖檔。
   (3) 發票。　　　　　　　　　(6) 採購分析驗證。

二、採購與供應策略

在調查各種供應型態時，分為以下四類產品類型，如表 4.1 所示，為產品特性、採購人員的重要工作及決策階層的說明。同時採購人員可以根據產品特性，運用四個象限分析法，如圖 4.3，將採購成本的多寡，產品或服務取得的風險高低，進行分析與評估採購策略。

（一）策略性產品 (Strategic Products)

為高價值、高取得風險的產品項目。如表 4.1 說明，這類產品通常屬於企業核心業務範圍，與這類型的供應商合作，應嘗試建立彼此互信的聯盟關係、及整體供應鏈體系效益提升，以增進策略聯盟的價值，強化企業競爭優勢。

（二）關鍵性產品 (Critical Products)

為低價值、高取得風險的產品項目。如表 4.1 說明，由於特殊製程的獨特性、專利權的保障，或是規格限制供應商的選擇條件，皆會造成採購風險的提高。例如：化學或生技產品的配方，或是量身訂作的電腦程式軟體等。這類產品的成本不高，但具有供應上的風險。因此供應商管理應著重於風險管理，而非降低成本的議價或談判。

（三）槓桿性產品 (Leverage Products)

為高價值、低取得風險的產品項目。如表 4.1 說明，這類產品供應商眾多，提供同質性產品，採購金額龐大，屬於買方市場，例如：原物料或是零組件。與這類型的供應商合作的關係屬於常態交易，因此供應商管理應著重於以批量訂購，設定目標價格與供應商談判，及物流成本的持續改善。

（四）一般性產品 (Acquisition Products)

為低價值、低取得風險的產品項目。如表 4.1 說明，這類產品供應商眾多，提供同質性產品，採購金額相對較低，例如；辦公室事務機或用品。與這類型的供應商合作的關係屬於常態交易，且因採購金額較低，節省成本 (Cost down) 的效益不大，因此供應商管理應著重於採購程序與流程的簡化。例如：網路訂購、系統化合約或是總括性訂單 (Blanket Order) 等較為便捷的方法。

圖 4.3　不同產品類型之採購成本與採購風險對應關係
參考資料：供應管理協會（民 106）

表 4.1　產品供應型態與採購策略

產品類型	產品特性	採購策略	決策階層
策略性產品	■客戶設計或獨特的規格 ■營運過程中絕對不可缺少 ■為供應商關鍵技術 ■供應商不多，但產能充足。 ■替代品不易取得 ■轉換供應商困難	■準確的需求預測 ■長期供應關係的培養 (例如：策略聯盟) ■與供應商簽定優渥合約條件 ■風險管理與緊急應變計劃 ■良好的物流、存貨系統建置	高階 (例如：採購副總經理)
關鍵性產品	■客戶設計或獨特的規格 ■為供應商關鍵技術或來源 ■稀少的供應來源或需求量低，導致產能稀少。 ■替代品不易取得 ■使用頻率不固定，導致需求預測困難 ■轉換供應商困難	■確保供貨來源與數量 ■長期供應關係的培養 (例如：策略聯盟) ■備份計劃擬定 ■風險管理與緊急應變計劃 ■提高安全存貨	高階 (例如：採購處長)
槓桿性產品	■使用量大，議價權在買方 ■不同供應商選擇 ■不同產品替代 ■批量訂購	■價格槓桿策略 ■批量訂購，設定目標價格與談判 ■物流、運輸費率 談判	中階 (例如：採購經理)
一般性產品	■標準規格或一般產品 ■不同供應商選擇 ■替代品容易取得	■設定目標價格、強勢談判 ■物流、運輸成本控制	基層 (例如：採購人員)

參考資料：楊騰飛、丁振國（民 106）

三、供應商評選與績效評估

採購單位評選供應商 (Supplier Selection) 牽涉到的因素很多，例如：供應商的基本條件，評選供應商的評估標準、選擇供應商的方法、區域考量與法規限制等。以下針對供應商評選標準、供應商評選方法、原則與步驟等內容及採購與供應的策略，分述如下：

（一）供應商評選

對於供應商的評選，採購人員必須適時的訪視，並觀察供應商是否具備履行合約的能力、財務是否健全、品質是否具有可靠度、組織管理是否完善等因素。如此方能

確保所選擇的供應商符合公司的需求,可以在指定的時間內,以合理的價格與正確的數量,提供符合品質要求的產品與服務至指定的地點。評選供應商所考慮的因素與層面非常多,如表 4.2 所示,主要影響供應商評選決策的因素如價格、品質、交期與服務等項目。另外「品質因素」的重要性日益顯著,所以當價格卻越來越重要,交期多少需要確定的原則下,服務品質已經被視為供應商選擇的重要因素。

表 4.2　供應商評選

價格	品質	交期	服務與彈性
■價格變動率 ■數量折扣 ■匯率、稅率及關稅 ■區域考量 ■法規限制	■退貨百分比 ■TQM 觀念認知程度 ■測試設備的有效性 ■品質可靠度 ■檢驗證明 ■品質認證	■逾期交貨率 ■訂單催交率 ■物流成本 ■數量達交率 ■交貨頻率 ■交期排程	■供貨時間彈性 ■價格協商修正 ■緊急訂單達交率 ■售後服務

參考資料:葉佳勝、王翊和(民 106)、丁振國(民 102)

　　以食品產業針對供應商開發與評選為例,根據沈榮祿研究指出;食品產業最重視的供應商選擇構面與準則如表 4.3 所示,依序為:品質 (Quality)、成本 (Cost)、技術 (Technology)、服務 (Service)、公司形象 (Company Image) 及物流能力 (Logistics Ability)6 項評估指標。其中品質無論就採購人員、事業單位、供應商、消費者的觀點,均認定最為重要。品質是食品產業的核心問題,而成本關係到獲利的關鍵,成本節省一元即是獲利增加一元,企業經營獲利是所有企業利害關係人(股東、投資大眾、員工)共同的目標。成本是食品產業支出最大的項目,也是採購人員最重要的績效指標,重要性排名第二。

表 4.3　食品供應商選擇構面與準則

價格	品質
品　　質	產品品質、品質穩定、安全衛生。
成　　本	單位成本、營業成本。
技　　術	解決技術問題的能力、設備、未來展望、綠色供應鏈(環保)、物料可追溯性。
服　　務	售後服務、程式的靈活性、專業性與供應鏈反應能力。
公司形象	態度、合作關係親密度、信譽及財務狀況。
物流能力	交貨效能、交貨速度。

資料來源:沈榮祿(民 102)

在臺灣食品產業最常被消費者抱怨的問題是菜色與品質，因此食品供應商必須具備解決品質、技術問題的能力，才能做到有效率的顧客回應 (Effective Customer Response)。此外設備也會影響菜色的品質，例如；不同等級的咖啡機會影響到沖泡咖啡的風味與品質，進而影響顧客滿意度。臺灣消費者意識高漲，供應商提供安全與環保的食材及產銷履歷，皆有助於企業形象與聲譽的提升，重要性排名第三。

在臺灣食品產業，服務是企業的核心競爭能力，必須依靠供應鏈反應速度、供應商的售後服務與專業性的有效支援，方能在消費者心中，建立優良的企業形象與聲譽，提升顧客忠誠度與消費意願，重要性排名第四。而供應商的財務狀況、聲譽、售後服務態度、業務配合度，皆會影響品質、成本、技術與服務 四項關鍵績效指標，重要性排名第五。

最後針對物流能力部分，臺灣專業物流服務提供者 (3PL)，普遍具備低廉物流成本、良好儲運能力與服務特質，因此企業需要投入的資源與人力相對較少，重要性不如前述 5 項績效指標，排名第六。

（二）供應商績效評估

企業採購部門必須定期進行供應商績效評估以提升企業競爭力，例如某家企業需要供應商能夠提供良好的及時供貨績效，以便支援 Just in Time 系統，因此當此企業進行供應商評估時，則著重在供應商的物流績效。雖然每一家企業各自有不同的產銷需求，對供應商評估的重點也不同，但採購部門針對供應商進行評估的指標，主要可分為四個面向，即品質、成本、交期、服務與彈性，說明如下：

1. 品質 (Quality)

採購的品質績效可由驗收或生產紀錄來判斷，而檢驗標準、檢驗流程、檢驗數據、品質分析與改進、檢驗設備、品質認證及員工的品質教育，都會是評估的重點，評估指標如訂單拒收率、進貨不良率等。

$$訂單拒收率 = 拒收訂單數量 / 進貨訂單量 \times 100\%$$

$$進貨不良率 = 進貨不合格數量 / 進貨總數量 \times 100\%$$

2. 成本 (Cost)

價格是企業最重視也最常見的績效衡量指標，但比較的項目不僅只是產品的單價，必須是在品質相近的條件下，以整體擁有成本的觀點進行評估，才不致發生日後

需付出更大代價的窘境。評估指標在於相互比較，例如以實際價格作為基準價格，與上次採購的價格或是其它供應商提供的價格作比較。

$$價格變動率 = (1 － 其它供應商提供的價格 / 基準價格) \times 100\%$$

3. 交期 (Delivery Time)

交期管理是採購作業的重要工作，延遲交貨不僅造成缺貨風險，同時可能因為趕上交期而改變運輸模式，例如海運改成空運，造成物流成本大幅增加。而提早交貨則可能導致買方庫存成本的增加，或因提前付款而造成資金融通與周轉的風險，評估指標如逾期交貨率、逾期交貨天數、訂單催交率、前置時間誤差率等。

$$逾期交貨率 = 逾期訂單數量 / 進貨訂單總數量 \times 100\%$$

$$逾期交貨天數 = 實際交貨日 － 計劃交貨日$$

$$訂單催交率 = 訂單催交次數 / 進貨訂單總數量 \times 100\%$$

$$前置時間誤差率 = 實際前置時間 / 承諾前置時間 \times 100\%$$

4. 服務 (Service) 與彈性 (Flexibility)

供應商的服務水準主要可分為兩項：一項為例行性的溝通與協調的配合度，如回覆問題的時間與態度、回覆問題的正確性及顧客滿意度等。另一項為應付緊急狀況時的彈性應變能力，如緊急訂單達交如期比率、緊急訂單達交如數比率、緊急訂單平均出貨前置時間等。然而不論是服務或是彈性皆屬主觀評斷，較難採取量化指標評估。一般是以付諸團體決定，諸如傑出、可接受、需改進、非常差等，加入附註說明以便進行供應商評估。

4-3　供應商交期管理

何謂供應商交期 (Delivery Time) 及前置時間 (Lead Time) ？以下範例說明供應商交期是如何計算的。

假設你家的廚房需要重新裝修，你找到一家承包商，除了估價外，承包商告訴你，向國外廠商訂購的廚具大約需要 25 天才能到貨，施工需 5 個工作日。那麼，如果今天就決定直到完工，總共需要 30 天，其中 25 天是廚具訂購的前置時間，而承包商給你的交期應為 30 天。

從採購的觀點，從向供應商發出採購訂單直到貨物交到指定地點為止的這段時間，稱之為採購的前置時間。而交期的長短與前置時間有很大的關係。交期是由供應商決定而非客戶隨意指定，當前產業與消費者對於及時供貨的要求，可以透過控管前置管理而有效縮短交期，以下針對交期結構分析、交期縮短在供應管理的優點及如何有效管理交期，說明如下：

一、交期結構分析

影響交期長短的因素有下列 6 個因素，所有前置時間的總和又稱為累計前置時間 (Cumulative Lead Time, CLT)，6 項前置時間分別是：行政作業前置時間、原料採購前置時間、生產製造前置時間、運輸物流前置時間、驗收和檢查前置時間及突發狀況時間。

因此，**交期 = 累計前置時間 = 行政作業前置時間 + 原料採購前置時間 + 生產製造前置時間 + 運輸物流前置時間 + 驗收和檢查前置時間 + 因應突發狀況時間。**

以下針對 6 項前置時間分述如下：

（一）行政作業前置時間

行政作業前置時間 (Administration Lead Time) 是買方採購單位與供應商之間，共同為完成採購作業所需之相關文書及準備工作。在採購方包括；評估或開發供應商、擬定採購訂單、取得採購授權、簽發訂單等作業。在供應方則包括；確認採購訂單（品項、規格、數量、交期、績效指標等）、報價或簽署採購合約、進入生產排程、確認成品與零件庫存、客戶信用調查與評等及產能分析等作業。

（二）原料採購前置時間

供應商為了完成客戶訂單，也需要一定的時間向本身上游供應商採購必要的原材料，例如半成品、零組件、包裝材料等。如圖 4.4 所示，計畫生產模式 (Build to Stock, BTS)。此模式為最傳統的供應鏈，客戶訂單尚且沒有確認之前，先以預測來制定生產計畫，再將所生產之產品運送至倉庫、銷售據點與通路，直接以「存貨」來滿足客戶訂單需求，故供貨前置時間最短。此種生產策略適用於少樣多量的產業環境中，產品需求量穩定且通常為標準化產品，無法滿足客戶對於產品客製化 (Customized) 的需求。

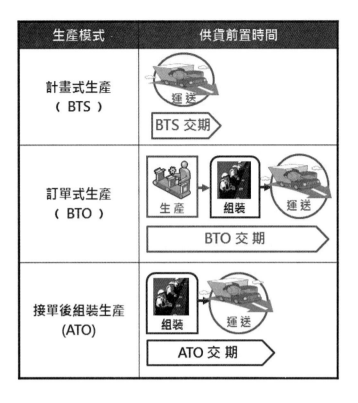

圖 4.4　不同生產模式原料採購前置時間比較

　　訂單式生產 (Build to Order, BTO) 模式，是在確認顧客訂單後，因應客戶特殊需求或規格設計及製造產品，因此無法事先預備存貨來滿足客戶需求。此種生產模式大都應用於多樣少量的產業環境中，其需求量不穩定且產品樣式繁多，必須在確認客戶訂單實際訂購量後才開始備料生產，以降低因需求預測不準導致的庫存過剩風險，同時可為客戶量身訂作、設計及製造符合客戶個別需求或規格的產品。但缺點是生產前置時間過長，無法滿足客戶快速回應的需求，及產品生命週期短且變化太快的產業。

　　為有效解決上述 BTS 與 BTO 兩種生產模式的不足及缺點，取而代之的是運用模組化 (Modularization) 技術，將產品轉換為數種標準化的零組件或模組 (Module) 的接單後組裝生產模式 (ATO)。ATO 首先設定製程當中，關鍵零組件（或最關鍵的製程）的製程分界點，分界點之前採用 BTS 策略；分界點之後則採用 BTO 策略。前段依照關鍵零組件（或關鍵製程）進行預測、採購、生產，並將完工後的半成品或模組放置到 BTS 倉庫，在接收客戶訂單之後，再根據客戶需求由倉庫領取完工的半成品或模組，進行後段製程的加工與製造。此種生產策略結合 BTS 與 BTO 的優點，可有效縮短訂單達交 (Order to Delivery, OTD) 時間，同時滿足客戶對於產品客製化的需求。

（三）生產製造前置時間

生產製造前置時間 (Manufacturing Lead Time) 是指供應商內部的生產線，在製造訂單所採購的產品的所需的時間，包括：生產線等候時間(Queue Time)、整備時間(Setup Time)、物料的搬運時間 (Move Time)、加工時間 (Processing Time) 及換線 (Chageover) 或換模 (Die Change) 等候時間 (Waiting Time) 等。在訂單式生產 (BTO) 模式，非加工所占時間較多，所需的交期較長；計畫生產模式 (BTS) 模式 直接以「存貨」來滿足客戶訂單需求，生產製造前置時間相對縮短；接單後組裝生產 (ATO) 模式對客戶少量多樣的需求有快速反應能力。交期較計畫生產模式為長，較訂單式生產模式為短。

（四）運輸前置時間

當訂單完成後，將貨物從供應商的生產地送到客戶指定交貨點所花費的時間稱為運輸前置時間 (Transportation Lead Time)。運送時間的長短與供應商和客戶之間的距離、交貨頻率及運輸方式（航空、水路或陸上運輸）有著直接關係。

（五）驗收與檢驗前置時間

顧客驗收與檢驗前置時間 (Receiving and Inspection Lead Time) 包括下列程序：

1. 卸貨與拆箱檢驗

   主要在檢查出貨數量是否有誤，貨物外箱有否明顯的損壞 (Damage)。同時檢查內箱產品是否有瑕疵或損壞，確認無誤後完成驗收程序。

2. 將貨物搬運到適當地點。

（六）因應突發狀況時間

因應突發狀況時間 (Others Contingency Lead Time)，包括一些不可預計的外部或內部因素所造成的延誤，例如：機器設備故障、原物料交貨延遲、天然災害等，以及供應商預留的緩衝時間等。

二、縮短交期在供應管理的優點

供應商的交期長短對於採購作業的績效影響甚鉅，縮短交期在供應管理的優點，說明如下：

（一）提升產品品質

當供應商縮短交期，可減少採購與物料管理的混亂，及生產計畫排程的更動，穩定生產系統的可靠度與產出良率，有效控制生產前置時間，避免因客戶的催貨，被迫安排加班 (Overtime)、產能移轉或外包而產生的額外成本，有效提升生產效率與產品品質。

（二）降低庫存數量與成本

當供應商縮短交期，可有效降低存貨持有成本及安全庫存 (Safety Stock)。伴隨著庫存降低，可大幅降低廠商的自有倉庫管理成本，或是外租倉庫的租賃、理貨與搬運成本。同時伴隨穩定的生產系統，避免生產線上產生過多在製品庫存(Work-In-Process, WIP)，達到有效降低整體庫存水準的績效與目標。

（三）增加公司接單彈性

當供應商縮短交期，可有效控制生產前置時間，可使生產線有充裕的時間與產能，應付客戶臨時的插單或是追加訂單，或是少量、多樣的客製化訂單的需求。

（四）降低整體營運成本

當供應商縮短交期，可創造整體庫存（原物料、在製品與在途庫存）降低，生產效率與良率提升，有效降低倉儲與生產的營運成本。

（五）加速產品上市時間

當供應商縮短交期，廠商可有效控制生產前置時間，加速產品上市的時間以掌握市場先機，提升產品的市場佔有率與競爭力。

三、改善交期的方法與策略

供應商交期管理應從訂定合理的交期績效指標、交期問題統計（遲交、品項與數量不符等）、公佈交期績效、研擬改善方案及後續的追蹤與改善等步驟，針對改善交期的方法與策略，說明如下：

（一）降低供應商接單的變化性

供應商常面臨當客戶更改數量、交貨日期、或頻繁的更換供應商，直接影響供應商的生產排程、工作量及交貨期。因此客戶的採購人員在與供應商的溝通上，須了解供應商實際的產能狀況；同時供應商亦須了解客戶的實際需求，從而使供應商的產能分配可以依據客戶的實際需求進行調整。供應商的產能短期來看是固定的，但客戶需求的變動卻會直接影響供應商的工作量，也影響到交貨期。

（二）減少整備時間 (Setup Time)

供應商降低整備時間可以增加生產排程的彈性，減少生產前置時間。特別是在 JIT 生產環境下效果尤其顯著。減少整備時間的方法包括：(1) 購買新機器設備，或設備的設計變更；(2) 使用電動或氣動輔助設備；(3) 運用工業工程，進行工作流程分析與改善；(4) 使用標準零件與工具。

（三）提升生產線瓶頸製程產能

生產系統當中產能最吃緊的製程即可定義為「瓶頸製程」(Bottleneck)，至於其餘的製程都可被稱為「非瓶頸製程」。一個生產系統當中通常只有一個瓶頸製程，但是少部分的情況，例如兩個製程的供給產能在伯仲之間，那麼該生產系統可能會存在兩個瓶頸製程。瓶頸不僅會影響產出量，同時也會影響到整個生產前置時間與交期。以下為幾種提升瓶頸製程產能的方式：

1. 既有產線的產能擴充

　(1) 瓶頸製程加工速度提升（單位時間產出增加）。

　(2) 瓶頸製程有效作業時間提升（減少故障與保養頻率、縮短修復與保養時間）。

　(3) 瓶頸製程作業效率提升（自動化設備導入、快速模具更換系統導入）。

2. 非既有產線的產能擴充

　(1) 關鍵製程外包給公司以外的產線進行生產。

　(2) 增購關鍵製程的機台、擴編關鍵製程的人員、興建新生產線等。

（四）降低運輸前置時間

運送的時間與供應商和客戶之間的距離、交貨頻率、以及運輸模式有直接的關係，儘量培養本地的供應商以大幅降低運輸前置時間。如果必須進行國際採購，無論運輸模式為海運或空運，尋求信用良好、物流網路縝密、航班密集度高、運費合理，具備全程國際物流服務提供能力的國際運輸承攬業者合作是非常重要的。

（五）及時供應採購

及時供應採購（Just-in-time Procurement, 簡稱 JIT 採購）的主要特色，除了注意價格與交期外，還需要注意品質、資訊交流以及技術等因素。實施 JIT 採購的優點包含；成本的降低、品質的改善、作業彈性化、生產力的提昇、庫存的降低與交期的改善，滿足客戶對於及時供貨與最小安全庫存的要求。

（六）建立供應商存貨管理模式

讓供應商負責庫存管理是現代採購與供應管理的趨勢，供應商規劃安全庫存與補貨計劃，同時維持庫存所有權 (Ownership)，直到庫存被銷售或使用於生產製造。一般而言，供應商將安全庫存放置在 VMI Hub（位於客戶附近），客戶內部僅需維持最小安全庫存；供應商在接到製造廠訂單後，立即由 VMI Hub 執行 及時 (JIT) 供貨，滿足客戶對於及時供貨與最小安全庫存的要求。

（七）降低行政作業時間

　　客戶採購人員與供應商，可以透過良好的溝通，建立有效率的採購程序，同時建立雙方資訊系統的連線，進行採購資訊的即時傳遞與交換，提升採購作業的效率，降低行政作業前置時間。

　　採購管理是指為了達成生產或銷售計劃，從適當的供應商那裡，在確保質量的前提下，在適當的時間，以適當的價格，購入適當數量的商品所採取的一系列管理活動。而供應管理是為了確保質量、經濟效益、及時地供應生產經營所需要的各種物品，對採購、供應、物流等一系列供需交易過程，進行計畫、組織、協調和控制，以保證企業經營目標的實現。

　　採購與供應管理的目標是在準確的時間和地點以合適的價格和服務，獲取合乎要求的商品，重點工作如下：

1. 提供不間斷的原物料服務的供應。
2. 安全庫存維持最低限度，但是生產線或通路無缺料、缺貨之虞。
3. 維持準時交貨及提高品質，確保良率無慮。
4. 依據市場需求，找尋或發展具有競爭力與潛力的供應商。
5. 在適當的條件，將所購原物料、設備機器與服務標準化。
6. 以整體擁有成本 (TCO) 為出發點，追求最低總成本獲得所需的資材與服務。
7. 在企業內部和其他職能部門間，建立和諧而有效率的夥伴關係。
8. 儘可能以最低管理成本實現採購目標與部門績效，同時兼顧社會責任。
9. 採購績效可提升提公司的企業競爭優勢。

　　鑑於採購與供應管理在企業中的重要性，關係著企業經營的成敗，經營管理階層必須對採購與供應活動的管理特別重視，方能有效控制採購與庫存成本，提升產品或服務的品質與可靠度，滿足客戶對於訂單在品項、數量、交期與客製化的要求，提升企業整體營運效益與競爭力。

自我練習

第一部分：選擇題

第一節　採購管理原則與考量因素

(　　) 1. 有關之採購方法和策略，下列敘述何者**正確**？

　　　A. 了解所需各類產品的特性、質量、品種、價格等行情

　　　B. 採購品質好價格低廉的原物料

　　　C. 調控採購價格，降低經營成本

　　　① A、B、C 皆正確　　　　② A、B 正確，C 不正確

　　　③ A、C 正確，B 不正確　　④ B、C 正確，A 不正確

(　　) 2. 採購人員對於訂單價格與整體持有成本應考量，下列敘述何者**為非**？

　　　① 最低的報價並不代表最低的成本，必須要求採購人員對整體持有成本 (Total Cost of Ownership, TCO) 做出合理的評估

　　　② TCO 為產品或服務交貨之前或之後，原始採購價格加上額外成本

　　　③ TCO 包含採購物品的價格與運送成本，但不含搬運、檢驗、維護品質、設備維修、以及其他與採購相關的成本

　　　④ 衡量所有關於採購及使用的相關費用後，決定自製、外購（成品或半成品）或是作業委外

(　　) 3. 原物料之選購原則以下何者**為非**？

　　　① 適質、適量　② 適時交貨　③ 良好的服務　④ 最便宜的價錢

(　　) 4. 有關採購管理的原則，下列敘述何者**正確**？

　　　① 適度外包服務　　　　　　② 縮短採購週期與交期

　　　③ 減少文書作業　　　　　　④ 以上皆是

(　　) 5. 除了專業與技能，採購人員尚需具備其它管理知識與技能，下列敘述何者**錯誤**？

　　　① 供應鏈管理　② 談判技巧　③ 交際應酬　④ 價格與成本分析

(　　) 6. 有關採購人員應具備的專業與技能，下列選項何者**正確**？

　　　A. 供應商開發、分析與評選　B. 價格與成本分析　　　C. 談判技巧

　　　D. 市場分析　　　　　　　　E. 資訊科技的應用

　　　① ABC　② ABCD　③ ACDE　④ ABCDE

( ) 7. 有關採購的五大要素，下列敘述何者**為非**？

① 速度 (Speed)　　　　　　② 價格 (Price)

③ 數量 (Quantity)　　　　　④ 交期 (Delivery Time)

( ) 8. 有關採購管理的目標，下列選項何者**正確**？

A. 供應商　B. 價格　C. 數量　D. 交期　E. 品質

① ABC　② ABCD　③ ACDE　④ ABCDE

( ) 9. 採購數量的多寡決定議價能力 (Barging Power) 與折扣優惠，但是仍須**考量哪一項因素**，以有效降低不必要的持有成本 (Carrying Cost)、庫存積壓及營運資金週轉的風險：

A. 產品生命週期　　　　B. 庫存數量　　　　　C. 存貨週轉率

① A、B、C 皆正確　　　　② A、B 正確，C 不正確

③ A、C 正確，B 不正確　　④ B、C 正確，A 不正確

( )10. 下列選項何者不是以採購整體持有成本 (Total Cost of Ownership) 原則的**考量因素**？

① 物品的運送成本　　　　② 公關行銷費用

③ 檢驗　　　　　　　　　④ 維修、退貨、報廢

( )11. 跨國性採購的成本相對複雜，價格只是其中之一，另含許多隱藏性成本，**下列敘述何者為非**？

① 商務出差費用　　　　　② 供應彈性

③ 儲運設備不夠潔淨　　　④ 匯率、稅率及關稅

( )12. 跨國性採購的成本相對複雜，價格只是其中之一，另含許多隱藏性成本，**下列敘述何者正確**？

A. 商務出差費用　　　　　B. 付款條件

C. 運輸與倉儲成本　　　　D. 供應品質

E. 匯率、稅率及關稅 F. 行銷、宣傳或廣告

① ABC　② ABCD　③ ABCDE　④ ABCDEF

( )13. 採購人員應遵行的行為規範**不包括**下列何者？

① 採購人員的績效標準　　　② 採購人員不得收受廠商餽贈

③ 不得對供應商有差別對待或偏見　　④ 洩漏應保守秘密的採購資訊

( )14. 採購人員應**不得**有下述何種行為：
　　① 媒介親友至廠商處所任職
　　② 呆料、存貨過多仍繼續採購
　　③ 接受廠商一定金額之食、宿、交通、娛樂、旅遊招待
　　④ 以上皆是

( )15. 有關現代**採購作業的目標與使命**，下列敘述何者**錯誤**？
　　① 採購應有整體持有成本的觀念，而非只把焦點放在價格上的節省
　　② 採購人員不可利用職務關係對廠商要求回扣、餽贈或招待
　　③ 採購屬於企業內部行政庶務工作，對於提升企業競爭力沒有幫助
　　④ 採購人員採購相關認證，可增加在職場上的專業與競爭力

第二節　採購作業與績效評估

( )16. 下列何者**不是**企業賦予採購部門的職權？
　　① 供應商評選及聯繫工作　　② 採購規格的訂定與確認
　　③ 支付貨款　　④ 決定交易的價格與條件

( )17. 採購部門對組織的成本節省的貢獻，將會對以下哪一項有直接的影響？
　　① 供應商數量　　② 利潤率
　　③ 供應商交期　　④ 訂單數量

( )18. 一般而言，採購人員對一件採購任務的責任在何時可告完成？
　　① 發出採購訂單 (PO) 時
　　② 供應商依照採購訂單如期送貨時
　　③ 供應商送來的貨品完成進貨檢驗手續，送進倉庫時
　　④ 供應商取得應收款項，並將資料歸檔時

( )19. 供應商所提供的配送頻率及最小批量影響企業每次補貨的數量，因此供應商的配送頻率增加，可以**降低**：
　　① 存貨持有成本及安全存量　　② 供應彈性
　　③ 隱藏成本　　④ 匯率、稅率及關稅

( )20. 供應商評選在**品質方面**的重要項目，下列選項何者**為非**？
　　① 售後服務　　② 退貨百分比　　③ 品質認證　　④ 檢驗證明

( )21. 供應商評選在**價格方面**的重要項目，下列選項何者**為非**？
　　① 價格變動率　　② 訂單催交率
　　③ 數量折扣　　④ 匯率、稅率及關稅

(　)22. 供應商評選在**交期方面**的重要項目，下列選項何者**為非**？

① 逾期交貨率　② 訂單催交率　③ 退貨百分比　④ 數量達交率

(　)23. 採購人員可以根據產品特性，運用四個象限分析法，將採購成本的多寡，產品或服務取得的風險高低，進行分析與評估分成四種產品，**下列敘述何者為非**？

① 策略性產品　② 關鍵性產品　③ 組織性產品　④ 槓桿性產品

(　)24. 採購此類產品，與供應商合作的關係屬於常態交易，供應商利潤低，節省成本 (Cost down) 的效益不大，因此供應商管理應著重於採購程序與流程的簡化，以下**何者為此類產品**？

① 策略性產品　② 關鍵性產品　③ 槓桿性產品　④ 一般性產品

(　)25. 為高價值、低取得風險的產品項目。這類產品供應商眾多，提供同質性產品，採購金額龐大，屬於買方市場，例如：原物料或是零組件，下列**何者為此類產品**？

① 策略性產品　② 關鍵性產品　③ 槓桿性產品　④ 一般性產品

(　)26. 為低價值、高取得風險的產品項目，這類產品的成本不高，但具有供應上的風險。因此供應商管理應著重於風險管理，而非降低成本的議價或談判。以下**何者為此類產品**？

① 策略性產品　② 關鍵性產品　③ 槓桿性產品　④ 一般性產品

(　)27. 為高價值、高取得風險的產品項目，這類產品通常屬於企業核心業務範圍，與這類型的供應商合作，應嘗試建立彼此互信的聯盟關係、及整體供應鏈體系效益提升，以增進策略聯盟的價值，強化企業競爭優勢。以下**何者為此類產品**？

① 策略性產品　② 關鍵性產品　③ 槓桿性產品　④ 一般性產品

(　)28. **策略性產品**之決策階層為：

① 採購副總經理　② 採購處長　③ 採購經理　④ 採購人員

(　)29. **一般性產品**之決策階層為：

① 採購副總經理　② 採購處長　③ 採購經理　④ 採購人員

(　)30. 有關各項**採購策略的優缺點**，下列敘述何者**錯誤**？

① 少量多樣採購採購具有採數量折扣優惠及缺貨風險低的優點

② 批量採購具有採數量折扣優惠及缺貨風險低的優點

③ 如以最低的價格購買所需的產品與服務，則有可能面臨不良品數量增加、生產線或顧客抱怨增加的風險

④ 建立及時供應系統具有庫存量水準降低而趨近於零及缺貨風險低的優點

(　)31. 採購部門針對供應商進行評估的指標，下列敘述何者**錯誤**？

① 品質 (Quality)　② 成本 (Cost)　③ 交期 (Delivery)　④ 退傭百分比

(　)32. 採購部門針對供應商進行評估的指標，下列敘述何者**正確**？

A. 品質 (Quality)　　　　B. 成本 (Cost)　　　　C. 交期 (Delivery)

D. 公關、行銷與廣告　　　E. 服務 (Service) 與彈性 (Flexibility)

① AB　② ABCD　③ ABCE　④ ABCDE

(　)33. 針對供應商在**品質 (Quality) 的績效評估**，下列敘述何者**正確**？

A. 可由驗收或生產紀錄來判斷

B. 評估的重點如檢驗標準、檢驗數據及品質認證等項目

C. 評估指標如訂單拒收率、進貨不良率等

① A、B、C 皆正確　　　　② A、B 正確，C 不正確

③ A、C 正確，B 不正確　　④ B、C 正確，A 不正確

(　)34. 針對供應商在**成本 (Cost) 的績效評估**，下列敘述何者**錯誤**？

① 價格是企業最重視也最常見的績效衡量指標

② 比較的項目僅只是產品的單價，品質差異不列入考量因素

③ 以整體持有成本 (Total Cost of Ownership, TCO) 原則的進行評估

④ 評估指標在於相互比較，例如以實際價格作為基準價格，與上次採購的價格或是其它供應商提供的價格作比較

(　)35. 下列選項何者為**交期 (Delivery) 的評估指標**，下列敘述何者**正確**？

A. 逾期交貨率　　　　B. 逾期交貨天數　　　　C. 訂單催交率

D. 價格變動率　　　　E. 訂單拒收率

① AB　② ABC　③ ABCD　④ ABCDE

( )36. 針對供應商在**服務 (Service) 與彈性 (Flexibility) 的績效評估**，下列敘述何者**錯誤**？

① 屬客觀評斷，採取量化指標評估

② 屬主觀評斷，較難採取量化指標評估

③ 爲例行性的溝通與協調的配合度，如回覆問題的時間、態度與正確性等

④ 爲應付緊急狀況時的彈性應變能力，如緊急訂單達交如期比率、如數比率等

第三節　供應商交期管理

( )37. 下列選項何者不是影響交期 (Delivery Time) 時間長短的主要因素？

① 行政作業前置時間　　② 原料採購前置時間

③ 生產製造前置時間　　④ 瑕疵品退貨前置時間

( )38. 有關影響交期 (Delivery Time) 時間長短的主要因素，下列敘述何者**正確**？

A. 原料採購前置時間　　B. 生產製造前置時間

C. 行政作業前置時間　　D. 運輸物流前置時間

E. 驗收和檢查前置時

① ABC　② ABE　③ ABDE　④ ABCDE

( )39. 有關縮短交期在供應管理的優點，下列敘述何者**正確**？

A. 有效降低存貨持有成本及安全庫存 (Safety Stock)

B. 加速產品上市的時間，掌握市場先機與競爭力

C. 創造整體庫存降低，生產效率與良率提升，降低倉儲與生產的營運成本

① A、B、C 皆正確　　② A、B 正確，C 不正確

③ A、C 正確，B 不正確　　④ B、C 正確，A 不正確

( )40. 有關實施 JIT 採購的優點，下列敘述何者**錯誤**？

① 增加供應商與客戶的成本與作業時間

② 作業彈性化與生產力的提昇

③ 滿足客戶對於及時供貨與最小安全庫存的要求

④ 庫存的降低與交期的改善

( )41. 有關縮短交期在供應管理的優點，下列敘述何者**正確**？

A. 提升產品品質　　B. 降低庫存數量與成本

C. 增加公司接單彈性　　D. 降低整體營運成本

E. 加速產品上市時間

① ABC　② ABE　③ ABDE　④ ABCDE

(　)42. 有關改善交期的方法與策略，下列敘述何者**錯誤**？
① 降低供應商接單的變化性　② 增加運輸前置時間
③ 提升生產線瓶頸製程產能　④ 及時供應採購

(　)43. 有關提升瓶頸製程產能的的方法與策略，下列敘述何者**錯誤**？
① 減少關鍵製程的人員　② 減少故障與保養頻率
③ 快速模具更換系統導入　④ 自動化設備導入

(　)44. 有關改善交期的方法與策略，下列敘述何者**錯誤**？
① 降低生產線瓶頸製程產能　② 建立供應商存貨管理模式
③ 降低運輸前置時間　④ 及時供應採購

(　)45. 有關改善交期的方法與策略，下列敘述何者**正確**？
A. 及時供應採購　　　　　B. 增加整備時間
C. 提升生產線瓶頸製程產能　D. 降低運輸前置時間
E. 建立供應商存貨管理模式
① ABC　② ABE　③ ACDE　④ ABCDE

(　)46. 有關採購與供應管理的目標，下列敘述何者**正確**？
A. 維持準時交貨及提高品質，確保良率無慮
B. 依據市場需求，找尋或發展具有競爭力與潛力的供應商
C. 以 Total cost ownership(TOC) 為出發點，追求最低總成本獲得所需的物資和服務
D. 安全庫存維持最低限度，但是生產線或通路無缺料、缺貨之虞
E. 利用職務關係要求供應商給予回扣、餽贈或招待
① ABC　② ABE　③ ABCD　④ ABCDE

(　)47. 有關採購與供應管理的目標，下列敘述何者**錯誤**？
① 追求最低採購成本之採購績效，品質與服務次之
② 維持準時交貨及提高品質，確保良率無慮
③ 依據市場需求，找尋或發展具有競爭力與潛力的供應商
④ 提供不間斷的原物料服務的供應

(　　)48. 有關採購與供應管理目標，下列敘述何者正確？

    A. 提供不間斷的原物料服務的供應

    B. 以市場中最低的價格購買所需的產品與服務，無須考慮其他因素

    C. 安全庫存維持最低限度，無缺料（貨）之虞

    D. 維持準時交貨及提高品質，確保良率無慮

    E. 依據市場需求，找尋或發展具有競爭力與潛力的供應商

    ① ABC   ② ABCD   ③ ACDE   ④ ABCDE

第二部分：簡答題

1. 請簡述：採購管理的 5 大目標

2. 請簡述：整體持有成本 (Total Cost of Ownership) 進行評估的考量因素？（請列舉 5 項）

3. 請簡述：採購部門針對供應商進行評估的 4 項指標為何？

4. 採購人員根據產品特性將採購成本的多寡，產品或服務取得的風險高低，進行分析與評估採購策略。請試述「策略性產品 (Strategic Products)」之產品特性與採購策略？

5. 採購人員根據產品特性將採購成本的多寡，產品或服務取得的風險高低，進行分析與評估採購策略。請試述「關鍵性產品 (Critical Products)」之產品特性與採購策略？

6. 採購人員根據產品特性將採購成本的多寡，產品或服務取得的風險高低，進行分析與評估採購策略。請試述「槓桿性產品 (Leverage Products)」之產品特性與採購策略？

7. 請列舉供應商評選在價格方面的重要項目？（請列舉 4 項）

8. 請列舉供應商評選在品質方面的重要項目？（請列舉 4 項）

9. 請列舉供應商評選在交期方面的重要項目？（請列舉 4 項）

10. 請簡述：有關改善交期的方法與策略？（請列舉 4 項）

11. 請列舉有關採購與供應管理的重點工作？（請列舉 4 項）

 參考文獻

1. 丁振國、黃憲仁，採購談判與議價技巧（增訂四版），憲業企管，民國 109 年。

2. 王立志，系統化運籌與供應鏈管理，滄海書局，民國 95 年。

3. 沈榮祿，基於多目標平準技術建構食品業供應商選擇研究與應用，中南大學管理科學與工程 博士論文，民國 102 年。

4. 沈國基、呂俊德、王福川，運籌管理，前程文化事業有限公司，民國 95 年。

5. 呂錦山、王翊和、楊清喬、林繼昌，國際物流與供應鏈管理，4 版，滄海書局，民國 108 年。

6. 吳怡德，食品業供應商開發與食品安全之關係，採購與供應 雙月刊 NO.103，中華採購與供應管理協會，民國 102 年 10 月。

7. 英國皇家物流協會 臺灣分會，CILT 供應鏈管理師 認證教材，宏典文化，民國 100 年。

8. 洪興暉，供應鏈不是有料就好，美商麥格羅希爾國際股份有限公司臺灣分公司，民國 106 年。

9. 許振邦，採購與供應管理，智勝文化事業有限公司，5 版，民國 106 年。

10. 許振邦，採購與供應管理規劃與實務，英國皇家物流與運輸協會 CILT 供應鏈管理主管 國際認證課程資料，民國 105 年。

11. 陳勝朗，採購管理技術實務，科技圖書，民國 101 年。

12. 葉佳聖、王翊和，餐飲採購與供應管理，前程文化，3 版，民國 109 年。

13. 楊騰飛、丁振國，採購管理工作細則（增訂二版），憲業企管顧問公司，民國 102 年。

14. 鄭榮郎，工業工程與管理，6 版，全華圖書，民國 107 年。

15. 鄭榮郎，生產作業與管理，5 版，全華圖書，民國 107 年。

16. 供應管理協會 (The Institute for Supply Management, 簡稱 ISM) 網站：http://www.ism.ws，民國 110 年。

17. Lee J. Krajewski, Manoj K. Malhotra, Larry P. Ritzman 原著，白滌清 編譯，作業管理，第 11 版，台灣培生教育出版股份有限公司，民國 107 年。

18. Kraljic,P., 1983, Purchasing Must Become Supply Management.Harvard Business Review 61(5),109-117.

19. Michael Leenders,Harold Fearon, Anna Flynn and Fraser Johnson, Purchasing and Supply Management, 12th Edition, McGraw-Hill, 2002.

Chapter ▶ **5**

供應鏈協同規劃與作業

本章重點

1. 說明「長鞭效應 (Bullwhip effect)」的原因及其因應之道。

2. 說明供應鏈協同作業的意涵與推動供應鏈協同作業的效益。

3. 說明協同規劃、預測與補貨 CPFR 的意涵與九大步驟 (Nine-Step Process Model)。

4. 瞭解協同採購的意涵與效益。

5. 說明協同產品設計的意涵與優點。

6. 說明協同製造的意涵及如何提升整體供應鏈的營運效益。

7. 說明協同物流的意涵及如何提升整體供應鏈的營運效益。

8. 說明協同行銷與銷售的意涵及作業模式為何？

5-1 供應鏈長鞭效應

所謂長鞭效應，是指整個供應鏈從顧客到生產者之間，因需求變異而逐漸擴大的現象，且越往上游，波動幅度越大，該現象乃因供應鏈中缺乏同步協調所致。以下就長鞭效應的意涵、發生原因及解決之道，分述如下：

一、何謂長鞭效應

在複雜的供應鏈系統中，成員包括供應商、製造商、配銷商、零售商、消費端，因某端需求發生變異而產生波動，隨著供應鏈各階層資訊需求的傳遞被扭曲所造成的波動，其加乘效果傳到上游時造成劇大的變動。而供應鏈越長，所形成的波動就越大，此現象稱為長鞭效應 (Bullwhip effect)；長鞭效應將造成生產計畫與供需的嚴重失調，過多的存貨存在於供應鏈中造成資金的積壓，增加企業的成本與風險。圖 5.1 為供應鏈系統中各階層因訂單變化所造成之長鞭效應。

當顧客訂單需求產生變化時，各階層供應鏈成員為避免生產缺料或銷售缺貨的情形，會預先囤積物料或貨品，製造商或物料供應商誤以為是需求增加，但實際上是因為中間商的預期心理所誤導，造成各階層供應鏈成員的需求預測錯誤，消費端的實際需求與預測需求產生極大的落差，積壓的存貨充斥在各階層供應鏈成員。

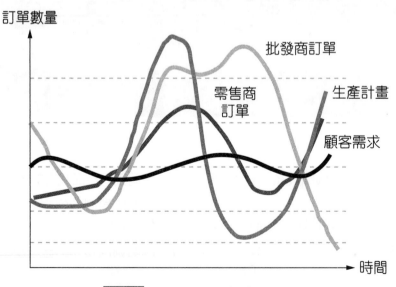

圖 5.1 長鞭效應和供應鏈動態
參考資料：[32]

二、長鞭效應的原因

許多產業常有長鞭效應的現象，歸納整理造成長鞭效應的主要原因包括有：

1. 產品價格波動影響進貨意願與時機

   市場需求變異所造成的價格波動，下游廠商會選擇於產品價格較低時大量進貨並加以囤積，因應未來價格回升的需求。因此上游製造商於低價所收到的訂單會遠高於實際市場需求，造成上游製造商面臨市場需求量的不確定性增加。

2. 經銷商浮報訂單

   上游製造商基於產能的限制，下游配銷商常有供不應求的情形發生，為避免未來需求大於供給的情形歷史重演，下游配銷商會虛報訂購量，期望分配更多的產品，以因應缺貨的情況。因此上游製造商接收的訂購量遠高於市場實際需求量，當產品需求趨於平穩時，下游配銷商大量取消訂單，造成上游製造商面臨市場需求量的不確定性增加；然而下游配銷商的賭注活動，不能為上游製造商提供產品真正需求的可靠訊息，混淆上游製造商對需求評估的準確度，造成生產數量與實際的需求無法配合的窘境，造成嚴重的長鞭效應。

3. 需求預測誤差

   由於資訊的不確定性，要正確的預測需求是不容易的，在供應鏈各階層中，常根據過去的銷售紀錄來進行需求預測。在研究方法上，常會應用時間序列分析、指數平滑法、迴歸、灰色預測以及類神經網路預測法等預測技術，為根據實際需求來隨時調整、預測未來區段時間內的特定產品需求量。當下游配銷商對需求作出預測後，會在加上應有的安全存量，如果前置時間越長，安全存量就越大，加總後將訂單的資訊向上游製造商傳遞。當上游製造商接收到訂單後，作一次預測加上安全存量，再向上傳遞，如此層層的資訊扭曲，使得實際需求與預測需求產生極大的落差，供應鏈的層級越多，累積加總的需求變異就越大，造成嚴重的長鞭效應。

4. 批量訂購以節省成本

   下游配銷商廠商基於庫存與運輸成本的考量，往往會採用定期訂購及批量訂購，而非即時訂購。另一方面，下游配銷廠商通常會將訂購量累積至運輸滿載 (Full truckload) 以節省運輸成本，批量訂購將會擴大上游製造商於庫存與市場需求量的時間落差，增加市場需求的累積加總變異，造成供應鏈中的長鞭效應。

5. 前置時間過長會增加存貨

一般而言，前置時間主要分為資訊傳遞前置時間、生產前置時間、運送前置時間及等待閒置時間。當前置時間長時，存貨量須增加，長鞭效應會較顯著。

三、如何克服長鞭效應

為避免長鞭效應對供應鏈造成的衝擊，企業可採用下列方式來因應：

1. 降低產品價格的變動性

為降低因價格變動所造成市場需求的不確定性，採取長期價格契約或每日最低價格 (Every Day Low Price, EDLP) 等策略，以降低突發性訂貨的機率，並根據以往銷售經驗與訂單資料作比例配額與存貨資訊共用等方法，解決價格變動、批量訂購與訂單缺貨的問題。

2. 需求資訊共享

供應鏈整體的〝不確定性〞，包含賣方供應的不確定性與買方需求變動的不確定性，需藉由確定與協同合作的預測 (Forecasting) 模式來降低因需求的變異，所造成的高存貨風險。運用協同規劃預測與補貨模式 (Collaborative Planning Forecasting & Replenishment, CPFR)、電子資料交換 (EDI) 及銷售點及時系統 (Point of Sales, POS) 等資訊科技，以分享需求預測資訊的方式，將需求變動資訊及時反映到產品供應，使緩衝供需差異的安全庫存量降至最低，可有效解決長鞭效應預測的偏誤，降低產能過剩或嚴重不足的現象。

3. 縮短（Order To Delivery, OTD）前置時間

製造商必須有效縮短接單至出貨 (Order To Delivery, OTD) 的時間，並降低生產及存貨成本，可採取下列因應策略：

(1) 快速回應 (Quick Response, QR）

運用快速回應來滿足客戶於服務與配銷的需求，同時搭配延遲差異化 (Postponement Differentiation)，也就是儘可能使產品保持在共同性、一般性及模組化 (Modularization) 的狀態下，直到客製化 (Customization) 需求確定時，再進行最後組裝或製造的程序，以降低需求不確定性及縮短生產的前置時間。

(2) 模組化技術與延遲差異化

模組化技術是將產品轉換為數種標準化的零組件或模組 (Module) 來組裝的生產方式，其主要優點為縮短訂單達交時間與滿足客戶對於產品客製化的需求。

運用模組化技術，儘可能將產品差異化延遲，直到客戶確認產品選擇的規格與零件，再做最後的組裝。延遲差異化的類型如下：

① 貼標籤 (Labeling) 延遲

若產品是以不同的標籤銷售，則產品可以無標籤狀態暫存於倉庫，待客戶正式下單後，再以不同的需求貼上標籤後出貨銷售。

② 包裝 (Packing) 延遲

若產品是以不同的包裝銷售，則產品可以先暫存於倉庫，待客戶正式下單後，再以不同的需求包裝後出貨銷售。

③ 組裝 (Assembly) 延遲

若產品具有零件共通化的特性，待客戶正式下單後，再以不同的需求組裝後出貨銷售。

④ 製造 (Manufacturing) 延遲

先將零組件或模組運送至倉庫，待客戶正式下單後，再以不同的需求組裝後出貨銷售。與組裝延遲不同的地方，在於組裝延遲的零組件僅在一個組裝部位進行組裝，而製造延遲則在兩個或兩個以上組裝的部位進行組裝。

⑤ 時間 (Time) 延遲

儘可能將製程（如製造、組裝、包裝、貼標籤）的產品差異化延遲至接近客戶端，同時滿足客製化需求與縮短接單至出貨的時間。

4. 彈性製造能力與先進規劃與排程

製造系統透過生產設備、製程與流程的整合，以模組化零組件生產方式，能迅速以低成本且不損及品質、利潤與交期等績效下，快速反應生產線變動的需求，建立彈性製造能力，以滿足客戶大量客製化 (Mass Customization) 的需求。所謂大量客製化即透過科技的應用及管理策略的改變，構建彈性和快速的回應系統，快速生產與製造不同規格的產品，以符合顧客多樣化的需求。

為能真正滿足客戶訂單與充分利用企業有限的資源，除了企業資源規劃 (Enterprise Resource Planning, 簡稱 ERP) 之外，並透過先進的整體規劃系統，進行企業整體供需規劃及不同層次的生產規劃與排程。先進規劃與排程 (Advanced Planning and Scheduling, 簡稱 APS) 的運用，係指在考量企業資源有限的情形下，以先進的資訊科技提供可行的需求規劃、物料規劃、產能規劃與生產作業排程，滿足客戶縮

短生產前置時間的要求；而先進規劃與排程的特色包括同步規劃 (Synchronized concurrent Planning)、考慮資源限制下的規劃 (Constraint-based Planning)、最佳化規劃 (Optimization Planning)、即時性規劃 (Real-time Planning) 以及支援決策能力 (Decision support ability)。可改進傳統物料資源規劃 (Material Resource Planning, MRP) 運算邏輯的誤差與不確定性，規劃出最佳化的結果。應用先進規劃與排程可達到下列各項預期效益：

■ 縮短從訂單到出貨的週期時間。

■ 縮短製造的週期時間。

■ 減少規劃時間，提升彈性應變處理。

■ 快速回覆客戶詢單與交期。

■ 提昇訂單達交率。

■ 平衡各單位的投入與產出計劃。

■ 充分掌握現場產能，提高生產價格變動率，提升生產能量。

■ 降低庫存與在製品庫存。

5. 供應商存貨管理模式

供應商存貨管理 (Vendor Managed Inventory, VMI) 是一種庫存管理的方案，以電子資料交換作為資訊交換與分享的媒介，並藉由瞭解供應鏈體系中合作夥伴間的需求預測、採購計畫、庫存策略及配銷計畫，提供企業內部進行市場需求預測、存貨管理與補貨機制的建立，達到快速反應市場變化與消費者的需求。同時透過發貨倉庫的功能，進行及時供貨模式，達到降低庫存、增加存貨週轉率、縮短運送前置時間及提升顧客服務的效益。供應商庫存管理運作模式（圖 5.2），分述如下：

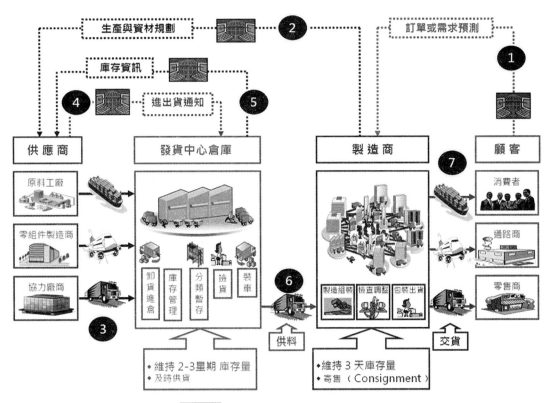

圖 5.2 供應商庫存管理運作模式

(1) 訂單或需求預測

製造商經由 EDI 或 e-mail 等電子資料傳遞，獲得顧客的訂單貨需求預測，藉以規劃在特定服務水準下之安全庫存評估，作為製造商擬訂生產計劃之依據。

(2) 產能需求或採購

製造商運用 MRP（物料資源規劃）系統，在面對產能限制、物料供應的限制及顧客要求的交期限制下，有效處理生產與資材供應間協同規劃問題，以達到庫存合理化之目標。

(3) 選擇最適之發貨中心倉庫

供應商考量運輸成本、安全庫存量、配送頻率與前置時間等因素，將物料經由不同的運輸工具，運交至第三方物流公司或是顧客指定的發貨中心倉庫 (Hub)。

(4) 進出貨通知

發貨中心倉庫根據供應商發出進、出貨通知，進行相關貨物進儲、暫存、理貨及配送作業。

(5) 庫存資訊

發貨中心倉庫透過 EDI 傳輸回覆供應商相關庫存動態，若庫存量降至設定的再訂購點 (Reorder Point)，立即發出補貨通知。

(6) 供料

根據製造商的生產排程決定之物料數量與交期，進行及時供料。供應商以寄售的方式，在製造商庫房維持一定水準的庫存量（一般是 3 天），其貨物所有權仍屬於供應商，直到製造商將物料供應至生產線進行製造與組裝後，再依據物料實際使用量付款。

(7) 交貨

在顧客要求的期限內交貨。

綜合上述供應商庫存管理機制達成的各項效益如下：

■ 降低因預測不準確所產生多餘的備材料成本。

■ 降低下游配銷商或零售商因缺貨而導致的銷售損失。

■ 降低平均存貨與資金積壓。

■ 強化供應鏈之夥伴關係，提升協同規劃預測與補貨模式的效益。

■ 縮短採購前置時間與接單出貨時間，降低存貨風險。

■ 提升供應鏈接單彈性，快速回應市場變化。

5-2　供應鏈協同作業意涵

　　近年來全球經濟低迷不振，企業所面臨的挑戰，不僅來自於市場競爭者在商機爭奪中激烈廝殺外，亦需同時接受總體經濟環境所帶來不可預期性之衝擊。在關鍵的時刻若要突破嚴峻多變的環境與市場，就要有創新的思維加以因應，因此跨體系的供應鏈協同作業不僅打破以往體系單打獨鬥之經營模式，更須透過協同作業在互信、互利、互助與互享之基礎上捐棄成見、攜手合作，建立一個穩固的價值鏈，方能競爭激烈的全球化市場中保有競爭優勢。

一、發展供應鏈協同的背景

　　協同 (Collaboration) 的概念起初是指在一個群體中溝通與交換想法，或是在一個企業中的不同群體進行溝通。現今的協同因為網際網路的出現，擴展至企業與企業間能順利的建立溝通機制與平台，以期能增加彼此的營收、降低成本與建立競爭優勢。

供應鏈上、下游各成員，常遭遇資訊缺乏、供需不確定、市場預測的變數，成員間溝通協調不良，客戶不斷修改訂單，而衍下列諸多問題。針對發展供應鏈協同作業的背景、供應鏈協同作業的意涵與推動供應鏈協同作業的效益分述如下：

1. 存貨成本太高

   由於客戶需求預測錯誤，而產生了過多的產品，無法銷售，或者爲了擔心市場突然需求大增，供不應求而累積了太多的存貨。

2. 資源利用率過低、停工待料

   因上、中、下游成員協調不好，生產線等不到原料與零組件，而產生資源閒置的問題。

3. 反應速度太慢

   市場需求改變，但由於下游的資訊無法或太慢傳到中上游，使得中上游的製造與原料要等很長的時間，才轉換過來，而喪失了搶占市場的先機。

4. 訂單履行的週期時間太長

   訂單履行的週期時間 (Order Fulfillment Process Circle Time, OFPCT)；指的是自最下游收到客戶訂單，直至將客戶所訂產品，交到客戶手中爲止的整個流程與其所費的時間。供應鏈各成員由於彼此資訊沒有分享或協調不佳，各種採購、生產、配銷、運送的前置時間 (Lead Time) 太長，而使得 OFPCT 拉得太長，不僅降低客戶服務水準與滿意度，也會損害到自己的現金週轉率與存貨週轉率。

5. 缺貨的損失

   缺貨的損失 (Stock Out Cost)，此與存貨過多相反。企業爲了降低存貨成本，只準備少量的存貨，但如預測資訊錯誤、市場需求遠大於預測，再加上企業整個供應鏈的彈性小，無法快速調整，則會讓客戶買不到產品，而喪失難得的商機與收入。

6. 長鞭效應

   隨著企業的全球化發展、顧客少量多樣及大量客製化需求、產品生命週期縮短、市場需求不易掌握、產業分工與非核心業務委外趨勢及傳統計畫式生產常因市場需求預測不準確等上述原因導致供應鏈上、中、下游存貨過多等風險。

　　因此企業將趨向協同發展，以動態合作模式面對市場的競爭。而企業間的協同合作將串聯所有供應鏈的合作夥伴，向前整合市場預測、產品設計、採購，向後整合製造、物流服務、行銷與銷售，以提高整體供應鏈的作業效率。

二、供應鏈協同作業的意涵

供應鏈協同作業 (Supply Chain Collaboration Operation) 如圖 5.3 所示，是指兩個或兩個以上的企業為了實現共同目標，積極協調彼此間的商務活動，範疇包括協同規劃 / 預測與補貨、協同採購、協同產品設計、協同製造、協同物流與協同行銷與銷售等作業。供應鏈成員共同參與、齊心協力達成設定的目標，彼此以各自核心能力進行資源互補與資訊共享，透過資訊網路系統，同步進行產品設計，加速研發時程並提升設計品質，或是運用先進規劃技術來協調制定預測、生產與存貨計畫，根據各成員資源的現況作最適的配置與安排，並建立共同的行銷模式與物流作業，快速回應顧客與市場的需求，建立企業競爭優勢。

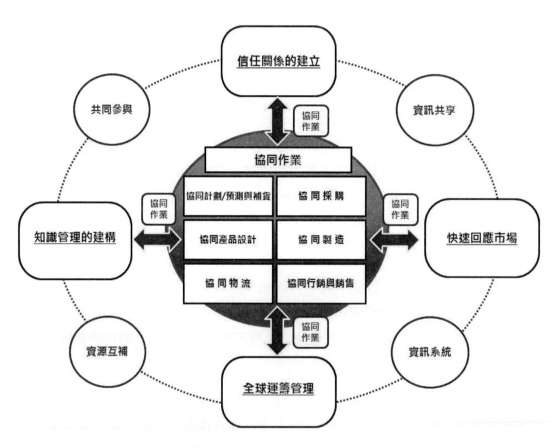

圖 5.3　供應鏈協同作業意涵與效益

三、推動供應鏈協同作業的效益

推動供應鏈協同作業對於企業的效益如圖 5.3 所示，共四點分述如下：

1. 信任關係的建立

所謂供應鏈協同作業，是各供應鏈合作夥伴，發揮各自核心資源與能力，透過資訊科技與網際網路，共同完成部門與部門間、或企業與企業間，包含產品設計、採購、生產計畫、物流、預測、行銷等任何形式的合作。在大部分的協同作業都需要合作夥伴彼此互相配合，因此夥伴關係管理 (Partner Relationship Management, PRM) 是與合作夥伴營造出創新、互信的關係，是推動供應鏈協同作業不容忽視的關鍵因素。

2. 知識管理的建構

協同作業是各供應鏈合作夥伴，透過資訊分享與流程整合，齊心協力完成共同的目標與解決供應鏈相關瓶頸問題。同時藉由群體智慧突破個人思考的侷限，建立完善的知識管理 (Knowledge Management, KM)，累積共同的流程、專業技術與知識，帶動合作夥伴提升組織的創造力與競爭力。

3. 快速回應市場

供應鏈協同作業讓合作夥伴整合資源、產品、人力、市場與管理經驗，提供合作夥伴即時、快速的資訊分享，或是合作夥伴間作業流程的整合，形成完整的價值鏈，降低供應鏈因時空距離產生的不確定因素，以提昇產品品質與縮短上市時間，快速回應市場與客戶的需求。

4. 全球運籌管理

供應鏈協同作業利用資訊網路不受時間與空間限制的優勢，打破產業群聚疆界，有效整合供應鏈合作夥伴於產品設計、採購、生產、物流、預測、行銷的規劃與管理，形成所謂的協同群聚 (Collaborative Cluster)，有利企業依據市場、技術與生產要素的考量，進行全球布局與運籌管理。

供應鏈協同作業要以顧客價值爲核心，供應鏈成員與顧客的合作有利於他們更清晰地發現顧客的價值訴求，確定供應鏈協同作業的目標。由於個別企業資源和能力有限，只有供應鏈協同作業才能發揮各供應鏈成員的核心能力與資源，連結產品設計、採購、生產計畫、物流、預測、行銷的協調與整合，提升整體供應鏈作業效率，快速回應顧客與市場的需求，建立企業競爭優勢。

5-3　供應鏈協同規劃、預測與補貨

供應鏈協同作業分為協同規劃、預測與補貨 (Collaborative Planning, Forecasting, and Replenishment, 簡稱 CPFR) 是供應鏈整合的觀念、技術、與商業標準，藉由網路與資訊科技，使上下游夥伴密切對話，分享的資訊包括各方同意的銷售、預測、訂單、生產以及運輸配送的數據與決策。

一、CPFR 意涵

企業在面對產品生命週期縮短、消費者的求新求變、市場需求快速變動無法預測的態勢下，如單靠上、下游廠商各自以片斷的資訊來進行預測、規劃與經營，會因上、下游廠商無法協調整合而難以成功；故若能協調整合上、下游所有的廠商，如同是一個企業，透過有效率的資訊分享、整合，全盤考量計畫，各單位沒有堅持本位主義而能相互協調、共同解決問題，形成生命共同體並達成雙贏 (Win-Win) 效果。

CPFR 的意涵在於減少預測不一致性，如圖 5.4 所示。經銷商與製造商共同預測市場需求與補貨需求，製造商根據議定的補貨計畫出貨給經銷商；而製造商根據補貨需求，與供應商議定採購與生產計畫。對供應商的效益為增加預測與計畫的準確度、減少生產與庫存浪費、提高投資報酬率與提升客戶滿意度；對經銷商的效益為強化與製造商雙方合作關係、減少缺貨、增加銷售與提升消費者滿意度。

CPFR 主要的協同工作包括了協同規劃、協同預測與協同補貨。例如：上、下游廠商共同擬定會影響供應鏈運作的各項計畫，包括促銷活動、店面開設、產品變更、庫存政策變更等，讓上、下游廠商能預知與及早因應，或上、下游廠商共同分享資訊來協同預測市場的需求。亦即將零售面、通路面、製造面三方面不同的觀點、角度（微觀及宏觀）及資訊來源整合起來，作更精確與完整的預測，並共同討論會產生何種例外與突發情況，然後依據可能導致例外的因素，共同加以預防與解決。此外，上、下游廠商亦需共同擬訂補貨計畫，同時針對補貨可能發生的例外情況加以預防與解決。

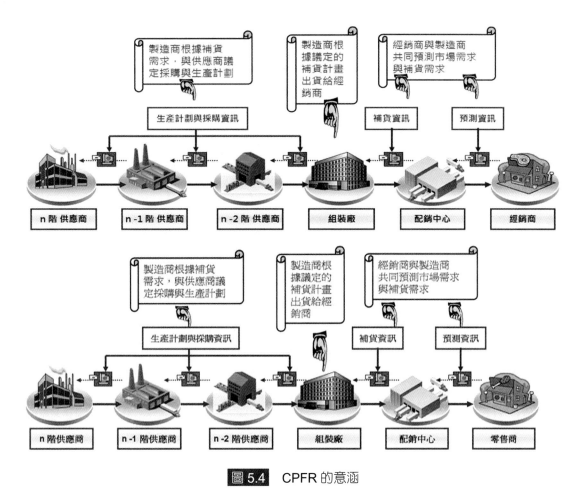

圖 5.4 CPFR 的意涵

二、協同規劃預測補貨模式

　　CPFR 九大步驟的特點為輔助上下游成員協同規劃銷售、訂單的預測以及例外（異常）預測狀況的處理，如前所述其內容可分成：協同規劃、協同預測以及協同補貨等三個階段，九項步驟中步驟 1 與步驟 2 屬於協同規劃，步驟 3 至步驟 8 屬於協同預測，步驟 9 則為協同補貨，各階段之內容概述如下，整體的架構如圖 5.5 所示。

（一）協同規劃

　　協同規劃的目的是讓供應鏈成員間的活動能取得一致的共識，以利後續各項合作活動的進行，共識包括：(1) 確定協同商務關係的基本參數，例如：協同合作的商品項目、共享的資料、異常狀況的定義；(2) 確定協同之商業流程範圍，例如：合作的目標、執行訂單的凍結期間 (Frozen time) 等。

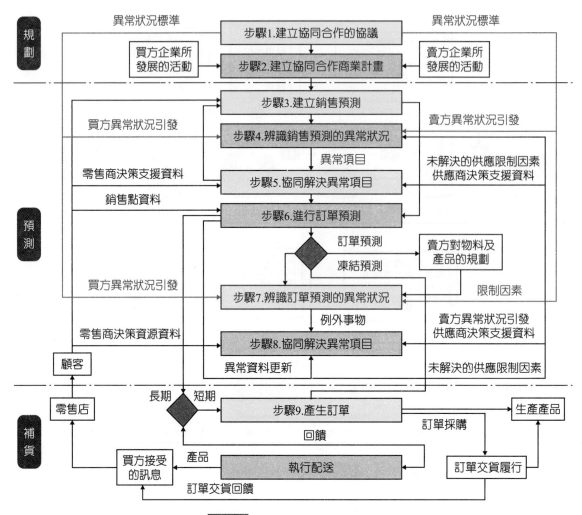

圖 5.5 CPFR 九大步驟模式

資料來源：美國 VICS 協會網站（民 110）

步驟 1 －建立協同合作的協議 (Establish Collaborative Arrangement)

買賣雙方共同擬立合作協議，詳細規劃雙方之協同目標、關鍵績效指標與人力、資源與系統建置等協議。並訂定衝突協調機制、彼此機密資料與軟硬體資源設備分享、銷售預測異常狀況處理機制、週期性的檢討、協定的合作時間範圍、可容許的凍結期間、財務績效指標。本階段之細部規劃包括：

1. 明確定義之合作目標與相關績效衡量指標。

2. 協同合作的範圍。

3. 共享的資料，合作計劃可動用的資源，資源包括：人員、資訊系統、專業能力。

4. 例外狀況判定的規則，如何解決歧見。

5. CPFR 的推動藍圖，如商業流程、互動的方式與技術、定期檢討的時程與機制。

步驟 2 －建立協同合作商業計畫 (Create Joint Business Plan)

　　零售商與供應商各自提出各自企業之規劃與策略，訂定共同營運計畫。包含適合該產品型態的行銷計畫、存貨策略、促銷活動、訂價策略及建立異常狀況標準。本階段之細部規劃包括：

1. 買賣雙方交流營運計畫以發展出合作產品的營運計畫。
2. 共同定義產品定位、產品銷售目標、目標達成的策略。
3. 擬定產品訂單的最小值（出貨的最小訂單量）、產品出貨的前置時間、訂單的凍結期間、安全存量。

（二）協同預測

　　協同預測可細分成銷售預測與訂單預測兩個階段，前者單純考慮市場需求，後者則以銷售預測的結果，考慮產能現實狀況預測可能的訂單。

步驟 3 －建立銷售預測 (Create Sales Forecast)

　　運用銷售資料 (Sales data)，預測各產品在特定期間之銷售情形，銷售資料包括：POS 資料、倉儲出貨資料、製造商生產資料、因果與相關分析 (銷售相關因素分析)、季節、淡旺季、氣候、行銷規劃活動。包括；廣告、促銷計畫、新產品發表、新增銷售點或營業結束等資料，以分析產品在未來各時程的銷售量。雙方根據聯合商業計畫分享銷售預測，本階段之細部事項如：

1. 擬定預測時間的範圍，例如：第 9 週 ~ 第 11 週。
2. 擬定預測時間的單位，例如：月、週、日。
3. 擬定預測數量的單位，例如：單一門市部的銷售量、南區物流中心的總量。
4. 統計分析，運用歷史資料進行迴歸分析、時間序列分析來進行預測。
5. 預測結果應區分為：基本的需求 (Based demand) 與促銷的需求 (Demand promotion) 兩類。

步驟 4 －辨識銷售預測的異常狀況 (Identify Exceptions for Sales Forecast)

　　搜尋銷售預測可能出現的異常狀況，如流行性產品，出乎意料的熱賣品。對於異常的銷售情形，需要及時監控與調整。降低不必要的風險，增加預測資訊的精準度。

步驟 5 －協同解決異常項目 (Resolve/Collaborate on Exception Items)

　　透過分享資料、電子郵件、電話交談、會議…. 等協商過程，設定異常標準值以自動偵測異常情況，同時上下游間應設定彈性策略來增加或減少銷售以降低庫存的衝擊。

步驟 6 －進行訂單預測 (Create Order Forecast)

訂單預測較常由供應商或物流中心主導，依據銷售預測、存貨策略或實際銷售的結果。考量製造、產能、倉儲與運輸等限制因素，擬定未來各時程的訂單，使製造商依據需求量更有效率地安排生產計畫及降低安全存貨水準。對零售商而言，當訂單達成率提高時，無形中也提昇合作夥伴的信賴感。實際上，即時性的協同合作將可減少合作夥伴間的不確定性，它不但可減少供應鏈的整體存貨水準，更能改善顧客的服務水準。作業內容包括：

1. 結合銷售預測、統計相關資訊與存貨政策，產生未來特定時間、特定地點品項的訂單預測。
2. 基於訂單預測的結果，供應商可進行產能需求規劃。

步驟 7 －辨識訂單預測的異常狀況 (Identify Exceptions for Order Forecast)

搜尋訂單預測限制外的異常品項，例如：顧客服務績效指標、訂單達成率或預測錯誤的衡量指標等。特別要注意產品銷售與訂單的百分比值，比值越高意謂庫存越多，比值高低與其合理性，視各品項而定，藉由比值的監視與控制來掌握訂單異常狀況之處理。

步驟 8 －協同解決異常項目 (Resolve/Collaborate on Exception Items)

利用分享資料、電子郵件、電話交談、會議及所有可能提供的資料，調查任何訂單預測的異常狀況。若分析後證明預測方式需要改變，修正後的預測模式將取代原有的預測模式。

（三）協同補貨

步驟 9 －產生訂單 (Generate Order)

經過協同規劃、預測階段後，大幅降低協同補貨決策之困難度。根據事先議定之凍結期間的預測結果產生訂單，凍結期間的長短將影響製造、配送之前置時間。對供應商而言，凍結期間的數量將視為已確認需求量，零售商實際的訂單傳來後，供應商即調整此部份產能。另外供應商亦可能以供應商庫存管理 (Vendor Management Inventory) 的模式自動補充零售商的存貨，並以凍結階段總量作為補貨之準則。

企業透過 CPFR，協助企業與企業間如何在規劃、預測與補貨等方面進行合作，消除供應鏈內作業流程的差異，讓變動的需求及時反應至零售與供應兩端，經由整個

供應鏈上、下游廠商的協定、合作、資訊分享，來降低產品間供需的失衡，或資訊不確定所造成的長鞭效應。

供應鏈協同採購、產品設計、製造、物流與行銷

有關協同採購 (Collaborative Buying)、協同產品設計 (Collaborative Product Design)、協同製造 (Collaborative Manufacturing)、協同物流管理 (Collaborative Logistics) 與協同行銷與銷售 (Collaborative Marketing and Selling) 之意涵及如何提升整體供應鏈的營運效益，分述如下：

一、協同採購 (Collaborative Buying)

協同採購的原則是聯合企業或企業內各個事業單位，對外採購所需的物料與服務；或是藉由網際網路接觸更多的供應商或買方以量制價，達到降低採購成本、縮短採購與銷售作業的流程與時間。

個別供應商藉由合作整合彼此的產品與服務，共同提供產品與服務，方便買方一次購足，減少買方的採購作業時間與成本。例如：歐洲小型雜貨店無法具有和量販店、連鎖店大量採購的議價優勢，於是他們透過網際網路整合起來，形成經濟規模，爭取更有利的條件；相對地，供應商也可以在線上整合起來，方便買方一次大量的採購，買方無須同時向數家供應商下訂單，也可降低供應商之間的惡性競爭。如圖 5.6 所示，協同採購作業模式對於供應商與買方的效益如下：

1. 買方部分
   (1) 資訊透明化，不易受供應商隱瞞或拱抬價格、減少員工舞弊。
   (2) 透過電子化交易平台，降低採購作業成本。
   (3) 小型採購商可加入，形成集體議價力量。
   (4) 了解合作供應商之競爭力，有助於尋找更具競爭力的優質供應商。
2. 供應商部分
   (1) 結合其他供應商，提供更完善的服務給買方。
   (2) 可在公平環境中競爭，了解並改善自身競爭力。
   (3) 降低銷售成本。
   (4) 擴大市場接觸面，精確掌握市場需求。

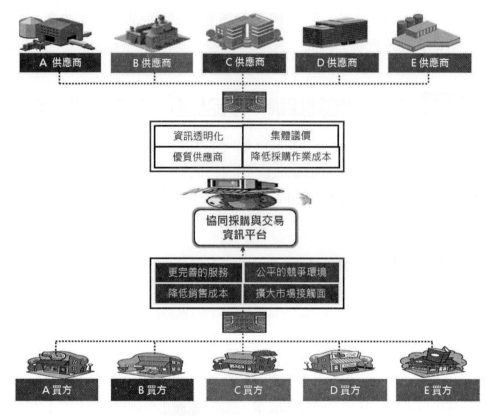

圖 5.6 協同採購作業模式
參考資料：黃馨怡（民 99）

二、協同產品設計 (Collaborative Product Design)

協同產品設計的目的為協助企業與協力廠商的產品研發團隊，可以突破地理限制、系統與格式的差異，將產品研發的資訊與相關資源進行整合，使合作夥伴之間有效率的交換訊息與溝通，以減少錯誤或疏失，進而提升產品設計品質、降低製造成本、縮短上市時間。協同產品設計的優點如下：

1. 供應商與客戶提早參與。
2. 達成跨國與跨企業之協同設計作業模式。
3. 提升研發速度與品質。
4. 零組件的採購更有彈性。
5. 減少人員出差往返時間與成本。
6. 減少產品規格修正之次數。
7. 減少研發時間與成本。
8. 保存與傳承研發經驗。

協同產品開發，可提供客戶、供應商與製造商之間共用的產品設計資訊系統，定期進行設計審核，提供即時且互動式的產品開發作業，並可連結到專案管理的架構與報表系統，顯示測試結果及產品設計的變更，有效解決產品開發有關成本及時間的問題。協同產品設計作業模式如圖 5.7 所示。

1. 客戶需求部分：包含產品規格需求的討論、設計圖面資訊確認、設計變更與修改提出、組裝程序確認等項目。
2. 產品開發部分：包含產品設計討論、產品組裝順序確認、包裝與運送方式確認、工程分析彙整等項目。
3. 生產規劃部分：包含生產排程討論、製夾具固定點確認、進料檢驗項目確認、檢驗工具規格確認等項目。
4. 零組件廠部分：包含加工組裝條件討論、製程設備選用、員工教育訓練、儲存方式確認等項目。

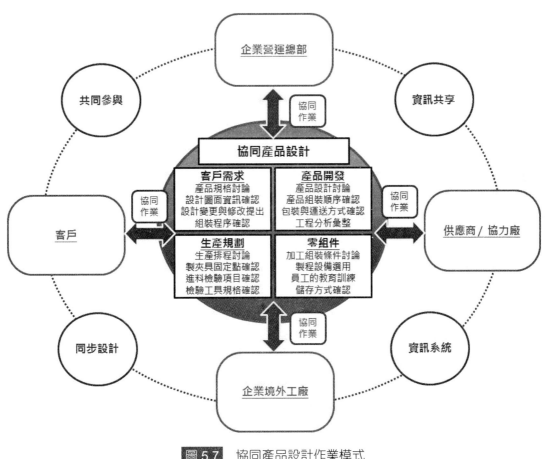

圖 5.7　協同產品設計作業模式
參考資料：陳銘崑、廖一青（民 93）

協同產品設計系統可提供即時且互動式的線上協同設計，或與對方分享產品設計的資訊，包含規格文件、工程繪圖與圖表。透過協同產品設計系統共同進行腦力激盪、討論與分享、補強或修改，快速、正確的完成符合客戶需求的產品。

產品生命週期的縮短，使得產品上市時程的加快，在兼顧產品品質與市場需求下，產品研發已成爲企業面臨的考驗。而協同產品設計是藉由跨組織之間的資訊交換，使產品在設計階段得與各層級人員溝通，加速產品上市速度。

三、協同製造 (Collaborative Manufacturing)

製造商面對競爭激烈、瞬息萬變的產業環境，常遭遇下列的困境與挑戰：

1. 訂單需求不易掌握

在面對客戶端時，業務接單時因無法掌握產能、排程與運輸時程，無法對客戶承諾交期。而客戶臨時變更訂單的交期與數量，造成上游供應商原物料供應不穩定以致延誤交期，以及呆料與庫存過多的情形。

2. 客製化生產的挑戰

隨著消費市場產品多樣化的趨勢，「客製化生產」(Configuration to Order, CTO) 以需求爲導向的產銷模式日趨普遍。爲因應少量多樣客製化需求，對於生產製程是一大挑戰，常因遭遇製程的瓶頸或頻繁換線，造成生產排程計畫的延宕與良率下降而發生延遲出貨的狀況。

3. 物料供應不穩定

對上游供應商而言不是接到緊急訂單，製造商追料頻繁，需要加班或趕工，造成交期延遲。就是訂單常被臨時取消或被要求延後交貨，造成庫存大量激增。供應商無法保證穩定供料，而製造商亦無法承諾穩定的採購數量。

協同製造作業模式如圖 5.8 所示：由供應鏈上下游或平行的部分成員透過協商的方式，討論包含訂單需求預測、總體產能規劃、各廠區訂單分配、各廠區產品組合、各廠區生產成本、各廠區產能分配、物料需求規劃、訂單交期管理等議題，同步規劃供應鏈總體產銷平衡的計畫。各成員依據本身產能條件調整彼此的生產計畫與排程以有效分配有限的產能，擬定出最佳的聯合生產計畫。同時建立產銷資訊平台提供供應商、各生產基地與客戶間進行資料傳輸與交換，建立供應鏈成員間的資訊分享，包含：交期查詢、各類庫存查詢、貨況資訊追蹤、生產狀況查詢與生產排程資訊等項目，以提升整體供應鏈的營運效益。

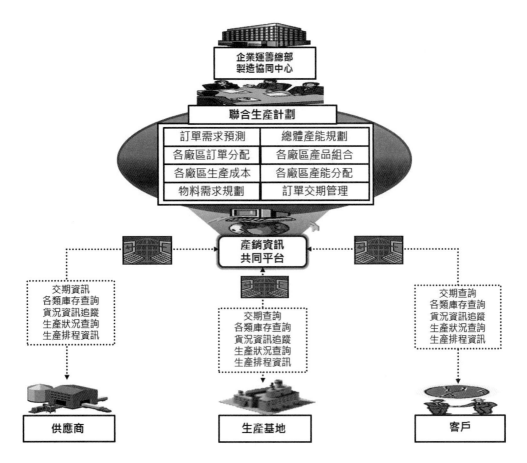

圖 5.8 協同製造作業模式

參考資料：郭幸民（民 106）

協同製造可分為單一生產基地內不同作業機制的一般協同 (General Collaboration) 與多工廠協同 (Muti-Plant Collaboration)，企業進行全球運籌管理跨國多工廠布局時，這兩種協同作業皆會發生。單一廠區一般協同包含；原料供應與生產計畫協同作業、生產計畫與儲運計畫的協同作業、庫存計畫與儲運計畫的協同作業；多工廠協同則衍生到複雜的跨國多廠區生產規劃，必須考量到各廠區之間的產能平衡、資源共享與生產特性、產品組合及各廠區製造成本的複雜性。

多工廠生產規劃有兩個觀點：一為縱向觀點，即自上游一連串製造廠間的關係。二為橫向觀點，即一個企業在全球同時擁有跨國多個廠區時，其產能分配是最常見的問題，必須同時考量訂單需求、各廠區產能、廠區間產銷調撥、物料需求、安全存量及輸配送等限制條件進行產銷規劃，以最小成本滿足各地廠區、各期、各種產品的訂單需求。協同製造的困難之處，在於必須同時考量各生產基地的產能限制、物料供應限制。而其中又牽涉物料採購的前置時間、生產前置時間與訂單交期等限制因素。

四、協同物流 (Collaborative Logistics)

　　CPFR 可以協助企業改進銷售預測與庫存管理，但未將訂單資訊與運輸、倉儲連結，會造成執行供應鏈管理時，因資訊流中斷而產生錯誤。因此協同物流將第三方物流之運輸與倉儲業者納入供應鏈資訊分享與協同作業的合作夥伴，協同規劃企業與其供應商、客戶間的物料與製成品供應；並考量採購、生產與物流計畫同步執行，避免供應鏈產生無謂的瓶頸，在最短時間內滿足製造與銷售的需求。協同物流作業模式與推動重點如圖 5.9 所示：包含國際運輸安排、各類庫存查詢、貨況追蹤、生產作業與排程查詢、補貨點與經濟訂購批量設定、通關作業查詢、車輛運送排程規劃、交期查詢、共同配送規劃、及時供貨作業、物料緊急調度與配送等項目。

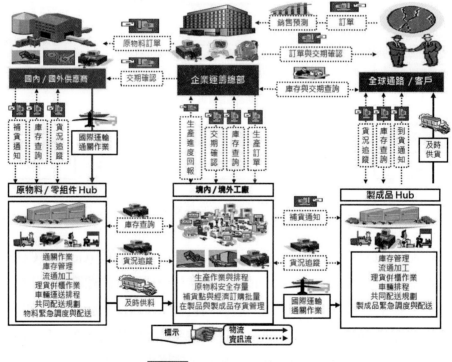

圖 5.9　協同物流作業模式

　　在執行前段生產規劃與安全存貨控管部分；主要是協調供應商與製造商，處理從原物料取得到生產作業與排程、原物料安全存貨管理、補貨點與經濟訂購批量設定、在製品與製成品存貨管理。在執行後段運輸、倉儲與通路的協同物流管理作業有下列兩項：一是在處理製成品由生產基地（境內／境外工廠）至製成品 Hub 之相關協同物流管理作業，包含貨況追蹤、國際運輸安排與通關作業、製成品安全存量、補貨點與經濟訂購批量設定；二是處理由製成品 Hub 至銷售通路與客戶端之相關協同物流作

業，包含庫存管理與查詢、流通加工、理貨併櫃作業、車輛排程、共同配送規劃、製成品緊急調度與配送、貨況追蹤等協同物流管理作業。

協同物流的規劃與協調，必須考量數量、時間與空間三個方面的協同作業問題。在數量上，必須考量到儲運中心 (Hub) 的儲存空間與運輸能量；在時間方面，必須考量到產品的有效期限、安全存量、客戶要求的交期及運輸時間等因素；在空間方面，則必須考量到市場的涵蓋範圍，生產基地至儲運中心的距離，儲運中心至通路與客戶的距離等。此外，須把營運過程中所產生的庫存成本、儲存成本與運輸等成本納入考量的範疇，同時在面對不確定需求與缺貨（料）時，建立緊急調度機制以避免影響生產效率與商機，提升整體供應鏈的營運效益。

五、協同行銷與銷售 (Collaborative Marketing / Selling)

面對市場全球化的競爭，藉由供應商及配銷商等供應鏈合作夥伴，以資訊分享建立訂單、價格、品牌等管理流程共享的方式，整合資訊與作業流程，使供應鏈中合作夥伴，共同支持終端顧客對產品或服務的需求。

協同行銷 / 銷售主旨在於製造商、配銷商、批發商與零售商等通路合作夥伴間的協同商務，藉著建立共同資訊平台，提供各合作夥伴間對市場、產品需求及顧客偏好等資訊的分享，以及各夥伴企業對於產品的品牌、訂單與價格等行銷與通路管理的共享，共同在線上協同執行產的行銷與銷售的推動與合作。

例如：建立一個共同品牌的虛擬展示空間，從製造商、通路商到零售商等通路合作夥伴，協力提供消費者對各種不同的商品與服務的資訊與知識諮詢。

協同行銷與銷售作業模式，如圖 5.10 所示。各批發商與配銷商成立協同行銷中心，共同擬訂行銷策略規劃、行銷通路管理、品牌管理、促銷活動規劃、銷售資訊分析、存貨管理、行銷據點規劃、產品組合規劃等項目。透過網際網路與行銷與銷售資訊平台，與製造商、通路商與零售商等合作夥伴，進行資料交換與資訊分享，並以各自的核心能力與優勢，協同提供各式服務、商品資訊與知識的諮詢給買方或消費者。

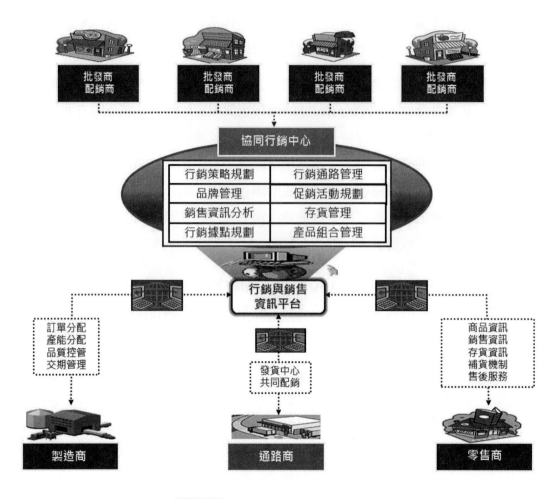

圖 5.10　協同行銷與銷售作業模式

<table>
<tr><td colspan="2">附錄</td><td colspan="2">案例分享－臺灣筆記型電腦產業供應鏈協同規劃與作業</td></tr>
</table>

附錄　**案例分享－臺灣筆記型電腦產業供應鏈協同規劃與作業**

（本文內容不列入中華民國「供應鏈管理專業認證－營運管理師」考試範圍）

　　近年來臺灣資訊業已成為全球第三大資訊產品生產國。擁有上、中、下游完整的供應鏈，目前在監視器、主機板、機殼、電源供應器、鍵盤、滑鼠、音效卡、視訊卡、掃描器等多項資訊產品之世界佔有率達 50%以上。筆記型電腦國際品牌大廠如惠普 (HP)、戴爾 (Dell)、蘋果 (Apple)、Lenovo、Gateway、NEC、Sony、Toshiba 等公司為求降低成本，採取跨國生產與配銷的全球運籌作業。

一方面善用臺灣廠商之研發和生產能力，另一方面發揮本身品牌、通路與行銷優勢，提昇全球市場的競爭力。目前臺灣筆記型電腦製造商有宏碁、廣達、華宇、華碩、和碩（華碩子公司）、英業達、倫飛、仁寶、大眾、藍天、神達、致勝等公司，宏碁與華碩近年來更致力品牌與通路的開發經營，在競爭激烈的全球筆記型電腦市場，已佔有一席之地。對於臺灣筆記型電腦產業發展而言，關鍵零組件的研發與製造是重要因素，近年來臺灣廠商不斷的提升技術研發與製造能力，目前除了硬 (Hard Disk) 外，其他各項的零組件，已具備有完整的研發、製造與供應實力。

一、臺灣筆記型電腦產業概述

臺灣筆記型電腦產業近年來的發展非常快速，根據 IDC（國際數據資訊）研究統計，2019 年全球筆記型電腦組裝 (ODM／EMS) 產業的出貨量達到 3,970 萬台。臺灣的筆記型電腦組裝產業出貨量占全球 82.3% 的出貨量，廠商生產的地點集中在中國大陸，成為全球第一大筆記型電腦製造王國。臺灣的筆記型電腦業者在全球筆記型電腦價值鏈的定位與角色，超過 90% 的比例為 OEM／ODM 代工訂單。面對國際市場激烈的競爭與國際品牌大廠的降價壓力，毛利不斷被壓縮；近年來臺灣筆記型電腦廠商如宏碁與華碩，為了擺脫代工模式微利的宿命，積極發展自有品牌與通路，目前已初具成效。

因應國際品牌大廠全球供應鏈的運作，臺灣廠商之全球生產策略與佈局，境外工廠約占七成五左右，其中以中國大陸華中的大上海地區（包括上海、吳江、昆山、杭州及南京等地）為主要生產基地，並已形成完整的產業群聚 (Industrial Cluster)，代表性廠商包括廣達、華碩、仁寶、宏碁、英業達、華宇、神基、大眾等。另外一個主要的生產據點為華南地區的深圳、廣州及中山等地，宏碁、大眾與藍天等企業皆在當地設廠。

筆記型電腦產業的上、中、下游供應鏈，如圖 5.11 所示，上游產業包括半導體業的晶片製造（IC 設計、晶圓代工、封裝測試等）、電子零組件業（被動元件、整流二極體等）及其他（發光二極體、印刷電路板及連接器等）等；中游產業則有光電組件（監視器、液晶顯示器等）、電子零組件（主機板、介面卡等）、關鍵零組件（邏輯運算器、動態隨機存取記憶體等）及電腦週邊（機殼、滑鼠及鍵盤等）等，下游產業即為筆記型電腦系統廠，進行 BTO／CTO 客製化組裝與生產。

上游	晶片製造	IC 設計、晶圓代工、封裝測試等
	電子零組件業	被動元件、整流二極體等
	其他	發光二極體、印刷電路板、連接器等

中游	光電組件	液晶面板
	一般零組件	主機板、介面卡、光碟機等
	關鍵零組件	邏輯運算器 (CPU)、動態隨機存取記憶體 (DRAM) 等
	電腦週邊	機殼、滑鼠、鍵盤、掃描機、網路卡、數據機等

| 下游 | 筆記型電腦系統廠 | BTO/CTO 客製化組裝與生產 |

圖 5.11 筆記型電腦產業的上、中、下游供應鏈

1980 年代全球筆記型電腦產業逐漸興起，臺灣筆記型電腦廠商代工的能力已成為國際品牌大廠價值鏈之重視，隨著全球化競爭趨勢，全球筆記型電腦產業已進入全球分工體系，國際品牌大廠在成本及全球市場的考量下，對於代工廠商之全球運籌能力的要求將更加注重，為與國際大廠協同作業策略之夥伴關係考量的關鍵。國內筆記型電腦產業發展漸從代工作業方式轉型為與國際大廠協同作業之型態。

二、臺灣筆記型電腦產業供應鏈作業模式

國際筆記型電腦 (Notebook) 品牌大廠推動全球運籌模式可概分為兩種作業：一是整機出貨作業（又稱 One touch），係由代工夥伴將產品開發、配銷一直到售後維修全都一手包辦。優點為可以降低全球運籌作業的成本、減少存貨積壓與降低存貨成本及專注於研發、品牌與通路等核心業務的經營；缺點為代工夥伴的品質不易掌控與喪失產能主導優勢。例如：惠普 (HP) 即採取整機出貨模式與臺灣筆記型電腦代工夥伴進行策略合作。

二是空機出貨作業（又稱 Two touch），代工夥伴只需提供關鍵零組件與模組，如 CPU（邏輯運算器）、硬碟、動態隨機存取記憶體 (DRAM) 及光碟機等送到國際大廠的組裝基地或指定地點即可，由國際大廠負責最後階段的組裝。優點為可以確實

掌握代工夥伴的品質與交期與符合客戶客制化需求；缺點為全球運籌作業較為複雜，不僅需設立區域組裝據點，同時將半成品或關鍵零組件，運送至區域組裝中心的物流成本較高。例如：戴爾 (Dell) 與 IBM 即採取空機出貨模式與臺灣筆記型電腦代工夥伴進行策略合作。

不論是整機出貨或是空機出貨作業，筆記型電腦產業之供應鏈管理將效率、品質和成本結合，並著重交期的縮短。供應鏈交期時間包括有前端關鍵零組件與物料的運送及成品出貨運送時間；在關鍵零組件單價高的筆記型電腦產業，物料運送週期的控制相當重要。

一方面由於資金的積壓及物料週轉率之考量，另一方面由於筆記型電腦之生產週期大約是 1~2 天，生產週期的壓縮造成製造商生產流程與排程的彈性降低，因此物料運送延誤，即可能造成生產排程紊亂、設備與人工的閒置。而在成品運送方面，由於筆記型電腦運用模組化生產，產品標準化程度高，為創造附加價值爭取市場，快速的交期為產品差異化的重要關鍵。臺灣筆記型電腦製造商面對國際品牌大廠對於成本與交期的要求下，也適度調整作業方式：

1. 因應國際品牌大廠人力資源不斷精簡，臺灣業者除了在降低製造成本與確保品質外，同時也提升研發與運籌管理的能力與價值。
2. 縮短從訂單到出貨之前置時間，訂單時效已由月單位縮減至週單位，甚至更短的時間，業者承接歐美訂單，必須具備有快速研發能力的團隊、虛擬網路生產、模組化與彈性製造生產系統、供應鏈管理與客戶關係管理，進行全球整機直接 (Global Direct Supply, 簡稱 GDS) 出貨的作業模式，達成 955、983 或 102 的交貨條件，有效控制交期及因應客制化需求。

臺灣筆記型電腦業者與國際品牌大廠的關係，已經由前端的輔助設計，中段的量產製造，延伸至後段的配銷與後勤支援服務。臺灣營運總部負責研發、關鍵零組件製作及相關運籌管理的規劃與佈局，其全球生產與運籌作業方式，如圖 5.12 所示：

1. 區域組裝中心組裝作業

   臺商於全球各地，如美國、歐洲等，設立區域組裝中心，由中國大陸或臺灣生產之半成品、關鍵零組件（由國際品牌大廠指定）或準系統，運送至區域組裝中心，再依據客戶的需求，進行後段的客製化組裝與生產後，再配送至國際品牌大廠的發貨倉庫，於通路商或終端使用者指定時間內迅速送達。

2. 國際品牌大廠組裝作業

國際品牌大廠在各區域自行設立組裝中心，臺商由中國大陸或臺灣運送半成品、關鍵零組件（由國際品牌大廠指定）或準系統至這些區域組裝中心，進行後段的客製化組裝與生產後，再配送至國際品牌大廠的發貨倉庫，於通路商或終端使用者指定時間內送達。

3. 大陸整機出貨作業 (China Direct Shipment, 簡稱 CDS)

目前臺灣筆記型電腦業者已將組裝中心移往中國大陸，形成完整的產業聚落。關鍵零組件部分由國際品牌大廠指定，部分由臺商自行採購，臺灣營運總部負責研發、關鍵零組件製造及相關運籌管理的規劃與佈局，在接到國際品牌大廠訂單後，直接下令位於中國大陸的組裝中心進行後段的客製化組裝與生產，再配送至國際品牌大廠的發貨倉庫，於通路商或終端使用者指定時間內迅速送達。

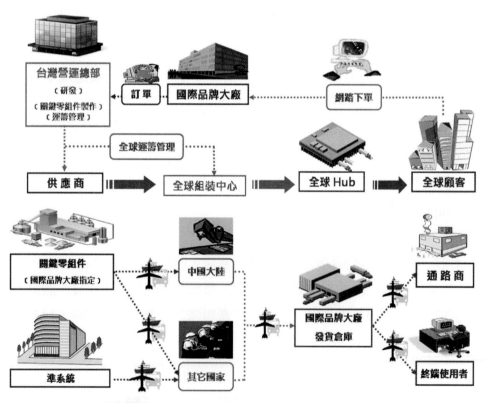

圖 5.12 臺灣筆記型電腦業全球生產與運籌模式

臺灣筆記型電腦產業全球供應鏈作業方式，逐漸有下列發展的趨勢：

1. 全球發貨倉庫的設立

全球發貨倉庫 (Hub) 的設立，提供筆記型電腦製造商倉儲物流服務與庫存管理能力。製造商接獲訂單後可以快速發貨至國際品牌大廠，甚至終端消費者，上游原物料與零組件廠商也可以藉由供應商存貨管理模式的建立，提供製造商 JIT 的物料供應。另一方面，透過製造資源規劃計算物料的實際需求，檢視相關原物料之供應狀況，避免物料短缺發生，同時設定各類原物料與零組件的安全庫存，尤其是高單價與產品週期短的產品，避免造成呆料的損失。由於製造廠商相關備料與庫存需求來自於品牌廠商提供的銷售預測，存在相當的不確定與風險，筆記型電腦製造商因應國際品牌大廠區域發貨與存貨管理的需求，建立區域發貨倉庫，就近提供品牌大廠快速接單與出貨需求。

2. 全球區域組裝據點的形成

臺灣筆記型電腦的客戶多為國際品牌大廠，例如：戴爾 (DELL)、惠普 (HP)、IBM 等，而國際品牌大廠的市場與客戶又遍及歐洲、美洲與亞洲，因此製造商必須在全球各主要市場設立全球區域組裝據點，以降低產品運送的時間與成本。同時配合各市場產品在地化 (Localization) 與特定規格的需求，進行在地組裝 (Local Assembly)。因此製造商將中性產品（空機）、零配件與模組運送並儲存於當地，待品牌商確認訂單實際規格與需求時，採取延遲策略 (Postponement) 進行客製化 (Customization) 的接單後組裝生產模式 (Configure to Order)，完成筆記型電腦產業普遍流行的 955、983 及 102 的出貨模式。

3. 全球運籌服務的延伸

自 2000 年後市場全球化趨勢，筆記型電腦品牌大廠需要建立完整的全球供應鏈體系，使其全球市場策略得以順利運作。臺灣筆記型電腦製造商除了持續強化研發設計及製造等核心能力外，開始積極進行全球佈局，以期能夠繼續與這些國際品牌大廠維持策略伙伴與供應關係。臺灣筆記型電腦廠商在中國大陸、東南亞與東歐設立生產據點，利用全球資源與區位優勢，接近市場、降低生產與物流成本，具備接單後生產與組裝的全球供應能力。製造商考量不同物料材積、價值、運送成本、與前置時間等因素，透過供應鏈協同作業模式，將所生產的各式產品即時配送至全球區域組裝據點、發貨中心、通路商或客戶手中，建立效率化之全球供

應鏈體系，不只滿足低製造成本，亦將供應服務延伸至全球運籌，甚至通路的價值鏈活動，創造臺灣筆記型電腦製造商於全球化市場的利基與不可取代的競爭優勢。

4. 採購與供應的夥伴關係

筆記型電腦製造商除了面對國際品牌大廠之外，亦須與眾多上游供應商維持密切的夥伴關係，使供應商可以配合製造商要求的交期，即時將高品質的零組件送達到製造商手中。筆記型電腦所含零組件眾多，特別是針對關鍵性零組件，例如：CPU 或液晶面板，製造商必須與這些供應商維持良好關係，確保貨源的穩定。

5. 全球資訊管理系統的建立

筆記型電腦製造商在面對高度複雜（眾多供應商與客戶）與動態（時常變動）的全球供應鏈體系中，提升效率與降低成本為最重要之關鍵，乃在於眾多參與廠商或企業間進行高度、頻繁之資訊交換與整合。例如：國際品牌大廠必須與製造商緊密合作，交換產品設計、客戶訂單、產能、品質、規格、交期等資訊；同樣地，製造商亦必須與上游眾多之零組件供應商緊密合作，確保即時與合乎品質、規格之供應，並且保證相當的作業彈性，以隨時因應客戶需求之改變。

建立全球資訊管理系統的目的有二：一是透過供應鏈的資訊分享，強化上游供應商與國際品牌大廠合作的依存度，二是提供製造商與國際物流業者進行供應鏈即時資訊交換，提升國際物流作業中通關、運輸、入出庫、庫存、交貨等實體物流活動之協同作業效率。例如：華碩電腦建構之全球運籌資訊系統，將華碩全球各地工廠、外包商、供應商、客戶、海外組裝廠、全球發貨倉庫、國際運輸業者、報關行、海關、保險業者、銀行、等所有物流與金流運籌作業，都透過網際網路連線，並以 XML(Extensible Markup Language) 為標準規格，建立支援多國語言 (Multi-Languages) 的 B2B(Business to Business) 電子資料交換系統，內容包含客戶訂單、物料供應狀況、生產排程、倉儲與存貨管理、貨況追蹤等物流資訊，以及金流作業電子化相關貨款、運費、關稅、保險費等自動付款與收款作業。歸納全球運籌資訊系統作業的效益如下：

(1) 供應商 JIT 即時交貨與發料模式，達到生產零缺料，並節省巨額運費。

(2) 運輸路徑規劃，有效降低從採購到交貨的前置時間與運費。

(3) 即時貨況追蹤系統，確實掌握產能、庫存與交期。

(4) 電子報關作業，避免人工繕打產生的人為失誤，及傳統的傳真或 E-mail 傳送耗費的成本及文件遺失的風險。

(5) 電子化金流作業，提升財務與會計作業的效率與正確性。

三、筆記型電腦接單後組裝生產與出貨作業

國際筆記型電腦(Notebook)大廠惠普(HP)推動整機出貨(One touch)全球運籌模式，如圖 5.13 所示：目前 H 筆記型電腦製造商（簡稱 H 公司）為惠普代工夥伴。關鍵零組件部分由 HP 指定供應商，部分由 H 公司自行採購，H 公司臺灣營運總部負責研發、關鍵零組件製造及相關運籌管理的規劃與佈局，在接到惠普的訂單後，直接下令位於中國大陸蘇州的整機組裝廠進行客製化組裝與生產，經由海運配送至惠普位於洛杉磯的發貨倉庫，待惠普的重要客戶如渥爾瑪 (Wal-Mart) 等通路商下單，立即進行 955、983 或 102 的出貨模式。

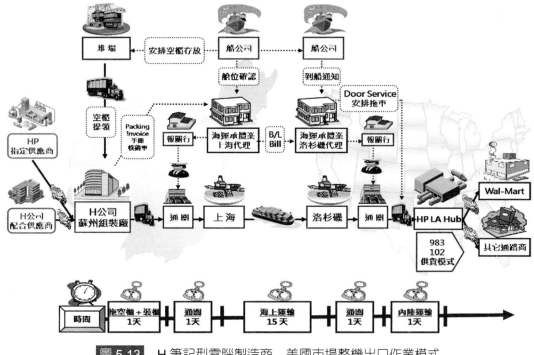

圖 5.13 H 筆記型電腦製造商 美國市場整機出口作業模式

H 筆記型電腦製造商出口作業流程如下：

1. 訂單處理與提領空櫃

H 公司蘇州組裝廠在收到 HP 的訂單後，立即向海運承攬業上海代理發出出貨通知，海運承攬業則立即向航商洽訂艙位。由於上海的洋山港或外高橋距離蘇州有

一定的路程與距離，一般海運承攬業與航商協商，存放一定數量的空貨櫃於 H 公司蘇州組裝廠附近的貨櫃堆場，提供 H 公司就近提領空櫃與裝貨，爭取領櫃與裝貨的時效。

2. 出口通關作業

H 公司將裝箱單 (Packing)、商業發票 (Invoice)、手冊與核銷單提供至報關行，以電腦連線向上海海關進行出口通關申報，等待貨物放行通知。

3. 裝船與國際運輸作業

H 公司連絡拖車公司提領空櫃與裝貨，待海關確認出口貨物放行後將重櫃運送至航商指定的貨櫃堆場或是專用碼頭等待裝船。另一方面，H 公司特別要求海運承攬業安排運輸時間最快的船舶直航美國的洛杉磯，以因應 HP 對於交期的要求。

4. 進口報關與內陸運輸安排

海運承攬業在收到 H 公司的進口報關文件與確認船舶預定到達時間後，立即通知洛杉磯的海外代理 (Agent) 向美國海關申報進口報關，並安排由卸櫃港口轉運至 HP 位於洛杉磯發貨倉庫的內路配送作業。

由圖 5.13 可知，全程作業流程由訂單處理與提領空櫃→出口通關作業→裝船與國際運輸作業→進口報關與內陸運輸安排，交貨的前置時間約 19~20 天，相關進出口通關、領櫃、裝櫃、交櫃、國際運輸、內陸配送與交貨等實體物流活動之協同作業效率務必迅速確實，不可有任何的疏漏，對於參與筆記型電腦產業全球供應模式的國際物流業者是一項艱鉅的挑戰。

自我練習

第一部分：選擇題

第一節　供應鏈長鞭效應

( ) 1. 長鞭效應說明了需求的變動在沿著供應鏈向上決策的過程中會被？

　　① 減少　② 不變　③ 放大　④ 有時減少，有時放大

( ) 2. 有關長鞭效應 (Bullwhip effect)，下列敘述何者**正確**？

　　① 隨著供應鏈各階層資訊需求的傳遞被扭曲所造成的波動，其加乘效果傳到上游時造成劇大的變動

　　② 造成生產計劃與供需的嚴重失調，過多的存貨存在於供應鏈中造成資金的積壓，增加企業的成本與風險

　　③ 選項①與選項②皆正確

　　④ 選項①正確，選項②錯誤

( ) 3. 有關造成**長鞭效應 (Bullwhip effect)** 的原因，下列敘述何者**正確**？

　　A. 需求預測誤差　　　　B. 大批量採購　　　　C. 運送前置時間過長

　　D. 經銷商浮報訂單　　　E. 產品價格波動影響進貨意願與時機

　　① ABC　② ABCD　③ ABDE　④ ABCDE

( ) 4. 有關解決長鞭效應 (Bullwhip effect) 的策略，下列敘述何者**錯誤**？

　　① 導入彈性製造能力與先進規劃與排程僅能提昇訂單成交率，對於降低在製品與製成品庫存，無顯著效果

　　② 供應鏈上、中、下游藉由需求資訊共享與協同合作預測 (Forecasting)，降低因需求的變異，所造成的高存貨風險

　　③ 採取長期價格契約或每日最低價格 (Every Day Low Price, EDLP) 等策略，降低產品價格的變動性

　　④ 縮短接單至出貨 (Order To Delivery, OTD) 的時間，並降低生產及存貨成本

( ) 5. 有關**模組化技術與延遲差異化策略**，下列敘述何者**錯誤**？

① 模組化技術是將產品轉換為數種標準化的零組件或模組 (Module) 來組裝的生產方式，其主要優點為縮短訂單達交時間與滿足客戶對於產品客製化的需求

② 儘可能將產品差異化延遲，直到客戶確認產品選擇的規格與零件，再做最後的組裝

③ 延遲差異化包含貼標籤、包裝、組裝、製造與時間延遲

④ 對於降低長鞭效應的負面影響，無顯著效果

( ) 6. 有關**彈性製造能力與先進規劃與排程**，下列敘述何者**錯誤**？

① 彈性製造能力是以大量生產 (Mass Production) 為目標，對於滿足客戶客製化 (Customization) 需求沒有幫助

② 先進規劃與排程 (APS) 係指在考量企業資源有限的情形下，以先進的資訊科技提供可行的需求規劃、物料規劃、產能規劃與生產作業排程，滿足客戶縮短生產前置時間的要求

③ 先進規劃與排程的特色包括同步規劃、考慮資源限制下的規劃、最佳化規劃、即時性規劃以及支援決策能力

④ 導入彈性製造能力與先進規劃與排程，對於降低長鞭效應的負面影響，具有顯著效果

( ) 7. 運用**先進規劃與排程 (APS)** 進行生產規劃與排程，下列敘述何者**正確**？

A. 縮短從訂單到出貨的週期時間　　B. 快速回覆客戶詢單與交期

C. 縮短製造的週期時間　　　　　　D. 增加庫存與在製品庫存

E. 充分掌握現場產能，提高生產價格變動率，提升生產能量

① ABC　②ABCE　③ABDE　④ABCDE

( ) 8. 有關產業界普遍運用的「**供應商存貨管理**」模式，下列敘述何者**錯誤**？

① 以電子資料交換作為供應鏈成員間，資訊交換與分享的媒介

② 瞭解供應鏈體系中合作夥伴間的需求預測、採購計畫、庫存策略及配銷計畫，提供企業內部進行市場需求預測、存貨管理與補貨機制

③ 對供應商而言，將造成資訊與物流成本大幅增加，及重要採購、庫存資訊洩漏流的風險

④ 透過發貨倉庫，進行及時供貨模式，達到降低庫存、縮短供貨時間及提升顧客服務的效益

( ) 9. 有關企業導入**「供應商存貨管理」**模式的優點，下列敘述何者**正確？**

A. 供應商採用大批量與一次送達方式交貨予買方（收貨人），降低整體物流成本

B. 強化供應鏈夥伴關係，提升協同規劃預測與補貨模式的效益

C. 提升供應鏈接單彈性，快速回應市場變化

D. 降低下游配銷商或零售商因缺貨而導致的銷售損失

E. 縮短採購前置時間與接單出貨時間，降低存貨風險

① ABC ② ABCD ③ BCDE ④ ABCDE

( )10. 有關供應鏈管理的意涵，下列敘述何者**錯誤？**

① 在快速回應 (QR) 的概念中，利用銷售點即時系統 (POS) 交易資料來縮短補貨週期

② 有效消費者回應 (ECR) 開始了從「推式」的供貨，改成「拉式」的補貨機制

③ 及時制供應 (JIT) 系統追求的是最小庫存策略

④ 供應商管理存貨 (VMI) 為買方壓榨供應商的有效工具，對賣方完全無利

第二節　供應鏈協同作業意涵

( )11. 傳統的供應鏈管理可能遭遇的挑戰與困境，下列敘述何者**錯誤？**

① 重視整體價值鏈活動　　　　　② 成員間溝通協調不良

③ 供需不確定、市場預測變數大　④ 可能產生長鞭效應的問題

( )12. 有關發展供應鏈協同作業的背景，下列敘述何者**正確？**

A. 存貨成本太高　　　　　B. 資源利用率過低、停工待料

C. 長鞭效應　　　　　　　D. 訂單履行的週期時間太長

E. 市場熱賣、供不應求

① ABC ② ABCD ③ ABCE ④ ABCDE

( )13. 有關供應鏈協同 (Collaboration) 的概念，下列敘述何者**錯誤？**

① 以單打獨鬥之經營模式，鞏固企業自身利益與競爭力

② 縮短訂單履行的週期時間

③ 降低長鞭效應的負面影響

④ 降低存貨成本與風險

( )14. 經由供應鏈對供應鏈的競爭，競爭優勢最後是由誰贏得？
① 供應商 ② 供應鏈中的核心企業 ③ 顧客 ④ 供應鏈整體

( )15. 有關供應鏈協同作業 (Supply Chain Collaboration Operation) 的意涵，下列敘述何者**正確**？
A. 指兩個或兩個以上的企業為了實現共同目標，積極協調彼此間的商務活動
B. 範疇包括協同計劃 / 預測與補貨、協同採購、協同產品設計、協同製造、協同物流與協同行銷與銷售等作業
C. 根據各成員資源的現況作最適的配置與安排，並建立共同的行銷模式與物流作業，快速回應顧客與市場的需求，建立企業競爭優勢
D. 供應鏈成員共同參與、齊心協力達成設定的目標，彼此以各自核心能力進行資源互補與資訊共享
① AB ② ABC ③ ABD ④ ABCD

( )16. 為有效推動供應鏈管理，企業應採取什麼樣的經營態度？
① 凡事盡量自己來做
② 盡可能把作業外包
③ 只執行少數企業自己專長的事情，其餘作業則外包出去
④ 以不變應萬變

( )17. 供應鏈協同作業 (Supply Chain Collaboration Operation) 的範疇，不包括：
① 同業併購 ② 協同計劃 / 預測與補貨
③ 協同製造 ④ 協同行銷與銷售

( )18. 有關供應鏈協同作業 (Supply Chain Collaboration Operation) 的範疇，包括下列哪個選項？
A. 協同產品設計 B. 協同採購 C. 協同計劃 / 預測與補貨
D. 利潤交叉補貼 E. 協同製造
① ABC ② ABCD ③ ABCE ④ ABCDE

( )19. 有關推動供應鏈協同作業效益，下列敘述何者**正確**？
A. 信任關係的建立 B. 知識管理的建構 C. 快速回應市場
D. 全球運籌管理 E. 財務借貸或紓困
① ABC ② ABCD ③ ABCE ④ ABCDE

(　)20. 有關推動供應鏈協同作業效益，下列敘述何者**錯誤**？

① 夥伴關係管理是與合作夥伴營造出創新、互信的關係，是推動供應鏈協同作業的關鍵因素

② 完善的知識管理，累積共同的流程、專業技術與知識，帶動合作夥伴提升創造力與競爭力

③ 建立合作夥伴即時、快速的資訊分享，提昇產品品質與快速回應市場與客戶的需求

④ 供應鏈成員間彼此利潤共享，並提供成員在財務上的融資與紓困

(　)21. 一家地知名牧場，開式尋求與廠商、賣場與物流商合作，希望建立更多元及順暢的鮮乳供應鏈，這家牧場企業正在發展哪一個階段的供應鏈管理？

① 供應鏈協同 　　　　② 非核心業務外包

③ 企業整合 　　　　　④ 物流網絡建置

第三節　供應鏈協同規劃、預測與補貨

(　)22. 現代供應鏈協同作業中有一種模式稱為 CPFR，其中的 **R 代表何種作業**？

① 合作　② 補貨　③ 規劃　④ 預測

(　)23. 現代供應鏈協同作業中有一種模式稱為 CPFR，其中的 **F 代表何種作業**？

① 合作　② 補貨　③ 規劃　④ 預測

(　)24. 現代供應鏈協同作業中有一種模式稱為 **CPFR 的中文名稱爲何**？

① 協同計劃、預測與補貨 　② 在製品庫存

③ 顧客關係管理 　　　　　④ 長鞭效應

(　)25. 關於協同計劃、預測與補貨 (CPFR) 的敘述，以下何者**錯誤**？

① CPFR 有三個階段九個流程步驟

② 在 CPFR 模型中，銷售預測與訂單預測之預測項目與目的相同，其使用與參考之資訊亦無差異

③ 施行 CPFR 即是在進行需求管理，只是 CPFR 更強調企業間協同合作

④ 整個 CPFR 流程中，協同預測扮演了很重要角色

( )26. 關於協同計劃、預測與補貨 (CPFR) 對供應商與經銷商的效益，以下敘述何者**正確**？

① 對供應商的效益為增加預測與計畫的準確度、減少生產與庫存浪費、提高投資報酬率與提升客戶滿意度

② 對經銷商的效益為強化與製造商雙方合作關係、減少缺貨、增加銷售與提升消費者滿意度

③ 選項①與選項②皆正確

④ 選項①不正確，選項②正確

( )27. 協同規劃、預測與補貨 (CPFR) 用於顧客需求之規劃與履行，其中銷售預測的責任應該是落在誰身上？

① 消費者 ② 零售商 ③ 供應商 ④ 服務商

( )28. 下列何者**非**協同規劃、預測與補貨 (CPFR) 之九大執行步驟之一？

① 建立銷售預測 ② 辨識銷售預測的異常狀況

③ 共同銷售 ④ 產生訂單

( )29. 關於企業推動協同計劃、預測與補貨 (CPFR) 的效益，以下敘述何者**正確**？

A. 供應鏈成員自主性與獲利降低　　B. 減少生產與庫存浪費

C. 減少缺貨、增加銷售　　　　　　D. 增加預測與計畫的準確度

E. 降低長鞭效應的風險

① ABC ② ABCD ③ BCDE ④ ABCDE

( )30. 推動協同規劃、預測與補貨 (CPFR) 的**關鍵因素為何**？

A. 共同預測市場需求與補貨需求

B. 明確定義之合作目標與相關績效衡量指標

C. 買賣雙方交流營運計劃以發展出合作產品的營運計劃

D. 運用銷售資料 (Sales data)，預測各產品在特定期間之銷售情形

E. 根據事先議定之凍結時間柵欄的預測結果產生訂單

① ABC ② ABCD ③ BCDE ④ ABCDE

第四節 供應鏈協同採購、產品設計、製造、物流與行銷

( )31. 某公司採購原子筆，授權由全省各分公司調查需求，並集中資料由總公司採購部門處理，稱為：

① 分權採購 ② 集中採購 ③ 公開採購 ④ 招標採購

（　）32. 有關協同採購 (Collaborative Buying) 所要獲得的主要效益，以下敘述何者**正確**？

A. 以量制價，達到降低採購成本

B. 縮短採購與銷售作業的流程與時間

C. 降低供應商之間的惡性競爭

① A、B、C 皆正確　　　　② A、B 正確，C 不正確

③ A、C 正確，B 不正確　　④ B、C 正確，A 不正確

（　）33. 有關協同採購 (Collaborative Buying) 所要獲得的主要效益，以下敘述何者**錯誤**？

① 方便買方一次大量的採購

② 個別供應商藉由合作共同提供產品與服務

③ 會增加供應商之間的惡性競爭

④ 減少買方的採購作業時間與成本

（　）34. 有關推動協同採購 (Collaborative Buying) 的優點，下列敘述何者**正確**？

A. 資訊透明化，不易受供應商隱瞞或拱抬價格、減少員工舞弊

B. 透過電子化交易平台，降低採購作業成本

C. 僅大型採購商可加入，形成集體議價力量

D. 結合其他供應商，提供更完善的服務給買方

E. 擴大市場接觸面，精確掌握市場需求

① AB　② ABC　③ ABDE　④ ABCDE

（　）35. 有關推動協同產品設計的優點，下列敘述何者**正確**？

A. 達成跨企業協同設計作業模式　　　B. 保存與傳承研發經驗

C. 零組件的採購更有彈性　　　　　　D. 減少研發時間與成本

E. 供應商與客戶無法共同參與協作

① ABC　② ABCD　③ BCDE　④ ABCDE

（　）36. 有關協同製造 (Collaborative Manufacturing) 的發展背景，下列敘述何者**錯誤**？

① 消費市場產品多樣化，「客製化生產」模式日趨普遍

② 訂單需求不易掌握，以致延誤交期，以及呆料與庫存過多的情形

③ 全球貿易保護主義興起，關稅障礙導致國際市場需求衰退

④ 供應商無法保證穩定供料，而製造商亦無法承諾穩定的採購數量

(　)37.有關推動協同製造(Collaborative Manufacturing)的策略,下列敘述何者**正確**?

A. 分為一般協同與多工廠協同

B. 一般協同包含原料供應與生產、儲運與庫存計劃的協同作業

C. 多工廠協同必須考量複雜的跨國多廠區間的產能平衡、資源共享與生產特性、產品組合及製造成本

① A、B、C 皆正確　　　　② A、B 正確,C 不正確

③ A、C 正確,B 不正確　　④ B、C 正確,A 不正確

(　)38.下列何者為推動**協同製造**的聯合生產計劃項目?

A. 訂單需求預測　　B. 總體產能規劃　　C. 各廠區訂單分配與產品組合

D. 各廠區生產成本　　E. 訂單交期

① ABC　② ABCD　③ BCDE　④ ABCDE

(　)39.有關推動協同製造(Collaborative Manufacturing)的做法,下列敘述何者**正確**?

A. 由供應鏈上下游成員透過協商,同步規劃總體產銷平衡計劃

B. 各成員依據本身產能條件調整彼此的生產計畫與排程,制定聯合生產計劃

C. 各生產基地與客戶間進行資料傳輸與交換,建立供應鏈成員間的資訊分享

① A、B 正確,C 不正確　　② A、C 正確,B 不正確

③ A、B、C 皆正確　　　　④ B、C 正確,A 不正確

(　)40.下列何者為推動協同物流作業模式的**重點項目**?

A. 庫存查詢與貨況追蹤　　　B. 國際運輸安排　　　C. 通關作業查詢

D. 物料生產成本　　　　　　E. 物料緊急調度與配送

① ABC　② ABCE　③ BCDE　④ ABCDE

(　)41.下列何者為推動協同行銷與銷售 (Collaborative Marketing / Selling),下列敘述何者**正確**?

A. 整合資訊與作業流程,供應鏈合作夥伴可共同支持顧客對產品或服務的需求

B. 協力提供消費者對各種不同的商品與服務的資訊與知識諮詢

C. 共同執行產品的行銷與銷售的推動與合作

① A、B 正確,C 不正確　　② A、C 正確,B 不正確

③ A、B、C 皆正確　　　　④ B、C 正確,A 不正確

(　　)42. 下列何者為推動協同行銷與銷售 (Collaborative Marketing/Selling) ，下列敘述何者錯誤？
① 供應鏈合作夥伴以資訊分享建立訂單、價格、品牌等管理流程共享的方式
② 利潤採平均方式分配，各供應商提供的核心能力與優勢不在考慮之內
③ 共同擬訂行銷策與存貨管理之策略規劃
④ 供應鏈合作夥伴可共同支持顧客對產品或服務的需求

第二部分：簡答題

1. 請說明：何謂「長鞭效應 (Bullwhip effect)」？
2. 請說明：如何克服「長鞭效應 (Bullwhip effect)」的因應之道？
3. 請說明：何謂供應商存貨管理？
4. 請說明：供應商庫存管理對於降低長鞭效應 (Bullwhip effect) 的效益為何？（列舉 4 項）
5. 請簡述：推動供應鏈協同作業的效益為何？
6. 推動協同規劃預測補貨 (Collaborative Planning, Forecasting, & Replenishment, CPFR) 分別對於供應商與經銷商的效益為何？
7. 推動協同採購 (Collaborative Buying) 對於供應商與買方的效益為何？（各列舉 2 項）
8. 請說明：協同產品設計的意涵與優點（列舉 3 項）為何？
9. 請說明：協同製造的意涵及如何提升整體供應鏈的營運效益為何？
10. 推動協同物流 (Collaborative Logistics) 的規劃與協調，在數量、時間與空間三個協同作業的考量因素為何？
11. 請說明：協同行銷與銷售的意涵為何？

參考文獻

1. 方至民，策略管理概論：應用導向，前程文化，民國 108 年。

2. 方至民，國際企業，前程文化，民國 108 年。

3. 王立志，系統化運籌與供應鏈管理，滄海書局，民國 95 年。

4. 王孔政、褚志鵬，供應鏈管理，華泰文化，民國 96 年。

5. 今岡善次郎，圖解 101 例 了解供應鏈管理，向上出版社，民國 95 年。

6. 吳仁和，資訊管理－企業創新與價值，智勝文化事業有限公司，7 版，民國 107 年。

7. 呂錦山、王翊和，國際物流與供應鏈管理，3 版，前程文化，民國 103 年。

8. 呂錦山、王翊和、楊清喬、林繼昌，國際物流與供應鏈管理 4 版，滄海書局，民國 108 年。

9. 周孝彥，供應鏈體系運作模式之研究－以臺灣筆記型電腦代工廠與上游廠商之關係為例，國立清華大學 工業工程與工程管理學系 碩士論文，民國 94 年。

10. 周美娟，臺灣筆記型電腦產業發展歷程與市場策略分析，國立臺北科技大學 工業工程與管理系所 碩士論文，民國 91 年。

11. 周育樂，體系供應鏈協同作業，財團法人中衛發展中心協同商務部簡報，民國 97 年。

12. 美國 VICS 協會 (Voluntary Interindustry Commerce Standards) 網站：http：//www.vics.org.，民國 110 年。

13. 陳穆臻、張舜傑，陳仕明，製造商與供應商之協同規劃運作，2004 科技整合管理國際研討會，民國 93 年。

14. 沈國基、呂俊德、王福川，運籌管理，前程文化事業有限公司，民國 95 年。

15. 林世福，產業演進與代工廠商垂直整合決策分析－以筆記型電腦產業為例，國立臺灣大學 國際企業研究所 碩士論文，民國 98 年。

16. 林東清，資訊管理：e 化企業的核心競爭能力，智勝文化事業有限公司，7 版，民國 107 年。

17. 林我聰、羅國正、郭建良，推行供應鏈管理之不確定性因素及其因應策略之探討以臺灣資訊電子業為例，民國 91 年。

18. 林則孟、黃思明、黃明達、陳銘崑、呂執中、范錚強、邱光輝等，製商整合 e 化個案集，財團法人光華管理策進基金會，民國 96 年。

19. 林則孟，CPFR 協同規劃預測補貨個案－力山企業集團，製商整合 e 化個案集，財團法人光華管理策進基金會，民國 96 年。

20. 陳銘崑、廖一青，「OEM 接單型態下電子化協同設計參考模式之研究」，中國工業工程學會學刊, 21(4), Page 395-408，民國 99 年。

21. 陳建宏，臺灣筆記型電腦全球供應鏈模式，CILT 皇家物流與運輸協會 供應鏈管理主管 國際認證課程資料，民國 101 年。

22. 許素華、郭澤民，臺灣筆記型電腦產業全球運籌管理之策略考量，20th 屆國際資訊管理學術研討會，民國 98 年。

23. 黃馨怡，跨體系協同採購管理－以手工具產業為例，經濟部工業局 協同商務 電子報，民國 99 年。

24. 郭幸民，供應鏈協同規劃與作業，英國皇家物流與運輸協會 CILT 供應鏈管理主管國際認證課程資料，民國 106 年。

25. 郭幸民，協同規劃與作業，國立高雄第一科技大學 運籌管理研究所 協同規劃與作業課程資料，民國 105 年。

26. 劉淑範，協同商務中銷售資訊系統之研究，健康與管理學術研討會，民國 96 年。

27. 戴國良，國際企業管理 精華理論與實務個案，五南文化事業，民國 100 年。

28. Ananth V.Iyer, Sridhar Seshadri and RoyVasher 原著，洪懿妍 譯，TOYOTA 豐田供應鏈管理，第一版，美商麥格羅 希爾國際股份有限公司 臺灣分公司，民國 98 年。

29. David Simchi-Levi, Philip Kaminsky, Edith Simchi-Levi 原著，何應欽 編譯，供應鏈設計與管理，第三版，美商麥格羅 希爾國際股份有限公司 臺灣分公司，民國 98 年。

30. Display Search http://www..displaysearch.com，民國 110 年。

31. Fawcett, Lisa M. Ellram, JeffreyA. Ogden, (2007), Supply Chain Management: From Vision to Implementation, Prentice Hall,.

32. Frazelle, E. H. (2001), Supply Chain Strategy, McGraw-Hill.

33. IDC（國際數據資訊有限公司）網站：https://www.idc.com/tw，民國 110 年。

34. Laudon, K. C. and Laudon, J. P., Essentials of Business Information Systems, 8th Edition, New Jersey: Pearson Prentice Hall, 2009.

35. Scheer,A.W., Business Process Engineering-Reference Models for Industrial Enterprise, Springer-Verlag, 1994.

36. Turban, E., Leidner, D., Mclean, E., and Wetherbe, J., Information Technology for Management New Jersey : John Wiley and Sons, 2008.

37. Stanley E Fawcett, Lisa M. Ellram, Jeffrey A. Ogden, (2007), Supply Chain Management: From Vision to Implementation, 1st edition, Pearson Education.

38. Sunil Chopra, Peter Meindl 原著，陳世良 審訂，供應鏈管理，第四版，台灣培生教育出版股份有限公司，民國 100 年。

39. William J. Stevenson, (2007) Operations Management, 9th edition, McGraw-Hill Education.

Note

第貳篇

供應鏈管理－運作篇
（選考：任選二章）

Chapter ▶ **6**

國際運輸

本章重點

1. 貨櫃運輸具有的特點？

2. 瞭解貨櫃的種類。

3. 貨物進出口託運的方式。

4. 貨櫃進出口作業流程。

5. 使用航空貨運有哪些優點？

6. 航空貨運運送的方式。

7. 航空貨運託運的流程。

8. 航空貨運主提單與分提單之差別。

9. 航空貨運出口作業流程。

10. 航空貨運進口作業流程。

6-1　貨櫃與貨櫃船

一、貨櫃的定義

貨櫃化運輸起源於 1960 年代，國際標準組織 (International Standards Organization, ISO) 定義標準貨櫃 (Standard Container)，主要因貨櫃具有下列特性：

1. 貨櫃具有堅固、密封的特點，可避免貨物在運輸途中受到損壞。

2. 貨櫃具有單元負載 (Unit Load) 特性，裝卸效率很高，受氣候影響小，船舶在港停留時間大幅縮短，因而船舶航次時間縮短，船舶週轉加快，航行率大大提高，船舶生產效率隨之提高，從而提高船舶運輸能力。

3. 適合於複合式聯運，責任劃分清楚，貨櫃運輸涉及面廣、環節多，包括海運、陸運、空運、港口、貨運站以及與貨櫃運輸有關的海關、商檢、船舶代理公司、貨運代理公司等單位和部門。由於貨櫃是一個堅固密封的箱體，貨物裝箱並鉛封後，途中無須拆箱倒載，一票到底，即使經過長途運輸或多次換裝，也不易損壞箱內貨物。貨櫃運輸可減少被盜、潮濕、污損等引起的貨損和貨差，責任可依封條是否被打開劃分清楚。

目前世界上廣泛使用的貨櫃按其主體材料分類為：

1. 鋼製貨櫃

   其框架和箱壁板皆用鋼材製成。最大優點是強度高、結構牢、焊接性和水密性好、價格低、易修理、不易損壞，主要缺點是重量較重、抗腐蝕性差。

2. 鋁製貨櫃

   鋁製貨櫃有兩種：一種為鋼架鋁板；另一種僅框架兩端用鋼材，其餘用鋁材。主要優點是重量較輕、不生鏽、外表美觀、彈性好、不易變形，主要缺點是造價高、受碰撞時易損壞。

國際海運標準貨櫃根據其長度尺寸可分為有 20 呎（英呎）、40 呎（英呎）和 45 呎（英呎）；標準貨櫃的寬度一律為 8 英呎；貨櫃根據高度可分為普通（8.6 英呎）和超高（9.6 英呎）貨櫃。一般海運貨櫃以 20 英呎貨櫃為計算單位（稱為 Twenty-Foot Equivalent Unit, TEU），40 呎貨櫃換算為 2 TEU。例如：2 個 20 呎與 1 個 40 呎的貨櫃 (2 TEU)，相當於 2 x 20 呎 +1x 40 呎 = 2 TEU + 2 TEU = 4 TEU。

二、貨櫃的種類

（一）普通貨櫃 (Dry Container)

俗稱「乾櫃」，貨櫃之一端或一側有櫃門可以開關，用以裝運一般雜貨，除其尺寸互有不同外，均為密封裝箱。20 呎、40 呎與 40' Hi-Cube 貨櫃如圖 6.1、6.2 及 6.3 所示。如表 6.1 所示，一般 20 呎普通鋼製貨櫃可載運貨物的總重量為 21.63 噸 (Payload)，加貨空櫃本身重量 (Tare)2.37 噸，最大限重為 24 公噸 (Ton)。

圖 6.1　20 呎普通貨櫃
資料來源：https://www.yangming.com

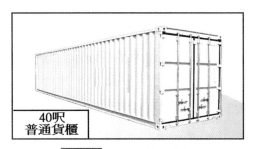

圖 6.2　40 呎普通貨櫃
資料來源：https://www.yangming.com

圖 6.3　40' Hi-Cube 超高鋼製乾貨貨櫃
資料來源：https://www.cma-cgm.com

（二）冷藏貨櫃／冷凍貨櫃 (Refrigerated Container)

貨櫃內部四壁具有隔熱層，貨櫃另一端則設置冷凍壓縮機，此種貨櫃專用以裝載需儲存於一定溫度冷凍或冷藏貨物，使櫃內之貨物不致腐壞，如肉類、魚類、蔬菜或精密電子儀器及材料等高單價貨物，如圖 6.4 及 6.5 所示。如表 6.1 所示，以一 20 呎鋼製冷凍貨櫃為例，可載運的貨物重量為 27.41 噸，加上貨櫃本身重量，總最大重量限制不得超出 30.48 噸。

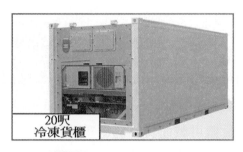

圖 6.4　20 呎鋼製冷凍櫃	圖 6.5　40 呎鋼製超高冷凍櫃
資料來源：https://www.yangming.com	資料來源：https://www.yangming.com

（三）開頂貨櫃 (Open Top Container)

特別用以裝運超高的貨物，如大型整體機械、鋼鐵材料等笨重貨物，無頂部，通常以帆布覆蓋並捆綁以避免貨物本身暴露在外，可以用起重機於貨櫃上方進行裝載，如圖 6.6 所示。開頂貨櫃的重量與體積容量如表 6.1 所示，以 20 呎鋼製開頂貨櫃為例，加上貨櫃本身重量，最大的重量限制為 24 噸。

圖 6.6　20 呎鋼製開頂櫃
資料來源：https://www.yangming.com

（四）平板貨櫃 / 平台貨櫃 (Flat / Platform)

僅有底板及兩端端牆，無頂蓋及邊牆結構之貨櫃，特別用以裝運極重或是超過寬度的貨物，可裝載較高的貨物，如鋼鐵材料、電纜、玻璃、木材、機器或其他整體貨物，其底板結構特別堅固，如圖 6.7 及 6.8 所示。若無兩端端牆者，則稱平台貨櫃。如表 6.1 所示，20 呎平板貨櫃可承載貨物重量為 31.1 噸，加上 2.8 噸貨櫃本身重量，總重量限制為 34 噸。

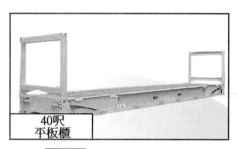

圖 6.7　20 呎鋼製平板櫃	圖 6.8　40 呎鋼製平板櫃
資料來源：https://www.yangming.com	資料來源：https://www.yangming.com

表 6.1　貨櫃尺寸、重量與體積容量

貨櫃種類		載重量（Kg）			內部尺寸（M）			
		總重	空櫃重	載重	長度	寬度	高度	容積（M）
20呎	20呎鋼製乾貨貨櫃	30,480kg	2,370kg	21,630kg｜28,110kg	5.90m	2.35m	2.39m	33.20
	20呎鋼製冷凍櫃	30,480kg	3,160kg	20,950kg｜27,410kg	5.90m	2.29m	2.26m	26.70
	20呎鋼製開頂櫃	24,000kg	2,460kg	21,420kg｜27,900kg	5.90m	2.35m	2.39m	32.00
	20呎鋼製平板櫃	34,000kg	2,800kg	31,100kg	5.85m	2.20m	2.23m	27.90
40呎	40'鋼製乾貨貨櫃	30,480kg	3,940kg	26,480kg｜28,500kg	12.03m	2.35m	2.39m	67.74
	40' Hi-Cube超高鋼製乾貨貨櫃	30,480kg	4,170kg	26,280kg｜28,300kg	12.03m	2.35m	2.69m	76.40
	40呎鋼製開頂櫃	30,480kg	4,290kg	26,190kg｜28,210kg	12.02m	2.35m	2.31m	65.40
	40呎鋼製平板櫃	34,000kg	5,870kg	28,130kg	11.99m	2.20m	1.96m	51.90
	40呎鋼製超高冷凍櫃	32,500kg	4,170kg	25,790kg｜29,270kg	11.62m	2.29m	2.51m	67.90

資料來源：萬海航運股份有限公司網站（民110）

　　隨著國際物流之發展，有些中小型託運人，因貨物不足一個整櫃時，則會利用海運承攬運送業的服務，與其他小的託運人合併為一整櫃，再運往同一目的港，如何在有限的貨櫃空間內，考量重量與體積限制，做量大的使用，對承攬業而言，是一重要的利基所在，一般而言，承攬業會向小的託運人依貨物的體積立方公尺 Cubic Meter(CBM) 收費，再向船公司付一整櫃的費用，以賺取其間的差價。貨物與貨櫃體積重量之換算如下：

> 重量噸：1 Ton（噸）= 1,000kgs
>
> 體積噸：1 M3 = 1CBM = 1 立方公尺

計算方法：

1 M=100 cm

1 M^3 =100 cm×100cm×100cm

1 M^3 =1 Cubic Meter=1 CBM

1 材 = 1 Cubic Feet（英制）= 1Feet ^{3} =1 feet×1feet×1feet（英呎）^{3}

　　　= 12"×12"×12"=1,728 吋 ^{3}

　　　= 30.48 cm×30.48 cm×30.48 cm

　　　= (0.3048M) ^{3}

　　　= 0.02831684659M ^{3}

　　　= 28,317cm ^{3}

∴ 1M ^{3} = 35.315 材

實務作業常用的材數計算方法：

1. 每一外箱盒 (Carton) 的長 (cm)× 寬 (cm)× 高 (cm)÷28,317 = 材數 (cuft)

   例如：貨物箱尺寸為 30 cm×40 cm×50 cm（長 × 寬 × 高），則材數計算如下：

   材數 = 30 cm×40cm×50cm÷28,317 = 2.119 材數 (cuft)

2. 材數 × 箱數 ÷35.315 = CBM (M ^{3})

   如一 20 呎的普通貨櫃為例，內徑長為 5.9 公尺，寬 2.35 公尺，高為 2.39 公尺，則約為 5.9×2.35×2.39=33.14 CBM，就實務作業，約可裝 20 ～ 23CBM 之間。

   續上題：貨物箱尺寸為 2.119 材數 (cuft)，訂單數量為 1,000 箱，則為多少 CBM ？

   ＜解＞：2.119 cuft ×1,000 箱 = 2,119 cuft / 35.315 = 60 CBM

三、貨櫃船 (Container Ship)

　　貨櫃船為載運貨櫃的船舶，即以貨櫃為裝載容器之運輸船，貨主將貨物裝入貨櫃之中，以貨櫃承運又分整裝貨櫃與併裝貨櫃，整裝貨櫃內均為同一貨主之貨物，併裝貨櫃內由不同貨主之散貨集合成一整櫃貨櫃內，可裝任何東西。現在已經發展出各種用途櫃如：標準櫃、冷凍貨櫃、開頂櫃、平板櫃、牲畜櫃、穀物櫃、液體貨櫃等不同形式。

　　貨櫃船可提供便利、整裝運送、即時運輸、定期航運、船期迅速準時及方便複式聯運等特性，但單位運量小，價格較散裝船高昂。其甲板與船艙均經特別設計，用來裝載的標準貨櫃須符合 ISO 的規定，貨櫃通常裝在艙內與甲板上。船舶本身並非一定配置有起重設備。新式全貨櫃把船艙做成細胞式 (Cellular) 分格，便利貨櫃裝卸。貨櫃船通常以其所能裝載的 20 呎標準貨櫃 (TEU) 數量，來表示其船型的大小，航運市場上從數百 TEU 貨櫃船，到 14,000TEU 貨櫃船都有。通常近洋航線的貨櫃船，大多是 2,000TEU 以下的貨櫃船；越太平洋或大西洋的長程航線，大多是 7,000TEU 以上的貨櫃船，如圖 6.9 所示，2017 年全球最大的貨櫃船，可裝載貨櫃量達 21,413 TEUs，由中國香港的東方海外公司 (Orient Overseas Container Line Ltd) 營運，預估每一單位可節省油料成本 20% 至 30%。

　　由於貨櫃船所裝載的貨物，大多數為成品或半成品，與民生消費及工廠生產關聯性很密切，必須快速運抵目的地，所以貨櫃船是所有貨船當中，航行速度最快的船舶。貨櫃船不僅航速快，裝卸貨速率也非常快，因此泊港時間也很短暫，通常不會超過一天。2,000TEU 以下的貨櫃船，常配備貨櫃裝卸起重機；大型貨櫃船的裝卸貨櫃，則依靠碼頭的貨櫃裝卸機，多台同時作業，快速完成貨櫃的裝卸。

基本資料：
1. 船長：399.9 公尺
2. 船寬：58.8 公尺
3. 船深：32.5 公尺
4. 載重噸位：205,000 噸
5. 載重吃水：16 公尺
6. 航速：24 節

圖 6.9　Orient Overseas Container Line － 21,413 TEUs 貨櫃船
資料來源：東方海外公司網站（2020 年）

四、貨櫃船運輸模式

全球貨櫃運輸的航線，大體上可分為東西航線與南北航線，北半球國家因多屬經濟工業國家，國際貿易發達，因此東西向航線一向為國際航運業者主要的市場之一。近年來，隨著南半球國家經濟的發展，南北向航線的市場也漸成為重要的貨櫃航線市場。全球貨櫃航線的服務範圍很廣，遍及全球五大洲，如北美、南美、紐澳、亞洲、歐洲、非洲、中東與地中海等航線。而複合式運輸 (Multimodel Transportation) 為貨櫃船主要運輸模式：即貨物由目的地經由兩種或以上之運輸工具（如船舶、拖車及鐵路），配合完整之輸配送系統運送至目的地，並提供單一載貨證卷，以明確規範運送人與貨主的權利與義務。以下介紹北美與歐洲航線兩種複合式運輸模式：

（一）遠東至北美航線（含美國、加拿大及墨西哥）

北美航線涵蓋美國、加拿大及墨西哥，其中美國幅員廣大，是全球最大的經濟實體，亦為全球最重要的消費市場之一，如第一章提及美國是臺灣對外貿易第三大的出口國，僅次於中國大陸與香港地區。加拿大亦是臺灣重要的貿易出口國之一，雖然貨量沒有像美國多，但其中有很多的進出口貨物，是經由美國西北岸港口如西雅圖 (Seattle) 或塔科馬 (Tacoma) 轉運。此外，北美另一重要的國家，墨西哥因加入北美自由貿易協定 (North America Free Trade Agreement, NAFTA) 後與美國結合成一個貿易實體，主要以美國為主要市場，與亞洲的貿易量並不大。由於美國內陸有很多大城市，如芝加哥 (Chicago)、底特律 (Detroit)、休士頓 (Houston)、亞特蘭大 (Atlanta)、達拉斯 (Dallas) 等，各自形成商業、工業與消費中心，貨櫃於內陸運輸品質的好壞，將會是影響貨主選擇航商重要的考量因素之一。

1. 北美航線主要港口

北美地區一般分為西岸、東岸與海灣三個地區，貨櫃航商主要的泊靠港口如表 6.2 與圖 6.10 所示，其中洛杉磯、長堤、奧克蘭與塔科馬等港是美國西岸重要的港口；東岸重要的港口則有紐約、巴爾的摩延伸至邁阿密等港；休士頓、加爾維士頓與新奧爾良則為墨西哥灣地區重要的貨櫃港。

表 6.2　北美地區主要港口

北美地區	港　　　口
西岸地區	西雅圖（Seattle）、塔科馬（Tacoma）、溫哥華（Vancouver）、洛杉磯（Los Angeles）、長堤（Long Beach）、舊金山（San Francisco）、奧克蘭（Oakland）
東岸地區	紐約（New York）、巴爾的摩（Baltimore）、查爾斯頓（Charleston）、沙瓦那（Savannah）、邁阿密（Miami）
海灣地區	休士頓（Houston）、加爾維士頓（Galveston）、新奧爾良（New Orleans）

圖 6.10 北美主要貨櫃港口
資料來源：呂錦山、王翊和、楊清喬、林繼昌（民 108）

2. 複合運輸作業

複合式運輸 (Multimodel Transportation) 為貨物由目的地經由兩種或以上之運輸工具（如船舶、拖車及鐵路），配合完整之輸配送系統運送至目的地，並提供單一載貨證卷，以明確規範運送人與貨主的權利與義務。美國內陸有很多大城市，貨物必須經由西岸或東岸的港口以複合式運輸作業進行轉運，北美航線現行複合式運輸主要有下列三種：

(1) 陸橋運輸 (Land Bridge)

陸橋運輸是指貨櫃在美國太平洋岸港口卸下，原貨櫃經鐵路運至預先選定的美國大西洋沿岸港口，再交由船公司承運橫越大西洋的航程，橫跨整個北美大陸，載貨證劵只簽發一套，一票直達的運輸方式（圖 6.12）。託運人支付的運費已包含內陸的運費，船公司在其運費收入中，按與鐵路公司議定的內陸運費支付予鐵路公司。自 1984 年美國航業法允許貨櫃航商申報複合式運輸運費後，越太平洋航線貨櫃船隊即開始大量開發以美國西岸主要港口為中心，向北美大陸建置幅軸式鐵路運輸系統，每列雙層貨櫃列車 (Double Stack Train, DST) 承載量達 400TEU 至 800TEU，如圖 6.11 所示。貨櫃在北美西岸

圖 6.11 北美雙層貨櫃列車
資料來源：呂錦山、王翊和、楊清喬、林繼昌（民 108）

主要港口卸載後，可接駁北美雙層貨櫃列車進行北美內陸地區的鐵路運輸作業，依據市場之分佈安排列車路線，到達北美任何內陸點，並裝載美國出口重櫃，或是回收內陸點收貨人交還之空櫃。相較於利用巴拿馬運河全程水路運輸服務 (All Water Service) 的方式，北美鐵路運輸路程節省 2,000 至 3,000 英哩，從美西港口至芝加哥的行車時間約 55 小時，至紐約約 90 小時，較全程水路運輸服務可節省 10 天左右的時效性。

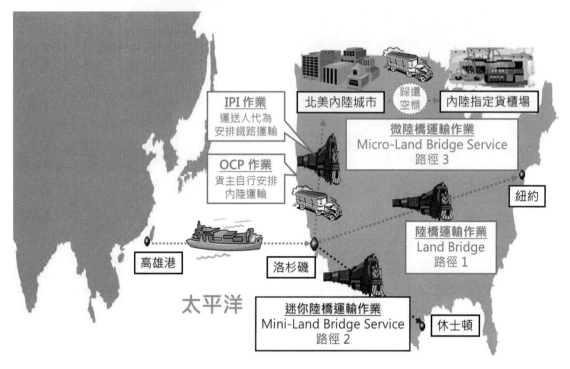

圖 6.12　北美航線複合式運輸
資料來源：呂錦山、王翊和、楊清喬、林繼昌（民 108）

(2) 迷你陸橋運輸服務 (Mini-Land Bridge Service, MLB)

迷你陸橋運送係指貨櫃自遠東啓運，以貨櫃船運至美國太平洋沿岸港口卸船後，原貨櫃經鐵路或其他陸上運輸工具接運至收貨人目的地最近的美國大西洋或墨西哥灣港口，收貨人自行安排與負擔由交貨港至其最終目的地時轉運事宜及費用的運輸方式，如圖 6.12 所示。迷你陸橋運送方式在內陸運送範圍上並沒有似陸橋運輸方式涵蓋整個北美大陸，而僅是涵蓋部份北美大陸的地區。

(3) 微陸橋運輸服務 (Micro-Land Bridge Service, MLB)

微陸橋運輸係指貨櫃自遠東啓運，至美國太平洋港口卸下，再利用內陸運輸轉運至內陸城市的聯運方式。運輸時間較 (4) 全程水路運輸服務 (All Water

Service) 快，但運費較 All Water 昂貴。如圖 6.12 所示，進行內陸點一貫運送 (Interior Points Intermodel, IPI) 作業；由航商辦理保稅運輸通關，以鐵路運送至美國內陸各大城市的貨櫃基地，之後收貨人在內陸點指定貨櫃集散站向海關辦理通關提貨手續。待收貨人將貨櫃拖往目的地或自己工廠完成卸貨後，需將空櫃歸還至航商指定的內陸貨櫃場。

另一種運送方式稱為 OCP(Overland Common Point)，係指貨櫃在遠東啓運至美國太平洋岸港口卸船後，由收貨人自行安排內陸運輸至內陸城市。收貨人以原貨櫃轉運至內陸者，須將空櫃還至船公司所指定之港口或內陸貨櫃集散站。此種運輸方式船公司簽發至美國太平洋港口為止之海運載貨證劵，船公司僅負責海上運送責任。

(4) 全程水路運輸服務 (All Water Service)

貨櫃船由遠東地區橫越太平洋如圖 6.13 所示，繞道至巴拿馬運河，達美南之墨西哥灣，載至美國東岸之紐約港，全程運輸距離約 11,000 海浬。運輸時間約 22 ～ 25 天，相較於迷你陸橋服務約慢 7 天，但運費較迷你陸橋運輸服務節省 200 至 300 美元 / 櫃，近年來，位於北美東岸的收貨人，為避免西岸港口碼頭工人罷工而導致交貨延遲的情形，選擇全水路運輸服務至北美東岸的貨載有增加的趨勢。

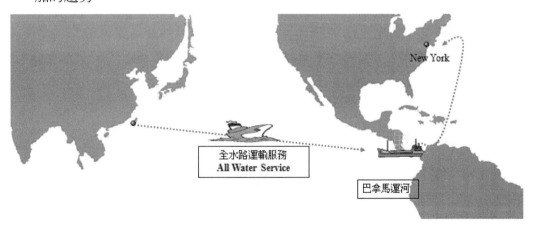

圖 6.13　北美航線全程水路運輸服務
資料來源：呂錦山、王翊和、楊清喬、林繼昌（民 108）

遠東至北美航線為定期貨櫃運輸重要的航線與市場，由於北美主要港口集中於美國西岸的樞紐港 (Hub Port)，內陸城市或海灣地區各港口的貨櫃可經由迷你陸橋運輸服務轉運。航商在考量貨量、航程與船舶大型化帶來的營運效益，船舶多配置 8,000TEU 以上的貨櫃船經營此條航線。

在承運上，值得注意的是自從美國 2001 年 911 恐怖攻擊事件後，為維護美國本土安全，於 2003 年針對輸往美國及途經美國輸往第三國之貨物，執行預報艙單系統 (Advanced Manifesting System, AMS) 必須於裝船前 24 小時，預先向美國海關申報貨物資料，以便事先查核，而對有安全疑慮的貨物，美國海關有權拒絕入境。

在此航線大型貨主與運送人間的交易行為，常採國際運送契約招標的方式。如美國大型企業 Wal-Mart、IBM、可口可樂、P&G 等國際品牌大廠，常以其全球市場的貨運量對船公司公開招標並簽訂運送合約，承諾在一特定時間內（通常為一年）給予約定量的貨載予得標的航商。此交易行為下，航商通常會提供此大型貨主在運價、艙位、港口與裝卸貨條件的保證與優惠。

就出口而言，北美航線的貿易型態多為 F 類的貿易條件；如 FOB Term，及 D 類的貿易條件；如 DDP 或 DDU Term，約佔 85%，C 類的貿易條件；如 CIF、CFR Term 較少，約佔 15%。除了大型貨主之外，航商於北美航線的經營，還會以代理貨主及在北美市場具有攬貨能力的國際海運承攬運送業或無船公共運送人 (NVOCC) 為目標顧客。

（二）遠東至歐洲航線

歐洲多國林立，目前的歐洲聯盟 (European Union, EU) 由 27 個國家組成，區域人口近五億，可見具有一定之經濟實力，遠東至歐洲航線亦是全球主要貨櫃市場之一。2014 年世界前二十大貨櫃船公司排名，歐洲的航商分別為：麥司克航運公司、地中海航運公司、達飛航運公司、赫伯羅德公司及漢堡航運公司。其中德國、荷蘭、英國、義大利及法國分別為臺灣對外貿易重要的出口國家。

1. 主要港口

歐洲地區一般分為北歐、西歐、地中海及東歐四個地區，主要港口如表6.3與圖6.14所示，其中鹿特丹、漢堡、安特衛普及不萊梅等港是歐洲重要的貨櫃港。歐洲內陸國家的貨物，多經由荷蘭的鹿特丹港或是德國漢堡港轉運，特別是荷蘭地處歐洲樞紐地位，已成為歐洲的門戶與轉運中心，倉儲物流業非常發達，貨物由鹿特丹轉運至歐洲內陸國家均可在一至二天內送達。

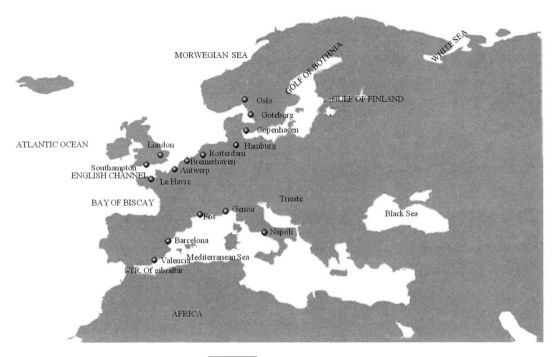

圖 6.14　歐洲主要港口

資料來源：呂錦山、王翊和、楊清喬、林繼昌（民 108）

2. 航線

各家航商航線的規劃會有些差異，由遠東至歐洲主要港口的航線，大體上如圖 6.15 所示，如果以高雄港 (Kaohsiung) 為起點，依序停靠香港 (Hong Kong) → 新加坡 (Singapore) 或巴生港 (Port of Klang) → 塞德港 (Said) 或 亞歷山大 (Alexandria) →熱 內亞 (Genoa) →福斯 (Fos) →巴塞隆納 (Barcelona) → 利哈佛 (Le Havre) →鹿特丹 (Rotterdam) →漢堡 (Hamburg) →南漢普敦 (Southampton) 等主要港口，航期 (Transit Time) 約 25 天左右。

表 6.3　歐洲地區主要港口

國　　家	港　　口
德國	漢堡（Hamburg）、不萊梅（Bremerhaven）
瑞典	哥登堡（Gothenburg）
丹麥	哥本哈根（Copenhagen）
挪威	奧斯陸（Oslo）
荷蘭	鹿特丹（Rotterdam）
比利時	安特衛普（Antwerp）
法國	利哈佛（Le Havre）、福斯（Fos）

國　家	港　口
英國	倫敦（London）、佛列斯多（Felixstowe）、南漢普敦（Southampton）
西班牙	巴塞隆納（Barcelona）、瓦倫西亞（Valencia）
義大利	那普勒斯（Naples）、熱內亞（Genoa）

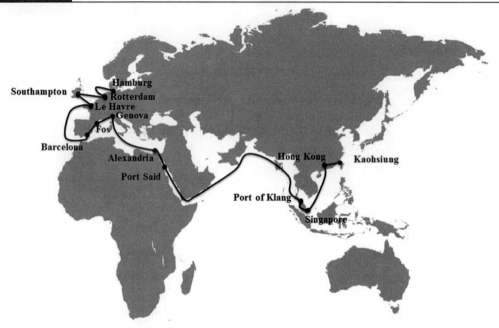

圖 6.15 遠東至歐洲主要港口的航線
資料來源：呂錦山、王翊和、楊清喬、林繼昌（民 108）

　　貨櫃船由裝運港 (Loading Port) 直接運送至歐洲主要港口的直達運輸作業，中途不作任何轉船或接駁 (Transhipment)。一般而言，歐洲主要港口皆採行此一運輸作業。因歐洲地區幅員甚廣、多國林立，法令不同，除了傳統的港至港 (Port to Port) 直達運輸作業外，跨國與複合式運輸興盛，貨物由目的地經由兩種或以上之運輸工具（如船舶、拖車及鐵路）運送至目的地，配合完整之配送系統、提供單一載貨證卷，以明確規範運送人與貨主的權利與義務。一般船舶運送人（航商）主要經營港至港的直達運輸服務為主，港至戶的內陸運送服務有限，且費用較為昂貴。因此歐洲的貨主常利用國際承攬運送業於歐洲之物流網路與代理，提供報關、倉儲及內陸運輸等整合性物流服務；如 Schenker、Kuehne & Nagel 及 DHL 等皆是知名且具規模的國際性全程物流服務提供者 (Total Logistics Service Provider)。在貿易條件以 FOB Term 為主，約佔 85%，CIF Term 約佔 15%。航商在船型的配置上，多以 8,000TEU 至 12,000TEU 或以上的超巴拿馬極限型的貨櫃船經營此條航線。

6-2　貨櫃運輸出口與進口作業流程

　　臺灣為海島型國家，經濟發展與貿易皆須依靠海空運之運輸，為了達貨暢其流之目的且即時順利的將貨物送達目的地，託運人 (Shipper) 可利用下列三種主要通路管道託運進出口貨物。

1. 託運人直接與船舶運送業（以下簡稱船公司）或船務代理公司之託運方式。
2. 以海運承攬運送業（以下簡稱承攬業）為主之託運方式。
3. 以報關行為主之託運方式。

　　以下就各項託運方式說明貨物之託運流程。

一、託運人直接與船公司或船務代理公司之託運方式

　　大型的廠商有充足的貨源，舉凡洽訂船艙位、內陸運輸之安排或委任報關業處理通關事務等，均可由託運人自行為之，而貨物則由託運人自行安排內陸運輸業運送至貨櫃集散站與港埠，再經由航商運送國外，此託運管道如下圖 6.16 所示。船公司一般會在世界各國主要港口設立分公司或服務據點，若該港口沒有該船公司之分公司進駐時，可聯絡當地船務代理代為辦理各項進出口流程及事宜。

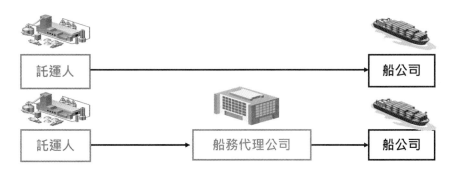

圖 6.16　託運人直接與船公司或船務代理公司之託運方式

二、託運人以海運承攬公司為主之託運方式

　　當託運人因貨量、人力不足或專業分工之考慮，尤其是中小型託運人常會委託海運承攬業代為辦理各種船務事宜的方式，包括貨物的裝併櫃、洽訂艙位、內陸運輸之安排、報關、運送等業務，此託運管道如下圖 6.17 所示。

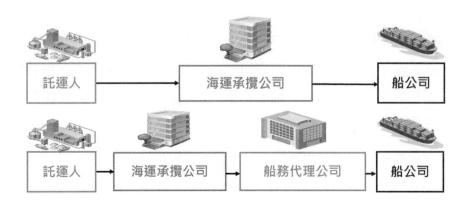

圖 6.17 託運人以海運承攬公司為主之託運方式

此種的託運方式對託運人而言，因承攬業與船公司間的關係密切，船公司對於業務上經常配合的承攬業者會提供固定的 S/O 號碼及較為優渥的費率，彼此可透過電腦連線傳遞訂艙資訊，故託運人經由承攬業訂艙，程序不僅簡化許多，也相當方便。

三、託運人以報關行為主之託運方式

部分中小型託運人會利用經常往來的報關行代為處理貨運事宜，委託報關行與船公司、船務代理公司、海運承攬公司或物流公司接洽，代為辦理進倉、報關、進出口簽證、申請開狀、結匯、押匯、沖退稅及代訂艙位及倉儲等事宜，此託運管道如下圖 6.18 所示。

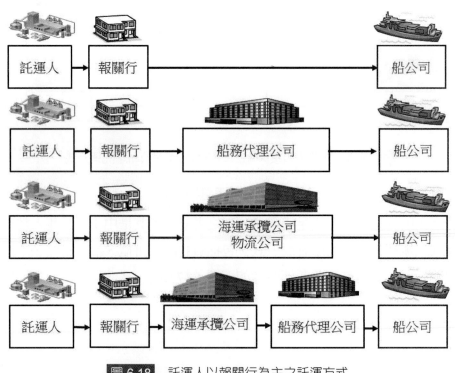

圖 6.18 託運人以報關行為主之託運方式

四、出口作業流程

出口作業流程包括洽談運送條件、選定運送人與適當船期、提領空櫃、裝櫃、交運重櫃、出口通關手續、裝船與簽發提單等作業，如下所述：

（一）洽談運送條件

所謂運送條件是指託運人使用運送人運輸服務的要求，必須雙方的條件一致，運送契約才能成立，因此從託運人立場而言，所謂運送條件的洽談主要是指運費，因為運價的高低是可具體比較的；以運送人立場而言，考量託運人是否會做長期配合？貨量如何？託運人目前的配合運送人為何？運價多少？市場走向如何？是否簽定服務契約？公司的政策如何？以上種種皆為必須考量的因素。

（二）選定運送人與適當船期

託運人安排貨物出口，必須先選定適當船期並簽定託運單 (Shipping Order, S/O)。簽 S/O 實務稱為訂艙 (Booking)，也就是向船公司或承攬業簽訂艙位的意思。託運人接到訂單要出貨安排貨物出口，須先向船公司或其代理行詢問運價及預訂艙位，現今電腦網路發達，託運人已可透過網際網路或經由電子資料交換 (Electronic Data Interchange, EDI) 方式直接向船公司或其船務代理進行線上詢價、查詢船期、簽訂艙位、貨櫃追蹤等多項作業，託運人或者也可同時在網際網路上輸入資料及艙位確認或是委託來往的報關行代向船公司簽訂 S/O。

船公司須預留足夠的作業時間，以使貨物能夠順利辦理通關手續，同時考慮櫃場與碼頭裝卸作業所需，故結關日 (Closing Date 或 Cut Off Date) 一般訂於船到日 (Estimated Time of Arrival, ETA) 之前 2 天，遇到星期例假日時，再酌予提前。

（三）提領空櫃

完成 Booking 及出口資料確認，託運人取得 Booking Note 及提領空櫃、交付重櫃之貨櫃場相關資訊後，可依據 S/O 委派拖車至櫃場提領空櫃，也可直接委託船公司，提供全程戶對戶的服務。在過去託運人還要向船公司取得領櫃單，再憑領櫃單至指定貨櫃場提領空櫃，不過目前船公司多與貨櫃場電腦連線，因此程序已予簡化，拖車公司只要告知櫃場管制單位所簽的結關的船名航次或領櫃資訊與 S/O 號碼即可。櫃場管櫃單位核對後，拖車司機憑著領櫃單，至貨櫃場管制站 (Gate) 的服務窗口，經櫃場人員進入系統查核 Booking Note、船名、櫃型，會給一張還沒有貨櫃編號的領櫃准單，拖車才可進入櫃場提領空櫃進場內（即 CY）吊櫃。領取空櫃後，至櫃場管

制站,需簽領已填寫上貨櫃編號的貨櫃交接單、貨櫃封條及裝櫃清單。空櫃吊好出場之前,要到管制站辦理空櫃放行、會同檢查貨櫃提領簽收單 (Equipment Interchange Receipt, EIR),之後連同裝櫃清單 (Container Loading Plan, CLP) 和船公司的貨櫃封條交給拖車公司。貨櫃交接單是在空櫃欲離開貨櫃管制站前,由貨櫃場管制站人員與拖車司機會同就貨櫃裡外表面做檢查,並填寫簽字,基本上,空櫃提領出場,即代表櫃況完好,否則不可被提領。

(四) 裝櫃工作

裝櫃清單是託運人在完成裝櫃後依裝載物件自行填寫,在完成裝櫃後必須填製貨櫃裝載清單 (Container Loading Plan, CLP),其上記載貨櫃出口船名航次、S/O 號碼、貨物品名、件數、重量等相關資訊,以作為申報交櫃時提供櫃場裝櫃內容資訊之憑據,其中要列明裝船船名、所裝載的貨物類別、重量、數量、出貨的國家及港口等資料。當託運人在其場所完成裝櫃以後,應即將貨櫃用船公司封條於貨櫃右門內桿將貨櫃加封,並於結關日前拖交櫃場。

(五) 交運重櫃

託運人委派拖車將重櫃運送到碼頭或是指定的貨櫃集散站入儲等待放行裝船。如指定的貨櫃集散站為碼頭貨櫃集散站時,依據國際船舶暨港口設施保全章程 (International Ship and Port Facility Security Code, ISPS) 的規定,貨櫃拖車不可任意進出港區碼頭,所以在碼頭進入港區管制站前,須先接受港警及安全人員的檢查,在櫃場管制站會有人員檢查貨櫃的外觀及封條,並且核對貨櫃編號,正確無誤後才可放行進入貨櫃碼頭港區。

若是直接交櫃至碼頭時,拖車來到貨櫃場入口管制站需繳驗貨櫃交接單 (EIR)、填寫完畢之裝櫃清單,並於地磅上秤重,若裝載危險物品的特殊重櫃需額外檢查(危險品標籤是否正確貼放),然後拖車司機依指示將重櫃運送到場內指定位置,等待裝船。

(六) 出口通關手續

貨主完成貨櫃裝貨,將貨櫃拖進結關貨櫃場。貨主提供裝貨清單 (Packing List) 及其他出口文件資料給報關行,如進出口卡、發票 (Invoice) 等。報關行將資料整理後,傳送出口貨物進倉資料到關貿網路,也傳送此等資料至結關貨櫃場,此動作即所謂的「切櫃」,查核貨櫃是否確實進站。在確認貨櫃已進站後,結關櫃場利用 EDI 傳送貨櫃資料證明至關貿網路;再傳輸進入海關電腦系統篩選通關方式。海關憑報關行及結關櫃場的兩份資料進行核對審驗,決定放行方式;若海關沒有貨主資料,則貨主(報

關行）需要投遞書面報單，由海關人員收單建檔，進入海關電腦系統篩選通關方式。若有需要，報關行再提供書面資料，如裝貨清單及其他出口文件給海關審核。

以前貨櫃於放行後裝船前，海關關員必須另外加封海關封條，目前則已簡化此項作業，只要貨櫃封條為海關核可的船公司自主封條，則可免除再加封的動作；對於需要加封海關封條的貨櫃，櫃場如為海關核可的自主管理櫃場，亦無須由關員加封，海關委由櫃場專責人員直接加封即可。

（七）船邊裝船

貨櫃完成放行後，待船隻靠妥碼頭，即可由場內拖車將重櫃拖至船邊由橋式起重機吊上貨櫃船裝船，完成貨物出口的實體作業部分。

（八）簽發提單

託運人取得提單，完成押匯、轉讓提單手續，其最終目的即在取得貨款；船公司（或其船務代理公司）文件部進行文件製作工作以傳送貨物艙單給海關，貨物文件給裝貨港船務代理發出出口貨物相關文件，並製發提單予託運人，有銀行信用介入的貨載，必須領取全套提單，透過銀行系統轉讓到國外買主，以便買主辦理提貨。至於領取提單時的運費支付，則視貨主交易條件而定，條件如為 CFR，則運費為預付 (Freight Prepaid)，即需支付運費及當地費用如貨櫃場作業費、提單製作費或裝櫃費等相關費用後，才能取得運送人所簽發的提單。條件如為 FOB，則運費為到付 (Freight Collect)，即支付當地費用 (Local Charges) 之後便可取得運送人所簽發的提單，但運送人簽發提單是應託運人之要求而為，因此託運人如果不需要正本提單，則運送人可以不要簽發。而出口商在取得提單後，依據出口貨物條件（CIF 或 FOB）決定是否保險，再到銀行辦理押匯取款手續後，即完成貨物出口流程。貨櫃出口作業流程可彙整如圖 6.19 所示。

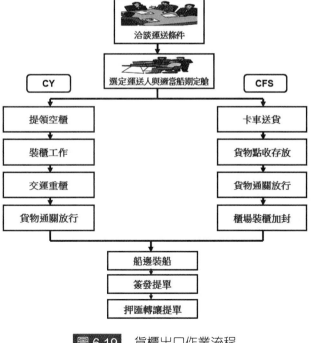

圖 6.19 貨櫃出口作業流程

五、貨櫃運輸進口作業流程

進口作業流程包括有運送人到貨通知、換領小提單與報關提貨等作業，如下所述：

（一）運送人到貨通知

運送人到貨通知，即運送人在貨物即將抵達之前，對於受貨人 (Consignee) 的通知行為，以便受貨人及早做提貨的準備。實務上，過去一般都以寄送書面到貨通知書 (Arrival Notice) 的方式通知，目前則多以傳真或電子郵件 (E-mail) 等，更加快捷的通知方式代替，且受貨人與到貨通知人不一定為相同的人，因此對提單上的受通知人 (Notify Party) 欄，運送人均會要求託運人提供詳細資料及傳真號碼。隨著科技的進步，對經常往來的進口商資料多已建檔，因此在船舶到港前 24 小時透過關貿網路自動傳送進口艙單資料給海關的同時，也會發出到貨通知書給進口商。

（二）換領提貨單

提貨單 (Delivery Order, D/O)，為受貨人最終憑以提貨的單據，而非以正本提單提貨。正規的作法是拿正本提單換取 D/O，然後憑 D/O 繳清相關費用並提領貨物。實務上經常遇到貨物已經到達，但正本提單尚未收到的情況，此時如係透過銀行信用介入的方式交易者，則可請銀行提供擔保提貨書 (Bank Guarantee)，以便先行提貨，雖可經銀行保證提貨但事後收到正本提單仍須歸還。

銀行擔保提貨書的保證內容概為：由於正本提單尚未收到，因此請求運送人准予憑本擔保提貨書先行放貨，事後由銀行負責收到正本提單並予交回，如有任何後果均由銀行擔保之。必須特別強調的是：是否同意憑擔保提貨書放貨予受貨人的權宜作法，係屬運送人的權利而非義務，故運送人有權拒絕。

至於公司擔保提貨，一般而言，船公司甚少接受，僅有極少數信譽卓著的大公司可獲運送人同意以此方式辦理，實務上幾乎可說是絕無僅有。惟不管是以哪一種方式提貨，均須在支付運費及相關費用後，始可換取小提單辦理提貨；除極少數例外，運送人均要求受貨人以現金或支票支付各項相關費用。否則貨物一經提領，事後再去追索運費將是相當麻煩之事。

（三）報關提貨

船公司透過關貿網路向海關提出卸貨准單申請，經海關核准後船舶才可以開始卸貨。貨物卸船後，報關行憑著小提單至海關辦理貨物進口通關手續，海關則視貨物品名及出口國家等相關條件經由關貿網路決定是否進行查驗，查驗分為免審免驗 (C1)、

應審書面 (C2) 及應審應驗 (C3) 三種。進口 CY 櫃若抽中 C3 查驗，須將貨櫃吊卸至集中查驗區依海關批示比例將櫃內貨物拆出供驗貨關員進行查驗，查驗完畢貨物復裝以後重新加封海關封條。

　　進口 CFS 櫃及 CY 申拆貨櫃，則卸至進口倉庫，由理貨員指示工人拆卸貨物，然後點收件數並將貨物堆放至安排之儲位，由海關官員就定點進行查驗，於貨物拆櫃進倉後直接於進口倉內查驗。貨物經查驗放行後，即可點交受貨人提領出倉。提領當時，如發現貨櫃有污染或發生貨櫃留滯逾期時，須繳交相關費用以後，才可提櫃。待完成報關程序通關放行後，於提貨時，如仍有倉租、延滯費或其他尚未結清之貨櫃場棧作業費用，如：倉租或延滯費等，亦須先行繳清後報關行憑著小提單到船公司繳清相關櫃場費用後換取出站清單，貨櫃場才會放貨。

　　經海關及櫃場放行准予提領後，受貨人委派拖車至櫃場領取整櫃，櫃場並開具出站准單予拖車後，拖車到管制站確定該貨櫃是否已通過海關檢驗及船公司放行檢查櫃體及封條後簽發貨櫃交接單給拖車司機，將貨物拖至進口商倉庫交受貨人。貨櫃進口流程彙整如圖 6.20 所示。

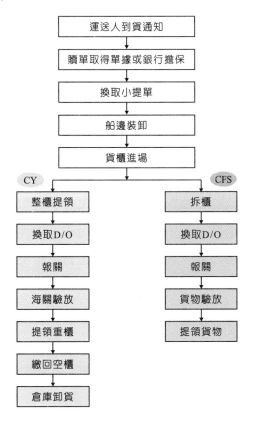

圖 6.20　貨櫃進口作業流程

6-3　航空貨運的優點與運送方式

航空貨運 (Air Cargo Transportation) 顧名思義就是以航空器為交通工具來運輸貨物；由於航空運輸最主要的特色就是快速，可有效應付市場瞬息萬變的需求與商機，適合載運高單價、體積小、易腐壞的生鮮商品及產品生命週期短的貨物。以下分別就航空貨運的優點、種類與運送方式逐一說明。

一、航空貨運的優點

（一）運送時間短與降低交貨成本

空運為目前所有運輸中速度最快的一種運送方式，從全球供應鏈的觀點，可降低原物料與成品的運輸前置時間，及降低原物料與成品的庫存與存貨管理成本，並滿足企業進行全球運籌管理對於及時供應的要求，縮短交貨時間，建立商譽，提高市場競爭力。此外，可提昇貨物週轉率，增加資金流動率，及提早收回貨款。

（二）貨損率低

相較海運運輸，空運的貨損成本相對於海運為低。主要是因運輸時間短，運輸途中的貨物損毀、破損及失竊的機率較低。

（三）緊急供貨擴大商流

適合運送季節性與流行性商品，如花卉、生鮮食品及精密機械之設備與零件等需配合市場緊急情況且具有時效性的貨物，擴大國際貿易商流的範圍，提昇企業全球運籌範疇與功能。

二、航空貨物的種類

空運具有速度快，但運輸成本高昂的特性，因此適合空運的貨物不外乎是利用此兩種特性。現代商品特別是科技產品具有「輕薄短小」的性質，所以適合空運的貨品有增加的趨勢。除此類貨品之外，某些特種貨物也會使用空運。列舉說明如下：

（一）高價值的貨物

例如：高科技產品、電子產品、寶石等。高價值的貨品運費能力負擔也較高，因此很適合使用空運。以電腦零件為例，其體積很小，價值又很高，空運成本所占貨物成本比例很低。但交貨稍有耽擱，很可能影響到電腦的組裝，延誤交貨期，因此必然須使用航空運送。

（二）生鮮產品及活體動物

例如：鮮花、魚苗、螃蟹、活龍蝦、熱帶魚、馬匹等。這是利用空運的高速度，使這些貨物的損失率降到最低。以螃蟹為例，活體與否的價值差異極大，必須使用航空運送。

（三）具時效性的貨物

例如：書報雜誌、時裝等。雜誌有發行日期的限制，因此必須使用航空運輸；時裝亦然。

（四）降低包裝和保險成本的貨物

例如：汽車零件等。空運的安全性高，因此使用航空運輸可能降低貨物包裝成本，以及保險成本。

（五）利用空運使貨損和延遲減至最低之貨物

例如：大型機器設備等。臨時性機器發生故障，若不使用航空運輸即可能發生生產線停工的問題，此時即須不惜成本，使用航空運輸。

（六）特種貨物

某一些特殊的貨物也會利用航空運輸。

1. 危險貨品 (dangerous goods)

   危險品也一樣可以使用航空運輸，只是必須嚴格遵照相關規定。

2. 貴重物品 (valuable cargo)

   貴重物品如黃金、美鈔、珠寶等，也可以利用航空運輸安全的特性運送。

3. 靈柩與骨灰 (human remains)

   靈柩與骨灰的運送具有時效性，因此也以航空運送。

4. 超大或超重貨品 (over gauge cargo)

   此指超大件但具有時間急迫性的物品，也可利用航空運輸。雖然運費可能較高，但因縮短運送時間，仍具高度效益。

三、航空貨運的運送方式

航空貨運的運輸方式大致可分為定期班機運輸、契約包機運輸、集中託運及航空快遞業務四種類型，說明如下：

（一）定期班機運輸 (Scheduled Airline)

通常係指具有固定啟航時間、航線和停靠航站的飛機。通常為客、貨混合型飛機，貨艙容量較小，運費較貴，但由於航期固定，有利於客戶安排少量、高價商品、易腐商品、生鮮商品或急需運送的商品。

（二）契約包機運輸 (Chartered Carrier)

通常為貨機，係指航空公司按照既定的條件和費率，將整架飛機租給一個或幾個包機人（指航空貨運承攬業者或航空貨運代理公司），並從一個或數個航空站裝運貨物至指定目的地。包機運輸適合於大宗貨物運輸，運費較定期班機低，運送時間則比定期班機長。

（三）集中託運 (Consolidation)

可以採用班機或包機運輸方式，航空貨運代理公司 (Air Cargo Agents) 或航空貨運承攬業 (Air Freight Forwarder) 將若干批單獨交運的貨物集中成一批向航空公司辦理託運，填寫一份總運單送至同一目的地，然後由其委託當地的「併裝貨運分送代理人」負責通知各個實際收貨人或指定的報關行辦理提關手續。這種託運方式，可降低運費，是航空貨運代理的主要業務之一。

（四）航空快遞業務 (Air Express Service)

航空快遞業務 (Air Express Service) 是由快遞公司和航空公司合作，向貨主提供的快遞服務，有些專業的快遞業者擁有自己所屬的機隊。其業務包括：由快遞公司派專人從發貨人處提取貨物後，以最快航班將貨物運出，飛抵目的地後，由專人接機提貨，辦妥通關手續後直接送達收貨人，稱為「戶到戶服務」(Door to Door Service)。這是一種最為快捷的運輸方式，特別適合於各種急需物品、商業樣品和文件資料。

四、航空貨運的託運方式

空運貨物的貨物屬性可區分為整批貨物或是零星貨物，因此託運手續區分為直接交運貨物與併裝貨物兩種：

（一）貨主（託運人）直接交運貨物

當貨物數量較多時，如圖 6.21 所示，貨主可自行向航空公司或航空貨運代理洽訂艙位，將貨物運送至機場進倉。一般而言，如果是搭載貨機，則須於飛機到達前 12 小時進倉，如果是搭載客機，則須於飛機到達前 6 小時進倉，經過出口通關、海

關查驗與放行等程序後，航空公司簽發主提單 (Master Air Waybill) 交與貨主，待貨物運送至目的地，航空公司或當地的航空貨運代理在完成進口通關、海關查驗及放行手續後，直接通知收貨人 (Consignee) 提領貨物。

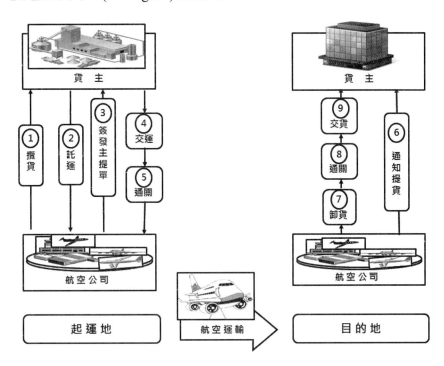

圖 6.21　貨主（託運人）直接交運貨物流程

（二）貨主（託運人）委託航空貨運承攬業併裝貨物 (Consolidated Cargo)

一般的航空貨物多屬零擔且數量較少，如圖 6.22 所示，貨主將貨物交給航空貨運承攬業者或併裝業者 (Air Cargo Consolidated) 辦理併裝託運手續較為便利。而航空貨運承攬業者透過各方的攬貨，集中運往同一地區的貨量，經過出口通關、海關查驗與放行等程序後，併裝成盤（櫃），再以自己為託運人名義，向航空公司或航空貨運代理洽談運費，較具有議價優勢。貨主因此可以獲得較為低廉的運費，但相較於直接交運的方式，運送時間較久，需多等待 2 ～ 3 天，因此貨主必須在時效與運輸成本的互抵效應 (Trade-off) 間選擇最適的方案。

併裝運送的提單的部分；主提單由航空公司或航空貨運代理簽發給航空貨運承攬業者，再由航空貨運承攬業者簽發分提單 (House Air Waybill) 給貨主，貨物運抵目的地後，由航空貨運承攬業者在進口地的代理人辦理進口通關、海關查驗及放行手續後，通知收貨人提領貨物。

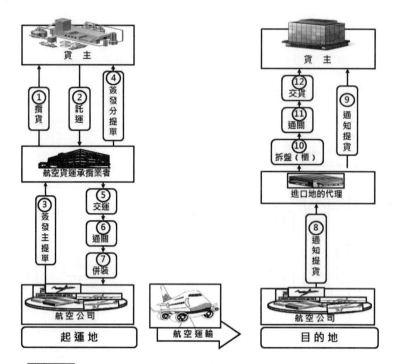

圖 6.22　貨主（託運人）委託航空貨運承攬業併裝貨物流程

五、空運提單 (Air Way Bill)

是指航空運送人，接受託運人（貨主）的要求，將貨物安排航空運輸，而簽發給託運人證明收到貨物的憑證，也是航空運送人與託運人間運送契約的證明文件。空運提單依簽發人不同可分為主提單與分提單。

空運因為速度快，所以於貨物裝機後，提單不能以海運提單的寄送方式，寄交給國外之買方（收貨人），不論主提單或副提單，兩種提單皆為三份正本提單，分別以不同顏色區分功用如下：

（一）黑色正本（運輸業留存聯）

為空運提單簽發公司，自行留存用，於提單上會表示出 ORIGINAL FOR FORWARDER 字樣。

（二）藍色正本（託運人留存聯）

為簽發給託運人，為押匯或留存用途，提單上會表示出 ORIGINAL FOR SHIPPER 字樣。

（三）紅色正本（收貨人領貨聯）

為簽發後隨貨物跟機，到目的（機）場（站），給提單之到貨通知人領取後，交由收貨人持憑報關進口提貨用，提單上會表示出 ORIGINAL FOR CONSIGNEE 字樣。

以下就主提單與分提單的分類、功能與比較，分述如下：

1. 主提單 (Master Air Waybill)

由航空公司所簽發，其提單號碼一般由三位數阿拉伯數字起頭，為航空公司的代號或國際航空運輸協會 (International Air Transportation Association, IATA) 統一編號，例如：中華航空公司的代號為 297，長榮航空公司為 270，其後跟著不超過 8 位數字的流水號碼，為航空公司自編的貨號及帳號。

2. 分提單 (House Air Waybill)

航空貨運承攬公司簽發之分提單，其提單號碼起首為該公司的英文代號（非阿拉伯數字），其後面為該公司自編的流水號碼，故極易與主提單區別。由於航空貨運承攬公司本身並非實際運送人，也未必係實際運送人的代理人，故其發行的分提單只具有貨主與航空貨運承攬公司間的運送契約性質，一旦發生索賠問題，貨主只能向航空貨運承攬公司求償，而不能直接對航空公司求償。一般來說，空運主提單包括一件以上的集裝貨物，可能為許多航空貨運承攬業者貨物的集合；而空運分提單則包括集裝貨物中的每件貨物，作為航空貨運承攬業者自行識別各批貨物之用。航空貨運主提單與分提單之比較，如表 6.4 所示，實務上，不論是主提單或是分提單，空運提單具有下列功能：

表 6.4　航空貨運主提單與分提單之比較

比 較 項 目	主 提 單	分 提 單
運送人	航空公司	航空貨運承攬業者
託運人	航空貨運承攬業者 / 貨主	貨主
提單格式	依據 IATA 統一格式與條款	由各航空貨運承攬業者自訂
提單編號	依據 IATA 賦予各航空公司之識別代碼	依據航空貨運承攬業者之公司英文代號貨阿拉伯數字為識別代碼
運送條款	依據 IATA 統一格式與條款	依據各航空貨運承攬業者與託運人定訂
簽發人	航空公司	航空貨運承攬業者
費率標準	依據 IATA 費率收取	依據承攬業者併裝費率收取
貨物類型	多屬整批或是大宗貨物	多屬散貨或是併裝貨物
提單正本份數	3 份（第一份由運送人留存；第二份交由收貨人；第三份交由託運人）	3 份（第一份由託運人留存；第二份由航空貨運承攬業者留存；第三份隨貨交由收貨人）
提單副本份數	無	12 份（作為通關、銀行押匯、國外代理等用途）

1. 收到特定貨物的收據

   運送人航空公司於收到貨物之後，簽發給託運人（貨主或託運人），作為承認收到託運貨物的書面憑據。

2. 貨物運送契約憑證

   運送人與託運人之間有關雙方權利與義務及運送條件等，即以提單為憑證。

3. 貨物通關文件之一

   航空貨運並不以裝箱單 (S/O) 及提貨單 (D/O) 作為貨物出口及進口的通關文件，而是憑空運提單辦理通關手續。

4. 運費的帳單

   空運提單上詳細載明運費費率、收費重量、各種相關的服務費用，故可作為運費的明細單。

六、航空盤櫃設備

　　航空盤櫃設備 (Unit Load Devices, ULD)，以下簡稱 ULD，指裝載空運貨物、行李之貨櫃、貨盤及附帶的貨網 (Nets)。航空 ULD 具有的特性與使用目的，歸納如下：

（一）載具因素

　　航空 ULD 需考慮航線之航班、飛機機型及其幾何輪廓、飛機裝載容量及所提供總艙位數等因素。

（二）多元運具因素

　　為滿足託運人的需求，航空公司往往具備各種形式的 ULD，因飛機艙位不大，故航空公司竭盡思慮的設法提高裝載率，以至於 ULD 的組合更加複雜。

　　國際航空運輸協會 (IATA) 針對 ULD 發行了一 ULD 操作手冊 (ULD Handling Manual)，詳細登錄 ULD 的分類型別 (Classification Identifier)、尺寸、額定負載、材料、操作說明及使用限制。由於各飛機製造商所生產的機型不同，例如波音公司生產的 747-400F，或是法國空中巴士生產的 A-300-600R，即使同一機型內部貨艙，也因用途不同而有所差異。因此大部分的 ULD 皆是特定使用機型，而每一種機型提供的艙位亦有所不同。以下詳細說明 ULD 操作手冊中裝備代碼的意義，包括九個或十個字符，由各個成員航空公司向 IATA 登記，以便每個裝備均可被辨認。各個字符均有其代表意義。

例如：AKE 63000 CI：

　　AKE －描述外型、大小和適裝性。

　　63000 －是一組五位數字的序號。

　　CI －是所屬航空公司的二字英文代碼。

以下就各個字符的代表意義，說明如下；

1. 第一個字符代表裝備類型，最常遇見者如下：

A-Certified Aircraft Container；經認證之航空貨櫃。

D-Non Certified Aircraft Container；未經認證之航空貨櫃。

P-Certified Aircraft Pallet；經認證之航空貨盤。

R-Thermal Certified Aircraft Container；經認證之航空溫控貨櫃。

2. 第二個字符代表裝備底部面積（單位：英寸 inch）

A：88×125 inchs	G：96×238.5 inchs
M：96×125 inchs	E：53×88 inchs
L：60.4×125 inchs	R：96×196 inchs
K：60.4×61.5 inchs	

3. 第三個字符代表裝備外型及適裝性

實務上，每一家航空公司對於裝備外型及適裝性的定義皆有差異，最常見的有下列 5 種 Type。

(1) E Type：裝載於貨機底艙航空櫃（如圖 6.23 所示）

(2) P Type：裝載於貨機底艙 (Lower Deck) 的航空櫃（如圖 6.24 所示）

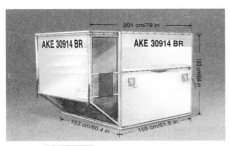

圖 6.23 E Type 航空櫃
資料來源：長榮空運倉儲網站（民 110）

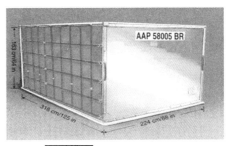

圖 6.24 P Type 航空櫃
資料來源：長榮空運倉儲網站（民 110）

(3) F Type：同樣裝載於貨機底艙 (Lower Deck) 的航空櫃（如圖 6.25 所示）

(4) D Type：裝載於貨機主艙 (Main Deck) 的航空櫃（如圖 6.26 所示）

圖 6.25 F Type 航空櫃
資料來源：長榮空運倉儲網站（民 110）

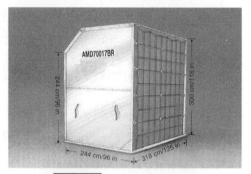

圖 6.26 D Type 航空櫃
資料來源：長榮空運倉儲網站（民 110）

(5) A Type：裝載於貨機主艙 (Main Deck) 的航空盤（如圖 6.27 所示）

圖 6.27 A Type 航空盤
資料來源：長榮空運倉儲網站（民 110）

（三）使用 ULD 的目的

1. 提高飛航安全

   配合機艙底板的固定設備，使盤與櫃在飛航期間不會移位，故可提高飛航安全。

2. 提高貨載與燃油效率

   利用盤與櫃將貨物事先規劃，使貨物重量在機艙平均分佈，如此可裝載更多貨物與提升燃油效率。

3. 降低作業成本

   減少貨物搬運次數，降低貨損機率，同時提升裝卸作業效率，降低作業成本。

4. 提高貨物保護性

   ULD 類似海運貨櫃具有堅固、密封的特性，可以提供貨物在裝卸作業或是運輸途中的保護，降低貨損、氣候變化、被偷竊的風險。

5. 提高航班準點率

   ULD 具有作業單元化特性，由於 ULD 裝卸效率很高，受氣候影響小，航機在機場停留時間大幅縮短，固可提高航班準點率。

6-4　航空貨運出口與進口作業流程

　　在航空貨運出口作業流程，出口商在出貨前須先處理一些前置作業，如派車將貨物運送至航空貨運站，航空貨運站主要依據海關管理進出口貨棧辦法及其相關規定與法源，爲儲放未完成海關放行手續之出口貨物，同時爲海關進行貨物通關查驗的場所。航空貨運站依據貨物型態及重量進存儲架或平面儲區暫放，於過磅量重、丈量材積、清點件數後入倉，進倉資料隨即傳送至關貿網路，等待海關放行。放行訊息經關貿網路傳送至航空公司、報關承攬業者、航空貨運站後，進行打盤與裝櫃，最後拖行至機坪等待裝機作業等。如圖 6.28 所示，一般空運出口作業流程說明如下：

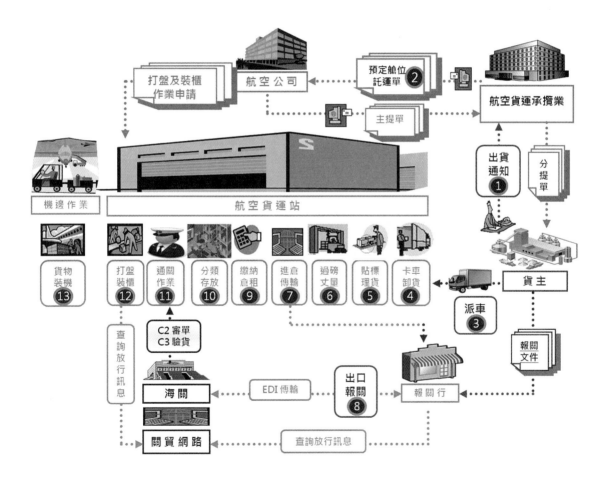

圖 6.28　航空貨運出口作業流程

一、一般空運出口作業流程

（一）貨主發出出貨通知

國內出口商收到國外客戶訂單後，發出出貨通知至航空貨運承攬業者，確認預計裝機日、預計到達日、重量、數量、起運地、目的地、預付 (Prepaid) 或到付 (Collect)、相關文件（航空貨運委託書、商業發票、裝箱單等）等裝運條件。值得注意的是，目前國內出口商合作的承攬業者普遍由國外買主指定。

（二）航空貨運承攬業者預訂艙位

承攬業者依據國內出口商相關裝運條件，安排貨物的運輸流程。包括此批貨物的航空貨櫃處理方式（需要併櫃與否）、運送方式與路線、航機班次、報關等細節，選擇符合條件的航空公司、航班及機型，將訂艙資料與託運單傳送至航空公司。航空公司則依據承攬業者訂艙資訊及託運單，將相關航班資訊傳送給承攬業者。

（三）派車運送

國內出口商通知內陸運輸業者至指定的交貨地點進行提貨，內陸運輸業者依據貨物的特性、重量與材積，選擇適合的車型及路線，於指定的時間將貨物運送至指定的航空貨運站。

（四）卸貨

貨物從貨車上卸載進倉，內陸運輸業者將相關資料，包含貨物運送單、商業發票 (Invoice) 及裝箱單 (Packing List) 交由報關行或承攬業者理貨人員。

（五）貼標籤及理貨

報關行貨或承攬業者理貨人員進行貼標籤（主號、分號）、理貨。

（六）過磅及丈量

完成貼標籤、理貨及併貨的出口貨物，隨即進行過磅量重、丈量材積，並將進倉資料傳送至關貿網路，航空貨運站依規定進儲存放未完成海關放行手續之出口貨物。

（七）進倉傳輸

航空貨運站根據託運單傳輸出口 EDI 進倉資料至關貿網路，海關規定並於關貿網路系統設限，必須進倉資料傳輸完成後方可進行 EDI 電子傳輸出口報單。

（八）出口報關

　　貨主委託報關行或承攬業者，依據貨主提供之商業發票及裝箱單製作出口報單，核對無訛後以 EDI 電子傳輸至關貿網路由海關審核，此投遞報單的專業術語稱爲「投單」。傳輸申報後，在一般狀態下，可在 15 分鐘內得到回應訊息，例如錯誤報單或應補辦事項通知、放行通知等。

（九）繳納倉租

　　依據現行航空貨運站倉儲費率，針對不同貨物類型，包含一般貨物、特殊貨物、機邊放貨及航空快遞貨物等，訂定不同的收費標準，出口商必須繳納航空貨運出口倉租至指定入儲之航空貨運站。

（十）分類存放

　　航空貨運站業者根據貨物的特殊需求及打盤或裝櫃的需求，將出口倉分爲整盤整櫃區、大貨區、傳統中盤區、小貨區、冷藏區、危險品區及貴重品區等不同的儲區。因應出口貨物不同的特性與需求進行分類存放。

（十一）通關作業

　　航空貨運站業者依據託運單傳輸出口 EDI 艙單，報關行或承攬業者進入關貿網路查詢進倉資料之提單號碼、件數是否正確，同時查詢關貿網路之放行訊息爲何。海關對於連線通關之報單實施電腦審核及抽驗，其通關方式分爲下列三種：

　　如果爲 C1 則爲放行貨物，可以直接由航空貨運倉儲業者進行裝櫃及打盤作業。C2 則由海關進行文件審查。若爲 C3 則由海關進行驗貨審查，C1 放行、C2 文件審查及 C3 驗貨審查之流程如下：

1. 免審免驗通關 (C1)

　　免審書面文件免驗貨物放行，但書面文件應由報關人列管二年，海關於必要時得命其補送或前往查核。因此 C1 放行貨物可以直接由航空貨運倉儲業者進行裝櫃及打盤。

2. 文件審核通關 (C2)

　　審核書面文件免驗貨物放行，通關者限在「翌日辦公時間終了以前」補送書面報單及其他有關文件正本以供查核，程序如下。

(1) 備齊相關文件資料供審查，裝訂依序為：

  A. 個案委任書（有申辦長期委任者免附）

  B. 商業發票 (Invoice) 二份

  C. 裝箱單 (Packing List) 一份

  D. 出口報單一份

(2) 至海關相關單位投單

  將出口報單投至海關出口組驗估課分估關員審單。海關分估關員根據報關行申報之內容與檢附相關之文件核對，若無訛則報單放行；若有質疑，則須再請國內出口商提供更詳細之型錄及用途說明供參考，貨物放行即將託運單及提單交航空公司。

3. 應審應驗 (C3) 作業

查驗貨物及審核書面文件放行，通關者限在「翌日辦公時間終了以前」補送書面報單及其他有關文件正本以供查驗貨物，並得通知航空貨運站配合查驗，程序如下：

(1) 備齊相關文件資料供查驗，裝訂依序為：

  A. 個案委任書（有申辦長期委任者免附）

  B. 商業發票二份

  C. 裝箱單

  D. 出口報單

(2) 至海關相關單位投單

  將出口報單投至海關出口組驗估課之驗貨關員審理。航空貨運倉儲業者將待驗貨物由出口倉移運至海關指定的驗貨專區，由海關驗貨關員前往驗貨，查核提單號碼、件數、貨物內容物與申報是否相符。待海關驗畢後，通關流程回復C2 審單流程，被驗貨物則由驗貨專區移運至出口倉暫存。

（十二）貨物裝櫃及打盤

經關貿網路傳送海關出口貨物放行訊息回應航空公司、報關承攬業者、航空貨運站後，航空貨運站業者才可依航空公司打盤及裝櫃作業申請，由航空貨運站業者將貨物自出口倉移運至貨物打盤區及裝櫃區進行打盤及裝櫃作業（圖 6.29），並完成裝盤櫃紀錄表。

（十三）貨物裝機

　　打盤及裝櫃完成後，由地勤業者以航空專用牽引車將航空專用盤櫃移運至交接區（圖 6.30），待航空器駛入停機坪定位後，由工作人員導引至航空器旁邊進行「裝機」後（圖 6.31 及圖 6.32），等待航空器起飛離境，運往目的地。

圖 6.29　空運貨物裝櫃作業
資料來源：長榮空運倉儲網站，
http://www.egac.com.tw，民國 110 年。

圖 6.30　地勤人員將出口貨盤由倉庫拖往停機坪
資料來源：長榮空運倉儲網站，
http://www.egac.com.tw，民國 110 年。

圖 6.31　出口空運貨櫃裝機作業
資料來源：長榮空運倉儲網站，
http://www.egac.com.tw，民國 110 年。

圖 6.32　出口空運貨盤裝機作業
資料來源：長榮空運倉儲網站，
http://www.egac.com.tw，民國 110 年。

二、航空貨運進口作業流程

在航空貨運進口作業流程，進口商在出貨前須先處理一些前置作業，國外賣方發出「到貨通知」給國內進口商，確認預計裝機日、預計到達日。航空貨運站業者因應進口貨物不同的特性與需求進行分類存放。報關行製作進口報單，以 EDI 電子傳輸至關貿網路由海關審核，等待海關放行。在完成通關作業及稅費與航空貨運站倉租繳納後提領貨物。一般空運進口作業流程如下圖 6.33 所示：

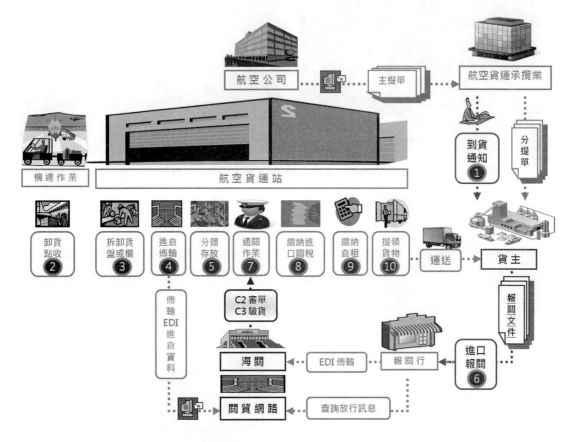

圖 6.33 航空貨運進口作業流程

（一）一般空運進口作業型態

1. 發出到貨通知

國外賣方發出「到貨通知」給國內進口商。確認預計裝機日、預計到達日、重量、數量、起運地、目的地、預付或到付、相關文件（商業發票、裝箱單等）等裝運條件一併傳送給國內進口商。承攬業於貨物到達後，隨即通知國內進口商繳納相關運費、提單製作費等相關費用後，領取正本提單，由國內進口商委託的報關行，向海關申報進口報關作業。

2. 卸貨點收

   航空公司遞送班機電報倉單，由地勤公司將盤櫃以航空專用牽引車拖行至交接區與航空公司交接貨物點收情況。

3. 拆卸貨盤或櫃

   航空貨運站接收盤櫃，進行拆理盤、櫃作業，一般於班機落地後 4 ～ 6 個小時內完成。如果國內進口商急需提領貨物，可以支付較高的費用向航空公司申請辦理優先拆盤，則可於 2 個小時內完成拆理盤、櫃作業。

4. 進倉傳輸

   航空貨運站根據進口艙單傳輸 EDI 進倉資料至關貿網路，海關規定並於關貿網路系統設限，必須進倉資料傳輸完成後方可進行 EDI 電子傳輸進口報單。

5. 分類存放

   經拆理盤櫃、點收貨物作業，依貨物大小進存儲架或平面儲區儲存，航空貨運站業者根據貨物的貨型、重量或相關特殊需求，將進口倉分為整盤整櫃區、大貨區、傳統中盤區、小貨區、冷藏區、危險品區及貴重品區等不同的儲區。因應進口貨物不同的特性與需求進行分類存放。

6. 進口報關

   報關行至航空公司或承攬業領取提單，根據空運提單、商業發票製作進口報單，同時查詢關貿網路班機日期、件數重量是否無訛，在核對進口報單無訛後以 EDI 電子傳輸至關貿網路由海關審核。

7. 通關作業

   報關行查詢關貿網路之放行訊息（回訊 C1、C2 及 C3）。在一般狀態下，可在 15 分鐘內得到回應訊息，例如獲得稅費繳納證通知、錯誤報單或應補辦事項通知、放行通知等。海關對於連線通關之報單實施電腦審核及抽驗，其通關方式分為下列三種：如果為 C1 則可於繳納航空貨運站倉租後提領貨物，C2 則由海關進行文件審查，若為 C3 則由海關進行驗貨審查，作業流程如下：

(1) 免審免驗通關 (C1)

   免審書面文件免驗貨物放行，但書面文件應由報關人列管二年，海關於必要時得命其補送或前往查核。

(2) 文件審核通關 (C2)

審核書面文件免驗貨物放行，通關者限在「翌日辦公時間終了以前」補送書面報單及其他有關文件正本以供查核，程序如下。

A. 備齊相關文件資料供審查，裝訂依序為

a. 空運提單 (Master or House Air Waybill) 影本一份

b. 委任書一份（有申辦長期委任者免附）

c. 商業發票二份

d. 裝箱單一份

e. 進口報單一份

B. 至海關相關單位投單

將進口報單依照報單申報之稅則分列稅號，將報單投至相關之海關分估關員。海關分估關員根據報關行申報之內容與檢附相關之文件核對，若無訛則報單放行；若有質疑，則須再請貨主提供更詳細之型錄及用途說明供參考。

(3) 進口貨物應審應驗 (C3) 作業

查驗貨物及審核書面文件放行，通關者限在「翌日辦公時間終了以前」補送書面報單及其他有關文件正本以供查驗貨物，並得通知貨空貨運站配合查驗，程序如下。

A. 備齊相關文件資料供審查，裝訂依序為

a. 空運提單影本（註記儲位）

b. 個案委任書（有申辦長期委任者免附）

c. 商業發票二份

d. 裝箱單一份

e. 進口報單

B. 至海關相關單位投單

將進口報單投單至海關進口組驗貨課（股）驗貨，查核提單號碼、件數、內容物與申報是否相符。貨物驗畢後，報單流程回復 C2 審單流程。

8. 繳納進口關稅

完成上述 C1、C2、C3 通關作業後，由海關自動化繳稅系統計算應繳納的稅費，隨即發出繳稅通知訊息，並由國內進口商委託的報關行自行列印稅費繳納證，供納稅義務人向各地銀行繳稅，繳納方式有四種，分述如下：

(1) 線上扣繳

繳稅銀行提供線上扣繳的功能，只要在輸入報關資料時申報納稅義務人往來銀行的帳號，有關稅費即可自納稅義務人的銀行帳戶中自動扣繳。

(2) 先放後稅

依「進口貨物先放後稅實施辦法」規定，納稅義務人向海關申請設定先放後稅保證金額度，有關稅費可自行先由額度中扣除，貨物即可放行，提供納稅義務人便利的繳稅作業。

(3) 專款專戶

由納稅義務人的往來銀行透過指定連線金融機構，以匯款方式匯入國庫存款戶或海關專戶。

(4) 現金繳納

以現金向駐當地海關之銀行收稅處繳納。在繳納相稅費後，由海關電腦自動與稅費資料進行比對確認無誤後，由關貿網路傳送放行訊息至連線的航空貨運站及報關行，並由海關自動列印放行通知單，完成通關程序。

9. 繳納倉租

貨物放行後則以正本提單繳納航空貨運站倉租後提領貨物。依據現行航空貨運站倉儲費率，針對不同貨物類型，包含一般貨物、特殊貨物、機放貨物及航空快遞貨物等，訂定不同的收費標準，進口商必須繳納航空貨運出口倉租至指定入儲之航空貨運站，如華儲公司、榮儲、遠翔、永儲或遠翔 FTZ 航空貨物園區等。

10. 提領貨物

國內進口商通知內陸運輸業者至航空貨運站指定的地點進行提貨，提貨時應注意貨物數量是否相符，包裝是否完整，如有短損，應立即停止提貨，會同航空貨運站、承攬業及公證行開箱檢驗，照相存證，並取得短損證明，作為日後索賠的依據。如果貨物無異常短損，內陸運輸業者依據貨物的特性、重量與材積，選擇適合的車型及路線，於指定的時間將貨物運送至國內進口商。

自我練習

第一部分：選擇題

第一節　貨櫃與貨櫃船

(　) 1. 目前國際海上定期航運之主流為：

　① 貨櫃船運輸　　　　　　② 雜貨船運輸

　③ 駛上駛下船運輸　　　　④ 駁進駁出運輸

(　) 2. 有關貨櫃 (Container) 運輸的優點，下列敘述何者**正確**？

　A. 簡化貨物包裝　　　　　B. 方便裝卸與運輸

　C. 確保貨物安全　　　　　D. 船舶運輸速度快

　① AB　② ABC　③ ACD　④ ABCD

(　) 3. 有關貨櫃運輸的特性，下列敘述何者**錯誤**？

　① 定期航運　　　　　　　② 複式聯運

　③ 價格較散裝船低廉　　　④ 整裝運送

(　) 4. 一般海運量的計算 (TEU) 是以哪個尺寸貨櫃為基礎單位？

　① 20 呎　② 30 呎　③ 40 呎　④ 10 呎

(　) 5. 20 呎的海運標準貨櫃英文縮寫為何？

　① HEU　② DEU　③ TEU　④ FEU

(　) 6. 一般海運貨櫃量的計算是以 TEU 為基礎單位，若有 **2 個 40 呎的貨櫃與 3 個 20 呎的貨櫃**，相當於多少 TEU？

　① 4 TEU　② 5 TEU　③ 6 TEU　④ 7 TEU

(　) 7. 一般海運貨櫃量的計算是以 TEU 為基礎單位，若有 **3 個 40 呎的貨櫃與 3 個 20 呎的貨櫃**，相當於多少 TEU？

　① 7 TEU　② 8 TEU　③ 9 TEU　④ 10 TEU

(　) 8. 有關海運普通貨櫃 (Dry Container) 的特性，下列敘述何者**錯誤**？

　① 具有堅固、密封的特點，可避免貨物在運輸途中受到損壞

　② 一般常用的貨櫃的尺寸分為 20 呎、40 呎與 40'Hi-Cube

　③ 20 呎貨櫃，可載運貨物的總重量為 22 公噸

　④ 40 呎貨櫃，可載運貨物的總重量為 40 公噸

(　　) 9. 海運中常以貨櫃運送的貨物種類為：

① 礦砂　② 穀物　③ 電器　④ 砂土

(　　)10. 假設你準備裝運一批冷凍魚獲產品（**保鮮條件為零下 25℃**），以貨櫃運輸出口至美國西岸的洛杉磯 (Los Angeles) 港口，試問需要以哪一種型態的貨櫃裝運？

① 普通貨櫃 (Dry Container)

② 冷藏貨櫃 / 冷凍貨櫃 (Refrigerated Container)

③ 開頂貨櫃 (Open Top Container)

④ 平板貨櫃 / 平台貨櫃 (Flat/Platform)

(　　)11. 假設你準備裝運一批**超高的貨物**，如大型整體機械、鋼鐵材料等笨重貨物，**無頂部，通常以帆布覆蓋並捆綁以避免貨物本身暴露在外**，以貨櫃運輸出口至美國東岸的巴爾的摩 (Baltimore) 港口，試問需要以哪一種型態的貨櫃裝運？

① 普通貨櫃 (Dry Container)

② 冷藏貨櫃 / 冷凍貨櫃 (Refrigerated Container)

③ 開頂貨櫃 (Open Top Container)

④ 平板貨櫃 / 平台貨櫃 (Flat/Platform)

(　　)12. 假設你準備裝運一批**極重或是超過寬度的貨物**，如鋼鐵材料、電纜、玻璃、木材、機器等貨物，以貨櫃運輸出口至美國東岸的巴爾的摩 (Baltimore) 港口，試問需要以哪一種型態的貨櫃裝運？

① 普通貨櫃 (Dry Container)

② 冷藏貨櫃 / 冷凍貨櫃 (Refrigerated Container)

③ 開頂貨櫃 (Open Top Container)

④ 平板貨櫃 / 平台貨櫃 (Flat/Platform)

(　　)13. 貨物由目的地經由兩種或以上之運輸工具（如船舶、拖車及鐵路），配合完整之輸配送系統運送至目的地的運輸模式為何？

① 軸輻式運輸 (hub-and-spoke system)

② 複合式運輸 (Multimodel Transportation)

③ 全程水路運輸 (All Water Service)

④ 母船直靠港口運輸 (Direct-call ports)

( )14.有關**複合式運輸(Multimodel Transportation)**的特色，下列敘述何者**錯誤**？

① 貨物由目的地經由兩種或以上之運輸工具（如船舶、拖車及鐵路），配合完整輸配送系統運送至目的地

② 提供單一載貨證卷，明確規範運送人與貨主的權利與義務

③ 增加搬運、裝卸成本及貨物損害 (Damage) 的風險

④ 運輸時間快速

15-16 題為連鎖題組

( )15. 宇博國際貿易公司出口運動鞋至美國底特律 (Detroit) 貨物箱尺寸為 30 cm ×40 cm × 50 cm（長 × 寬 × 高），試問材數 (Cuft) 為何？

① 2.119　② 4.512　③ 6.757　④ 8.416

( )16. 續上題：訂單數量為 **1,000 箱**，約為多少 CBM ？

① 30　② 60　③ 90　④ 120

17-18 題為連鎖題組

宇博國際貿易公司為一專業之汽車零配件（車燈）貿易商，近日內收到一美國客戶之訂單，以貨櫃運輸出口外銷至內陸大城 底特律 (Detroit)，試問：

( )17. 因市場需求殷切且運費由美國客戶支付，美國客戶希望**儘可能縮短交期**，需採取何種運輸方式方能滿足美國客戶縮短交期的要求？

① 迷你陸橋運輸服務 (Mini-Land Bridge Service, MLB)

② 北冰洋航線

③ 歐亞陸橋 (Eurasian Continental Bridge)

④ 全程水路運輸服務 (All Water Service)

( )18. **續上題**，待美國客戶將貨櫃拖往底特律的汽車工廠完成卸貨後，**需將空櫃歸還至航商指定的內陸貨櫃場**。試問，這是美國航線的操作上稱為哪種作業？

① 多國貨櫃（物）集併作業 (Multi-country Cargo Consolidation, MCC)

② 內陸點一貫運送 (Interior Points Intermodel, IPI) 作業

③ 陸橋運輸 (Land Bridge) 作業

④ 以上皆非

第二節 貨櫃運輸出口與進口作業流程

( )19. 國際貿易與物流作業,託運人 (Shipper) 託運海運進出口貨物的方式為何?

    A. 直接與船公司或船務代理公司之託運方式

    B. 以海運承攬運送業為主之託運方式

    C. 以報關行為主之託運方式

    ① A、B 正確,C 不正確　　　② A、C 正確,B 不正確

    ③ A、B、C 皆正確　　　　　④ B、C 正確,A 不正確

( )20. 有關國際貨櫃運輸整櫃 (CY) **出口**作業流程的敘述,下列選項何者**正確**?

    A. 選定運送人與適當船期　　B. 提領空櫃　　　　C. 裝櫃

    D. 出口通關手續　　　　　　E. 裝船

    ① AB　② ABCD　③ ACDE　④ ABCDE

( )21. 有關國際貨櫃運輸整櫃 (CY) 出口作業,請針對

    A. 洽談運送條件　　　　　　B. 選定運送人與適當船期

    C. 提領空櫃　　　　　　　　D. 裝櫃

    E. 交運重櫃　　　　　　　　F. 出口報關

    G. 裝船　　　　　　　　　　H. 簽發提單

    排出正確的**出口作業流程**

    ① ABCDEFGH　② BDCAEFHG　③ CABEDGHF　④ DCBAHGFE

( )22. 有關國際貨櫃運輸**出口**作業流程的敘述,何者**錯誤**?

    ① 運送條件的洽談主要是指運費及退傭 (Withdrawals)

    ② 結關日 (Closing Date) 一般訂於船到日 (ETA) 之前 2 天

    ③ 向船公司或承攬業簽訂艙位,稱為簽 S/O 或訂艙 (Booking)

    ④ 提領空櫃時需做櫃況檢查,確認櫃況完好方可提領

( )23. 有關國際貨櫃運輸**進口**作業流程的敘述,下列選項何者**正確**?

    A. 運送人在貨物即將抵達之前,發出到貨通知予受貨人及早做提貨的準備

    B. 受貨人憑提貨單 (D/O) 提貨

    C. 進口通關查驗分為免審免驗 (C1)、應審書面 (C2) 及應審應驗 (C3) 三種

    ① A、B 正確,C 不正確　　　② A、B、C 皆正確

    ③ A、C 正確,B 不正確　　　④ B、C 正確,A 不正確

（　）24. 某進口商從紐西蘭進口奇異果，請針對

A. 運送人到貨通知　　　　　　　　B. 換領提貨單 (D/O)

C. 進口報關（審單、分估或查驗）　　D. 提領貨物

排出正確的進口作業流程

① ABCD　② BDCA　③ CDBA　④ DBAC

（　）25. 海運提單具有下列哪三項功能？

① 收據、契約證明、物權證書

② 收據、產地證明書、買賣契約書

③ 物權證書、產地證明書、買賣契約書

④ 契約證明、物權證書、產地證明書

（　）26. 國際貨櫃運輸**進口**作業，有關**「銀行擔保提貨 (Bank Guarantee)」**的敘述何者**錯誤**？

① 在正本提單尚未收到時，可請銀行提供擔保提貨書，以便先行提貨

② 受貨人提貨後由銀行負責收到正本提單並予交回，如有任何後果均由銀行擔保之

③ 運送人沒有權利拒絕受貨人憑擔保提貨書放貨

④ 選項①、②、③皆不正確

第三節　航空貨運的優點與運送方式

（　）27. 有關航空貨運的優點，下列敘述何者**正確**？

A. 運送時間短，可降低交貨成本

B. 運輸途中貨物損毀、破損及失竊的機率較低

C. 適合運送季節性與　性商品，擴大國際貿易商流的範圍

① A、B 正確，C 不正確　　　② A、B、C 皆正確

③ A、C 正確，B 不正確　　　④ B、C 正確，A 不正確

（　）28. 下列何種貨物較不適宜利用航空運輸？

① 礦砂燃煤　② 生鮮漁獲　③ 鮮花蔬果　④ 電子產品

(　)29. 適合以航空運輸的貨物種類，下列敘述何者**正確**？

A. 高科技產品、電子產品、寶石等高價值貨物

B. 生鮮產品及活體動物

C. 書報雜誌、時裝等具時效性的貨物

D. 如黃金、美鈔、珠寶等貴重物品

E. 使貨損和延遲減至最低之大型機器設備

① AB　② BCD　③ ACDE　④ ABCDE

(　)30. 有關航空運輸的特性，下列敘述何者**錯誤**？

① 耗時較短，運費較高

② 以實際重量（淨重、Net Weight）計算運費

③ 適合運送具時效性流行商品

④ 適合運送價值高、體積小之高科技產品

(　)31. 下列選項何者為航空貨運的運輸方式？

A. 定期班機運輸　B. 契約包機運輸　C. 集中託運　D. 航空快遞業務

① AB　② ABC　③ ABD　④ ABCD

(　)32. 空運貨物如果經由航空貨運承攬業承運，簽發給貨主的之單據為何？

① 分提單 (House Air Waybill)　② 主提單 (Master Air Waybill)

③ 商業發票 (Invoice)　④ 產地證明 (Certicate of Origin)

(　)33. 有關空運提單的功能，下列敘述何者**正確**？

A. 作為運費的明細單　　　B. 作為貨物通關文件

C. 收到特定貨物的收據　　D. 貨物運送契約憑證

① AB　② ABC　③ ABD　④ ABCD

(　)34. 有關航空貨運使用航空盤櫃設備 (Unit Load Devices, ULD) 的優點，下列敘述何者**正確**？

A. 提高飛航安全　　B. 提高貨物保護性　　C. 提高貨載與燃油效率

D. 提高航班準點率　　E. 降低作業成本

① AB　② ABC　③ ABCE　④ ABCDE

第四節　航空貨運出口與進口作業流程

(　　)35. 有關**國際航空貨運** (Air Cargo) **出口**作業流程的敘述，請針對

  A. 貨主發出出貨通知   B. 預訂艙位與派車運送

  C. 貼標籤及理貨   D. 過磅及丈量

  E. 出口報關   F. 繳納倉租

  G. 貨物裝櫃及打盤   H. 貨物裝機

  排出正確的**出口作業流程**

  ① ABCDEFGH ② BADCFEHG ③ CBAFEDGH ④ DEACBEFGH

(　　)36. 有關國際航空貨運 (Air Cargo) 出口作業，貨物過磅及丈量作業由哪一業者

  負責執行？

  ① 航空貨運承攬業 ② 航空貨運站 ③ 報關行 ④ 海關

(　　)37. 有關國際航空貨運 (Air Cargo) 出口作業，通關方式如爲「**文件審核通關**

  (C2)」，則出口商應檢附文件資料供海關審查，下列選項何者**錯誤**？

  ① 商業發票 (Invoice)   ② 裝箱單 (Packing List)

  ③ 出口報單   ④ 主提單 (Master Air Waybill)

(　　)38. 有關國際航空貨運 (Air Cargo) 出口作業，通關方式如爲「**應審應驗 (C3)**

  作業」，則出口商應檢附文件資料供海關審查及配合查驗貨物，下列選項

  何者**正確**？

  A. 商業發票 (Invoice)   B. 裝箱單 (Packing List)

  C. 主提單 (Master Air Waybill) D. 出口報單 (Export custom declaration)

  E. 產地證明 (Certificate of Origin)

  ① ABC ② ABD ③ BCDE ④ ABCDE

(　　)39. 有關**國際航空貨運進口**作業流程的敘述，請針對

  A. 進口商收到到貨通知 B. 拆卸貨盤或櫃

  C. 進口報關   D. 繳納進口關稅

  E. 繳納倉租   F. 提領貨物

  G. 貨物裝櫃及打盤   H. 貨物裝機

  排出正確的**進口作業流程**

  ① ABCDEF ② BADCFE ③ CBAFED ④ DEACBEF

( )40. 有關**國際航空貨運進口**作業，如果國內進口商急需提領貨物，可採取何種措施？

① 支付較高的費用向航空公司申請辦理優先拆盤

② 向海關申請辦理優先拆盤，無須支付較高的費用

③ 選項①正確、選項②錯誤

④ 選項①錯誤、選項②正確

( )41. 有關國際航空貨運 (Air Cargo) 進口作業，通關方式如為「**文件審核通關 (C2)**」，則進口商應檢附文件資料供海關審查，下列選項何者**錯誤**？

① 空運提單影本　② 進口報單　③ 商業發票　④ 營利事業所得稅單

( )42. 有關國際航空貨運 (Air Cargo) 進口作業，通關方式如為「**應審應驗 (C3) 作業**」，則進口商應檢附文件資料供海關審查及配合查驗貨物，下列選項何者**正確**？

A. 商業發票 (Invoice)

B. 裝箱單 (Packing)

C. 產地證明 (Certificate of Origin)

D. 空運提單影本 (Master or House Air Waybill)

E. 進口報單 (Import custom declaration)

① ABC　② ABD　③ ABDE　④ ABCDE

( )43. 有關**國際航空貨運進口**作業，在完成通關作業後，由海關自動化繳稅系統計算應繳納的稅費，繳納方式有下列哪幾個選項？

A. 線上扣繳　　　　　　　B. 先放後稅　　　　　C. 專款專戶

D. 現金繳納　　　　　　　E. 與營利事業所得稅合併申報繳納

① ABC　② BCD　③ ABCD　④ ABCDE

( )44. 納稅義務人向海關申請設定先放後稅保證金額度，有關稅費可自行先由額度中扣除，貨物即可放行，提供納稅義務人便利的繳稅作業。稱之為：

① 線上扣繳　② 專款專戶　③ 現金繳納　④ 先放後稅

第二部分：簡答題

1. 請試述：貨櫃 (Container) 具備的特性為何？

2. 貨物箱尺寸為 40 cm ×50 cm × 60 cm（長 × 寬 × 高），試問：

   (1) 材數 (Cuft) 為何？

   (2) 訂單數量為 500 箱，則為多少 CBM？

3. 請簡述：北美航線「迷你陸橋運輸服務 (MLB)」的特色為何？

4. 請簡述：北美航線「全程水路運輸服務 (All Water Service)」的特色為何？

5. 請試述：何謂海運複合式運輸 (Multimodel Transportation)？

6. 託運人 (Shipper) 可利用哪三種通路管道託運進出口貨物？

7. 請簡述：貨櫃運輸出口作業流程？

8. 請簡述：貨櫃運輸進口作業流程？

9. 請簡述：航空貨運的優點？

10. 請簡述：使用航空盤櫃設備 (ULD) 的目的為何？

11. 報關行在核對進口報單無訛後以 EDI 電子傳輸至關貿網路由海關審核，查詢關貿網路之放行訊息為 (C2)：審核書面文件免驗貨物放行。試問通關者除了補送書面報單，還需準備哪些相關文件正本提供海關查核？

12. 國內進口商在完成相關空運進口作業（進口報關、繳納進口關稅與倉租）後，至航空貨運站指定的地點進行提貨之注意事項為何？

參考文獻

1. 李淑茹，圖解國貿實務，五南文化事業，第 4 版，民國 108 年。
2. 呂錦山、王翊和、楊清喬、林繼昌，國際物流與供應鏈管理，4 版，滄海書局，民國 108 年。
3. 林光、張志清，航業經營管理，航貿文化事業有限公司，第 10 版，民國 107 年。
4. 林光、張志清、趙時樑，海運學，航貿文化事業有限公司，第 10 版，民國 105 年。
5. 英國皇家物流協會 臺灣分會，CILT 供應鏈管理師 認證教材，宏典文化，民國 105 年。
6. 莊銘國、李淑茹，國際貿易實務，五南文化事業，第七版，民國 103 年。
7. 曾俊鵬，國際貨櫃運輸實務，英國皇家物流與運輸協會 (CILT) 供應鏈管理主管國際認證課程資料，民國 102 年。
8. 曾俊鵬，國際貨櫃運輸實務，華泰書局，第三版，民國 99 年。
9. 曾俊鵬、廖玲珠，海運承攬運送業理論與實務，華泰書局，民國 99 年。
10. 曾俊鵬，國際航空貨運實務，五南文化書局，第二版，民國 102 年。
11. 張錦源、康蕙芬，國際貿易實務，五南圖書出版股份有限公司，第 16 版，民國 107 年。
12. 萬海航運股份有限公司網站：http://web.wanhai.com，民國 110 年。
13. 楊文全，出口貨櫃堆儲指派之研究，國立交通大學運輸科技與管理學系碩士論文，民國 94 年。
14. 蔡孟佳，國際貿易實務—貿易經營個案分析，新陸書局，民國 101 年。
15. Moreland Property Group 網站：http://www.morelandpropertygroup.com，民國 110 年。
16. 法務部，民用航空法，全國法規資料庫，http:law.moj.gov.tw，民國 110 年。
17. 英國皇家物流協會 臺灣分會，CILT 供應鏈管理師 認證教材，宏典文化，民國 100 年。
18. 長榮空運倉儲網站，http://www.egac.com.tw，民國 110 年。
19. 榮航空網站，http://www.evaair.com，民國 110 年。

20. 偉濤，安全氣候對安全績效影響之探討 以航空地勤業為例，國立高雄海洋科技大學航運管理研究所碩士論文，民國 97 年。

21. 恩德利報關網站，http://www.minsuzen.com，民國 110 年。

22. 航空貨物運輸理論與，FIATA 教育訓練認證教材，臺北市海運程攬運送商業同業公會編著，民國 96 年。

23. 財政部關稅署，財政部海關管理進出口貨棧辦法，民國 106 年。

24. 陽明海運公司網站，http://www.yangming.com.tw/servic，民國 110 年。

25. 國泰航空網站，http://www.cathaypacific.com，民國 110 年。

26. 國際航空運輸協會 (International Air Transportation Association, IATA) 網站，http://www.iata.org，民國 110 年。

27. 張錦源、康蕙芬，國際貿易實務，五南圖書出版公司，第 12 版，民國 103 年。

28. 莊銘國、李淑茹，國際貿易實務，五南圖書出版公司，第 5 版，民國 103 年。

29. 曾俊鵬，國際航空貨運實務，2 版，五南圖書出版公司，民國 102 年。

30. 新加坡航空公司網站，http://www.singaporeair.com，民國 110 年。

31. CMA-CGM 網站 https://www.cma-cgm.com，民國 110 年。

倉儲作業與管理

本章重點

1. 說明倉儲的種類，倉儲具有哪些功能。

2. 說明物流中心倉儲作業流程。

3. 說明物流中心訂單處理的作業流程。

4. 說明物流中心進貨作業的流程。

5. 說明物流中心儲存作業的流程。

6. 說明物流中心揀貨作業的流程。

7. 說明物流中心流通加工的作業流程。

8. 說明物流中心出貨的作業流程。

9. 說明倉儲作業常用的包裝設備。

10. 說明倉儲作業搬運的設備。

11. 說明選擇存放設備須考量因素。

12. 說明倉儲存放設備。

7-1　倉儲的定義與功能

所謂倉儲 (Warehousing) 乃指執行倉儲作業與管理，其主要功能除了儲存與保管貨品之外，還包括訂單處理、進貨、儲存、揀貨、流通加工、出貨、補貨、配送、及銷售資訊提供等活動。良好的倉儲作業與管理可有效提昇企業競爭優勢及增加產品的附加價值，縮短上、下游產業間的流程、時間與距離，以滿足顧客對於產品快速回應的需求。

一、倉庫、倉儲與倉儲管理概念

「倉」：即倉庫，是指保管、存儲物品的建築物和場所的總稱，是進行倉儲活動的主體設施，可以是房屋建築、洞穴、大型容器或特定的場地等，具有存放及保護物品的功能。

「儲」：即儲存、儲備，具有收存、保管、交付使用的意思。

「倉儲」是指透過倉庫對待用的物品進行儲存及保管。倉儲包括以下幾個要點：

1. 倉儲是產品的生產持續過程，也創造產品的價值。
2. 倉儲既有靜態的物品儲存，也包括動態的物品存放、保管、控制的過程。
3. 倉儲活動發生在倉庫等特定的場所。
4. 倉儲的對象必須是實物動產。
5. 倉儲創造價值。
6. 倉儲具有不均衡和不連續性。
7. 倉儲具有服務性質。

現代倉儲基本功能則包含儲存功能、保管功能、加工功能、整合功能、分類和轉運功能、支持企業市場形象的功能、市場訊息的感測器、提供信用的保證及現貨交易的場所等功能。

倉儲管理簡單來說就是對倉庫及倉庫內的物質所進行的管理。包括倉儲資源的獲得、倉庫管理、經營決策、商務管理、作業管理、貨物保管、安全管理、人事管理、財務管理等一系列管理工作。倉儲管理的任務如下：

1. 利用市場經濟的手段獲得最大的倉儲資源的配置。
2. 以高效率為原則組織管理機構。
3. 以不斷滿足社會需要為原則開展商務活動。

4. 以高效率、低成本為原則組織倉儲生產。

5. 以優質服務、誠信，樹立企業良好形象。

6. 透過制度化、科學化的先進手段不斷提高管理水準。

7. 從技術到精神領域提高員工素質。

　　最後針對倉儲管理的基本內容分述如下：

1. 倉庫的選址與建築結構評估。

2. 倉庫搬運與存放設備的選擇與配置。

3. 倉儲作業流程分析與改善。

4. 庫存管理。

5. 人員績效考核。

6. 新技術、新方法在倉儲管理的應用問題。

7. 倉儲安全與消防設備配置。

8. 公共安全與災害應變機制建立。

二、為何需要倉儲

　　成立一間倉儲需耗費大量的人力、資產（土地、料架、搬運設備、資訊系統及周邊設施），隨著全球供應鏈發展的趨勢，倉儲的重要性漸顯重要，原因如下：

1. 由於產品市場的需求具有不確定性，而倉儲具有緩衝功能，可調節供給與需求間的差異。

2. 在產品銷售前，倉儲可提供暫存的場所。

3. 廠商可以利用倉儲系統來合理規劃產品之供需關係，以降低生產成本。當原料或產品價格低時，可大量採購並儲存，等價格回穩時再予銷售。

4. 倉儲的設置可有效縮短廠商至市場的運送前置時間，提供顧客即時供貨的服務。

　　倉儲具有下列效益：

（一）提供產品存放場所，降低運輸成本

　　倉儲的主要功能是提供貨物的集散 (assortment) 與混裝 (mixing)。所謂「集散」是指儲存來自於不同供應商的多樣產品，批發商或零售商依據市場需求預測來儲存產品。一方面可降低下游顧客所需面對的供應商數目，又可允許大量出貨，降低運輸成本。另一方面，當廠商的工廠散佈在不同的區域時，可藉由混裝倉庫來降低整體運輸及倉儲成本，其作法為將來自於製造商工廠的產品運送至倉庫後，先將所有貨品拆

解，再依下游顧客訂單需求混裝出貨。廠商固定從各供應商採購大批貨物存放於倉儲，透過集散與混裝作業，同時配合整批進貨／出貨的整車運輸 (Truck Load, TL) 來取代分批進貨／出貨零擔運輸 (Less-than-Truck Load, LTL) 以降低運輸費用，並選擇最適運輸工具於最短時間內送達至客戶手中。例如；威名百貨 (Wal-Mart) 是美國第一大量販百貨公司，供應商眾多且遍及世界各地，如果產品是由從各供應商自行分批進貨，所產生的運輸成本是非常可觀的。因此威名百貨會統籌向各家廠商採購的產品，統一集散於全美的 19 個自建的區域性物流中心，同時依各別門市部的產品需求進行混裝，並搭配貨車以整車運輸來取代零擔運輸來降低運輸費用。

（二）降低採購成本

廠商可以向供應商大量進貨存放於倉儲，以降低採購成本。工廠因為其他廠商的大量進貨而提高產能，伴隨著大量原料採購使成本降低，進而使每單位製造成本隨產量的擴大而下降所帶來的規模經濟，能使產品本身價格降低。但相對而言，會增加存貨成本。

（三）降低缺貨風險、滿足顧客需求

近年來因應接單式生產 (BTO) 或是量身式生產 (CTO) 的模組化生產模式，倉儲系統在產品生產加工過程中可扮演發貨中心的角色，其功能在於穩定的零組件及物料供應，提供安全的存貨水準以防止零組件供應不穩定，或較長的供應前置時間可能造成的缺貨風險。所有組成產品的各模組（含零件組件）視同半成品庫存放入倉庫儲存，在確認訂單與產品規格與需求後，廠商可以依據客戶訂單取模組或零件來組裝。此類生產模式大量適用於資訊、通訊及消費性電子的 3C 產業，例如個人電腦組裝業。廠商會備存一些像硬碟、鍵盤、主機板等零件，等到接獲客戶訂單後，可以立即取得零件進行組裝，以滿足客戶多樣且及時的需求。

（四）建立調節性庫存、掌握及時商機

廠商為因應產品銷售旺季、產品促銷或是工廠例行性停產等因素，將存貨放置到需求點的策略最常應用在實體配銷中，特別是具有高度季節性的製造商或業者，通常會將主要產品在銷售季節前配送到各主要市場的倉庫，建立調節性的庫存，以滿足顧客需求，在銷售季節結束時，再將剩餘存貨回收到中央倉庫，以降低配送時間。例如：歐美國家會預先下訂單給臺灣的外銷工廠，工廠則會規劃產能將淡季生產的產品預先存放於歐美國家的發貨中心（倉儲），以因應年底耶誕節旺季的需求；另外某些

地區的交通運輸條件很不理想時，需要倉儲來作為運籌中心，例如有些企業在大陸新疆設置工廠，產品生產完成準備銷售時，往往在運送途中遇到氣候或路況不佳等不利因素，導致延期出貨，如果能於接近市場的地點設立倉儲就近供貨，就能及時掌握商機、快速回應市場和顧客的需求，提供更快速的配送服務，可為廠商帶來市場佔有率提昇或增加潛在獲利的利益。

三、倉儲與其他物流成本的關係

　　一般而言，倉儲數量增加時，運輸成本會下降，但存貨成本與訂單處理成本卻會顯著增加。某些項目的成本下降，可能會導致其他成本的升高，不論決策者如何進行最佳化，多以追求總成本最低為原則。然而物流作業彼此間具有連動性，任何一項作業的改變，將會影響其他作業的成本，在追求整體成本最低的目標下，單項成本不見得會最低或達最適化，追求總成本的最小化仍須考量到顧客的服務水準。一般而言，物流成本常見的互抵效應如下：

（一）生產成本相較顧客需求

　　以製造商的觀點，以大批量生產標準化產品，可以達到降低單位生產成本的規模經濟，且可有效降低製程的複雜度與良率的提升，然而此種生產模式在面對現今客戶對於產品多樣少量的需求時，必然導致存貨的過剩、生產效率的下降（換線及換模次數增加、機器故障與維修時間增加），且製造成本的節節上升，在供應與生產材料時常會面臨生產成本與顧客需求間的互抵效應。

（二）運輸成本相較存貨與訂購成本

　　一般而言，整車運輸 (Truck Load, TL) 運輸成本較零擔運輸 (Less-than-Truck Load, LTL) 低廉，因零擔出貨的訂單頻率較為頻繁，需要耗費較多人力與物力來進行訂單處理。當出貨量低於整車貨量時，為減少運輸成本及訂單處理的交易成本，必須等待貨量累積至整車時才出貨，但相對而言會增加貨物存放的時間而導致較高的存貨成本，在成品進行配銷時常會面臨運輸成本、存貨與訂購成本間的互抵效應。

（三）服務水準相較於存貨成本

　　一般而言，存貨較多顧客滿意度水準會較高；反之，則會較低。存貨少時常會造成缺貨，而缺貨率常為評估顧客服務水準的重要指標。隨著微利時代的來臨，廠商為減少庫存、製造成本及運輸成本，會犧牲一些較不重要的顧客，因此，在顧客服務方面常會面臨服務水準、存貨成本間的互抵效應。

四、倉儲的功能與類型

倉儲具有各種功能,說明如下:

(一) 合併 (consolidation)

貨物合併是倉儲的一項經濟效益,其運作方式如圖 7.1 所示,利用倉儲來接收及合併來自多家不同供應商的貨品,將不同工廠的貨物合併,以同一運輸工具運送給指定的顧客,如此可有效降低運輸費率,同時滿足顧客少量多樣的需求。

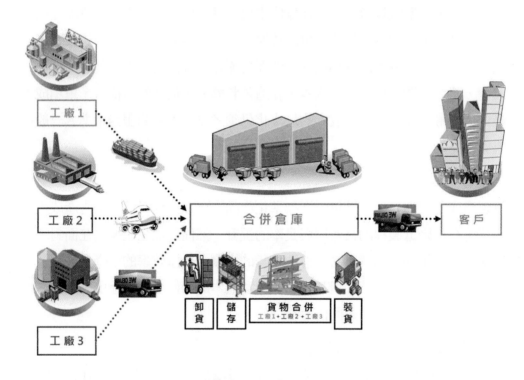

圖 7.1 倉儲的合併功能

(二) 分裝及越庫 (Break Bulk and Cross Dock)

分裝是相對於合併功能,其運作方式如圖 7.2 所示,為一家供應商或工廠以較少次數、整車大批量的方式將不同顧客的訂單產品運送至倉庫,然後再分裝成各顧客所訂購的貨品,裝載至較小的運輸工具上,再配送至各顧客指定的交貨地點。

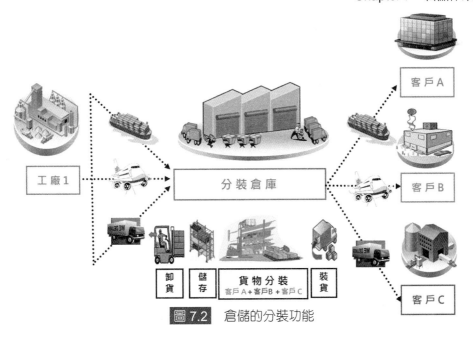

圖 7.2 倉儲的分裝功能

　　而越庫作業方式如圖 7.3 所示，係指在倉庫中接收來自各家供應商或工廠的整車貨品，在收到貨品後立即依顧客需求及交貨點加以拆解、分類、合併後，再依客戶需求裝載出貨至各個交貨點；在整個過程中，所有貨品均不進入倉庫儲存空間，以節省進出庫的人力與搬運費用，越庫作業的優點如下：

1. 整車運送，具有運輸經濟效益。
2. 倉儲僅負責拆解、分類、合併的作業，所有貨品不入儲存區，可降低庫存成本與搬運費用、減少前置作業時間，因此經濟效益極佳。

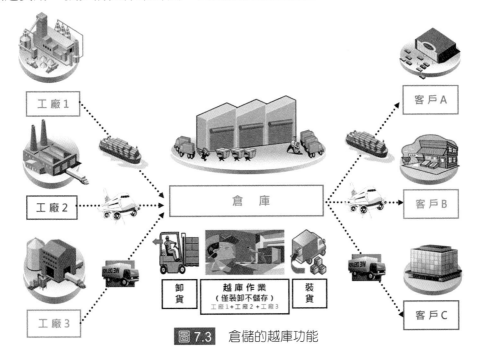

圖 7.3 倉儲的越庫功能

（三）加工處理與延遲 (Processing & Postponement)

廠商可在倉庫進行加工處理及簡易的生產活動，如圖 7.4 所示。倉儲並可配合企業供應鏈延遲生產活動的策略，將產品的終端裝配延遲至確認顧客正確的訂單，作最後的組裝與測試後交付顧客。達到降低供應鏈中的庫存成本，並滿足顧客快速交貨及客製化的要求，例如：筆記型電腦組裝廠會庫存許多零配件與模組的半成品，因此在存貨的種類及數量上都較少，存貨成本自然降低。在確認客戶的訂單後，採取 955、983 及 1002 的出貨模式，以最短的時間完成組裝產品與交付客戶，可滿足顧客客製化的需求。

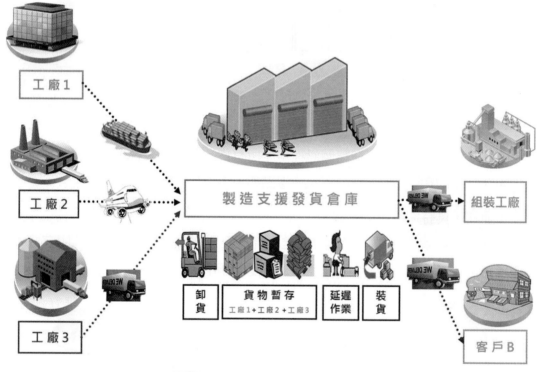

圖 7.4　倉儲的加工處理與延遲功能

（四）存貨堆放 (Stock Piling)

存貨堆放亦為倉儲主要功能之一，廠商將所生產之產品運送至倉儲、銷售據點與通路，直接以成品庫存供應客戶，滿足顧客的要求。例如：臺灣的家電產品都是顧客於量販店確認購買的種類與機型後，以倉儲的存貨直接配送至終端顧客手中。貨物儲存於集中式倉儲的存貨成本比存放於銷售點來的低，此時倉儲不僅具有儲存的功能，同時扮演風險分擔的角色，分擔存貨的成本與風險。此種運作模式的關鍵是倉儲與量

販店間的庫存與銷售資訊必須透明化，才能達成庫存合理化與滿足顧客的服務水準的目標，解決服務水準、存貨成本的互抵效應所帶來的困擾。

五、倉儲的類型

倉儲因所存放的貨物種類、地理位置與功能不同，有不同的倉儲型態，如圖 7.5 所示。

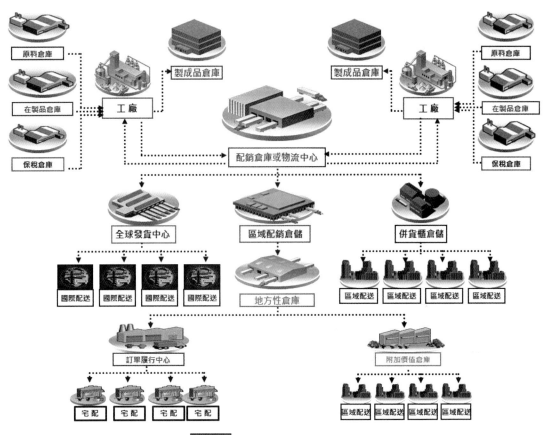

圖 7.5 各種倉儲型態與種類
參考資料：Frazelle, E.H., (2001)

（一）原料倉庫 (Raw Materials Warehouse)

儲存生產的原料或零組件，通常會設置在生產或組裝線附近以備使用。

（二）在製品倉庫 (Work-in-Process Warehouse)

儲存的是半成品，設置在製造或組裝線附近備用。接單式生產 (BTO) 或是量身式生產 (CTO) 會運用模組化技術，將模組化的半成品存放於此類倉庫，在確認客戶訂單需求後，在最短的時間完成組裝產品與交付客戶。

（三）製成品倉庫 (Finished Goods Warehouse)

此類倉儲主要功能是儲存製造完成的產品，計畫性生產模式 (MTS) 會以此類倉儲，作為調節工廠生產排程與客戶需求之緩衝。因此倉儲通常會設置在製造工廠附近或是將所生產之產品運送至銷售據點與通路的倉儲，直接以製成品庫存供應客戶。進出貨都是以箱或棧板為單位。出貨需求多為每月一次，或是每一季補貨一次。

（四）區域倉庫 (Regional Warehouse)

區域倉儲在現代供應鏈管理中扮演關鍵的供應與輸送的角色，必須同時考量時間、空間及數量三個設施選址因素，以決定區域倉儲的最佳配置地點。在時間方面，必須考慮產品的有效期限及可能產生的耗損；在空間部分，則必須考慮到市場涵蓋範圍、生產基地到區域倉儲的距離，區域倉儲到市場及通路的距離；在數量部分，必須考慮區域倉儲的儲存能量等。除了上述三個因素外，尚須把營運過程中所產生的庫存、運輸成本及費用納入考量範疇，針對不同的區域建立不同的倉儲，同時各個區域倉儲的物料可以通過營運總部進行運輸與倉儲的協同規劃與調度，以便管理者能根據不同的市場需求、從供應端至區域倉儲的前置時間，在各區域倉儲設定不同安全庫存數量與補貨批量，以降低缺貨率來維持合理的顧客服務水準。

（五）地方性倉庫 (Local Warehouse)

主要考量倉儲位置與銷售市場的距離，在縮短配送距離的前提下，在最短的時間內將貨物送達至客戶手中，以便快速回應客戶的訂單需求，這一類的倉儲每天可能供應相同的貨品，運送給相同的顧客。

（六）保稅倉庫 (Bonded Warehouse)

是指經海關核准、發給執照，專門儲存保稅貨物的倉儲。進儲保稅倉儲的保稅貨物，其存倉期限則可達二年，存倉期限屆滿前必須申報進口或退運出口，不得延長。

（七）物流中心 (Distribution Center, DC)

大多數的物流中心會設置在各工廠或各顧客群的中間地帶，通常由眾多的製造商處收集各項物品加以進行整合，再依照不同顧客需求分裝出貨，產品的進出貨單位可能以整棧板或整箱為進貨單位，而以整箱或零箱為出貨單位。一般物流中心具備有訂單處理、倉儲管理、流通加工、揀貨配送等機能。臺灣一般所謂的國際物流中心，除了上述功能外，尚須具有海關監管的保稅貨物存放與通關機制。因此物流中心具有縮短縱向之上、下游產業通路階層、減少產銷差距，橫向之同業或異業流通支援，以降低貨物流通的成本。

（八）全球發貨中心 (Global Distribution Center)

面對企業全球化的發展趨勢，業者爲了快速接近市場，迅速服務客戶，藉由運籌管理和供應鏈的觀點來整合全國間和各國內間物流狀況，爲物流、資訊流、金流的全球運籌中心。而全球發貨中心則爲兼具組裝製造與物流供貨的生產基地或發貨中心，以提昇在全球供應鏈的附加價值。

（九）訂單履行型倉庫 (Fulfillment Warehouse)

這一類的倉庫主要功能是爲個別的消費者進行小量訂單的進貨、揀揀貨及運送作業而設立。屬於短距離、少量貨物及多頻度的運送，因而多集中於區域內的移動，所以通常以服務客戶爲優先考量。

（十）併貨櫃倉庫 (Consolidation Warehouse)

將來自不同地區的零擔貨物，在此類型的倉儲進行作業，合併成一整櫃貨物，再運往相同的目的地的作業方式，可使運費降低，例如將貨物合併成棧板後出貨。

在整個倉儲與輸配送網路系統中，倉儲爲網路節點可作爲貨品儲放、拆裝、配運的中繼站，輸配送即是將原料、零件、半成品送至工廠，或是貨物由工廠或物流中心送至客戶手中的動作，是每一業者必會遇到不同的問題與挑戰。而輸配送包含輸送與配送，兩者雖同爲貨物的運送，其間作業卻有很大之差異。輸送，是長距離、大量貨物及少量顧客的運送，所以多屬區域間的移動，通常會以效益作爲優先的考量；配送則是短距離、少量貨物及多頻度的運送，因而多集中於區域內的移動，由於是強調以及時服務來爭取客戶的認同，所以通常以服務爲優先考量。由於輸配送的性質大不相同，在整體網路設計上必需將倉儲系統功能納入考量的因素。

7-2　物流中心倉儲作業流程

物流中心倉儲作業流程如圖 7.6 所示，主要包含入庫作業、庫存管理、揀貨與流通加工作業及出貨作業等活動。物流中心作業分析部分是整合通關、倉儲及運輸三項物流作業，以追求總營運成本最小爲目標，涉及到存貨管理、倉儲人力資源、儲位規劃、流通加工、揀貨等物流作業成本。在資訊系統方面，包含通關文件轉檔系統、存貨管理系統、訂單管理系統、車輛排程系統、線上下單與庫存查詢系統及帳務系統，可提供顧客相關物流服務，包含客戶關係管理、線上下單、運輸追蹤、庫存查詢與物流成本分析等服務。以下就物流中心的相關作業流程，說明如下：

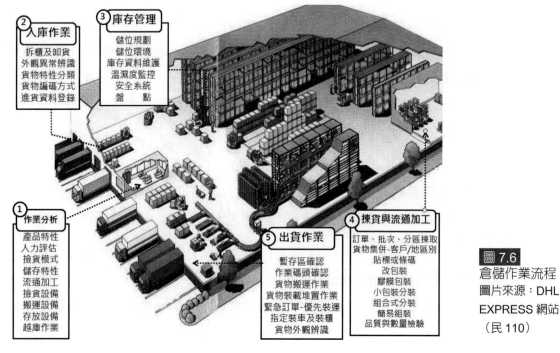

② 入庫作業
拆櫃及卸貨
外觀異常辨識
貨物特性分類
貨物編碼方式
進貨資料登錄

③ 庫存管理
儲位規劃
儲位環境
庫存資料維護
溫濕度監控
安全系統
盤　點

① 作業分析
產品特性
人力評估
撿貨模式
儲存特性
流通加工
撿貨設備
搬運設備
存放設備
越庫作業

⑤ 出貨作業
暫存區確認
作業碼頭確認
貨物搬運作業
貨物裝載堆置作業
緊急訂單-優先裝運
指定裝車及裝櫃
貨物外觀辨識

④ 揀貨與流通加工
訂單、批次、分區揀取
貨物集併-客戶/地區別
貼標或條碼
改包裝
膠膜包裝
小包裝分裝
組合式分裝
簡易組裝
品質與數量檢驗

圖 7.6
倉儲作業流程
圖片來源：DHL
EXPRESS 網站
（民 110）

一、訂單處理

　　物流中心訂單處理主要目的為處理物流中心從接到客戶訂單到完成訂單需求間，有關客戶訂單的確認、查核、分析、維護。依據訂單的需求進行相關物流作業指派，適時、適地、適量、準確的送達至指定的收貨人或場所，同時提供必要的貨物動態即時資訊，完成客戶對於物流所交付的任務。訂單處理作業流程包含：確認訂單資訊→訂單資料處理→作業指派→會計與帳務處理等作業，如圖 7.7 所示。

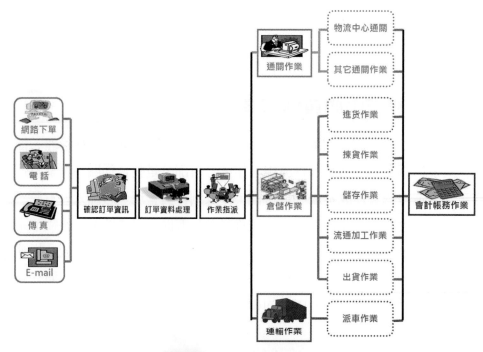

圖 7.7　訂單處理作業流程

（一）確認訂單資訊

客戶透過不同的傳輸工具，包含網路下單、電話、傳真、E-mail 或是直接與物流中心的倉儲資訊管理系統連線下單，發出訂單通知。如圖 7.8 所示，物流中心客服或人員須向客戶回報確認收到訂單的出貨優先順序排定，需求品項及數量確認、庫存查詢、訂單價格確認、倉儲作業需求、通關作業需求、運輸作業需求、其它特殊作業需求及付款條件等。

圖 7.8　訂單處理作業
圖片來源：安麗物流中心網站（民 110）

（二）訂單資料處理

物流中心客服或作業人員立即確認訂單出貨優先順序排定，需求品項及數量確認、存貨查詢、訂單價格確認、倉儲作業需求、通關作業需求、運輸作業需求、其它特殊作業需求及付款條件等。

（三）作業指派

客服人員在收到客戶訂單後，立即進行通關、倉儲與運輸作業指派；在運輸作業方面，如圖 7.9 所示；根據客戶之訂單需求，包含訂單型態、貨物材積、重量、提貨、到達時間、裝卸貨作業要求及通關作業協同規劃等因素決定派車模式（車種、車型、車輛排程、司機調派、追蹤與催運及相關運輸文件簽核）。

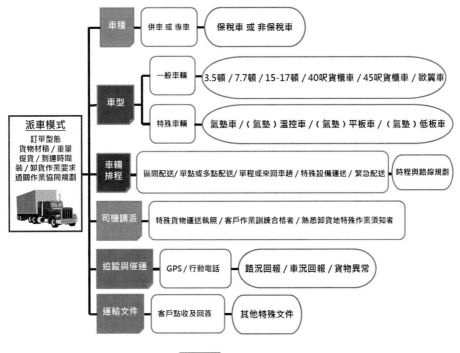

圖 7.9　派車模式

（四）會計與帳務處理

物流中心甚少以隨貨收款作為結帳方式，通常是累積至一定時日及數額後一併結帳。

二、進貨作業

進貨作業是物流中心初步之處理作業，當貨物抵達時，立即進行卸貨、檢查貨物資料、廠商來源，同時檢查是否符合客戶需求。檢查貨物是否受損、數目是否正確及其他缺失，待檢驗完成後，將貨物移入物流中心，而從此時起，物流中心即需負起貨物儲存與保管的責任。

進貨作業流程包含：進貨通知→進貨分析與規劃→貨物清點與驗收→貨物異常處理→移運至指定的儲位→庫存資料更正等作業，如圖 7.10 所示，分述如下：

（一）進貨通知

客戶透過不同的傳輸工具，包含電話、傳真、E-mail 或是直接與物流中心的倉儲資訊管理系統連線，發出進貨通知（進貨資料、進貨內容、進貨日期及方式等）至物流中心。

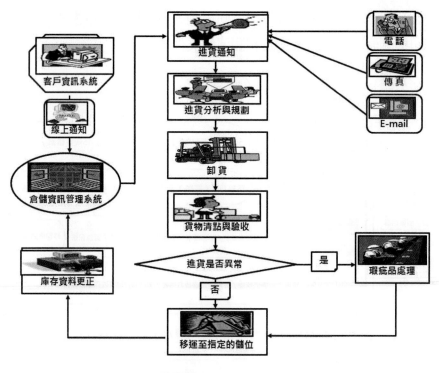

圖 7.10　進貨作業流程

（二）進貨分析與規劃

貨物進儲物流中心前，須正確掌握到貨時間、貨物品項及數量，事先規劃進貨的時程和卸貨的碼頭，特別卸貨區儘量不與其他作業區衝突。從接到進貨單到取貨過程盡可能在 30 分鐘內完成，國內貨物可直接進儲物流中心。

屬於須向海關申報進行通關作業的保稅貨物，於通關完成後再由倉儲作業人員進行卸貨作業。

（三）卸貨

貨物由車輛以人工或是搬運設備（如堆高機、油壓拖板車等）移運至作業碼頭（通常具有升降平台）時，需特別注意車輛與碼頭間的高度差距與空隙，避免造成貨物傾倒或掉落之損害。

（四）貨物清點與驗收

車輛抵達月台後，倉儲人員開始卸貨，與司機清點貨物數量是否正確，檢查貨物資料、廠商來源、貨物是否受損等作業。如果一切正常，請司機儘速駛離作業碼頭，避免造成碼頭擁塞與車輛等待，影響進出貨作業的效率。

（五）貨物異常處理

如果過程發現瑕疵或誤送貨物則立即拍照錄影存證，以便釐清作業疏失及保留理賠的證據，並立即通知客戶貨物目前的作業現況，以決定後續處理模式，是退貨或是移至暫存區待公證行或保險公司鑑定責任歸屬。

（六）移運至指定的儲位

根據進貨資訊內容或進貨明細表的品項，如圖 7.11 所示，倉儲管理人員將貨物由碼頭或暫存區移運至指定的儲區暫存，等候進一步的指示與通知。

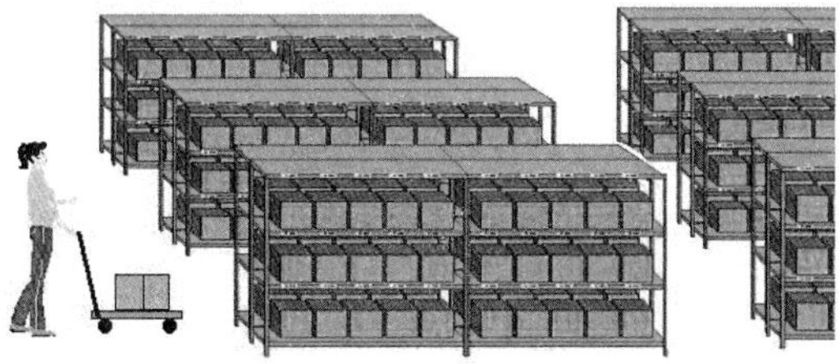

圖 7.11　進貨作業：移運至指定儲位
圖片來源：安麗物流中心網站（民 110）

（七）庫存資料更正

進貨完成後倉儲管理人員須向倉儲主管回報正確的進貨數量，同時更新倉儲資訊管理系統的正確庫存數量，提供客戶查詢。屬於保稅貨物者，則應登錄於海關的物流中心自主管理查核系統，以提供海關人員進行遠端查詢。

三、儲存作業

物流中心的儲存作業，主要為保存貨物並維持其完整性，必須考慮貨物之特性與差異。例如：體積、重量、溫度（低溫、常溫倉）、氣味、形狀、棧板尺寸、料架空間、搬運設備（形式、尺寸、迴轉半徑）、通道寬度、銷售量及是否屬於危險等級之物品等因素，同時考慮入庫與揀貨的效率，進行必要的儲位管理。

儲存作業流程包含：儲存分析→物料空間需求估算→入庫上架→儲位管理→庫存資料更正與查詢等作業，如圖 7.12 所示，說明如下：

（一）儲存分析

貨物入庫儲存前，倉儲管理人員應先從訂單資訊中，評估貨物相關之物理或化學特性，選擇適合的儲位存放。

（二）物料空間需求估算

倉儲區域的佈置，應先求出存貨所需佔用的空間大小，並考慮貨物尺寸、數量、堆疊方式、料架尺寸、儲位與通道空間等因素，以下即說明幾種儲存方式：

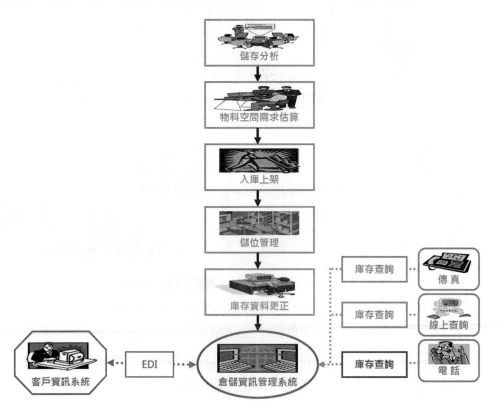

圖 7.12　儲存作業流程

1. 棧板平置存放

　　單元負載 (Unit Load，如棧板) 的貨物，具有品項單純、大量出貨的特性。而耐壓程度差、或是考慮樓板荷重不可堆疊的貨物，則可考慮以棧板放置於地板的存放方式。如圖 7.13 所示，計算物料存放空間所需考慮的因素為貨物數量、棧板尺寸及通道 (公共設施) 比例等。假設棧板尺寸為 P × P 平方公尺，每個棧板可疊放 K 箱貨品，若平均庫存量為 Q，則物料存放空間需求 D 為：

$$D = (平均庫存量為 Q / 每個棧板可疊放箱數 K) \times 棧板尺寸$$

$$= (Q / K) \times (P \times P)$$

$$= 棧板數 \times 棧板面積$$

實際倉儲需求空間尚須考量堆高機存取作業所需的迴轉半徑及作業空間、通道、棧板與棧板間之緩衝空間。一般實務上設定的通道與作業空間占全部儲存面積的 30%~35%，故實際儲存面積為：

$$S = D \times (100\% + 30\%) = D \times 1.3$$

例如：某倉儲的棧板尺寸為 1.1 ×1.0 平方公尺，每個棧板可疊放 24 箱貨品，若平均庫存量為 480 箱，通道與作業空間占 30%，則物料存放空間為：

(480 箱 /24 箱)×1.1×1.0 平方公尺 ×1.3=28.6 平方公尺

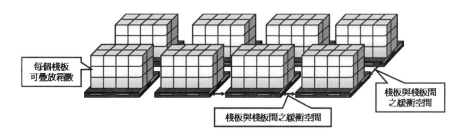

圖 7.13　棧板平置存放、緩衝、通道、空間計算

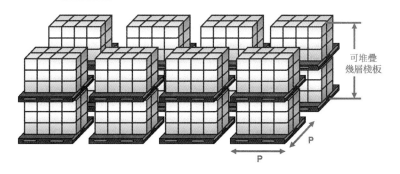

圖 7.14　棧板多層堆疊存放、緩衝、通道、空間計算

2. 棧板多層堆疊

倉儲中的存貨若以棧板堆疊於地板上,則計算存貨空間所需考量包含貨物尺寸、數量、棧板尺寸及棧板可堆疊高度等因素。如圖 7.14 所示,假設棧板尺寸為 P × P 平方公尺,由貨物尺寸及棧板尺寸算出每個棧板尺寸可疊放 M 箱貨物,倉儲中可堆疊 H 層棧板,平均存貨量為 Q,則倉儲淨需求空間 D 之計算方式如下;

> **D =平均存貨量 ÷（每個棧板可疊放箱數 × 可堆疊幾層棧板）× 棧板尺寸**
>
> **= {Q ÷ (M×H)} × (P×P)**

若考慮通道與作業空間占全部儲存面積的 30% ～ 35%,故實際儲存面積為:

> **S = D ×(100% + 30%) = D × 1.3**

例如:某倉儲的棧板尺寸為 1.1×1.0 平方公尺,每個棧板一層可存放 10 箱貨品,棧板可堆疊 4 層,若平均庫存量為 600 箱,通道與作業空間占 30%,則物料存放空間為:

(1) 倉儲淨需求空間 D:

D = 600 箱 ÷(10 箱 ×4 層)×(1.1 × 1.0) 平方公尺= 16.5 平方公尺

(2) 實際儲存面積 S:

S = 16.5 平方公尺 × 1.3 = 21.45 平方公尺

3. 棧板料架存放

若倉儲存放設備以棧板料架來存放貨物,計算儲存空間的考量因素除了貨物尺寸、數量、棧板尺寸、料架層數外,因棧板料架存取貨物所需的堆高機走道與迴旋通道須一併納入規劃。棧板料架具有區塊 (Block) 的特性,因此棧板料架儲存空間必須計算料架設施的淨面積後,加上堆高機走道與迴旋通道,才是棧板料架倉儲區的實際使用空間,如圖 7.15 所示,如果每個料架區塊長有 v 組 (Set) 單位料架,寬有 j 組單位料架,堆高機迴旋通道寬為 Y1,料架區塊間隔為 Y2,倉儲區之料架區塊總數為 Z,則每一料架區塊之面積 S = (X × A + Y2)×(j ×B + Y1), 倉儲區之料架區總面積為 S × Z。

例如:長有 4 組、寬有 2 組、長 1.5 公尺、寬 1.2 公尺的棧板料架,堆高機迴旋通道寬為 3.5 公尺,料架區塊間隔為 3.0 公尺,則每一料架區塊之面積= (2 ×1.2 公尺 +3.5 公尺)×(4 組 ×1.5 公尺 +3.0 公尺) = 53.1 平方公尺,倉儲區之料架區塊總數為 4 塊 (Block),倉儲區之料架區總面積為 53.1 平方公尺 × 4 塊= 212.4 平方公尺。

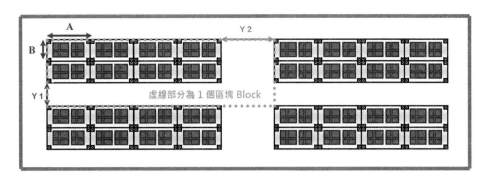

圖 7.15　棧板料架儲存空間計算

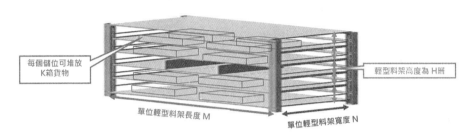

圖 7.16　輕型料架儲存空間計算

4. 輕型料架存放

　　倉儲中的存貨屬於輕巧、尺寸小、品項多且為少量出貨的型態，則可選擇使用輕型料架存放物料，計算存貨空間所需考量包含貨物尺寸、數量、及料架形式及料架層數等因素。如圖 7.16 所示；假設輕型料架高度為 H 層，每一層的儲位面積為 M×N 平方公尺，考量料架負載能力及物料尺寸，每個儲位可堆放 K 箱貨物，平均存貨量為 Q，則倉儲淨需求空間 D 之計算公式如下；

> **D＝平均存貨量 ÷（每個儲位可堆放箱數 × 料架層數）× 儲位空間面積**
>
> **＝輕型料架總數 × 儲位空間面積**
>
> **＝ {Q ÷ (K×H)} × (M×N)**

例如：某倉儲的輕型料架為 4 層，每一層的儲位空間為 1.5×1.0 平方公尺，考量料架負載能力及物料尺寸，每個儲位可堆放 15 箱貨物，目前倉儲的平均存貨量為 600，則總計需要幾組輕型料架？多大的物料存放空間？

D＝輕型料架總數 × 儲位空間面積

　＝ {600 ÷ (15 × 4)} × (1.5×1.0) 平方公尺

　＝ 10 組（輕型料架總數）× 1.5 平方公尺

　＝ 15 平方公尺

若考量通道與作業空間占全部儲存面積的 30% ～ 35%，實際儲存面積 S：

$$S = 15 \text{ 平方公尺} \times 1.3 = 19.5 \text{ 平方公尺}$$

（三）入庫上架

倉儲管理人員確認貨物的儲位及評估使用
何種揀貨或搬運設備後，如圖 7.17 所示，立即
將貨物移運至指定的儲位，擺放至正確位置或
料架，料號或條碼需面向走道，貨物入庫上架
後須立即將進儲報單號碼或進儲編號及類別、項
次、料號、貨名、規格型號、數量、單位、日期、
儲位及短溢裝等相關資料登入至 WMS 系統。

圖 7.17 儲存作業 - 入庫上架
圖片來源：劉彩霈（民 105）

（四）儲位管理

儲位管理的工作重點為儲位規劃，即對倉庫的儲位作妥善的利用與管理，其目的
為提高倉庫的經濟性及運作效率。不同性質的貨品應使用不同的存放設備，因此在儲
位上也應加以區分，而良好的儲存方式可以減少出庫移動時間和充分利用儲存空間。
一般常見儲存方式有以下幾種，其優缺點如表 7.1 所示。

1. 定位儲放：每一項儲存貨品都有固定儲位，貨品不能互換儲位。
2. 隨機儲放：每一個貨品被指派儲存的位置都是經由隨機的過程所產生。
3. 分區隨機儲放：所有的儲存貨品按照一定特性加以群組分類，每一群組貨品都有
   其固定存放位置，但在各群組儲區內，每個儲位的指派是隨機的。
4. 大宗物品隨機儲放：所儲存的物品是依照當季、當月的促銷品或當季品而決定，
   每個儲位的指派是由隨機過程產生。
5. 在物流中心內的進出貨商品可能是大量整批的貨品，或是中量以箱為單位的貨品，
   也有可能只是幾項零散的單品。對於這些大、中和小量貨品的儲存，可應用分區
   隨機儲放的管理方式。

表 7.1　物流中心儲存方式之比較

儲存方式	適用情況	優點	缺點	庫存設定
固定儲放	1. 廠房存放空間大。 2. 每種倉儲物品都有其獨立使用的固定儲位，多量少樣或少量多樣的貨品皆有可能採納。	1. 儲位能被記憶，容易存取。 2. 可針對各種貨品的特性和周轉率高低作不同的儲位安排。	1. 儲位數必須按各項貨品之最大庫存量設計，儲位需求大約是平均庫存量的兩倍。因此儲區之空間使用效率較低。 2. 空儲位不能用來儲存其它物品。	訂貨量＋(2 x安全庫存)
隨機儲放	1. 廠房空間有限，需盡量利用儲位。 2. 多量少樣或體積大的貨品。	1. 由於儲位可共用，因此儲區的空間使用效率較高。	1. 貨物的進、出頻率通常各不相同，出入庫及盤點工作困難度高。 2. 周轉率較高的貨品可能被放置離出入口較遠的位置。 3. 相互影響的貨品可能相鄰儲放。	安全庫存＋訂貨量／2

資料來源：張福榮（民 105）、林燦煌（民 99）、林立千（民 90）

（五）庫存資料更正與查詢

　　入庫作業完成後，倉儲管理人員須向倉儲主管回報正確的進貨數量，同時更新倉儲資訊管理系統的正確庫存數量，客戶可透過 EDI 電子資料交換、電話、線上查詢或傳真等方式，查詢庫存資料。

四、揀貨作業

　　所謂「揀貨」，係將客戶的訂購品，依據揀貨單內容的貨品品項，從倉儲的料架或儲位中取出，進行貨物加工或出貨之業務。揀貨作業的目的在於正確且迅速地集合客戶所訂購的貨品，揀貨作業為物流中心內部作業花費人力最多，且成本最高的作業項目，而揀貨區的規劃、貨品存放的位置與揀貨方式皆是影響揀貨作業效率的關鍵。有關揀貨方式、流程與作業，說明如下：

揀貨作業流程：倉儲資訊管理系統確認訂單資訊→確認揀貨方式→確認搬運設備→揀貨人力資源評估→移運貨物至指定的暫存區→是否進行流通加工→是否進行通關作業申報→庫存資料更正等作業，如圖 7.18 所示。

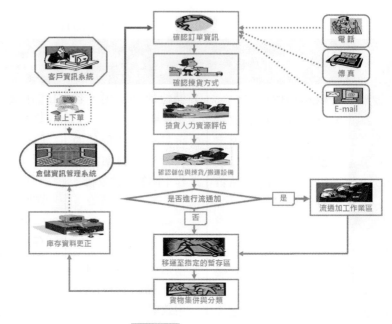

圖 7.18 揀貨作業流程

（一）確認揀貨資訊

客戶透過不同的傳輸工具，包含電話、傳眞、E-mail 或是直接用物流中心的倉儲資訊管理系統連線下單，發出揀貨通知至物流中心。

（二）確認揀貨方式

一般的揀貨方式分別爲低料架層揀取、高料架層揀取、訂單別揀取、定點揀取、批次揀取及分區揀取等六種。

1. 低料架層揀取

如圖 7.19 所示，揀貨員從地面或第一層貨架取貨，通常用於週轉率高、高出貨量（以儲存空間計）、以及每張訂單平均揀取品項較多的情況。

圖 7.19 低料架層揀取
圖片來源：奔騰物流網站（民 110）

2. 高料架層揀取

如圖 7.20 所示，揀貨員利用不同的設備在倉庫內較高的位置揀貨，高層揀貨通常用於品項種類多、安全庫存較少的倉庫，有利於倉庫空間的利用，同時仍能有效進行揀貨。

圖 7.20 高料架層揀取
圖片來源：奔騰物流網站（民 110）

3. 訂單式的揀取 (Single-Order-Picking)

這種作業方式是揀貨員獨立負責每張訂單的揀貨工作，揀取每一張訂單的貨物，

直接揀取貨物放置在揀貨台車（容器）中。在一些小型倉庫，訂單的物品少，可以同時進行多個訂單揀選，其優缺點如表 7.2 所示。

表 7.2 訂單式揀取作業的優缺點

優點	缺點
■訂單處理前置時間短，且作業簡單。 ■導入容易且彈性大。 ■作業員責任明確，派工容易、公平。 ■揀貨後不必再進行二次分類，適用於大量少品項訂單的處理。	■商品品項多時，揀貨行走距離增加，揀取效率降低。 ■揀取區域大時，搬運系統設計困難。 ■少量多次揀取時，造成揀貨路徑重複費時，效率降低。

資料來源：戴正廷（民 105）、林燦煌（民 99）、張瑞芬 / 侯建良（民 96）

4. 定點揀取

揀貨員保持位置不變，貨物被輸送至固定位置，由揀貨員選取貨物，適用於品項數少、同時揀取多張訂單的情形。定點揀取不適用於一次只揀一張訂單的情況，揀貨行走路徑加長，揀取效率降低。

5. 批次揀取 (Batch Picking)

先合併訂單，再依儲位行列揀貨，之後依客戶訂單別作分類處理 (Sorting)，批次別揀取通常與定點揀取同時使用，也適合貨量大、出貨頻繁的貨物。此種作業方式之優缺點如表 7.3 所示：

表 7.3 批次揀取的優缺點

優點	缺點
■適合訂單數量龐大的系統。 ■可以縮短揀取時行走搬運的距離，增加單位時間的揀取量。 ■愈要求少量，多次數的配送，批量揀取就愈有效。	■對訂單的到來無法做及時的反應，必需等訂單達一定數量時才做一次處理，因此會有停滯的時間產生。

資料來源：戴正廷（民 105）、林燦煌（民 99）、張瑞芬 / 侯建良（民 96）

6. 分區揀取

揀貨分為多個區域進行，每一區域有其固定揀貨人員。分區越多，揀貨作業就越困難。分區揀取常見於固定吊車系統，這是由於設施的固定造成的必然選擇。

（三）揀貨人力資源評估

倉儲作業領班會依據揀貨單及倉儲人員指派人力並呈報倉儲主管核可後執行揀

貨，若人力不足領班將會協調倉儲主管決定是否以調撥人力、雇用臨時工或加班方式取得揀貨作業的人力資源。

（四）確認儲位、揀貨與搬運設備

根據物流中心業者實施自主管理作業手冊規定，物流中心對於保稅貨品與非保稅貨品得合併存儲，但儲位必須有所區隔。因此倉儲人員必須依據貨物保稅與否之型態，確認貨物的儲位及評估使用何種揀貨與搬運設備，以提升揀貨作業的效率。揀貨設備如表 7.4 所示：

表7.4　各式揀貨設備

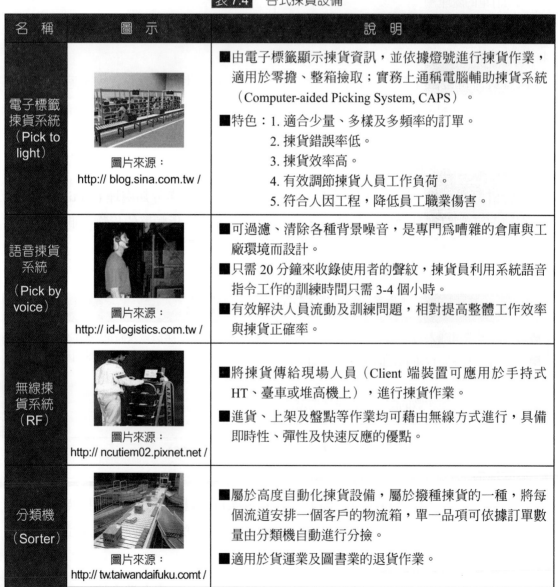

名　稱	圖　示	說　明
電子標籤揀貨系統（Pick to light）	圖片來源：http:// blog.sina.com.tw /	■由電子標籤顯示揀貨資訊，並依據燈號進行揀貨作業，適用於零擔、整箱撿取；實務上通稱電腦輔助揀貨系統（Computer-aided Picking System, CAPS）。 ■特色：1. 適合少量、多樣及多頻率的訂單。 　　　2. 揀貨錯誤率低。 　　　3. 揀貨效率高。 　　　4. 有效調節揀貨人員工作負荷。 　　　5. 符合人因工程，降低員工職業傷害。
語音揀貨系統（Pick by voice）	圖片來源：http:// id-logistics.com.tw /	■可過濾、清除各種背景噪音，是專門為嘈雜的倉庫與工廠環境而設計。 ■只需 20 分鐘來收錄使用者的聲紋，揀貨員利用系統語音指令工作的訓練時間只需 3-4 個小時。 ■有效解決人員流動及訓練問題，相對提高整體工作效率與揀貨正確率。
無線揀貨系統（RF）	圖片來源：http:// ncutiem02.pixnet.net /	■將揀貨傳給現場人員（Client 端裝置可應用於手持式 HT、臺車或堆高機上），進行揀貨作業。 ■進貨、上架及盤點等作業均可藉由無線方式進行，具備即時性、彈性及快速反應的優點。
分類機（Sorter）	圖片來源：http:// tw.taiwandaifuku.comt /	■屬於高度自動化揀貨設備，屬於撥種揀貨的一種，將每個流道安排一個客戶的物流箱，單一品項可依據訂單數量由分類機自動進行分撿。 ■適用於貨運業及圖書業的退貨作業。

資料來源：[3]、[15]、[20]

揀貨作業是將貨物從存放區取出，作爲後續出貨的準備。因而存放型態、作業需求與設備選取，皆會影響到整個揀貨作業的效率。由於人工揀貨作業佔物流成本相當高的比例，透過相關揀貨設備的輔助，可以有效降低人工成本、提升揀貨作業的效率與正確性，表 7.4 至表 7.7 說明常用的揀貨設備與型態：

表 7.5　全自動揀貨

倉儲 至 出貨	設備組合
棧板 → 棧板	自動倉儲（棧板進出）、輸送機（帶）
棧板 → 裝箱	自動倉儲（棧板進出）、棧板裝卸設備、輸送機（帶）
整箱 → 整箱	流動式料架、輸送機（帶）
整箱 → 單品	流動式料架、機器人、輸送機（帶）
單品 → 單品	專門撿取機、輸送機（帶）

資料來源：黃仲正、劉永然 (民 94)

表 7.6　半自動揀貨

倉儲 至 出貨	設備組合
棧板 → 棧板	棧板式料架、堆高機、拖板車
棧板 → 裝箱	棧板式料架、堆高機、拖板車
棧板 → 裝箱	棧板式料架、箱籠車
棧板 → 裝箱	棧板式料架、手推車
棧板 → 裝箱	棧板式料架、輸送機（帶）
整箱 → 單品	流動式料架、手推車
整箱 → 單品	流動式料架、箱籠車
整箱 → 單品	流動式料架、輸送機（帶）
整箱 → 單品	輕料架、手推車
整箱 → 單品	輕料架、箱籠車
整箱 → 單品	輕料架、輸送機（帶）

資料來源：黃仲正、劉永然（民 94）

表 7.7　電腦輔助揀貨系統 (CAPS)

倉儲至出貨	設備組合
棧板 → 裝箱	電腦輔助揀貨系統（CAPS）、拖板車
棧板 → 裝箱	電腦輔助揀貨系統（CAPS）、箱籠車
棧板 → 裝箱	電腦輔助揀貨系統（CAPS）、手推車
整箱 → 單品	電腦輔助揀貨系統（CAPS）、手推車
整箱 → 單品	電腦輔助揀貨系統（CAPS）、輸送機（帶）

資料來源：黃仲正、劉永然（民 94）

（五）是否進行流通加工

揀貨資訊註明需要流通加工的貨物，則將貨物移運至流通加工作業區，不論是保稅或是非保稅貨物於物流中心或是自由港區自主管理的機制下，進行換嘜頭、貼標、併貨、改包裝、簡易加工及組裝、檢測重整、裝箱、併櫃等流通加工作業，不受海關監視的限制，可提昇產品附加價值，待完成流通加工作業後，再移運至指定的暫存區存放。

（六）移運至指定的暫存區

將揀貨資訊內容的貨品品項由揀貨區、儲存區或流通加工作業區揀出，移運至指定的區域暫存，等候進一步的指示與通知。

（七）貨物集併與分類

根據揀貨資訊的指示，若是以批量別揀貨則須依訂單內容進行貨物分類，而以訂單別揀貨有時則須進行貨物集併。

（八）庫存資料更正

揀貨完成後作業領班須向倉儲主管回報正確的揀貨數量，同時更新倉儲資訊管理系統的正確庫存數量。

五、流通加工作業

物流中心流通加工作業屬於可選擇性的附帶性服務，是否需要進行此項作業，視客戶或產品的特性而定，其主要目的為提昇貨品一定程度的附加價值與滿足客製化需求。流通加工作業流程包含流通加工作業資訊確認→移運至流通加工作業區→流通加工作業→庫存資料更正→更新倉儲資訊系統等作業，如圖 7.21 所示，分述如下：

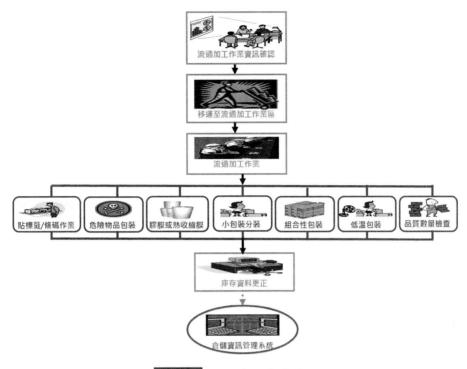

圖 7.21 流通加工作業流程

（一）流通加工作業資訊確認

根據客戶不同的需求，考量各種不同流通加工的作業的方式、時間、設備、時間與流程，擬定完善的作業計畫。

（二）移運至流通加工作業區

將準備進行流通加工的貨品由碼頭、暫存區或儲位移運至指定的流通加工作業區，等候出貨或是進一步的指示與通知。

（三）流通加工作業

流通加工作業如圖 7.22 所示，流通加工作業的類型包含貼標籤、條碼等作業如表 7.8 所示。

圖 7.22　流通加工作業
圖片來源：力勤倉儲設備 (股) 公司網站 (民 110)

（四）庫存資料更正

流通加工作業過程中貨物有損壞、耗損或是不良品，須立即通知客戶貨物目前的處理現況，決定後續處理模式，待作業完成後倉儲作業領班須向倉儲主管回報正確的加工數量。屬於保稅貨物的流通加工作業所造成的損壞、耗損或是不良品，須呈報海關人員，裁決以下腳廢料或是廢品處理。

表 7.8 流通加工作業類型

作業類型	作業內容
貼標籤／條碼作業	貼航空貨運出口標籤、嘜頭、料號、條碼、中英日文說明、危險品／易燃／易碎品／傾斜或搖晃指示標籤（俗稱變色龍）／特殊事項說明等標籤，提供倉儲作業人員於揀貨、入儲、上架、出貨、裝卸及通關等作業之必要資訊與注意事項。
化學品或危險物品包裝	針對固態或液態化學品、筒／桶狀容器或棧板、鋼瓶或其他特殊容器進行額外的包裝。如半導體製造時需用的 CMP 研磨液、光阻液之桶狀容器以膠膜固定。
膠膜或熱收縮膜包裝	針對特殊包裝材料（如液晶玻璃之保麗龍包裝材料以膠膜固定）、量販店或超級市場販售之最小單位包裝。
小包裝分裝	針對國內或國外進口的大包裝貨品，進行小包裝分裝，例如一個棧板的貨量（30 箱）分裝每 5 箱為一個出貨單位。
組合性包裝	針對不同的配件或產品進行組合性的配對保裝，例如 DIY 家俱或是年節禮品。
低溫包裝	包括海產、蔬果、肉類、花卉、冰品、半導體、光電或生技產業之關鍵原物料或是零組件等，依據形狀、生物特性、碰撞或是損耗程度等物理或是化學特性，選擇採用塑膠袋、塑膠盒、塑膠箱子、網袋、保鮮膜、保麗龍盒、膠帶、鋁製箱子或瓶子等不同的包裝材料進行包裝。
品質數量檢查	進貨或出貨前，針對貨物的品質或數量進行檢查。

（五）更新倉儲資訊系統

更新倉儲資訊管理系統正確的流通加工貨物數量，提供客戶進行庫存查詢。另一方面，屬於保稅貨品的流通加工作業，必須將正確的流通加工貨物數量，登錄於海關的物流中心自主管理查核系統，以提供海關人員進行遠端查詢。

六、出貨作業

物流中心出貨作業主要目的在於將已完成揀貨之貨物置於出貨暫存區，並進行檢查確認與訂單內容無誤後，在依據配送區域分類暫存等待配送車輛裝載。出貨作業流程包含出貨檢驗→出貨包裝→搬運至作業碼頭或暫存區→裝車及配送→庫存資料更正等作業，如圖 7.23 所示，說明如下：

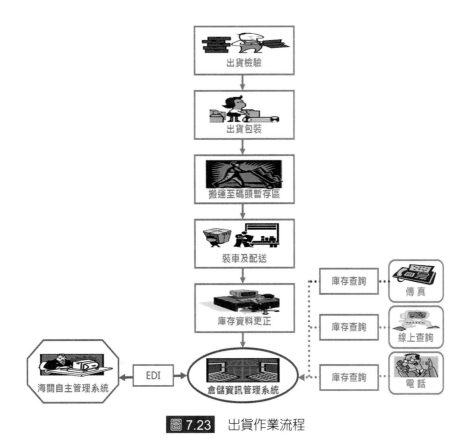

圖 7.23 出貨作業流程

（一）出貨檢驗

依據貨物的數量、品項、品質檢驗、通關是否放行等因素，確認是否與訂單內容或通關文件相符合。

（二）出貨包裝

不同於流通加工作業之包裝，出貨包裝強調對貨物的保護性及便於搬運，選擇適合的包裝材料，避免於運送途中損壞，並提升貨車的裝載率。

（三）搬運至作業碼頭或暫存區

貨物包裝完成後，選擇適當的搬運工具，考量操作人員調度、貨型、車型、路線、廠商或目的地等因素，將貨物移運至指定的作業碼頭或暫存區，等待裝車。

（四）裝車及配送

如圖 7.24 所示，貨物包裝完成後，選擇適當的搬運工具，考量操作人員調度、貨型、車型、路線、廠商或目的地等因素，將貨物移運至指定的出貨碼頭或暫存區（圖 7.24），等待裝車。

圖 7.24 出貨作業－裝車及配送
資料來源：美國 SOLE 國際物流協會 (民 109)

7-29

倉儲人員將碼頭暫存之貨物，依據運送排程、路徑及收貨順序，以先進後出 (First In Last Out, FILO) 裝載堆置原則（圖 7.25）；在考量送貨地點距離為前提，由遠至近依序將貨物搬運入車廂內裝載堆置，減少貨物運送至各個下貨點時，現場翻堆與失溫的風險。

裝車時
先進後出

卸貨時避
免現場翻
堆與失溫

　　在完成貨物裝車後，倉儲管理人員開立物流中心車輛放行單及貨物運送單，交付司機配送至指定的交貨地點。

 先進後出 (First In Last Out, FILO) 裝載堆置原則

（五）庫存資料更正

　　出貨完成後作業領班須向倉儲主管回報正確的出貨數量，同時更新倉儲資訊管理系統的正確庫存數量，以提供客戶查詢。屬於保稅貨物者，則應登錄於海關的物流中心自主管理查核系統，以提供海關人員進行遠端查詢。

7-3　倉儲搬運與存放設備

依搬運設備與存放設備，說明如下：

一、搬運設備

　　搬運設備在倉儲作業的使用率非常高，與存放設備具有同等的重要性，所以搬運設備為倉儲作業效率關鍵因素之一。搬運作業大部分需使用容器裝載貨物，而容器因作業、商品及產業而有不同，目前常見的容器包含包裝紙箱、塑膠箱及棧板等容器，如表 7.9 之說明。

表 7.9　倉儲作業之搬運容器說明

負載容器	說明
紙箱	■包裝紙箱主要應用在商品包裝上，可分為新品及回收紙箱兩等種，必須注意材質及瓦楞紙板（A 楞、B 楞、C 楞、D 楞及 E 楞）。 ■紙箱尺寸種類繁多，主要依據作業、商品及產業需要決定尺寸。 ■宅配時建議用紙箱－因為宅配客戶多屬不定時且周期不固定的出貨方式。
物流箱	■作為周轉使用（亦即可多次重複使用）。 ■回收時可折疊，減少佔用之空間。 ■連鎖便利店經常使用物流箱進行作業。 ■店配時建議用物流箱－店配客戶之訂貨周期較固定，因此可利用回收的方式來減少紙箱的用量。

負載容器	說明
棧板	■棧板為物流搬運必備的單元負載容器，依材質可分為木製棧板、金屬棧板、紙棧板及塑膠製棧板等四種。 ■可配合適當的搬運設備如自動牙叉、電動托板車或堆高機等舉起棧板至指定的儲位存放。棧板尺寸種類繁多， ■國內主要使用 1,100mm×1,100mm、1,016mm×1,219mm 及 800mm×1,200mm 等三種規格。

參考資料：[11]、[17]、[18]

　　搬運設備種類則可分為手推車、托板車、輸送機、堆高機、輸送帶及其他工業機具等六種設備，各種類設備皆具有其特性及用途，說明如表 7.10 所示。

表 7.10　搬運設備種類

搬運設備	種類	說明	圖片
人力推車	手推車	■適合高度人工運送，符合人體工學 ■附有把手操控及移動，載運各式箱子及桶型物。	
托板車	手動棧板拖車	■可在水平地板上拉動 2,000 公斤以上的物品。 ■運載量時，可以利用增加手動棧板拖車數加以解決，但裝載的數量、重量、體積、和運載的頻率要在操作人員的承受能力之內。 ■適用於棧板的搬運及揀貨。	
	電動托板車	■以蓄電池提供行駛的動力，以解決上下坡的問題。 ■適用於短距離搬運，中等負載重量。 ■如大量棧板的搬運及揀貨時使用，為國內貨運業、物流業與量販零售業廣泛使用。	
堆高機 Forklift	堆高機	■具動力的搬運設備。 ■可舉升或降下棧板，以進行棧板的搬運與上下架作業。 ■應用於進貨上架、補貨或是整箱揀貨的搬運設備。 ■通常動力方式為：電動（室內）、柴油（室外）。	
	手動堆高機	■不具動力的搬運設備。 ■可舉升或降下棧板，以進行棧板的搬運與上下架作業。 ■適用於賣場進貨上架、補貨的搬運設備。	

搬運設備	種類	說明	圖片
籠車	籠車	■籠車為目前貨運與宅配業者常用的搬運單元，具備方便移動的特性。但受限於貨件規格不一，因此積載率較人工堆疊低。 ■物流籠車以鋼材或是塑膠網組成，強化的車輪使操作更穩定。不使用時可摺合，節省空間。	
無人搬運車	無人搬運車	■獨立作業的搬運系統，在製程中擔任材料倉儲、運輸工作，適於搬運不同的物料，自不同的負載點至不同的卸載點，使得生產線彈性化、降低成本。 ■動力通常由蓄電池供應，路徑通常是藉埋在地板下的電線或地板表面的反射漆來完成，靠著車上的感測器引導車子依循電線或圖漆前進，達成無人操控的搬運方式。	
輸送帶	重力式輸送帶 — 滾輪式	■特點為重量輕，易於搬動，在轉彎段部分，滾淪為獨立轉動，組裝、拆裝快速容易。 ■適合輸送包裝材料表面較軟、較輕的物品，例如紙箱。	
	重力式輸送帶 — 滾筒式	■滾筒、軸、軸承、骨架、支撐架等元件的組合非常多樣，可滿足各種不同的應用及需求。 ■適合輸送硬紙箱、木箱，不適用滾輪輸送帶的物品，例如塑膠籃、容器及桶狀物等。	
	重力式輸送帶 — 滾珠式	■在床台上裝有可自由任一方向轉動的萬向滾珠，承載物越硬，移動速度越快。 ■適合輸送 包裝材料表面較硬的物品，不適合輸送底部較軟、較濕的紙箱、棧板、桶狀物及籃子等，亦不適合易揚起灰塵的環境。	
	動力式輸送帶 — 鍊條式	■直接以鏈條承載貨物，且鏈條兩邊板片直接在支撐軌道上滑行。 ■構造簡單，維護容易，且成本低廉，但噪音大。須使用低摩擦係數且耐磨耗之材料。適用於較輕的荷載且較短距離的配送。	
	動力式輸送帶 — 滾筒式	■構造與皮帶式輸送帶相當類似，只有在皮帶上方裝有一列承載滾筒及下方裝有調整鬆緊之壓力滾筒。 ■應用於儲積、分歧、合流及較重的負擔。另也廣泛使用於油污、潮濕及高、低溫的環境。	

參考資料：[1]、[4]、[7]、[8]、[9]、[16]、[17]

二、存放設備

　　就倉儲業者而言，存放設備是最基本的需求，假使物品沒有經存放設備保持一適當之保管量，便無法出貨供給需求者。而保管的最重要目的是對於下游需求能經常適時、適量的供給。而存放設備要如何選擇呢？其考慮因素有物品特性、存取性、出入庫量、搬運設備、廠房設施等，如圖 7.26 所示，最主要的就是依據保管儲區的功能做一適當的選擇，例如保管儲區的主要功能在於供應補貨所需，則可選用一些高容量的料架，而動管儲區的主要功能在提供揀貨，則可選用一些方便揀貨的流動架等，以便利作業。

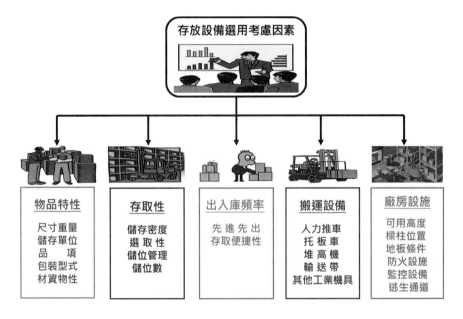

圖 7.26　存放設備選用考慮因素
參考資料：曾國男（民 91）

　　存放設備的選擇須考量下列各項因素：

（一）物品特性

　　物品的尺寸大小、外型包裝等將會影響儲存單位的選用，由於儲存單位的不同，相對的使用儲放設備就不同，例如棧板料架適用於棧板儲放，而箱料架則適合紙箱貨品，若外形尺寸特別，則有一些特性之儲放設備可選用，而貨品本身之材料物性，如易腐性或易燃性或易碎性等貨品，在儲放設備上就必須做防護考量。

（二）存取性

貨物的存取性與儲存密度是互抵 (Trade-off) 的，也就是說，為了得到較高的儲存密度，則相對必須犧牲物品的存取性。有些料架型式雖可得較佳之儲存密度，但會使儲位管理較為複雜，惟有立體自動倉庫可向上發展，存取性與儲存密度較佳，但相對投資成本較為昂貴。因此選用何種形式的儲存設備，可說是各種因素的折衷，也是一種策略的應用。

（三）出入庫頻率

某些型式的料架雖有很好的倉儲空間利用率，但物料存取較不便捷，適合於出入庫頻率較低的作業。另外是否為先進先出的需求，也是評估存放設備類型的重要因素。

（四）搬運設備

儲存設備的存取作業是以搬運設備來完成。因此選用儲存設備需一併考慮搬運設備。料架通道寬度直接影響到堆高機種類是配重式或窄道式的型式。另外尚須考慮舉升高度和舉升能力。

（五）廠房設施

樑柱位置與樑下高度會影響料架的配置，地板的承重強度。平整度也與料架的設計、安裝有關。另外必須考慮防火設施、監控設備、逃生通道及照明設施。

以下即列舉實務上常用的存放設備及適合使用的情形，如表 7.11 所示，而揀貨方式中之代號；C：Carton（箱）、B：Box（盒）、P：Pallet（棧板）。

表 7.11　倉儲存放設備種類

存放設備名稱	適合使用情形	圖片
輕（中）料架	■輕量型料架採可調式格板設計，可自由調整儲存高度，結構輕量化，用以儲存紙箱、包裝、檔案資料等重量較輕及體積較小之物品。 ■適合多樣少量的儲存，無先進先出等的限制，在揀貨模式中適合拆箱揀貨的模式（C→B、B→B）。	

存放設備名稱	適合使用情形	圖片
重型（棧板）料架	■重量型料架是最普遍的一種料架，提供 100% 的存取性，並且有良好的存取效率。 ■儲存密度較低，地面使用率約 33%~40%，儲存物品較重，需配合棧板和堆高機使用，故又稱爲棧板式料架。 ■物料存取便捷迅速，適合揀貨作業與出貨作業頻率較高之物料儲存，地面使用率約 33%~40%，通道佔用較大，須規劃較多的通道，倉儲空間利用率較低，在揀貨模式中整棧板揀貨或是整箱揀貨（P→P、P→C）。	
移動式料架	■裝上滾輪使得貨架可以移動，倉庫可變得很精簡。 ■進出巷道，只須留一點空間即可。因爲工人藉著移動料架（只需用電能，手轉輪或用力推），便等同"移動著"走道。 ■走道空間可獲得節省，代價是存取作業速度降低。 ■在揀貨模式中適合拆箱揀貨模式及多種少量商品揀貨（C→B、B→B）。	
流動式料架	■採用流動棚，使得單品揀取作業變成一件輕鬆愉快的工作。在相同商品種類的陳列面上，可以減少許多的移動距離，而達到合理化、省力化的作業目的。 ■適合多品種、少量、高出貨頻率單品配送。在揀貨方式中適合拆箱揀貨模式及多種少量商品揀貨（C→B、B→B）。	
積層式料架	■將空間作雙層以上活用之設計，在廠房或倉庫地板面積有限的情形，在現有設備上搭蓋一個儲存隔層，上面的空間就是多出來的位置。 ■如同櫥櫃與料架，積層料架多爲模組化設計與立體規劃，達到充分利用的效果，在揀貨模式中適合拆箱揀貨方式及多種少量商品揀貨（C→B、B→B）。	
巧固籠與巧固籠架	■巧固籠兼具墊板與物料籠的功能，附有輪子，移動方便，可以堆高機存取，不用時可摺疊收藏。 ■巧固籠架乃存放巧固籠之料架，可堆高至四層，且無須預留作業通道，倉儲空間利用率高。 ■在揀貨模式中適合拆箱揀貨模式及多種少量商品揀貨（C→B、B→B）。	

存放設備名稱	適合使用情形	圖片
電力驅動式棧板料架	■以電力驅動料價作橫向未移之設計，只需預留單條作業走道，倉儲空間利用率高。 ■儲存量比傳統式料架多 2/3 空間、地面使用率達 80%、空間效率約 70% 左右，直接存取，不受先進先出之限制， ■揀貨模式為整棧板揀貨或是整箱揀貨（P→P、P→C）。	
駛入式料架	■存取方式為堆高機駛入料架最裡層的位置開始存放物料，通道即為儲存空間，倉儲空間利用率高，約 80% 左右，較固定式料架增加 25% 儲存空間。 ■缺點是存取性最差，不適合先進先出之作業方式，適合少樣多量且出貨頻率較低 的物料，在揀貨模式中僅適合整棧板揀貨（P→P）。	
後推式料架	■原理是在前後樑間以多層臺車重疊相接，由前方將棧板貨物置於台車上推入，後儲存之貨品會將原先貨品推到後方，當前方棧板取走時，台車會自動滑向前方入口，一般規劃 2~4 個棧板深儲位，最多可達 5 個儲位深。 ■後推式料架較固定料架增加 30% 儲存空間，適合少樣多量物品，不適合先進先出之作業方式，空間效率約 50%~60%。 ■揀貨方式中僅適合整棧板揀貨（P→P）。	
活動儲櫃	■有別於傳統之固定儲櫃，無走道密集式活動儲櫃，較固定儲櫃多出兩倍以上的儲存空間，物料分類、整理、存取方便，設有安全固定鎖，保密性佳。 ■適合存放體積小、重量輕、品項多且出貨頻率較低的物料。 ■揀貨模式中適合拆箱揀貨的方式（C→B）。	
流利架	■使用於流通業，須結合棧板架儲存、積層架空間。利用輸送帶快速傳送及流利架小品項揀取及物流箱的結合可為多點多樣及快速運送的方式，其中流利架是不可缺的一種揀取貨架。 ■多使用紙箱或塑膠箱存放及揀取後物品集中物流箱配送。 ■揀貨方式中適合拆箱揀貨模式及多種少量商品揀貨（C→B、B→B）。	
自動倉儲系統	■有別於傳統倉儲系統，以自動化流程，並配合周邊倉儲設施、物料數量、存取頻率及品項多寡量身訂作，由於庫位密集且為高架化，可提昇倉儲空間利用率。 ■結合資訊軟體控制，提供物料於存取的過程中，自動搜集、揀取、分類及輸送的功能，發揮迅速、精確及節省人力的效益。 ■揀貨方式中適合整棧板揀貨及整箱揀貨模式（P→P、P→C）。	

參考資料：[3]、[7]、[8]、[10]、[16]、[17]

自我練習

第一部分：選擇題

第一節　倉儲的定義與功能

(　　) 1. 過去被視為一個暫時儲存物品的建築物或場所，如機還可用以進行流通加工或轉運等加值活動的地方稱之為何？

① 工廠　② 倉庫　③ 辦公室　④ 廚房

(　　) 2. 下列選項何者**不是**倉儲 (Warehousing) 的主要功能？

① 販賣　② 訂單處理　③ 揀貨　④ 儲存

(　　) 3. 下列選項何者**是**倉儲 (Warehousing) 的主要功能？

A. 訂單處理　B. 儲存　C. 揀貨　D. 流通加工　E. 出貨

① AB　② ABC　③ ABCD　④ ABCDE

(　　) 4. 下列選項何者**不是**倉儲管理的基本內容？

① 倉儲作業流程分析與改善　　② 人員薪資發放

③ 庫存管理　　　　　　　　　④ 倉庫的選址與建築結構評估

(　　) 5. 有關倉儲的重要性，下列敘述何者**正確**？

A. 具有緩衝功能，可調節供給與需求間的差異

B. 在產品銷售前，倉儲可提供暫存的場所

C. 提供顧客即時供貨的服務

① A、B 正確，C 不正確　　② A、B、C 皆正確

③ A、C 正確，B 不正確　　④ B、C 正確，A 不正確

(　　) 6. 有關倉儲具有的效益，下列敘述何者**正確**？

A. 提供產品存放場所，降低運輸成本　B. 降低採購成本

C. 降低缺貨風險、滿足顧客需求　　　D. 建立調節性庫存、掌握及時商機

① AC　② ABC　③ ABD　④ ABCD

(　　) 7. 下列選項何者不是物流成本常見的**互抵效應 (Trade-Off)**？

① 批量生產 V.S. 客戶對於產品多樣少量需求

② 運輸成本 V.S. 零擔出貨

③ 存貨水準 V.S. 顧客服務水準

④ 物流中心的數量 V.S. 運輸成本

( )8. 利用倉儲來接收及合併來自多家不同供應商的貨品，將不同工廠的貨物合併，以同一運輸工具運送給指定的顧客，如此可有效降低運輸費率，同時滿足顧客少量多樣的需求。**試問是在描述哪一種倉儲功能？**

① 合併 (Consolidation)

② 分裝及越庫 (Break Bulk and Cross Dock)

③ 加工處理與延遲 (Processing & Postponement)

④ 存貨堆放 (Stock Piling)

( )9. 為一家供應商或工廠以較少次數、整車大批量的方式將不同顧客的訂單產品運送至倉庫，然後再分裝成各顧客所訂購的貨品，裝載至較小的運輸工具上，再配送至各顧客指定的交貨地點；或在在倉庫中接收來自各家供應商或工廠的整車貨品，在收到貨品後立即依顧客需求及交貨點加以拆解、分類、合併後，再依客戶需求裝載出貨至各個交貨點；在整個過程中，所有貨品均不進入倉庫儲存空間，以節省進出庫的人力與搬運費用。**試問是在描述哪一種倉儲功能？**

① 合併 (consolidation)

② 分裝及越庫 (Break Bulk and Cross Dock)

③ 加工處理與延遲 (Processing & Postponement)

④ 存貨堆放 (Stock Piling)

( )10. 將產品的終端裝配延遲至確認顧客正確的訂單，作最後的組裝與測試後交付顧客，配合企業供應鏈延遲生產活動的策略，達到降低供應鏈中的庫存成本，並滿足顧客快速交貨及客製化的要求。**試問是在描述哪一種倉儲功能？**

① 合併 (consolidation)

② 分裝及越庫 (Break Bulk and Cross Dock)

③ 加工處理與延遲（Processing & Postponement）

④ 存貨堆放（Stock Piling）

( )11. 廠商將所生產之產品運送至倉儲、銷售據點與通路，直接以成品庫存供應客戶，滿足顧客的要求。**試問是在描述哪一種倉儲功能？**

① 合併 (consolidation)

② 分裝及越庫 (Break Bulk and Cross Dock)

③ 加工處理與延遲（Processing & Postponement）

④ 存貨堆放（Stock Piling）

( )12. 有關倉儲功能中之**越庫作業 (Cross Dock)**，下列敘述何者**錯誤**？

① 針對進出頻率較高的貨物，在收貨後直接越過儲位存放區（不再入庫儲存），並移至出貨碼頭（暫存區）的作業

② 減少搬運及儲存作業的時間與成本

③ 降低庫存及貨物保管成本

④ 增加出貨作業的人力、時間及成本

( )13. 儲存生產的原料或零組件，通常會設置在生產或組裝線附近以備使用，是在描述哪一種**倉庫**？

① 原料倉庫 (Raw Materials Warehouse)

② 在製品倉庫 (Work-in-Process Warehouse)

③ 區域倉庫 (Regional Warehouse)

④ 保稅倉庫 (Bonded warehouse)

( )14. 是指經海關核准、發給執照，專門儲存保稅貨物的倉儲，是在描述哪一種**倉庫**？

① 原料倉庫 (Raw Materials Warehouse)

② 併貨櫃倉庫 (Consolidation Warehouse)

③ 訂單履行型倉庫 (Fulfillment Warehouse)

④ 保稅倉庫 (Bonded warehouse)

( )15. 面對企業全球化的發展**趨勢**，為了快速接近市場，迅速服務客戶，藉由運籌管理和供應鏈的觀點來整合全國間和各國內間物流、資訊流、金流的全球運籌中心，是在描述哪一種**倉庫**？

① 區域倉庫 (Regional Warehouse)

② 全球發貨中心 (Global Distribution Center)

③ 地方性倉庫 (Local warehouse)

④ 原料倉庫 (Raw Materials Warehouse)

(   )16. 儲存的是半成品，設置在製造或組裝線附近備用。接單式生產 (BTO) 或是量身式生產 (CTO) 會運用模組化技術，將模組化的半成品存放於此類倉庫，在確認客戶訂單需求後，在最短的時間完成組裝產品與交付客戶，是在描述哪一種**倉庫**？

① 製成品倉庫 (Finished Goods Warehouse)

② 全球發貨中心 (Global Distribution Center)

③ 在製品倉庫 (Work-in-Process Warehouse)

④ 原料倉庫 (Raw Materials Warehouse)

第二節　物流中心倉儲作業流程

(   )17. 客戶下訂單的方式有哪些？

① 電話　② 網路下單　③ E-mail　④ 選項①、②、③皆正確

(   )18. 有關物流中心**訂單處理**主要目的，下列敘述何者**正確**？

① 處理有關客戶訂單的確認、查核、分析與維護

② 依據訂單進行相關物流作業指派，適時、適地、適量、準確的送達至指定的收貨人或場所

③ 選項①不正確、②正確

④ 選項①、②皆正確

(   )19. 下列哪一選項**不是**物流中心運輸作業指派主要考量因素？

① 運價　　　　　　　　　② 提貨及到達時間

③ 裝卸貨作業要求　　　　④ 貨物材積、重量

(   )20. 小文新建一座倉儲中心，其該從何種作業模式開始執行？

① 物流作業　② 出貨作業　③ 進貨作業　④ 揀貨作業

(   )21. 倉儲管理人員在貨物於**進貨**碼頭卸貨後之清點項目為何？

① 品質與數量　② 品項與數量　③ 品質與品項　④ 以上皆非

(   )22. **進貨作業**是物流中心初步之處理作業，下列敘述何者**錯誤**？

① 貨物抵達時，立即進行卸貨、檢查貨物資料、廠商來源，是否正確

② 如果卸貨及清點過程發現貨物受損或誤送貨物，可先行移至儲存區上架，事後再告知貨主

③ 貨物由車輛以堆高機或油壓拖板車移運至進貨碼頭時，需特別注意車輛與碼頭間之的高度差距與空隙，避免造成貨物傾倒或掉落之損害

④ 進貨完成後倉儲管理人員須向倉儲主管回報正確的進貨數量，同時更新倉儲資訊管理系統的正確庫存數量，提供客戶查詢

（　）23. **進貨作業**是物流中心初步之處理作業，下列敘述何者**正確**？

A. 客戶透過不同傳輸工具，發出進貨通知（進貨資料、內容、日期及方式等）至物流中心

B. 須正確掌握到貨時間、貨物品項及數量，事先規劃進貨的時程和卸貨的碼頭

C. 卸貨時需特別注意車輛與碼頭間的高度差距與空隙，避免造成貨物傾倒或掉落之損害

D. 倉儲人員開始卸貨，與司機清點貨物數量是否正確，檢查貨物資料、廠商來源、貨物是否受損等作業

E. 如果卸貨過程發現瑕疵或誤送貨物，則立即移至儲存區上架，事後再告知貨主，避免造成碼頭擁塞與車輛等待

① AB　② ABC　③ ABCD　④ ABCDE

（　）24. 物流中心的儲存作業，需考慮貨物之特性與差異，下列哪一選項是進行儲位管理時，必須考慮的因素？

A. 體積、重量、形狀　　　　B. 溫度（低溫、常溫倉）
C. 氣味　　　　　　　　　　D. 危險等級
E. 倉租

① AB　② ABC　③ ABCD　④ ABCDE

（　）25. 某倉儲的棧板尺寸為 1.1×1.0 平方公尺，每個棧板可疊放 24 箱貨品，若平均庫存量為 480 箱，通道與作業空間占 30%，則需要多大的物料存放空間（**平方公尺**）？

① 18.5　② 28.6　③ 45.8　④ 62.7

（　）26. 某倉儲的輕型料架為 4 層，每一層的儲位空間為 1.5 × 1.0 平方公尺，考量料架負載能力及物料尺寸，每個儲位可堆放 15 箱貨物，目前倉儲的平均存貨量為 600，則總計需要幾組輕型料架？

① 10 組　② 15 組　③ 20 組　④ 25 組

（　）27. 續上題，若考量通道與作業空間占全部儲存面積的 30%，則需要多大的物料存放空間（**平方公尺**）？

① 11.4　② 19.5　③ 25.6　④ 32.7

（　）28. 有關倉庫儲存保管作業，下列敘述何者**錯誤**？

　　① 大多數物流中心採用重型料架作為大量儲存之用

　　② 進出貨頻率高的貨物放置於最方便進出貨品之儲位

　　③ 為節省成本支出，放置於重型料架之貨物不需做固定措施

　　④ 必須考慮貨物之體積、重量、溫度（低溫、常溫倉）及是否屬於危險等級等因素，進行必要的儲位管理

（　）29. 有關倉儲管理的基本原則，下列敘述何者**錯誤**？

　　① 導入 5S（整理、整頓、清掃、清潔、素養）管理

　　② 落實各項標準作業流程 (SOP)

　　③ 無須考量產品特性，所有商品集中貯存，提升倉庫倉容量的利用率。

　　④ 建立各項關鍵績效指標 (KPI) 進行持續改善

（　）30. 一般倉儲作業不管商品是否有日期限制，為了作業及管理的效率，對於商品的進出都採用何種方法來進行商品的管理？

　　① 後進後出法　　　　　　　② 先進後出法

　　③ 先進先出法　　　　　　　④ 依通路商要求來調整

（　）31. 儲位管理的工作重點為儲位規劃，有關「**定位儲放**」的優缺點，下列敘述何者**錯誤**？

　　① 每種倉儲物品都有其獨立使用的固定儲位

　　② 可針對各種貨品的特性和周轉率高低作不同的儲位安排

　　③ 儲區之空間使用效率較低

　　④ 空儲位可以用來儲存其它物品

（　）32. 儲位管理的工作重點為儲位規劃，有關「**隨機儲放**」的優缺點，下列敘述何者**錯誤**？

　　① 儲位可共用，儲區的空間使用效率較高

　　② 適合存放少量多樣或體積小的貨品

　　③ 貨物的進、出頻率通常各不相同，出入庫及盤點工作困難度高

　　④ 周轉率較高的貨品可能被放置離出入口較遠的位置

（　）33. 在現今少量多樣多頻度的流通環境中，物流中心正常作業中，以下哪一項作業最耗費人力且容易出錯，故引進許多設備以降低錯誤提升效率？

　　① 進貨驗收　② 揀貨　③ 流通加工作業　④ 集貨出貨

( )34. 揀貨作業中有關**訂單別揀取 (Single-Order-Picking)** 的優缺點，以下何者**錯誤**？

① 適用於少量多品項訂單的處理

② 作業員責任明確，派工容易、公平

③ 揀取區域大時，搬運系統設計困難

④ 少量多次揀取時，造成揀貨路徑重複費時，揀貨行走距離增加，揀取效率降低

( )35. 揀貨作業中有關**批次揀取 (Batch Picking)** 的優缺點，以下何者**錯誤**？

① 適用於少量多品項訂單的處理

② 可以縮短揀取時行走搬運的距離，增加單位時間的揀取量

③ 必需等訂單達一定數量時才做一次處理，因此會有停滯的時間產生

④ 不適合訂單數量龐大的系統

( )36. 揀貨作業中有關**訂單別揀取 (Single-Order-Picking)** 與**批次揀取 (Batch Picking)** 的敘述，以下何者**錯誤**？

① 訂單別揀取是揀貨員獨立負責每張訂單的撿貨工作，可以省去分揀和包裝成本

② 批次揀取是先合併訂單，再依儲位行列揀貨，之後依客戶訂單別作分類處理 (Sorting)

③ 訂單別揀取適用於少量、多品項、訂單數量龐大的揀貨作業

④ 批次揀取的缺點是必需等訂單達一定數量時才做一次處理，因此會有時間延遲的狀況發生，訂單處理時間較長

( )37. 物流中心，有關**揀貨作業管理要點**，下列敘述何者**錯誤**？

① CAPS 是指電腦輔助揀貨系統

② 電子標籤揀貨方式主要利用眼睛看

③ 無線揀貨系統主要是用耳朵聽

④ 電子標籤揀貨方式適用於零散、整箱揀取

( )38. 流通業常用的撿貨設備：**電腦輔助揀貨系統(Computer-aided Picking System, CAPS)** 為半自動揀貨系統，下列敘述何者**正確**？

A. 適合少量、多樣及多頻率的訂單　　　B. 撿貨錯誤率低

C. 揀貨效率高　　　　　　　　　　　　D. 有效調節撿貨人員工作負荷

E. 符合人因工程，降低員工職業傷害

① ABC　②ABCD　③ ABDE　④ ABCDE

( )39. 物流中心常用的一種無紙化的揀貨系統，可以把一般傳統揀貨單更改為電腦（或掌上型電腦）方式的揀貨，尤其較多應用在手持式 HT、臺車或堆高機上，這一種物流自動化系統簡稱為：
① 條碼 (Barcode)　　　　　　　② 分類機 (Sorter)
③ 電子標籤揀貨系統 (Pick to light)　④ 無線揀貨系統 (RF)

( )40. 有關流通加工作業，以下何者**錯誤**？
① 通常不會改變商品的性質
② 加工材料表 (BOM) 表是重要的輸入要件
③ 包含了促進銷售或提高物流效率或是商品加值的目的
④ 通常也包含深度加工的作業

( )41. 流通加工與以下哪一個供應鏈管理策略直接相關？
① 企業流程再造 (BRP)　　　　　② 延遲策略 (Postponement)
③ 六標準差 (6sigma)　　　　　　④ 長鞭效應 (Bullwhip Effect)

( )42. 有關物流資訊系統的描述，以下何者錯誤？
① 縮短訂單處理時間　　　　　　② 提升新進人員錄用決策的精確性
③ 提升客戶服務可靠度　　　　　④ 有效管理儲位、降低庫存

( )43. 物流中心通常在什麼作業區域進行出貨對點，點交完成後責任與風險轉移至運輸配送人員？
① 揀貨作業區　② 流通加工區　③ 出貨碼頭（月台）　④ 儲存保管區

( )44. 物流中心，有關**出貨作業管理注意事項**，下列敘述何者**錯誤**？
① 依據貨物的數量、品項、品質檢驗、通關是否放行等因素，確認是否與訂單內容或通關文件相符合
② 貨物包裝完成後，選擇適當的搬運工具，考量操作人員調度、貨型、車型、路線、廠商或目的地等因素，將貨物移運至指定的作業碼頭或暫存區，等待裝車
③ 出貨作業依據運送排程、路徑及收貨順序，以先進先出 (FIFO) 裝載堆置原則，減少在送貨地點卸貨時，現場翻堆與失溫的風險
④ 在完成貨物裝車後，倉儲管理人員開立物流中心車輛放行單及貨物運送單，交付司機配送至指定的交貨地點

第三節　倉儲搬運與存放設備

( )45. 有關**物流箱**的描述，何者錯誤？

　① 作為周轉使用（亦即可多次重複使用）

　② 連鎖便利商店經常使用物流箱進行配送

　③ 網購業者經常使用物流箱進行宅配

　④ 回收時可折疊，減少佔用之空間

( )46. 有關存放設備其考慮因素，下列敘述何者**正確**？

　A. 物品特性　　　　　B. 倉容量　　　　　C. 進出貨頻率

　D. 廠房設施　　　　　E. 建置與維護成本

　① ABC　② ABCD　③ ABDE　④ ABCDE

( )47. 何者為常見的**搬運設備**？

　A. 托板車　B. 輕（中）料架　C. 堆高機　D. 積層式料架

　① AC　② ABC　③ ABD　④ ABCD

( )48. 下列搬運設備中，何者**不能**在物流中心室內日常操作中使用？

　① 柴油堆高機　② 無人搬運車　③ 拖板車　④ 電動托板車

( )49. 下列搬運設備中，何者不適用於棧板搬運作業？

　① 輸送帶　② 電動堆高機　③ 油壓托板車　④ 電動托板車

( )50. 下列搬運設備中，哪一項具備方便移動，常應用在貨運與宅配業者的搬運單元？

　① 輸送帶　② 籠車　③ 無人搬運車　④ 柴油堆高機

( )51. 在一個設置有五層高重型料架的物流中心內，以下哪項作業較可能使用到高揚層堆高機？

　① 上架儲存　② 整箱揀貨　③ 出貨作業　④ 進貨驗收

( )52. 以下哪項設備不常在流通業的物流中心應用到？

　① 撿貨台車　② 籠車　③ 無人搬運車　④ 電動堆高機

( )53. 下列選項何者是倉儲之儲存設備？

　① 後推式料架　　　　　　② 揀貨推車

　③ 電腦輔助撿貨系統 (CAPS)　④ 輸送帶

(   )54. 以下哪種料架**最不容易做到先進先出**，但**倉儲空間利用效率高**？
　　　① 駛穿式料架　　　　　　　② 後推式料架
　　　③ 重型（棧板）料架　　　　④ 流利架

(   )55. 以下哪幾種料架**可有效增加倉儲空間利用率**？
　　　A. 後推式　　B. 駛入式　　C. 重型料架　　D. 巧固籠架
　　　① AB　　② ABC　　③ ABD　　④ ABCD

(   )56. 以下哪種料架**最容易做到先進先出**且作業效率高？
　　　A. 重型（棧板）料架　　　　B. 後推式料架　　　　C. 駛入式料架
　　　D. 駛穿式料架　　　　　　　E. 流利架
　　　① ABE　　② ACE　　③ ADE　　④ ABCDE

(   )57. 以下哪種料架**最不容易做到先進先出**，但倉儲利用效率高？
　　　① 後推式料架 (Pushback Rack)　② 駛穿式料架 (Drive-through Rack)
　　　③ 流利架 (flow rack)　　　　　　④ 重型料架 (pallet rack)

(   )58. 以下哪幾種料架可有效增加**倉儲空間利用率**？
　　　A. 後推式　　B. 駛入式　　C. 重型料架　　D. 積層式料架
　　　① AB　　② ABC　　③ ABD　　④ ABCD

(   )59. 有關自動倉儲系統的描述，何者**錯誤**？
　　　① 無人化操作　　　　　　　② 建置與維護成本高
　　　③ 空間使用率較低　　　　　④ 高度可較重型料架高

(   )60. 以下對於自動倉庫的描述，何者**正確**？
　　　A. 具備自動搜集、揀取、分類及輸送的功能
　　　B. 倉儲空間利用率佳
　　　C. 具備迅速、精確及節省人力的特性
　　　D. 建置與維護成本高，投資前需審慎評估
　　　E. 揀貨方式適合人工開箱檢貨作業
　　　① ABC　　② ABCD　　③ ABCE　　④ ABCDE

第二部分：簡答題

1. 請簡述：良好的倉儲作業與管理對於提升企業競爭優勢的效益爲何？

2. 倉儲功能中，越庫作業 (Cross Dock)，請敘述其流程與優點（列舉 3 項）爲何？

3. 請簡述：訂單處理作業流程

4. 在倉儲進貨作業中，如果在卸貨清點過程發現瑕疵或誤送貨物，請試述貨物異常處理的處理程序？

5. 某倉儲的輕型料架爲 4 層，每一層的儲位空間爲 1.5 × 1.0 平方公尺，考量料架負載能力及物料尺寸，每個儲位可堆放 15 箱貨物，目前倉儲的平均存貨量爲 600，試問：

   (1) 需要幾組輕型料架？

   (2) 若考量通道與作業空間占全部儲存面積的 30%，則需要多大的物料存放空間（平方公尺）？

6. 在物流中心撿貨作業，請試述「訂單式的揀取 (Single-Order-Picking)」的優點與缺點爲何？

7. 在物流中心撿貨作業，請試述「批次揀取 (Batch Picking)」的優點與缺點爲何？

8. 在物流中心撿貨作業，請試述「電腦輔助揀貨系統 (Computer-aided Picking System, CAPS)」的特性爲何？

9. 請簡述：何謂流通加工？

10. 在物流中出貨作業流程，請試述貨物裝車時之「裝載堆置原則」爲何？

 參考文獻

1. 力至優有限公司網站：http:///nichiyu.com.tw，民國 110 年。

2. 力勤倉儲設備（股）公司網站：http://www.lichin.tw，民國 110 年。

3. 中華民國物流協會，物流運籌管理 4 版，中華民國物流協會，民國 107 年。

4. 弘原倉儲網站：http://ts.mallnet.com.tw/any.htm，民國 110 年。

5. 安麗物流中心網站：http://www.amway.com.tw，民國 110 年。

6. 呂錦山、王翊和、楊清喬、林繼昌，國際物流與供應鏈管理 4 版，滄海書局，民國 108 年。

7. 美國 SOLE 國際物流協會 臺灣分會，物流與運籌管理 7 版，全華圖書，民國 109 年。

8. 林立千，設施規劃與物流中心設計，智勝文化事業有限公司，民國 90 年。

9. 林燦煌，CILT Level 3 級 物流營運經理認證課程講義，英國皇家物流與運輸學會 臺灣分會，民國 99 年。

10. 恆智重機（股）公司網站：http://www.liftruck.com.tw，民國 110 年。

11. 奔騰物流網站：http:// www.twsco.com.tw，民國 110 年。

12. 張瑞芬、侯建良主編，全球運籌管理，國立清華大學出版社，民國 96 年。

13. 曾國男主編、魏乃捷校編，現代物流中心，復文書局，民國 91 年。

14. 黃仲正、劉永然 編著，物流管理，高立圖書有限公司，民國 94 年。

15. 黃惠民、楊伯中，供應鏈存貨系統設計與管理，滄海書局，民國 96 年。

16. 張福榮，圖解物流管理 3 版，五南圖書出版（股）公司，民國 105 年。

17. 新麗倉儲網站：http://www.shinli-rack.com.tw，民國 110 年。

18. 廖建榮，物流中心的規劃技術，中國生產力中心，民國 96 年。

19. 劉彩濡，供應鏈倉儲管理，英國皇家物流與運輸協會 CILT 供應鏈管理主管國際認證課程資料，民國 105 年。

20. 劉浚明，倉儲管理學，教育部製商整合科技教育改進計畫教材成果，民國 94 年。

21. 戴正廷，供應鏈倉儲管理，英國皇家物流與運輸協會 CILT 供應鏈管理國際認證課程資料，民國 105 年。

22. DHL EXPRESS 網站：http://www.dhl.com，民國 110 年。

23. Fraelle, E. D., (2001), World-class warehousing and material handling. New York: McGraw-Hill.

24. Frazelle, E.H., (2001), Supply Chain Strategy, McGraw-Hill.

Chapter ▶ **8**

貨物進出口通關作業

本章重點

1. 說明貨物通關自動化連線方式。

2. 說明貨物通關自動化的優點。

3. 說明海運貨物進、出口作業通關的流程。

4. 說明空運貨物進、出口作業通關的流程。

5. 說明保稅制度的定義與功能。

6. 說明國際物流中心通關的作業規定。

7. 說明自由貿易港區通關的作業規定。

本章共有四節，8-1 為貨物進出口通關概述，8-2 與 8-3 分別為進口與出口通關作業流程說明，8-4 則為臺灣保稅區及相關通關作業流程介紹，分述如下。

8-1　貨物進出口通關作業概述

自古以來，世界各國均在國界設立關卡制度，以便於檢查出入的人員及貨物，一來保衛疆土，二來可對貨物課徵關稅。海關創立於清朝咸豐四年 (1854)，迄今已 150 年，人事組織仿英國制度。自民國 80 年 2 月 3 日起，其組織及人事制度始依立法院通過及總統公布之法律施行。近年來，海關積極實施各項業務改進措施，如進出口貨物通關自動化，空運入境旅客紅綠線通關作業，以增進關務行政效率，提升為民服務品質。

目前我國海關之主管機關為財政部，財政部內部設有關政司，為部長之幕僚單位，承部長之命，負責全國關務行政及關稅政策之擬訂，而實際執行關稅稽徵及查緝等業務者為關稅總局及各關稅局。以下針對海關現行組織、主要業務、貨物通關自動化與進出口各式報單介紹，分述如下：

一、海關現行組織

財政部關稅總局轄下設基隆、台北、台中、高雄四個關稅局，分別位於基隆港、桃園中正國際機場、台中港及高雄港。各關稅局視其業務需要，分設不等之行政及業務單位，並於轄區內之輔助港、國際機場、貨櫃集散站、加工出口區、郵局及科學工業園區內設分、支局。目前基隆關稅局設四個分局、二個辦事處；台北關稅局設二個支局；台中關稅局設二個支局；高雄關稅局設四個分局、一個辦事處，一個支局籌備處。

二、海關主要業務

海關為我國關務之執行機關，關務工作具多元性，除關稅稽徵、查緝走私、保稅退稅及接受其他機關委託代徵稅費業務外，尚須配合國家經濟發展政策，執行貿易管理、創造良好投資環境、促進國家經濟發展、維護國家安全及保障社會安寧。近年賡續積極實施各項業務簡化服務措施，例如：建置貨物通關單一窗口化作業、稅則預先審核線上申辦、建置電子封條押運系統、成立緝毒（菸）犬隊、貨櫃（物）檢查儀查驗作業、協同邊境管理查驗作業、AEO 優質企業安全認證及入、出境旅客行李通關等作業，以提升關務行政效率，精進為民服務品質。其主要業務可歸納六大類：

（一）稽徵業務

申報進出口貨物，進行報關文件審核及貨物抽驗，並依據相關法令，對進口貨物課徵關稅，通關後得實施事後稽核。

（二）查緝業務

為防止走私貨物進出口，針對航行國際航線之船舶、航空器及其載運之貨物等，執行檢查或查緝作業。

（三）保稅業務

保稅業務係辦理保稅倉庫、保稅工廠、加工出口區、科學工業園區、農業科技園區、免稅商店及物流中心等保稅區之進出口貨物通關業務。

（四）國際郵包業務

本關分別在高雄郵局及台南郵局派駐人員辦理進出口郵包通關業務。

（五）旅客行李檢查業務

辦理高雄國際機場、高雄港、金門碼頭（料羅港及水頭港）、澎湖馬公機場、臺南機場等入出境旅客通關之行李檢查業務。

（六）代辦業務

除受託代徵進口貨物之貨物稅、營業稅、菸酒稅及推廣貿易服務費等稅費，並代為執行其他主管機關進出口管理規定。

三、貨物通關自動化

「貨物通關自動化」如圖 8.1 所示，係將海關辦理貨物通關的作業與所有相關業者及相關單位，利用「電腦連線」，以「電子資料相互傳輸」取代傳統「人工遞送文件」；及以「電腦自動處理」替代「人工作業」，俾加速貨物通關，邁向無紙化通關之目標。

（一）貨物通關全面自動化之實施

在自動化通關架構下，報關資料經由「通關網路」通過海關之「專家系統」將貨物篩選為 3 種通關方式：C1（免審免驗通關）、C2（文件審核通關）、及 C3（貨物查驗通關）。

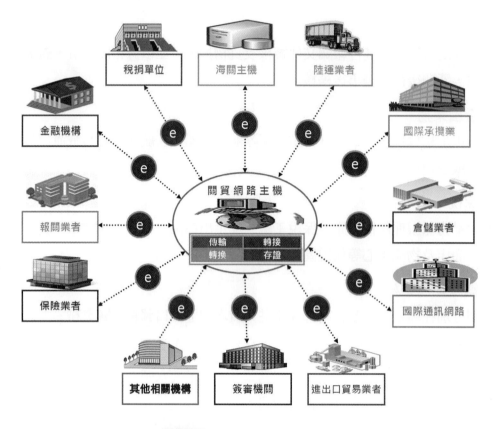

圖 8.1 通關自動化連線架構
參考資料：關貿網路網站（民 110）

（二）貨物通關自動化連線方式

貨物通關自動化如圖 8.2 與圖 8.3 所示，分別為海運與空運貨物出口通關自動化連線流程：即將通關的作業，由海關與所有相關業者及相關單位電腦連線，目的在有效整合關稅局關務、船公司、航空公司、報關、進出口商、港埠、航空貨運站、地勤、倉儲、金融、安檢、簽審、運輸、承攬等導入 EDI 作業，作業標準化、流程公開化、訊息透明化。報關業者所製做的報單資料在傳送到關貿網路前，必先由 EDI 轉換軟體將報單資料轉換成相互協定之標準資料與格式，再經由通信軟體傳送至關貿網路，以「電子相互傳輸」取代傳統「人工遞送文書」，並且以「電腦自動處理」替代「人工作業」，使電子資料在各單位之間相互傳輸，省卻以往通關作業之下，各單位重複繕打、建檔、存檔，遞送文件的人力、物力及時間的成本，加速貨物的通關。「電腦連線」目前有兩種方式：

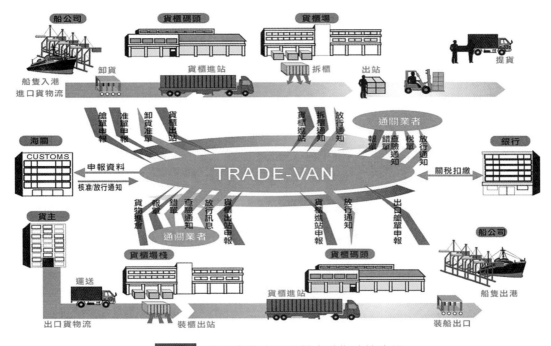

圖 8.2 海運貨物出口通關自動化連線流程
參考資料：關貿網路股份有限公司 關貿網路網站（民 110）

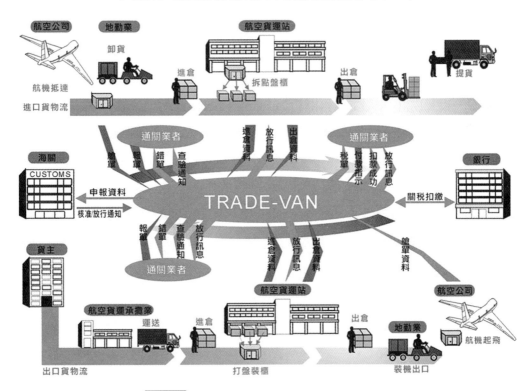

圖 8.3 空運貨物出口通關自動化連線流程
參考資料：關貿網路股份有限公司 關貿網路網站（民 110）

1. 透過通關網路業者

　連線業者透過通關網路彼此傳輸資料，目前經財政部核准的通關網路有「關貿網路公司」及「汎宇電商公司」。

2. 透過網際網路 (Internet)

　空運網際網路報關系統已自 93 年起上線，受理空運進、出口（含快遞簡易進、出口報單）及轉運申請書之報關作業；另海運網際網路報關系統自 94 年起上線，受理海運進、出口報單及轉運申請書報關作業，應依下列規定辦理申請：

　(1) 經由通關網路業者報關系統報關者

　　已申請報關磁卡的的報關人，無須另向海關申請，但仍須向通關網路申請使用網際網路報關。而新申請連線的報關人仍須先向各關稅局申請報關磁卡，再向通關網路業者申請辦理。

　(2) 經由海關提供之網際網路報關系統報關者

　　報關人須先至經濟部工商憑證中心或內政部自然人憑證中心，申請法人或自然人憑證，再至關稅總局網站報關系統網頁申請，登入網際網路報關資格，並依系統網頁提供之格式欄位填報報關人資料。凡依照政府有關進出口法令規定，將貨物輸出或輸入中華民國國境者，均須依海關規定手續辦理報關，始能提領進口貨物或裝船出口，而這個過程稱之為「通關」（即通過海關之意）。通關手續一般多由託運人委託報關行 (Customs Broker) 辦理，因為報關行較熟悉法令規章、報關文件製作及通關手續。在國際貿易實務的程序中，雖然會因為付款方式、貿易條件、法令相關規定及運輸方式等因素而有差異，但有一必要程序，即必須完成進出口通關手續，否則將形成走私。

3. 貨物通關自動化的優點

　提出貨物通關自動化的優點如下：

　(1) 隨時收單

　　關貿網路係 24 小時運作，業者可隨時透過網路報關，不必受海關上班時間限制，也不必派人將書面報單送至海關辦理報關手續。

(2) 加速通關

可縮短通關作業時間，加速貨物流通，節省各單位營運成本。

(3) 線上掌握報關狀態：

貨主、物流與報關業者可即時掌握報單處理狀態，提昇服務品質。

(4) 避免人爲疏失

減少關務員人工介入，可避免人爲偏差，提昇通關品質。

(5) 先放後稅

網路中設有「保證金額度檔」，進口應納稅費先自該檔中扣除後，貨物即可放行，業者事後再予補繳即可，十分方便。

(6) 電腦通知放行

業者可經由電腦隨時取得放行訊息及放行通知單，辦理提貨。

(7) 網路加值服務

包括有公共資料庫查詢、海關資料庫查詢、EDI 資料庫查詢、法規全文檢索、電子佈告欄等。

四、臺灣進出口各式報單介紹

　　我國進出口各式報單依據財政部關務署貨物通關自動化報關手冊載列，包含進口報單共計 10 類，出口報單 10 種，茲將報單類別、代號及適用範圍列表說明。

1. 進口報單類別、代號及適用範圍

進口報單如圖 8.4，包括 10 類；填報時請依表 8.1 之代號及名稱，選擇填入進口報單類別代號及名稱第 (7) 欄。例如；申報外貨進口報關時，須於進口報單第 (7) 欄：類別代號及名稱，填入國貨出口 G1 代號。

表 8.1　進口報單類別、代號及適用範圍

代號	名稱	適用範圍
G1	外貨進口	一般廠商、個人自國外輸入貨物（包括本國產不申請關稅優惠者）、樣品、展覽品、行李等。
G2	本地補稅案件	1. 保稅工廠、加工出口區區內事業及科學工業園區園區事業非保稅原料補稅、原料、呆料、次品、樣品、下腳廢料申請補稅、年度盤差補稅、產品經核准內銷等案件或保稅品售與稅捐記帳之外銷加工廠再加工出口者。 2. 關稅法第四十九條規定補稅案件。 3. 打撈品、掃艙貨、緝案標售物品。
G7	國貨復進口	外銷品售後服務或運回整修或被退貨運回者。
D2	保稅貨出保稅倉進口	1. 保稅倉庫或物流中心之保稅貨物申請出倉進口。 2. 保稅倉庫或物流中心之廢料申請補稅。 3. 物流中心年度盤虧補稅。
D7	保稅倉相互轉儲或運往保稅廠	1. 保稅倉庫、物流中心之保稅貨物申請出倉運往保稅工廠、加工出口區區內事業或科學工業園區園區事業。 2. 保稅倉庫、物流中心之保稅貨物申請轉儲其他保稅倉庫或物流中心。 3. 保稅工廠、加工出口區區內事業或科學工業園區園區事業之貨物進儲保稅倉庫、物流中心後，因故申請退回。 4. 保稅倉庫、物流中心間之保稅貨物相互轉儲，因故申請退回。
F8	外貨進保稅倉	1. 一般廠商（含未在我國辦理廠商登記之國外廠商）、個人自國外或自由港區輸入貨物及國貨復運進口申請進儲保稅倉庫者（不包括外銷品回銷）。 2. 國外或自由港區貨物進儲物流中心。
B6	保稅廠輸入貨物（原料）	1. 保稅工廠自國外或自由港區輸入加工外銷原料者。 2. 加工出口區區內事業及科學工業園區園區事業自國外或自由港區輸入貨物者。
F1	外貨進儲自由港區	自由港區事業自國外進儲供營運貨物、自用機器、設備等。
F2	自由港區貨物進口	1. 自由港區事業貨物輸往課稅區。 2. 自由港區事業免稅貨物運往課稅區修理、檢驗、測試及委託加工。 3. 自由港區事業免稅貨物依自由貿易港區貨物通關管理辦法第八條規定，應申報補稅案件。
F3	自由港區區內事業間之交易	自由港區同區內自由港區事業相互間之交易。

資料來源：財政部　關務署，物流中心貨物通關作業規定（民 110）

關 0 1 0 0 1

進口報單

類別代號及名稱(7)　　　　　　　　　　　　　　　　聯別		共　1　頁　收單
G2 本地補稅案件(8)		第　1　頁

報單（收單關別　轉自關別　民國年度　船或關號　繕單或收序號）號碼	理單編號
AA ／ G2 ／ 96 ／ 000A ／ 0001	

報關人、名稱、簽章	專責人員姓名、簽章	統一編號(9) 12345678　海關監管編號(10)　　　繳碼(11) 3	進口日期（民國）(16) 96年01月02日	報關日期（民國）(17) 96年01月02日
報關 **股份有限公司**		納稅義務人（中、英文）名稱、地址 **基隆市報關商業同業公會** **KEELUNG CUSTOM BROKER ASSOCIATION** **基隆市孝三路39號3樓301室**	離岸價格(18) FOB Value	幣別　金額 JPY 25,393,500.00
			運費(19)	JPY　35,501.38
		案號(02) AAB123456789　特(03) N	保險費(20)	JPY　114,430.51
─ 001 0 (1)	00000 (2)	賣方國家代碼、統一編號、海關監管編號名稱、地址(14)　TW ｜ 234567-89	應 加(21) 減(22) 費用	
提單號數(3) NIL		TAIPEI CUSTOM BROKER ASSOCIATION 3FL.NO.39 XAOSUN RD.TAIPEI TAIWAN	起岸價格(22)	JPY 25,543,431.89
貨物存放處所(4) 000AZZZZ 報關公會	運輸方式(5) 5		CIF Value TWD	5,624,664
起運口岸及代碼(6) YOKOHAMA　JPYOK		進口船（機）名及呼號（班次）(15)　NIL NIL　　NIL	國外出口日期（民國）(24) 94年05月16日	外幣匯率 0.22020

項次(27)	貨物名稱、牌名、規格等(28)	生產國別(29) 輸入許可證號碼一項次(30) 輸出入貨品分類號列(31) 稅則號別 （主管機關指定代號）	檢查號別	單價 金額	條件、幣別 淨重（公斤）(33) 數量（單位）(34) （統計用）(35)	完稅價格(36)	進口稅數量(35)	稅率(37) 從價(8) 從量(8)	納稅辦法(38) 貨物稅率(39)
		JAPAN JP	NIL		FOB JPY　1,839.9			5%	
1.	SMD ASSEMBLING SYSTEM PICK & PLACER KE-710L O.APP#AW/94/8765/4321(1)	8479.89.90.90-2 (		5,580,300	3 SET (3 SET)	3,708,112			36
		JAPAN JP	NIL		FOB JPY　156.6			5%	
2.	MATRIX TRAY CHANGER UNIT O.APP#AW/94/8765/4321(2)	〃		8,652,600	1 SET (1 SET)	1,916,552			36
	TOTAL :				1,996.5 4 SET (4 SET)	5,624,664			
		(		(	(				

總件數(25) 單位 5 PKG	總毛重（公斤）(26) 2,790.9	海關簽註事項		進口稅	281,233
標記及貨櫃號碼 N/M				商港建設費	
		收單建檔補檔　核發稅單		推廣貿易服務費	0
		分估計稅銷證　稅款登錄		**營業稅**	140,617
其他申報事項 稅則增註免稅轉售補稅		分估複核　放行		稅費合計	421,850
		通關方式　（申請）審驗方式		營業稅稅基 滯納金（日）	5,905,897

8

圖 8.4　進口報單

2. 出口報單類別、代號及適用範圍

出口報單如圖 8.5，包括 10 類，填報時請依表 8.2 之代號及名稱，選擇填入出口報單類別代號及名稱第 (6) 欄。例如；申報國貨出口報關時，須於出口報單第 (6) 欄：類別代號及名稱，填入國貨出口 G5 代號。

表 8.2　出口報單類別、代號及適用範圍

代號	名稱	適用範圍
G3	外貨復出口	一般廠商、個人自國外輸入貨物、行李，由於轉售、不得進口、修理、掉換、租賃、展覽等原因復出口者。
G5	**國貨出口**	一般廠商、個人將國貨（含復運出口）、行李向國外輸出者。
D1	課稅區售與或退回保稅倉	1. 國內一般廠商將國貨售與保稅倉庫。 2. 保稅倉庫外貨或物流中心保稅貨物售與國內一般廠商申請退貨。
D5	**保稅倉貨物出口**	保稅倉庫或物流中心之保稅貨物申請出倉出口或輸往自由港區事業，但存儲物流中心之課稅區貨物與保稅貨物可合併一張報單申報出口或輸往自由港區事業。
B1	課稅區售與保稅廠	國內一般廠商售與保稅工廠（加工外銷品原料）、加工出口區區內事業（供外銷事業自用或轉口外銷）或科學工業園區園區事業（自用物資）者。
B2	保稅廠相互交易或進儲保稅倉	保稅工廠、加工出口區區內事業或科學工業園區園區事業之保稅物品售與其他保稅工廠、加工出口區區內事業、科學工業園區園區事業再加工出口或進儲保稅倉庫、物流中心。
B8	保稅廠進口貨物（原料）復出口	保稅工廠進口原料，加工出口區區內事業或科學工業園區園區事業進口貨物，申請復運出口或輸往自由港區事業。
B9	**保稅工廠產品出口**	1. 保稅工廠產品出口（含復運出口）或輸往自由港區事業。 2. 加工出口區區內事業或科學工業園區園區事業產品出口或輸往自由港區事業。
F4	自由港區與他自由港區、課稅區間之交易	1. 自由港區事業貨物運往其他自由港區。 2. 課稅區貨物輸往自由港區事業。 3. 自由港區事業免稅貨物運往課稅區修理、檢驗、測試、委託加工後運回。
F5	**自由港區貨物出口**	自由港區事業貨物（含從事轉口之港區事業，其轉口貨物因重整拆及包件貨物）輸往國外

資料來源：財政部　關務署，物流中心貨物通關作業規定（民 110）

關 0 1 0 0 2
出口報單

類別代號及名稱(6)		聯別	共 1 頁 收單
B8 保稅廠進口貨物(原料)復出口			第 1 頁

報單	(收單關別 出口關別 民國年度 船或關代號 裝貨單或收序號)	收單編號或託運單號碼(13)
號碼(7)	AA / / 96 / 0123 / 4567	NIL

報關人名稱、簽章　　專責人員 姓名、簽章

報關
股份有限公司

00 (16)　　00000 (2)

統一編號(8)	12345678	海關監管編號(9) C000-0	繳 1 (10)	理單編號	

貨物輸出、出口人(中、英文)名稱、地址

基隆市報關商業同業公會
KEELUNG CUSTOM BROKER ASSOCIATION
基隆市孝三路39號3樓301室

案號(11)

報關日期(民國)(14)	輸出口岸(15)TWKEL
96 年 01 月 02 日	KEELUNG

離岸價格 (16)	全額
	TWD 552,400
幣別	
FOB Value	TWD 552,400.00

運費(17)	TWD 1,500.00
保險費(18)	TWD 500.00
應 加 費用(19) 減 (20)	

檢附文件字號(3)

買方統一編號(12)
(及海關監管編號)
名稱、地址　　PHIYCO
PETERRICH INDUSTRY CO., LTD.

貨物存放處所(4) 017A1130 中華貨櫃	運輸方式(5) 2

申請沖 退原料 稅(21) N	買方國家及代碼(22) CN CHINA MAINLAD	目的地國家及代碼(23) CNZZZ DONGGUAN	出口船(機)名及呼號(班次)(24) WAN HAI 266 S049 9VDB5	外幣匯率 1.00000

項 次 (27)	貨物名稱、品質、規格、製造商等(28)	商標	輸出許可證號碼一項次(29) 輸出入貨品分類號列(30) 檢則號別 統計號別 (主管機關指定代號)	淨重(公斤)(31) 數量(單位)(32) (統計用)(33)	簽審機別 專用欄	離岸價格(34) FOB Value (新台幣)	統計方式(35)
1.	"NO BRAND (CN)" S/N:4009852T1 BATTERY LP053450 980mAh		NIL 8507.80.00.10-3	204 10,000 PCE 10,000 SET		552,400	81
	0.APP CB/ /95/000/12345(1)						

總件數(25) 17 CTN	單位	總毛重(公斤)(26) 237.65	海關簽註事項			商港建設費	

標記及貨櫃號碼
PRI
DONGGUAN
C/NO.C1-C17

推廣貿易服務費	
建檔 補檔	
分估計費 放行	合計
核發准單 電腦審核	繳納記錄

其他申報事項
基報公會保出字第B80000號
委任書:B9000000自940101至961231日止

通關方式 (申請)審驗方式		證明文件核發	聯別 份數 核發紀錄

8

8-2　進口通關作業流程

進口貨物非經報關就無法提取貨物，貨物卸入海關倉庫之後，進口商領到貨物單證時，即交付給其委託的報關行在規定期限內向海關申請進口報關。由於我國目前貨物進口通關系統採電腦自動化通關方式，因此報關人應填製進口報單及相關文件，透過關貿網路 (Trade-VAN) 向海關辦理進口通關手續，貨物經海關查驗（或免驗）及徵稅後，海關電腦即發出放行訊息，准予通關進口，進口商即可憑海關驗放的文件辦理提貨手續。

一、貨櫃運輸進口作業流程

進口貨物到達翌日（明日）起，15 日內向海關辦理進口通關；自報關期限屆滿之翌日（明日）起，按日加收滯報費新台幣 200 元，徵滿 20 日不報關者，由海關變賣。海運進口程序分為五大步驟如圖 8.6 所示，首先為投單報關，再來查驗貨物、分類估價、憑單繳稅，最後放行貨物。按照政府相關進口法令規定，將貨物輸入臺灣國境者，均須按照海關規定的手續辦理報關，始能提領貨物進口，這種程序稱為「進口通關」(Import Customs Clearance)，一般託運人多委託報關行辦理。以下主要以進口貨物過關自動化的流程說明為主：

| 收單報關 | → | 查驗貨物 | → | 分類估價 | → | 憑單繳稅 | → | 放行貨物 |

圖 8.6　海運進口通關作業流程圖

（一）收單

進口艙單資料於運送工具起運後，即由運送人以電子傳輸方式透過通關網路到達海關及倉儲業，運送工具抵達之後，倉儲業即依據所收到的進口艙單資料相互勾稽，形成「進倉資料審核檔」，這項電腦資料不僅可作為海關審核貨物有無實際到達的根據，也開放提供給連線的業者查詢。

接著，業者即將報關資料透過通關網路傳送至海關主機做邏輯檢查，並與進倉資料審核檔比對，比對無誤，即完成電腦收單，若比對有誤，即以訊息回應給報關行，待報關行更正輸入後，再予以收單。

（二）確定通關方式

完成收單程序的報關資料，即進入海關電腦主機中的專家系統，該系統下設有四個電腦檔：

1. 貨品分類檔：核定申報進口貨物的稅則及稅率。
2. 簽審檔：審核進口貨物是否需憑輸入許可證或其他相關單位的簽審文件才能進口。
3. 抽驗檔：決定所申報進口的貨物是否應先經海關查驗才能通關放行。
4. 價格審核檔：對先核後放的貨物予以審核。

經以上四個檔的運作後，即由電腦按進出口廠商等級、貨物來源地、貨物性質及報關行等篩選條件決定貨物應以 C1（免審、免驗）、C2（書審、免驗）或 C3（書審、查驗）方式通關：

（三）審核文件

在 C2 與 C3 通關方式之下，由海關通知報關人遞送報單及相關文件，報關人於翌日遞送報關文件。

（四）查驗

在 C3 通關方式之下，海關審核文件之後即由報關行會同海關驗貨關員到貨物現場抽檢查驗。若進口貨物係屬船邊或倉庫驗放者，則先分估與徵稅，俟貨物進口於船邊或倉庫查驗後即可放行。

（五）分類估價

C2 案件於審核文件之後，C3 案件於完成驗貨之後，即可辦理分類估價作業。

（六）徵稅

完成 C1、C2 或 C3 的通關程序後，即由海關電腦的繳稅系統自動計算應繳稅費，隨即發出繳稅通知訊息，並由報關行自行列印稅費繳納證，供納稅義務人向銀行繳稅，繳稅之後，透過銀行、金資中心與海關電腦主機連線作業，由電腦自動比對，比對相符，即自動登帳。

為提供業者便利的繳稅作業，系統中也設置有「先放後稅保證金額度檔」，供納稅義務人或報關行於輸入報關資料時以先放後稅方式繳納稅費，其方式是由納稅義務人或報關行先向海關申請設定先放後稅保證金額度，報關時有關的進口稅費可先自額度中扣除，貨物即可放行，待繳清稅費後，再恢復保證金額度。

此外，繳稅銀行中也設計有「線上扣繳」的功能，納稅義務人只要在輸入報關資料時申報其銀行帳號，有關稅費即可自該帳戶中自動扣繳。

（七）放行

海關電腦傳送放行訊息至報關行及倉儲業者，並由海關自動列印放行通知單，報關人員即可憑以連同提貨單向倉庫提貨，完成進口通關程序。

海運進口貨物之通關步驟、相關業者與機關及各相關單位應配合之事項，如圖8.7所示。

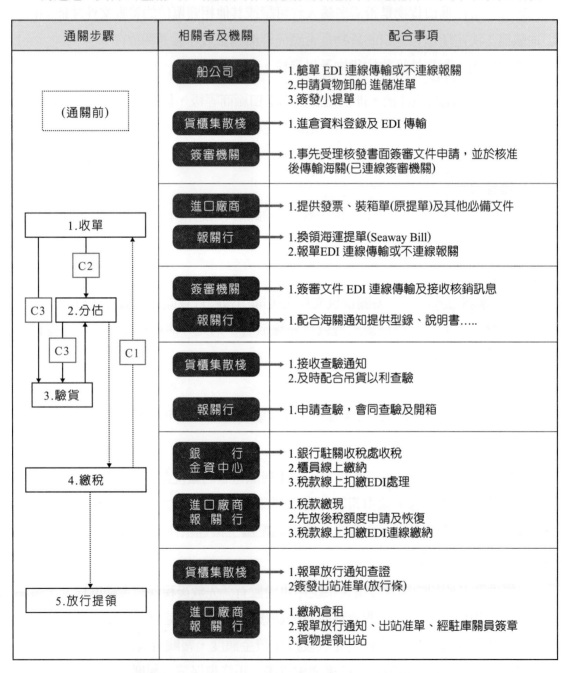

通關步驟	相關者及機關	配合事項
（通關前）	船公司	1.艙單 EDI 連線傳輸或不連線報關 2.申請貨物卸船 進儲准單 3.簽發小提單
	貨櫃集散棧	1.進倉資料登錄及 EDI 傳輸
	簽審機關	1.事先受理核發書面簽審文件申請，並於核准後傳輸海關(已連線簽審機關)
1.收單	進口廠商	1.提供發票、裝箱單(原提單)及其他必備文件
	報關行	1.換領海運提單(Seaway Bill) 2.報單EDI 連線傳輸或不連線報關
2.分估	簽審機關	1.簽審文件 EDI 連線傳輸及接收核銷訊息
	報關行	1.配合海關通知提供型錄、說明書……
3.驗貨	貨櫃集散棧	1.接收查驗通知 2.及時配合吊貨以利查驗
	報關行	1.申請查驗，會同查驗及開箱
4.繳稅	銀　行 金資中心	1.銀行駐關收稅處收稅 2.櫃員線上繳納 3.稅款線上扣繳EDI處理
	進口廠商 報關行	1.稅款繳現 2.先放後稅額度申請及恢復 3.稅款線上扣繳EDI連線繳納
5.放行提領	貨櫃集散棧	1.報單放行通知查證 2簽發出站准單(放行條)
	進口廠商 報關行	1.繳納倉租 2.報單放行通知、出站准單、經駐庫關員簽章 3.貨物提領出站

圖 8.7　海運進口貨物通關流程中各相關單位應配合事項

二、航空貨運進口作業流程

　　報關行至航空公司或承攬業領取提單，根據空運提單、商業發票製作進口報單，同時查詢關貿網路班機日期、件數重量是否無訛，在核對進口報單無訛後以 EDI 電子傳輸至關貿網路由海關審核。

　　報關行查詢關貿網路之放行訊息（回訊 C1、C2 及 C3）。在一般狀態下，可在 15 分鐘內得到回應訊息，例如獲得稅費繳納證通知、錯誤報單或應補辦事項通知、放行通知等。海關對於連線通關之報單實施電腦審核及抽驗，其通關方式分為下列三種：

　　如果為 C1 則可於繳納航空貨運站倉租後提領貨物，C2 則由海關進行文件審查，若為 C3 則由海關進行驗貨審查，作業流程如下：

（一）免審免驗通關 (C1)

　　免審書面文件免驗貨物放行，但書面文件應由報關人列管二年，海關於必要時得命其補送或前往查核。

（二）文件審核通關 (C2)

　　審核書面文件免驗貨物放行，通關者限在「翌日辦公時間終了以前」補送書面報單及其他有關文件正本以供查核，程序如下。

1. 備齊相關文件資料供審查，裝訂依序為：
   (1) 空運提單影本一份
   (2) 委任書一份（有申辦長期委任者免附）
   (3) 商業發票二份
   (4) 裝箱單一份
   (5) 進口報單一份

2. 至海關相關單位投單
   將進口報單依照報單申報之稅則分列稅號，將報單投至相關之海關分估關員。海關分估關員根據報關行申報之內容與檢附相關之文件核對，若無訛則報單放行；若有質疑，則須再請貨主提供更詳細之型錄及用途說明供參考。

（三）進口貨物應審應驗作業 (C3)

　　查驗貨物及審核書面文件放行，通關者限在「翌日辦公時間終了以前」補送書面報單及其他有關文件正本以供查驗貨物，並得通知貨空貨運站配合查驗，程序如下：

1. 備齊相關文件資料供審查，裝訂依序為：

   (1) 提單影本（註記儲位）

   (2) 個案委任書（有申辦長期委任者免附）

   (3) 商業發票二份

   (4) 裝箱單一份

   (5) 進口報單

2. 至海關相關單位投單

   將進口報單投單至海關進口組驗貨課（股）驗貨，查核提單號碼、件數、內容物與申報是否相符。貨物驗畢後，報單流程回復 C2 審單流程。

（四）繳納進口關稅

   完成上述 C1、C2、C3 通關作業後，由海關自動化繳稅系統計算應繳納的稅費，隨即發出繳稅通知訊息，並由國內進口商委託的報關行自行列印稅費繳納證，供納稅義務人向各地銀行繳稅，繳納方式有四種，分述如下：

1. 線上扣繳

   繳稅銀行提供線上扣繳的功能，只要在輸入報關資料時申報納稅義務人往來銀行的帳號，有關稅費及可自納稅義務人的銀行帳戶中自動扣繳。

2. 先放後稅

   依「進口貨物先放後稅實施辦法」規定，納稅義務人向海關申請設定先放後稅保證金額度，有關稅費可自行先由額度中扣除，貨物即可放行，提供納稅義務人便利的繳稅作業。

3. 專款專戶

   由納稅義務人的往來銀行透過指定連線金融機構，以匯款方式匯入國庫存款戶或海關專戶。

4. 現金繳納

   以現金向駐當地海關之銀行收稅處繳納。在繳納相關稅費後，由海關電腦自動與稅費資料進行比對確認無誤後，由關貿網路傳送放行訊息至連線的航空貨運站及報關行，並由海關自動列印放行通知單，完成通關程序。

（五）繳納倉租

　　貨物放行後則以正本提單繳納航空貨運站倉租後提領貨物。依據現行航空貨運站倉儲費率，針對不同貨物類型，包含一般貨物、特殊貨物、機放貨及航空快遞貨物等，訂定不同的收費標準，進口商必須繳納航空貨運出口倉租至指定入儲之航空貨運站，如華儲公司、榮儲、遠翔、永儲或遠翔 FTZ 航空貨物園區等。

　　空運進口貨物之通關步驟、相關業者與機關及各相關單位應配合之事項，如圖8.8所示。

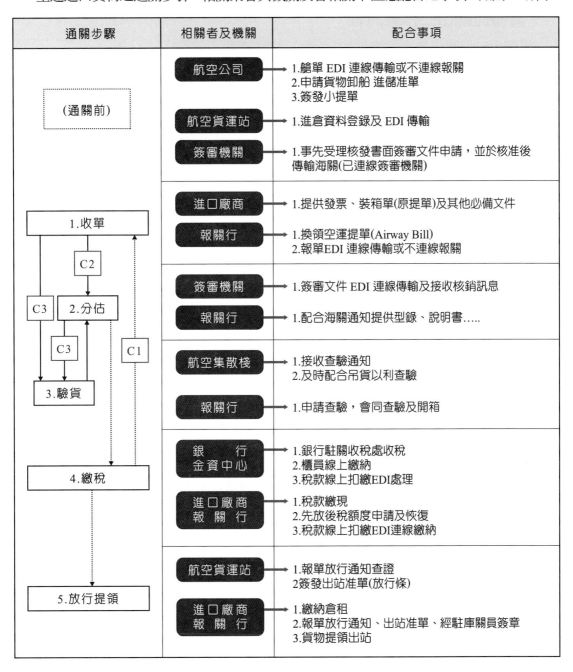

圖 8.8　空運進口貨物通關流程中各相關單位應配合事項

8-3　出口通關作業流程

　　按照政府相關法令的規定，貨物出口均須報關。出口商將貨物準備妥當，送交貨櫃場、貨物集散站或碼頭倉庫等海關指定地點，並取得貨物進倉證明後，即可辦理出口通關事宜，通關手續一般都委託報關行辦理，待海關經過投單、查驗（或免驗）、核價與放行後，即完成出口報關手續，貨物就可以裝船或裝機出口。

一、貨櫃運輸出口作業流程

　　海運出口通關作業流程如圖 8.9 所示，說明如下：

| 收單 | → | 驗貨 | → | 分類估價 | → | 放行 | → | 裝船 |

圖 8.9　海運出口通關作業流程

1. 收單

   (1) 航商或代理行須依船期，先向海關及港務局申報「出口船舶開航預報單」，提供船舶截止收貨日期、結關日及開航日等資料。

   (2) 報關行依託運人之委託，備妥輸出許可證、委任書、貨物發票、裝箱單 (Packing List) 及託運人向航商洽定艙位時所取得的裝貨單號碼等資料，向海關填報「出口報單」。

   (3) 貨櫃場依貨物實際進倉資料，製作「出口貨物進倉資料」（簡 5259）訊息，向海關報告實際進站（倉）數量。

2. 驗貨

   (1) 海關依「出口報單」及「出口貨物進倉資料」，以貨物之 S/O 號碼進行比對碰檔。

   (2) 海關由電腦核定貨物之通關方式，若通關方式為 C2（應審文件）或 C3（應審應驗）海關可以「錯單或應補辦事項通知」（簡 5107S）訊息通知報關人補送書面報單或其他應附文件。若通關方式為 C3，海關於指派查驗關員後，以「海關查驗貨物通知」（簡 5109S）訊息通知報關人及倉儲業者查驗時間。

3. 分類估價

出口貨物不需繳納稅金，但海關須執行其代徵稅捐之作業，包括：

(1) 商港建設費：以貨物船上交貨價格 (FOB) 課徵 0.3% 之費用。

(2) 推廣貿易服務費：以貨物船上交貨價格 (FOB) 課徵 0.0425% 之費用。

(3) 出口貨物之外幣匯率均以報關日前一旬中間日（及 5 日、15 日、25 日）之買入匯率爲主。

4. 放行

(1) 海關由電腦核定貨物之通關方式，若通關方式爲 C2（應審文件）或 C3（應審應驗）海關可以「錯單或應補辦事項通知」（簡 5107S）訊息通知報關人補送書面報單或其他應附文件。若通關方式爲 C3，海關於指派查驗關員後，以「海關查驗貨物通知」（簡 5109S）訊息通知報關人及倉儲業者查驗時間。

(2) 若通關方式爲 C1（免審免驗），或通關方式爲 C2、C3，經審核或查驗無誤者，海關即以「海關出口貨物電腦放行通知」（簡 5204S）訊息通知報關、船公司及倉儲業者。海關於船公司指定之列印放行清表時間起不再放行，並彙整報單之處理結果，以「出口報單放行清表」（簡 5252）訊息通知船公司。

(3) 若爲未進貨櫃場而須直接進入港區船邊直接進行裝卸作業之貨物，海關則依「出口報單」及港區海關門哨所提供之貨物資料進行比對，而抽驗之通知及執行地點將於港區之海關門哨進行。

海運進口貨物之通關步驟、相關業者與機關及各相關單位應配合之事項，如圖 8.10 所示。

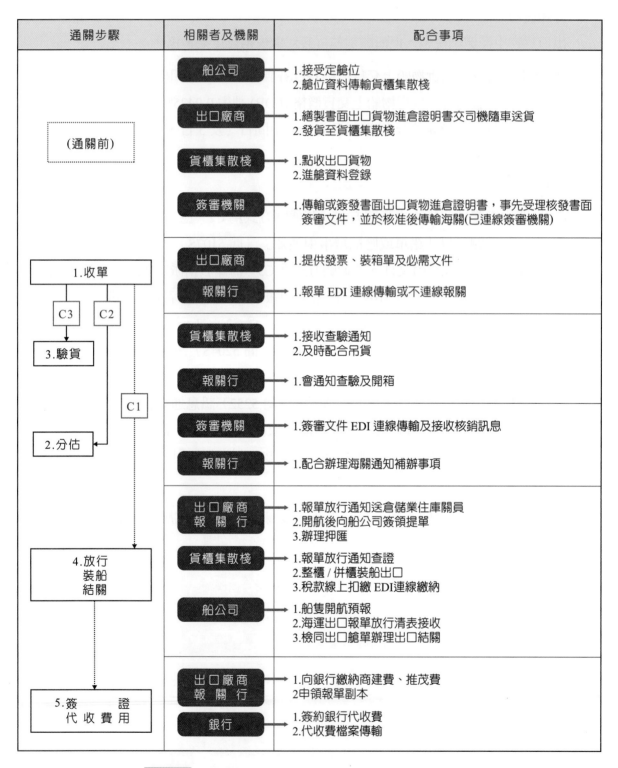

通關步驟	相關者及機關	配合事項
(通關前)	船公司	1.接受定艙位 2.艙位資料傳輸貨櫃集散棧
	出口廠商	1.繕製書面出口貨物進倉證明書交司機隨車送貨 2.發貨至貨櫃集散棧
	貨櫃集散棧	1.點收出口貨物 2.進艙資料登錄
	簽審機關	1.傳輸或簽發書面出口貨物進倉證明書，事先受理核發書面簽審文件，並於核准後傳輸海關(已連線簽審機關)
1.收單	出口廠商	1.提供發票、裝箱單及必需文件
	報關行	1.報單 EDI 連線傳輸或不連線報關
3.驗貨	貨櫃集散棧	1.接收查驗通知 2.及時配合吊貨
	報關行	1.會通知查驗及開箱
2.分估	簽審機關	1.簽審文件 EDI 連線傳輸及接收核銷訊息
	報關行	1.配合辦理海關通知補辦事項
4.放行 裝船 結關	出口廠商 報關行	1.報單放行通知送倉儲業住庫關員 2.開航後向船公司簽領提單 3.辦理押匯
	貨櫃集散棧	1.報單放行通知查證 2.整櫃／併櫃裝船出口 3.稅款線上扣繳 EDI連線繳納
	船公司	1.船隻開航預報 2.海運出口報單放行清表接收 3.檢同出口艙單辦理出口結關
5.簽 證 代 收 費 用	出口廠商 報關行	1.向銀行繳納商建費、推茂費 2申領報單副本
	銀行	1.簽約銀行代收費 2.代收費檔案傳輸

C3　C2　C1

圖 8.10　海運出口貨物通關流程中各相關單位應配合事項

二、航空貨運出口作業流程

　　航空貨運站業者依據託運單傳輸出口 EDI 艙單，報關行或承攬業者進入關貿網路查詢進倉資料之提單號碼、件數是否正確，同時查詢關貿網路之放行訊息爲何。

　　海關對於連線通關之報單實施電腦審核及抽驗，其通關方式分爲下列三種：如果爲 C1 則爲放行貨物，可以直接由航空貨運倉儲業者進行裝櫃及打盤作業。C2 則由海關進行文件審查。若爲 C3 則由海關進行驗貨審查，C1 放行、C2 文件審查及 C3 驗貨審查之流程如下：

（一）冤審冤驗通關 (C1)

　　冤審書面文件免驗貨物放行，但書面文件應由報關人列管二年，海關於必要時得命其補送或前往查核。因此 C1 放行貨物可以直接由航空貨運倉儲業者進行裝櫃及打盤。

（二）文件審核通關 (C2)

　　審核書面文件免驗貨物放行，通關者限在「翌日辦公時間終了以前」補送書面報單及其他有關文件正本以供查核，程序如下。

1. 備齊相關文件資料供審查，裝訂依序爲：

(1) 個案委任書（有申辦長期委任者免附）　　(3) 裝箱單 (Packing List) 一份

(2) 商業發票 (Invoice) 二份　　(4) 出口報單一份

2. 至海關相關單位投單

將出口報單投至海關出口組驗估課分估關員審單。海關分估關員根據報關行申報之內容與檢附相關之文件核對，若無訛則報單放行；若有質疑，則須再請國內出口商提供更詳細之型錄及用途說明供參考，貨物放行即將託運單及提單交航空公司。

（三）應審應驗作業 (C3)

　　查驗貨物及審核書面文件放行，通關者限在「翌日辦公時間終了以前」補送書面報單及其他有關文件正本以供查驗貨物，並得通知貨空貨運站配合查驗，程序如下：

1. 備齊相關文件資料供查驗，裝訂依序爲：

(1) 個案委任書（有申辦長期委任者免附）　　(3) 裝箱單

(2) 商業發票二份　　(4) 出口報單

2. 至海關相關單位投單

將出口報單投至海關出口組驗估課之驗貨關員審理。航空貨運倉儲業者將待驗貨物由出口倉移運至海關指定的驗貨專區，由海關驗貨關員前往驗貨，查核提單號碼、件數、貨物內容物與申報是否相符。待海關驗畢後，通關流程回復 C2 審單流程，被驗貨物則由驗貨專區移運至出口倉暫存。

空運出口貨物之通關步驟、相關業者與機關及各相關單位應配合之事項，如圖 8.11 所示。

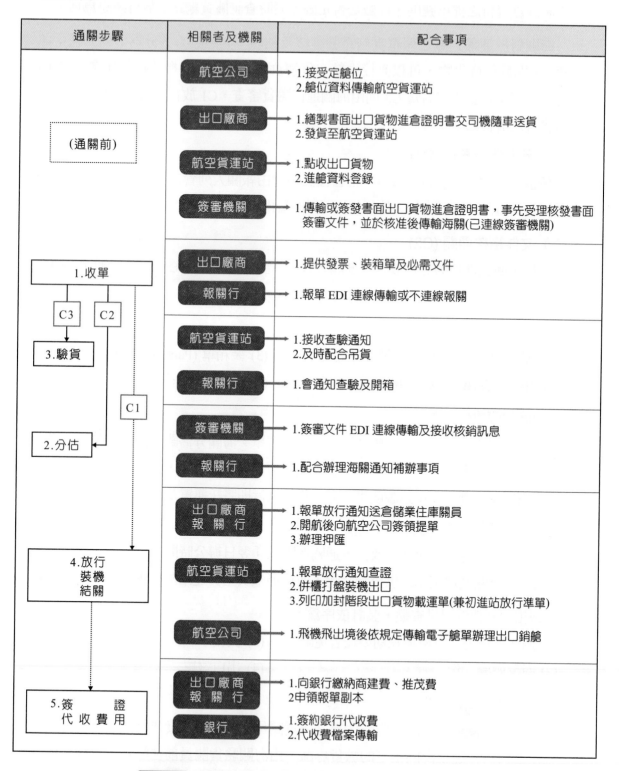

圖 8.11　空運出口貨物通關流程中各相關單位應配合事項

8-4　臺灣保稅區與通關作業流程

　　進口關稅應於貨物進口時，即予課徵，惟海關在稽徵業務中，為促進經濟發展和貿易往來順利運作，特實施保稅制度。在保稅區內對國外進口之貨物，將其關稅之徵收暫時予以保留，此未稅貨物應置於海關監管之下，以免未稅貨品流入課稅區。因此保稅區域係供進口貨物以未繳納關稅之狀態儲存，可供作三角貿易、重整、加工及製造之場所，故保稅區域可視為關稅法上之外國區域（境內關外）。未經海關放行之進口貨物、或貨物驗封後待運出口、轉運出口貨物及其他受海關監管之貨物，此等未稅貨物，稱之為「保稅貨物」。

　　保稅制度是一種減輕產業負擔的緩繳關稅制度設計。各國政府在其所制定的海關法律中，莫不以專章或專條規範保稅制度，引為實行保稅制度的法源。

一、保稅制度的定義

　　如圖 8.12 所示，所謂保稅貨物指未經海關徵 放行之進口貨物、轉口貨物，在海關監視下的特定場所（例如：加工出口區、科學工業園區、保稅工廠、物流中心、自由貿易港區），進行儲存、加工或裝配、測試、整理、分割、分類，納稅義務人提供確實可靠之擔保品，允許由納稅義務人將貨物存放在海關易於控制監管方式下，暫時免除或延緩繳納義務。其關稅應否繳納，視貨物動向而定。如貨物就原狀或經加工後出口，則免徵關稅；如貨物進口，自應繳納關稅。這種將未稅貨品置於海關監控之下，以免流入課稅區域之制度，稱為保稅制度 (Bonded System) 這種未稅貨物，稱為保稅貨物 (Bonded Goods)。

圖 8.12　保稅制度的定義

海關依據關稅法的授權來執行對保稅貨物、保稅場所作實質監控及管理。無論工業國家、開發中國家、或第三世界國家，海關都非常努力建立和發展保稅制度，隨著本身資源、經貿環境以及在全球化、跨國公司紛紛於海外設立據點情況下，設計符合本國產業需求的保稅措施。以下針對保稅制度的功能，說明如下：

二、現行我國保稅制度的區域

我國保稅制度從保稅倉庫、保稅工廠、加工出口區更進一步發展爲特定保稅區域，又稱「境內關外」：指在一國領土之上，國家關稅以外劃定的准許外國商品貨物豁免關稅自由進出的一個特定區域，例如：科學園工業園區、農業科技園區、物流中心、自由貿易港區等，擴大了保稅領域及優惠範圍。表 8.3 爲臺灣各保稅區運作場所，包含物流中心、重整型保稅倉庫比較、自由貿易港區、科學工業園區及加工出口區之比較：

表 8.3　臺灣各保稅區運作場所比較表

項目	設置功能	優惠條件	管理方式
物流中心	1. 落實我國成爲全球運籌中心，擴大轉運機能。 2. 隸屬於境外航運中心，可從事大陸貨物之轉運、加工、重整與倉儲作業。	1. 自國外運入物流中心供營運之貨物，免徵關稅、貨物稅、營業稅、商港建設費及貿易推廣費。 2. 在國內無代理人或收貨人之外國企業，在尚未確知實際貨物買主前，可委託物流中心作爲收貨人申報進儲。 3. 保稅貨物進儲國際物流中心可無限期儲存。 4. 物流中心採自主式管理，貨物進行重整作業無須海關監視。 5. 輸至保稅區得按月彙報。 6. 保稅貨及課稅貨得合併存儲。	帳冊管理 自主管理

項目	設置功能	優惠條件	管理方式
自由貿易港區	1. 由行政院核准劃設範圍設置。 2. 可從事製造、工、組裝貿易技術、服務、倉儲、物流、包裝、修配、展示或製造（深層加工）。	1. 港區事業自國外運入自由港區內供營運之貨物，免徵關稅、貨物稅、營業稅、菸酒稅、菸品健康福利捐、推廣貿易服務費及商港服務費。 2. 港區事業自國外運入自用機器、設備、免徵關稅、貨物稅、營業稅、推廣貿易服務費及商港服務費。前項設備5年內輸往課稅區時，應補徵相關稅捐。 3. 在港區經加工、產製之產品，按出港時之形態，扣除港區內附加價值後課徵關稅。 4. 港區事業銷售勞務至課稅區者，應課營業稅。 5. 港區事業運入營運之貨物變更用途時應補稅。 6. 自由貿易港區設置管理條例第26條：第一項規定：課稅區或保稅區銷售至自由貿易港區供營運之貨物，其營業稅率為零。 第二項規定：自由港區事業或外國事業、機關、團體、組織在自由港區內銷售貨物或勞務與該自由港區事業、另一自由港區事業、國外客戶或其他保稅區事業，及售與外銷廠商未輸往課稅區而直接出口或存入保稅倉庫、物流中心以供外銷者、其營業稅稅率為零。	帳冊管理 自主管理
科學工業園區	從事高級技術工業產品之開發、製造或研究發展之事業。	1. 區內事業免徵下列稅捐： 　自國外輸入自用機器、設備、原料、物料、燃料、半製品、樣品及供貿易用之成品，免徵進口稅捐、貨物稅及營業稅。 　區內事業以產品或勞務外銷者，其營業稅率為0，並免徵貨物稅。其在課稅區提供勞務者，營業稅率5%。 　其以產品、廢品或下腳輸往課稅區時，除國內未產者依原料課稅外，應依進口貨品課稅。 　課稅區廠商售與區內事業之機器、設備、原料、物料、燃料、半製品及樣品視同外銷貨品。 2. 區內事業應補課稅捐情形：進口已享免稅之機器設備，五年內轉售課稅區者。課稅區售科園區視同外銷之貨品再行輸往課稅區時，依進口貨品課稅。	帳冊管理

項目	設置功能	優惠條件	管理方式
加工出口區	從事製造加工、組裝、研究發展、貿易、諮詢、技術、服務、倉儲、運輸、裝卸、包裝、修配之事業	1. 區內事業免徵下列稅捐：自國外輸入機器設備、原料、物料、燃料、半製品、樣品及供貿易、倉儲業轉運用之成品，其進口稅捐、貨物稅及營業稅。 區內新建標準廠房或自管理處依法取得建物之契稅。 區內事業產製之產品輸往課稅區者，按出廠時形態扣除附加價值後課徵關稅，並依進口貨品規定課徵貨物稅及營業稅。其提供勞務給課稅區者，營業稅為 5%。課稅區廠商售與區內事業之貨品，視同外銷貨品。（營業稅率為何，依買受人用途而定） 2. 區內事業應補課稅捐情形：進口已享免稅之機器設備，五年內轉售課稅區者。課稅區售加工區貨品已申退進口稅捐，而後發生退回運返課稅區者。	帳冊管理

資料來源：整理自 [1]、[2]、[3]、[4]、[5]、[6]、[7]、[8]

三、保稅運輸

保稅貨物進口、出口或轉運至其他保稅區或口岸，為維持該或物的保稅狀態，避免流入課稅區，其運送應由經海關核准登記的保稅運送工具承運，此種運送方式稱為「保稅運輸」，保稅運送工具有下列三種：

1. 保稅卡車：指專供國內載運保稅貨物的卡車。
2. 保稅貨箱：指專供國內載運保稅貨物的貨箱。
3. 駁船：指在設有海關之國際貿易港區內，專供駁載進口、出口或轉口保稅貨物的船舶。

四、保稅制度的功能與優點

綜觀表 8.3 保稅制度的設置功能與優惠條件的說明，以下針對保稅制度對於國家與企業經營的功能與優點依序說明如下：

（一）彈性融通與調度營運資金

減輕廠商資金負擔利於資金週轉，長期儲存保稅貨物之保稅倉庫或保稅工廠，因貨物於保稅存倉期間可免繳關稅，俟貨物出倉時始繳稅，業者可減少保稅期間稅款利息之負擔。保稅貨物如為外國出口商寄售者，則非但能減輕利息之負擔，亦可促進資金之加速週轉。

（二）提升國際市場競爭力

保稅貨物如是提供出口外銷製造原料，業者可在無關稅負擔情形從事加工、製造，因而降低生產成本，提升國際市場競爭力。

（三）吸引外資提升經濟發展

開發中國家極需藉助外資發展其經濟，且具有低廉工資之優良條件，是已開發國家投資之理想地區，但外商因對開發中國家之稅法不甚瞭解，而不敢貿然前來投資設廠，若開發中國家有保稅制度，尤其是保稅工廠與自由貿易港區的制度，可供外商以保稅方式免稅進口原料，配合相對低廉的勞工成本，從事加工、製造後，將其產品運銷世界各國。如此可增進外商前來設廠與投資意願，增加外匯收入與就業機會，加速經濟發展。

（四）簡化通關程續有助業者營運

自國外運抵國內之貨物，海關為確保稅收，必須嚴加監視；進口廠商對貨物之保管必受種種限制，需要立即完稅。若利用保稅措施，則進口貨物可卸存於保稅區域，從容辦理通關手續且貨物無毀損之虞，海關亦對保稅區域擁有管轄與監督權，亦無逃漏稅收之虞。如果貨物要轉口或復運出口者，無須辦理進口通關後再辦理轉口或復運出口通關手續，對海關及進出口業者皆能互蒙其利。

（五）引進工業技術促進工業生根

外商來台投資設廠，必將引進高端技術與管理方法，進而提升國內工業技術水準與管理技能，帶動國家整體經濟發展。

第一部分：選擇題

第一節　貨物進出口通關作業概述

( ) 1. 海關業務繁忙，必須處理許多進出口事項。下列何者**不是**海關主要業務範圍？

① 貨物之品質檢驗　② 查輯走私　③ 外銷品沖退稅　④ 關稅稽徵

( ) 2. 有關海關主要業務，下列選項何者**正確**？

A. 查緝走私　　　　　　　B. 進口關稅稽徵　　　　　C. 保稅業務

D. 貿易統計　　　　　　　E. 出口關稅稽徵

① AB　② ABC　③ ABCD　④ ABCDE

( ) 3. 提供貿易服務並經營受託辦理進、出口貨物報關、納稅等業務是哪一種物流業者？

① 海關　② 報關行　③ 進出口業者　④ 船務公司

( ) 4. 有關貨物通關自動化的優點，下列選項何者**正確**？

A. 隨時收單　　　　　　　B. 加速通關

C. 線上掌握報關狀態　　　D. 避免人為疏失　　　　　E. 先放後稅

① AB　② ABC　③ ABCD　④ ABCDE

( ) 5. 有關貨物通關自動化的優點，下列敘述何者**正確**？

① 貨主、物流與報關業者可即時掌握報單處理狀態，提昇服務品質

② 業者可經由電腦隨時取得放行訊息及放行通知單，無需等待海關核准即可辦理提貨

③ 選項①正確、選項②錯誤

④ 選項①與②皆錯誤

( ) 6. 有關貨物通關自動化的優點，下列敘述何者**錯誤**？

① 短通關作業時間，加速貨物流通

② 減少關務員人工介入，避免人為偏差

③ 網路中設有「保證金額度檔」，進口應納稅費先自該檔中扣除後，貨物即可放行，業者事後再予補繳即可

④ 關貿網路 24 小時運作隨時收單，貨物通關無須審核文件或查驗貨物

(　　) 7. 適用一般廠商、個人自國外輸入貨物（包括本國產不申請關稅優惠者）、樣品、展覽品、行李等，為何種報單（代號）與類別？
　　① (G1) 外貨進口　　　　　　　　　② (G2) 本地補稅案件
　　③ (D7) 保稅倉相互轉儲或運往保稅廠　④ (B1) 課稅區售與保稅廠

(　　) 8. 下列報單類別、代號及適用範圍，與貨物**進口**有關者為何？
　　A.(G1) 外貨進口　　　　　　B.(B6) 保稅廠輸入貨物（原料）
　　C.(F1) 外貨進儲自由港區　　D.(B2) 保稅廠相互交易或進儲保稅倉
　　E.(G3) 外貨復出口
　　① AB　② ABC　③ ABCD　④ ABCDE

(　　) 9. 適用一般廠商、個人將國貨（含復運出口）、行李向國外輸出者，為何種報單（代號）與類別？
　　① (G5) 國貨出口　　　　　　② (G3) 外貨復出口
　　③ (B1) 課稅區售與保稅廠　　④ (B2) 保稅廠相互交易或進儲保稅倉

(　　)10. 下列報單類別、代號及適用範圍，與貨物**出口**有關者為何？
　　A.(F5) 自由港區貨物出口　　B.(D5) 保稅倉貨物出口
　　C.(B9) 保稅工廠產品出口　　D.(D7) 保稅倉相互轉儲或運往保稅廠
　　E.(D2) 保稅貨出保稅倉進口
　　① AB　② ABC　③ ABCD　④ ABCDE

第二節　進口通關作業流程

(　　)11. 廠商向海關申報進口貨物時，該批進口貨物自到達之翌日起算幾日內，必須向海關申請辦理？
　　① 10 日　② 15 日　③ 30 日　④ 60 日

(　　)12. 自報關期限屆滿之翌日（明日）起，按日加收滯報費新台幣：
　　① 200 元　② 500 元　③ 800 元　④ 1,000 元

(　　)13. 大義公司進口貨物，預計於 7 月 25 日到達臺灣。依照規定，大義公司必須在何時向海關辦理報關？
　　① 8 月 1 日　② 8 月 4 日　③ 8 月 9 日　④ 8 月 24 日

(　　)14. 貨物進行通關時，遇到免審免驗通關，即免審書面文件、免驗貨物放行，這是屬於哪一種通關方式？
　　① C4　② C3　③ C2　④ C1

( )15. 宇博企業欲出口一批貨物,海關透過電腦連線告知宇博企業負責報關之人員,需要於隔天辦公時間結束前,補送書面報單及其他相關文件,即可免驗貨物放行。請問,這是屬於哪一種通關方式?

①C1　②C2　③C3　④C4

( )16. 玉華國際貿易公司進口一批貨物,海關通知其報關人需在貨物到達隔天的辦公時間結束前,補送書面報單及其他有關文件以供查驗貨物,並通知貨棧業者配合查驗,此種通關方式為何?

①C1 通關　②C2 通關　③C3 通關　④C4 通關

第三節　出口通關作業流程

( )17. 一般空運**出口**報關作業,需檢附相關文件資料供審查,下列選項何者**錯誤**?

① 提貨單 (Delivery Order, D/O)　　② 裝箱單 (Packing List)

③ 出口報單 (Export Declaration)　　④ 商業發票 (Invoice)

( )18. 宇博企業欲出口一批貨物,海關透過電腦連線告知宇博企業負責報關之人員,需要於隔天辦公時間結束前,補送書面報單及其他相關文件,即可免驗貨物放行。請問需備齊相關文件資料供審查?

A. 商業發票　　　　　　B. 裝箱單　　　　　　C. 出口報單

D. 營利事業所得稅單　　E. 出口提單

①AB　②ABC　③ABCE　④ABCDE

第四節　臺灣保稅區與通關作業流程

( )19. 納稅義務人將貨物存放在海關易於控制監管方式下,暫時免除或延緩繳納義務,以下選項為何?

① 保稅　② 自由貿易協定　③ 差別關稅　④ 優惠關稅

( )20. 大昌企業將其未繳關稅的進口貨物放至「保稅區域」儲存。企業亦可利用此區域進行三角貿易及加工製造。因此,保稅區域可視為關稅法上之外國區域,又可以稱為:

① 境內關外　② 境外關內　③ 境外關外　④ 轉運特區

( )21. 國際物流中心之保稅貨物輸往相關具有「按月彙報」資格之保稅區(例如:科學工業園區、加工出口區、保稅工廠)之通關作業,下列敘述何者**錯誤**?

① 避免貨物通關查驗所造成不必要的毀損

② 加速貨物通關作業時效,支援產業 JIT 供貨需求

③ 報關費用較一般進出口報關費便宜許多

④ 非保稅貨物進出口及輸往相關保稅區通關作業亦一體適用

（　）22. 海關推動「關港貿單一窗口」(CPT)計畫於 102 年 8 月 19 日正式上線運作，下列敘述何者**正確**？
① 推動國際間各國公部門貿易電子資料交換與分享
② 整合機關資訊，建立共用資料庫，以達資訊共享
③ 提供進出口業者及機關「一次申辦，全程服務」的作業環境
④ 以上皆是

（　）23. 海關業務繁忙，必須處理許多進出口事項。下列何者不是海關主要業務範圍？
① 貨物品質檢驗　② 查輯走私　③ 外銷品沖退稅　④ 關稅稽徵

（　）24. 納稅義務人將貨物存放在海關易於控制監管方式下，暫時免除或延緩繳納義務，以下選項為何？
① 保稅　② 自由貿易協定　③ 差別關稅　④ 優惠關稅

（　）25. 下列選項何者屬於海關監視的「**保稅區**」？
A. 加工出口區　　　　　　B. 科學工業園區　　　C. 國際物流中心
D. 自由貿易港區　　　　　E. 保稅工廠
① AB　② ABC　③ ACDE　④ ABCDE

（　）26. 下列有關保稅制度的敘述，何者正確？
A.「保稅貨品」係指未經海關徵稅放行之進口貨物、轉口貨物，在海關監視的特定場所內（保稅區），儲存、加工或裝配、測試、整理、分割、分類，暫時免除或延緩繳納義務
B. 貨物以原型態或經加工後出口，則免徵關稅
C. 貨物進口（即內銷至課稅區），應繳納關稅
D. 在保稅區內，其未稅貨品即為保稅品，屬管制品需列帳接受海關監管
① AB　② ABC　③ ACD　④ ABCD

（　）27. 國際物流中心之保稅貨物輸往相關具有「按月彙報」資格之保稅區（例如：科學工業園區、加工出口區、保稅工廠）之通關作業，下列敘述何者**錯誤**？
① 避免貨物通關查驗所造成不必要的毀損
② 加速貨物通關作業時效，支援產業 JIT 供貨需求
③ 報關費用較一般進出口報關費便宜許多
④ 非保稅貨物進出口及輸往相關保稅區通關作業亦一體適用

(   )28. 有關「國際物流中心」保稅制度的敘述，下列選項何者**正確**？

        A. 自國外運入物流中心供營運之貨物，免徵關稅、貨物稅、營業稅、商港建設費及貿易推廣費

        B. 自國外輸入自用機器、設備、原料、物料、燃料、半製品、樣品及供貿易用之成品，免徵進口稅捐、貨物稅及營業稅

        C. 保稅貨物進儲國際物流中心可無限期儲存

        D. 物流中心採自主式管理，貨物進行重整作業無須海關監視

        E. 輸至保稅區得按月彙報

        ① ABC   ② ABD   ③ ACDE   ④ ABCDE

(   )29. 下列選項何者屬於保稅運送工具？

        A. 保稅卡車   B. 保稅貨箱   C. 駁船

        ① A、B、C 皆正確   ② A、B 正確，C 不正確

        ③ A、C 正確，B 不正確   ④ B、C 正確，A 不正確

(   )30. 有關保稅制度的功能，下列敘述何者**正確**？

        A. 彈性融通與調度營運資金   B. 提升國際市場競爭力   C. 吸引外資提升經濟發展   D. 簡化通關程續有助業者營運   E. 引進工業技術促進工業生根

        ① AB   ② ABC   ③ ABCD   ④ ABCDE

第二部分：簡答題

1. 請簡述：海關主要業務為何？（請列舉 5 項）

2. 在海關「貨物通關自動化」系統，報關資料經由「通關網路」通過海關之「專家系統」將貨物篩選哪 3 種通關方式？

3. 請簡述：貨物通關自動化的優點？（請列舉 5 項）

4. 報關行在核對進口報單無訛後以 EDI 電子傳輸至關貿網路由海關審核，查詢關貿網路之放行訊息為 (C3)：進口貨物應審應驗作業。試問通關者除了補送書面報單，以供海關查驗貨物，還需準備哪些相關文件正本提供海關查核？

5. 請簡述：繳納進口關稅方式有哪四種？

6. 請試述：保稅制度 (Bonded System) 的定義？

7. 請簡述：保稅制度的功能？

8. 請簡述：現行我國保稅制度的區域有哪些？（請列舉 5 項）

9. 請簡述：物流中心的優惠條件為何？（請列舉 4 項）

10. 國外貨物申報進儲物流中心的優惠條件為何？

11. 物流中心貨物運往保稅區案件得向轄區海關申請按月彙報，請簡述「按月彙報」優惠條件為何？

參考文獻

1.　呂錦山、王翊和、楊清喬、林繼昌，國際物流與供應鏈管理 4 版，滄海書局，民國 108 年。

2.　法務部，加工出口區保稅業務管理辦法，全國法規資料庫網站 http://law.moj.gov.tw，民國 110 年。

3.　法務部，自由貿易港區通關作業手冊，全國法規資料庫 http://law.moj.gov.tw，民國 110 年。

4.　法務部，自由貿易港區貨物通關管理辦法，全國法規資料庫 http://law.moj.gov.tw，民國 110 年。

5.　法務部，自由貿易港區設置管 條 ，全國法規資料庫網站 http://law.moj.gov.tw，民國 110 年。

6.　法務部，物流中心貨物通關辦法，全國法規資料庫網站 http://law.moj.gov.tw，民國 110 年。

7.　法務部，物流中心業者實施自主管理作業手冊，全國法規資料庫網站 http://law.moj.gov.tw，民國 110 年。

8.　法務部，科學工業園區保稅業務管理辦法，全國法規資料庫網站 http://law.moj.gov.tw，民國 110 年。

9.　法務部，科學工業園區、農業科技園區、加工出口區保稅貨物於進口地海關通關作業規定，全國法規資料庫網站 http://law.moj.gov.tw，民國 110 年。

10.　財政部 關務署，物流中心貨物通關作業規定，財政部 關務署網站 http://web.customs.gov.tw，民國 110 年。

11.　財政部 關務署，貨物通關自動化報關手冊，財政部 關務署網站 http://web.customs.gov.tw，民國 110 年。

12.　財政部關務署，關務年報，財政部關政司、財政部關稅總局，民國 101 年。

13.　財政部 關務署，關務署簡報，財政部關稅總局，民國 100 年。

14.　經濟建設委員會，臺灣新經濟網站，www.cedi.cepd.gov.tw，民國 110 年。

15.　林光、張志清、趙時樑，海運學，航貿文化，10 版，民國 105 年。

供應鏈管理－觀念、運作與實務

16. 林清和、秦玉玲，進出口通關自動化實務，全華圖書，民國 108 年。

17. 美國 SOLE 國際物流協會臺灣分會、台灣全球運籌發展協會，物流與運籌管理，全華圖書，7 版，民國 109 年。

18. 張錦源、康蕙芬，國際貿易實務新論，三民書局，第 16 版，民國 107 年。

19. 趙繼祖，海關實務，三民書局，14 版，民國 101 年。

20. 蔡孟佳，國際貿易實務，智勝文化事業有限公司，五版，民國 100 年。

21. 關貿網路股份有限公司 關貿網路網站，http://tradevan.com.tw，民國 110 年。

Chapter ▶ **9**

供應鏈資訊系統

本章重點

1. 說明支援供應鏈作業的系統中,有關進料、製造、配銷的作業系統功能。

2. ERP 的系統模組及其主要功能為何?

3. ERP 主要的目的與企業價值為何?

4. 說明物流管理資訊系統的組成。

5. 說明倉儲管理系統 (WMS) 具備的功能與效益。

6. 說明運輸管理系統 (TMS) 具備的功能與效益。

7. 說明訂單管理系統 (OMS) 具備的功能與效益。

8. 說明 e 化物流資訊共同平台服務項目及功能。

9. 說明物流 e 化服務與效益。

9-1　供應鏈資訊管理系統

　　資訊科技於供應鏈管理的應用主要有三個角色：(1) 支援作業流程；(2) 促進資訊分享、交流及支援企業與供應商之協同合作；(3) 決策支援。若能藉由資訊科技（系統）有效地支援作業活動、協助上下游資訊分享與協同合作，則不但可提升作業活動效率，亦可降低長鞭效應和漣波效應之發生，使供應鏈達到最佳狀態。目前主要的供應鏈系統供應商包括有 i2 Technologies, Manugistics, Invensys, JD Edwards, SAP, Oracle, Nistevo, Logility, Synergen, Prescient, Supply Works 及 Transentric 等。這些軟體供應商各有其核心技術及能力，所提供之系統亦不盡相同，更有些軟體供應商係將供應鏈管理系統整合成企業資源規劃系統 (Enterprise Resource Planning System, ERP System) 的模組之一，例如 SAP ERP 系統。

一、供應鏈作業支援系統

　　一般製造系統的實體流程，從原物料供應商到最終消費者主要分為進料、製造、配銷三大階段，其中又可再細分為十個步驟。每個階段有不同的作業活動，支援每階段的資訊科技亦不相同。例如，從採購到原料入庫（步驟 1 ～ 2），進而加工或製造成零組件，在製品庫存，再經由裝配這些零組件，形成最終產品（步驟 3 ～ 6），最後將產品直接或經由配銷中心銷售給客戶（步驟 7 ～ 10），如圖 9.1 所示。

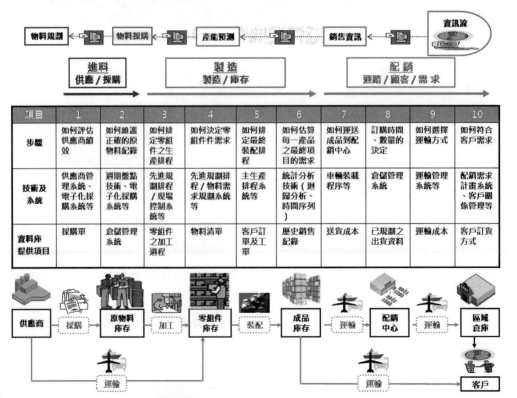

圖 9.1　供應鏈管理所需作業系統

（一）進料

　　主要採購原物料相關流程（步驟 1~2），包含如何評估供應商績效以及維護正確的原物料記錄等。採購原物料所衍生的活動，包含基本資料管理、詢價、請購與採購、採購進度監控、供應商資料與供應商評估資料之維護，這些工作可透過資訊系統協助，以提升工作效率。這些系統包括供應商管理系統、電子化採購系統、倉儲管理系統等，分別介紹如下：

1. 供應商管理系統

　　供應商管理系統 (Supplier Management System) 主要活動包含供應商評選、供應商晉用審查、供應商表現評鑑與合約管理等。

2. 電子化採購系統

　　電子化採購 (e-Procurement) 係指將商品或服務的採購電子化，包括四個元件，線上型錄、合約、採購單與送貨通知（單）。需求部門透過線上型錄，挑選所需要的原物料或零件，直接在線上發出需求單，採購系統會自動處理這張需求單，並發出訂單給供應商。供應商經由確認後，發出訂貨確認單給需求部門，並經由需求部門發出送貨通知單。電子採購系統將資料傳送給 ERP 系統中的物料模組，並與會計系統連結。採購作業的成本效率是採用電子化採購的主要因素，藉由更透明的市場價格與降低搜尋成本，將採購價格壓低。組織可藉由電子化採購系統將內部的採購作業標準化，進一步改善內部員工的滿意度。

3. 倉儲管理系統

　　倉儲管理系統 (Warehouse Management System, WMS) 包含了收貨、儲存、運送及倉庫自動化、報表等管理功能，其主要用途是提供貨品於倉庫流通的即時資訊，並利用這些資訊來達成儲位管理的最佳化、人力及設備的規劃與運用。倉庫管理系統主要包含兩大子系統，分別為存貨管理系統與訂單管理系統。存貨管理系統負責存貨與相關資訊之維護、分類、安排及整理，使企業能夠得到即時的存貨資訊與管理。訂單管理系統負責訂單之存取與追蹤，以輔助產品進出貨之正確性。管理者可以透過 WMS 瞭解企業內部原物料的現況，即時因應，以減少長鞭效應之情況發生。

（二）製造

企業由原物料的加工（步驟 3～4）至裝配成最終產品（步驟 5～6），包含原物料入庫、加工入庫變成半成品、半成品再製造以及最終產品入庫等階段。此階段需要控管原物料和生產產能，讓製造系統必須針對市場或客戶的需求，適時、適量、適地的提供原物料。在這繁雜的流程中，需要許多資訊系統之協助，使生產作業順利執行，例如先進規劃與排程、主生產排程、物料需求規劃、協同規劃、預測與補貨以及供應商管理存貨等，分析如下：

1. 先進規劃與排程

先進規劃與排程 (Advanced Planning and Scheduling, APS)，依據訂單或企業所設定的銷售計劃目標，考慮整體的供需狀況，以生產計畫為依據，擬定在特定時間內完成特定數量的產品。APS 的相關技術主要有預測與時間序列分析 (Forecasting and Time Series Analysis)、最佳化技術 (Optimization Technique) 和情境規劃 (Scenario Planning)。預測與時間序列分析係以時間序列模型，例如自動迴歸移動平均模型 (Autoregressive Moving Average Modal, ARMA Modal)，探討一系列與時間相關的趨勢變動，以進行資料分析與預測。最佳化技術係利用進階的演算技術來解決複雜問題並提供最佳的解決方案，常見的最佳化技術如線性規劃 (Linear Programming)、限制式規劃 (Constraint Programming) 等，情境規劃是以 What-If 與模擬技術做分析與規劃。

2. 主生產排程

主生產排程 (Master Production Schedule, MPS) 在製造過程扮演很重要的角色，MPS 為主排程規劃人員依據生產計畫而擬定，在特定時間內，完成特定數量之特定產品的一項預定生產排程。主排程規劃人員需要蒐集的資料包含銷售預測、客戶訂單、配銷點或經銷商訂單、售後服務性零件、安全庫存量等。MPS 是驅動物料需求規劃 (Material Requirements Planning, MRP) 展開過程的原動力，所處理項目可能是最終產品、在製品、成品模組或服務性零件等，不論何種形式（資料），該活動的最終產出是物料清單 (Bill of Material, BOM)。

3. 物料需求規劃

物料需求規劃是輸入主生產排程的結果，並根據物料清單、存貨狀態及產能情況，規劃出某成品在主生產排程時所需各零組件的預定生產排程或採購計畫。MRP 主要包含存貨管理與排程軟體；存貨管理軟體主要應用於生產過程中與產品有相依性

需求的項目，例如原料、零組件與在製品的規劃和管理。而排程軟體則依據生產排程所提供的數據，計算所需各零組件之到期日的優先順序及預定生產或採購排程，其輸出資料包含預排訂單與訂貨行動等。

4. 供應商存貨管理

供應商存貨管理 (VMI) 是一種庫存管理方案，其機制爲供應商收到下游客戶的銷售資料及目前的存貨水準後，再依據預先制定的存貨水準來補足客戶的存貨。零售商在商品出售之前，貨物所有權依然是供應商所有，供應商爲了降低自己的存貨成本，會盡可能的掌握銷售資料和庫存量，以有效地管理供應鏈上的存貨。供應商利用零售商的 POS 資訊，依據雙方認同的存貨水準範圍內，使供應商保持自己適當的存貨水準，藉由銷售資料得到消費需求資訊，供應商可以更有效的計畫、更快速地反應市場變化和消費者的需求。

因此，藉由 VMI，供應商與零售商分享重要資訊，可以改善雙方需求預測、補貨計畫、促銷管理和運輸裝載計畫等，以縮短訂購前置時間，協助降低庫存量、改善庫存週轉率，進而維持庫存量的最適化，並可降低長鞭效應的風險。VMI 讓製造商預測最終客戶的需求，然後觀察實際的消耗或銷售，再調整 VMI 的存貨水準，因此以 VMI 作爲市場需求預測和庫存補貨的解決方案，可以達到「在合適的時間點與地點，以合適的數量與最低的成本，提供合適的產品」這個需求。

5. 協同規劃、預測與補貨

協同規劃、預測與補貨 (CPFR) 係指一個以需求引發供應鏈運作並協調企業運作的工具，可透過一定的步驟，使用網路技術讓企業的協同規劃、預測與補貨活動都能依循一定的程序進行，企業之間使用相同的指標作績效評估。CPFR 爲規劃階段的一項系統，其全程控管作業流程，包括供應商管理庫存、共同管理庫存 (Jointly-Managed Inventory)、連續補貨機制及品類管理，幫助買方和賣方，藉由推動聯合管理流程和分享資訊，建立無間的協同作業及緊密的夥伴關係。

CPFR 爲橫跨上、中、下游供應鏈合作流程，將消費者的需求預測並分享給供應鏈成員，使產品製造商能夠以最低的成本生產產品，將其配送至零售商。供應鏈成員可以經由事先規劃與定案的異常狀況處理流程，以控制供給及需求之間，因預期心理而產生的過度或不當反應，減低供需之間的差異，降低發生長鞭效應的風險，因此能爲企業提升商品週轉率與營業成長、降低庫存、改善缺貨狀況、提升顧客服務水準、強化產品通路與市場佔有率，提升整體供應鏈成員的競爭優勢。

（三）配銷

　　配銷的工作主要將製成品配送至客戶手上的銷售與配送的工作（步驟 7～10）。此階段分為四個活動：製成品存貨管理、訂單內容確認、銷售訂單開立、配送等，會應用到運輸管理系統、客戶關係管理系統與無線射頻識別等技術，分別介紹如下：

1. 運輸管理系統

　　運輸管理系統 (Transportation Management System, TMS) 主要功能是支援從貨運規劃、車輛排程、運送到完成交貨的一系列流程，包括裝貨通知、日程安排、路線規劃、內部車隊調度或承運商選擇、承運商費率估算、車輛路線排程、共配運送、逆向物流管理、貨運追蹤及文件記錄等。目的在於以精確的運輸規劃，有效且靈活利用車隊以降低運輸成本，並提供追蹤及更新車輛中的存貨資訊，提升運輸服務品質。TMS 之貨運追蹤功能需結合位置追蹤 (Location Tracking) 技術、全球定位系統 (GPS) 與無線通訊，使公司及客戶能於貨物運輸時，在任何時間利用網際網路或企業間之網路追蹤卡車或貨櫃之所在地點，查看最新貨運狀態，以利客戶進行接收貨物之相關規劃與作業。

2. 顧客關係管理系統

　　客戶關係管理 (Customer Relationship Management, CRM) 係指企業對客戶關係有效管理追求最佳化效益、獲利率與客戶滿意度。企業為了贏取新客戶、鞏固原有客戶，以及增進客戶利潤貢獻度，透過資訊科技整合企業之企劃、行銷與客戶服務等策略，提供客戶量身訂做的服務，以提升客戶忠誠度與企業利潤貢獻度。客戶關係管理系統可以針對銷售、客戶服務與行銷等業務提供軟體，提供業務人員自動化 (Sales Force Automation, SFA)、交叉銷售 (Cross-Selling) 等功能等。

3. 無線射頻識別

　　無線射頻識別 (Radio Frequency Identification, RFID) 是目前應用於供應鏈管理最重要的技術之一，隨著美國零售業龍頭 Wal-Mart 公司要求其前 100 大供應商，從 2005 年起導入 RFID 系統，以方便進出貨管理，RFID 成了物流業的熱門話題。RFID 是利用射頻訊號，以無線通訊方式傳輸資料，再透過辨識系統來追蹤、分析並管理物件。RFID 系統由讀取機 (Reader) 與標籤 (Tag) 兩部分所構成，透過無線傳輸，不用實體接觸即可進行資料交換，且資料交換時也沒有方向性之限制。

　　RFID 技術在供應鏈管理上提供許多支援，例如：從工廠出貨到船運、倉儲、商店上架。產品在生產線上的移動，過去是以手動的方法來計算這些在供應鏈上的產

品庫存量。今日藉由 RFID 技術，可追蹤產品的移動，建立起真正即時正確的產品資訊，並監看全部的運送過程。

在貨物管理方面，應用 RFID 技術可大幅提高貨物運輸、入庫、庫存盤點的效率，同時還能有貨物辨識與防盜的功能。相較於 RFID，條碼必須要經過讀取，因此在商品運送過程中或到達目的地後，必須經由人工逐一掃描，才能得知商品的準確數量。如果用 RFID 取代了條碼，整個交貨過程甚至不需要人員的參與，商品通過配送中心的門口時即自動完成盤點，並經由網路將資料傳輸到倉庫管理系統中。即使在貨物運輸當中，這些貨物的標籤被 RFID 系統讀取，就可以從網路上得到即時貨物資訊及目前所在地等。同時，RFID 的使用可以使企業能夠快速、準確地瞭解自身的庫存水準，防止因貨物的耗損和統計誤差而可能導致的缺貨。在倉儲管理中，若將供應鏈管理系統與 RFID 技術相結合，能快速地完成上架、取貨與補貨等作業。總結上述 RFID 的應用對於提升供應鏈管理的效益如下：貨況追蹤、貨物辨識與防盜、及時庫存數量確認、及時物料盤點、快速補貨。

9-2　企業資源規劃 (ERP) 系統模組與功能

企業資源規劃系統 (Enterprise Resource Planning, ERP) 是一種能將多種企業功能整合在一起的模組化與架構化之套裝資訊系統，此系統可依企業的經營理念或者是針對不同的作業流程，進行適當的調整，也可針對企業的特殊需求做適當的客製化或加掛功能。例如：在臺灣有開立統一發票制度，因此 ERP 系統可允許加掛此功能。目前典型的 ERP 系統主要包括物料管理模組、生產規劃管理模組、銷售管理模組、財務會計管理模組、成本管理模組、品質管理模組、人力資源管理模組等。

一、ERP 系統模組介紹

以 SAP 的 ERP 系統為例，其主要模組包括物料管理、生產規劃管理、銷售運籌管理、品質管理、工廠維護、財務會計（財會）管理、成本控制管理、財務管理、人力資源管理等（如圖 9.2 所示）。圖 9.2 中央是 ERP 系統的基礎平台，包括系統核心、管理工具及程式開發工具。各個模組則是建構在該基礎平台上的應用模組，模組間之作業都可以被整合且資料可互通。系統基礎平台外的第一層方塊是 ERP 系統的基本模組，也就是一般企業日常作業所需使用的模組。如運籌 (Logistic) 作業的相關模組包括物料管理、生產規劃管理、銷售運籌管理、品質管理、工廠維護等模組（圖 9.2 的左方）等，其運作流程如圖 9.3；財會管理、成本控制管理、財務管理（圖 9.2 的右上方）等模組則是屬於會計 (Accounting)。

作業的相關模組；人力資源管理模組（圖 9.2 的右下方）則是人事的作業相關模組。企業可依不同的需求及成本考量，選擇導入相關的模組，基本模組之功能分別摘述如下：

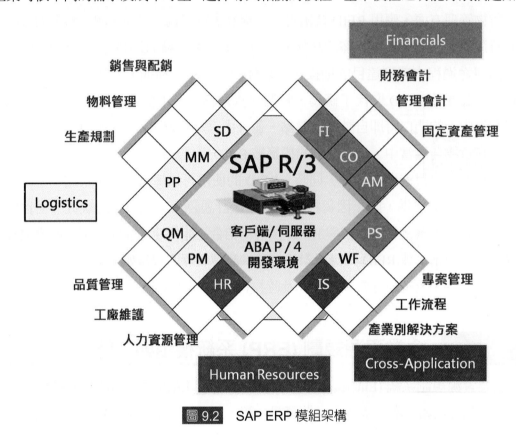

圖 9.2　SAP ERP 模組架構

（一）物料管理模組

物料管理 (Materials Management, MM) 模組提供物料與庫存相關的作業管理如圖 9.3 所示，包括料號管理、請 / 採購相關作業、庫存管理、物料需求規劃及存貨評價等項目。MM 模組之主要目的為建立物料庫存資訊及供補作業，並提供及時的物料需求分析，以便適時地支援生產及銷售的需求。其主要功能有料號主檔維護、採購作業、供應商主檔維護、收料及發票驗證、庫存管理、庫存盤點、存貨評價、物料需求規劃、國際貿易與產品型錄等。

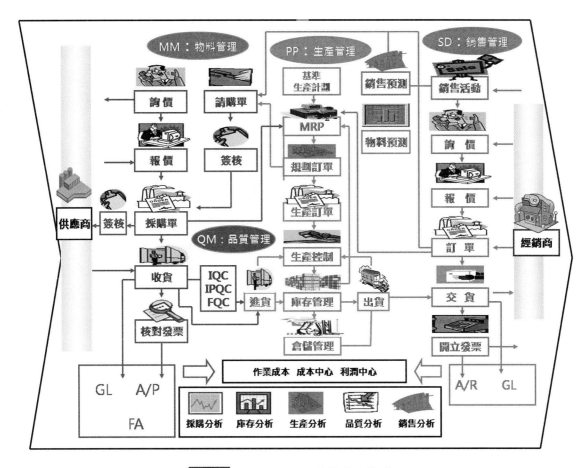

圖 9.3 SAP ERP 運籌作業運作流程
參考資料：SAP 網站（民 110）

（二）生產規劃管理模組

　　生產規劃管理 (Production Planning, PP) 模組提供生產系統相關作業管理如圖 9.3 所示，包括銷售預測、生產計畫、需求管理、物料需求規劃、生產排程、產能管理、生產流程設計、生產途程分析、產品完工及品管檢驗等活動項目與相關製程控制系統的連繫。PP 模組之主要目的為讓企業發揮最佳的產能，同時也兼顧彈性生產能力，達成銷售及作業規劃 (Sales and Operations Planning) 的目標。其主要功能有工作中心 (Work Center)、生產排程 (Routing)、物料清單、生產規劃（含物料規劃、需求管理、長期規劃、主生產排程等）、物料需求規劃、生產工單、生產控制、產能規劃、生產成本規劃、製程規劃、製程管理等。

（三）銷售運籌管理模組

銷售運籌管理 (Sales and Distribution, SD) 模組如圖 9.3 所示，提供客戶詢價單、報價單與訂單管理、出貨管理、運輸規劃、包裝處理及帳單流程處理等。SD 模組之主要目的為協助企業有效且快速地掌握市場銷售等相關資訊，並且提供各類型的銷售分析，使企業能夠針對市場需求做出即時回應。其主要功能有業務夥伴主檔（含客戶、業務員、貨運公司等）、詢報價作業、訂單作業、包裝及出貨、發票及請款、信用額度管理、銷售支援作業、銷售分析、銷售成本等。

（四）品質管理模組

品質管理 (Quality Management, QM) 模組如圖 9.3 所示，提供建立與品質相關的作業與管理，包括作業計畫、日常檢驗及管理作業等，並滿足 ISO 9000 中所定義的作業條件。這些作業需配合 ERP 系統的其他模組（例如：物料管理模組、生產規劃管理模組、銷售運籌管理模組）進行運作。QM 模組之主要目的為支援製造及銷售所重視的品質管理相關作業，以提升產品的品質及競爭力。其主要功能有品質規劃、品質檢驗、品質證明、品質控制、品質警示、測試設備管理等。

（五）工廠維護模組

工廠維護 (Plant Maintenance, PM) 模組如圖 9.3 所示，提供工廠設備的檢查、預防維護、維修等相關作業管理，其主要目的為即時且有效地處理設備故障問題。PM 模組可依需求自動驅動產生工廠維護所需的請購需求等，以確保工廠生產設備的妥善率並滿足生產的需求。其主要功能有設備及物件管理、維修管理、預防維護規劃、施工許可管理等。

（六）財務會計管理模組

財務會計管理 (Financial Accounting, FI) 模組提供財會人員能夠正確且即時地記錄企業交易資訊、彙總各項績效管控及分析資料、編製財務報表，以作為管理者營運決策之用。FI 模組和其他模組整合，不但可以即時更新各項財務資訊，亦可藉由系統內財務報表到個別文件的完整性，以提供審計人員稽核的便利性，降低公司成員舞弊之機會。其主要功能有應收帳款、應付帳款、會計總帳、銀行作業、固定資產、差旅管理等。

（七）成本控制管理模組

成本控制管理 (Controlling, CO) 模組提供管理決策所需的成本資訊，用以協調、監督和優化組織中的所有作業活動，包含記錄生產的耗用量和其他部門所提供的服務。CO 模組的功能除了規劃成本控制作業外，也記錄實際的作業狀況，因此可以計算出實際成本與計畫成本之間的差異。差異分析可以用來控制企業的流程，而成本及貢獻利潤等相關統計報告，則可以用來控制整個企業及各個部門的成本效率。CO 模組涵蓋多個子模組，包含部門費用方面的預算、費用的分攤及管控，與其他方面，例如製造成本控制、相關報表及利潤分析等。CO 模組是一個整合庫存異動、製造、銷售及財務會計等資訊的後端管理工具；在成本管理系統中，當庫存成本、存貨或費用發生異動，或進行與銷貨相關的利潤分析時，只要前端發生資料異動之情形，系統就會自動蒐集異動記錄，因此能易於掌握生產製程的資料、庫存異動的資料、收入與成本資料之即時性與正確性。

（八）財務管理模組

財務管理 (Treasury, TR) 模組提供財務部門有關現金流量管理及其他與財務相關的作業應用，其主要目的為有效地監控付款需求及確保現金支用的流暢性。其主要功能有現金支用管理、現金預算管理、財務作業（存款／票據／外匯／證券等交易及管理）、貸款管理、市場風險管理等。

（九）人力資源管理模組

人力資源管理 (Human Resources, HR) 模組提供公司整體人事管理及人力資源發展等相關的作業應用 HR 模組之主要目的為依不同的組織架構及管理制度需求，進行人事管理、考勤及薪資結算，並可將人事及薪資資料拋轉到其他相關模組。此外，HR 模組還能整合教育訓練及績效考核的記錄，提供多角度的管理規劃模式，來作為員工發展規劃之基礎，以利企業的人力資源改善與持續發展。其主要功能有員工招募、人事管理、組織管理、考勤管理、薪資管理（含所得稅申報、銀行轉帳）、教育訓練、績效考核等。

現今企業所應用的 ERP 軟體種類非常多（例如：SAP、Baan、Oracle 等），各 ERP 系統所包括的功能範圍亦不同，但 ERP 目前所提供的支援，如以價值鏈的模式來看，主要的六大核心模組及其主要功能，如表 9.1 所示；主要活動 (Primary Activities) 部分，例如：物料與庫存管理模組包含物料採購、倉儲管理、存貨管理等主要功能。

表 9.1　ERP 的六大核心模組及其主要功能

Porter 價值鏈	管理模組	主要功能
主要活動（Primary Activities）	物料與庫存管理	物料採購、倉儲管理、存貨管理
	生產與製造管理	主生產規劃、物料需求規劃、現場控制、產能需求規劃、品質管理
	銷售與訂單管理	銷售作業管理、訂單管理、配銷需求規劃、送貨管理、運輸管理
支援活動（Support Activities）	財務會計管理	財務會計：應收帳款、應付帳款、現金管理、財務控制 管理會計：產品成本會計、間接成本管理
	人力資源管理	員工招募、薪資、福利、教育、考核、出勤
	企業行政管理	企業策略規劃、預算管理、利潤分析管理、環境公安管理、決策支援、資產會計、專案管理

資料來源：林東清（民 107）

二、ERP 主要的目的與企業價值

　　企業的主要資源包括：物料、生產、人力、財務等資源，這些資源能創造價值，但同時也會產生成本，若要企業資源能有效的運用，則必須要有下列兩個要件：

1. 資源的無縫整合 (Seamless Integration)

　　一個製造商擁有非常優秀的生產資源，但如果物料資源無法協調整合好，則會產生停工待料的損失；或者有優秀的行銷資源，但生產或運輸資源卻無法配合，亦會產生缺貨的損失；又或者各工廠的採購資源無法整合，則亦會產生採購折扣的損失。因此，如何整合各資源，變成為 ERP 的第一個主要任務。

2. 快速的回應力

　　例如：客戶的訂單，能不能接？賺不賺錢？何時能送貨？要由哪裏送貨？要由哪些工廠生產？哪些通路運送？如果這些問題無法快速回應，則必會影響客戶下單的意願。因此，ERP 如何利用系統面的整合來快速回應需求，當然是其第二個主要任務。

此外，上述的這些問題，尤其在目前全球化分工的狀態下，企業的運籌總部、工廠、倉庫、供應商、客戶、代工廠商分散在全球各地時，則整合與快速回應的能力更形重要。因此，我們可以說企業的資源要有效運用，必須透過標準化、整合化的系統來提供完整、正確、全面性的各環節資訊，例如有完備、透明化、流暢的倉儲、製造、銷售、採購、成本及需求等資訊流，企業才能規劃出最佳的資源配置，使得生產、原料、人力、配送等都能配合得天衣無縫，使作業流程效率提升，成本降低。ERP 的目的即是在整合各流程的資訊流，提供即時、完整、正確的資訊，來提供管理者做最好的資源規劃與管理的決策，因此才被稱之為資源規劃系統。綜上所述，導入 ERP 的效益與企業價值 (Business Value) 如下：

　　(1) 企業內部資訊資源（硬體、軟體等）的整合；(2) 提升企業快速反應能力；(3) 提升決策資訊的正確性；(4) 現行流程的自動化、合理化與再造；(5) 提升客戶的滿意度；(6) 提升全球運籌管理的能力。

9-3　物流管理資訊系統

　　物流管理資訊系統是將物流活動與物流資訊結合的一個系統，主要有下列三種作業軟體，分別是倉儲管理系統 (Warehouse Management System, WMS)、運輸管理系統 (Transportation Management System, TMS) 與訂單管理系統 (Order Management System, OMS)，依序說明如下：

一、倉儲管理系統 (WMS)

　　WMS 連結 ERP 系統，從採購下單後，整合倉庫的入庫、儲位管理、調撥作業、庫存管理、撿貨作業、出貨作業與盤點作業，目前產業界應用的 WMS，主要可分成下列四大管理模組，分別是 (1) 基本資料模組、(2) 物流作業模組、(3) 物流管理模組與 (4) 帳務管理模組，各模組功能依序說明如下：

(一) 基本資料模組

　　包含以下有關人、物、地（儲位）等的基本資料設定：

1. 貨主：如圖 9.4 所示，儲存在物流中心的貨物擁有者（有時第三方物流業者稱貨主為客戶或廠商）。

2. 供應商：物流中心需採購項目的供應者。

3. 客戶：出貨對象或送貨地點（有時第三方物流業者稱客戶為店家）。

4. 員工：可作為權限控管與相關記錄之用。

5. 商品：如圖 9.5 所示，儲存商品的屬性（商品編號、名稱、尺寸、商品類別、最小訂購量、貨主、保存年限、溫層等）。

6. 儲位：儲位屬性（儲位編號、可儲存空間、狀態〔可用 / 不可用〕、所屬儲區、儲存型態〔例如：重型料架〕）。

7. 其他功能。

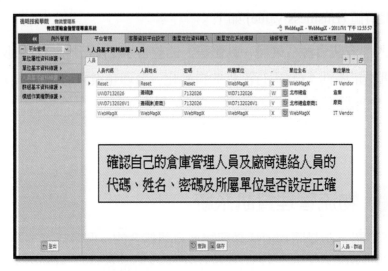

圖 9.4　廠商基本資料維護－貨主
資料來源：中華民國物流協會（民 104）

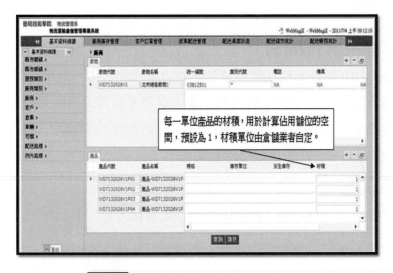

圖 9.5　廠商基本資料維護－商品屬性
資料來源：中華民國物流協會（民 104）

(二) 物流作業模組

1. 入庫作業管理

入庫作業流程依序為：(1) 資料輸入、(2) 入庫匯總、(3) 品保驗收、(4) 貨品上架，
WMS 入庫作業管理具有下列功能：

(1) 可自訂多種入庫單據資料格式，並提供多樣資料匯入模式。

(2) 提供入匯總功能，針對大量相同入庫品項之入庫單據，大幅縮短處理時間。

(3) 提供分批到貨、驗收、上架、裝卸貨櫃作業功能。

(4) 可依據貨品之客戶，供應商，效期、批號、貨櫃號碼、提單號碼、報關單號或
報關項次、指定儲位、指定儲區、指定溫層等資料進行上架作業。

2. 儲位管理

WMS 儲位管理具有下列功能：

(1) 提供批次儲位建立功能，可自訂儲位編碼，快速建立大量儲位。

(2) 提供多地點、多倉、客戶、供應商、作業別、溫層、貨架種類、揀貨順序，長、
寬、高等儲位管理資訊。

(3) 提供倉儲庫存結算功能，每日統計存放面積、容積、周轉率，進出量（棧板數
及材積）等管理資訊。

3. 流通加工作業

WMS 流通加工作業具有下列功能：

(1) 可自訂多種加工單據資料格式，並提供多樣資料匯入模式。

(2) 提供產品單位用料清表 BOM 功能，明確定義各類加工投入與產出物料資訊及
所需時間及費用等。

(3) 支援拆包、改包、改標、裝填、分裝、庫存單位轉換等功能。

4. 揀貨與出庫管理

出庫作業流程依序為：(1) 訂單輸入、(2) 訂單分類、(3) 揀貨條件分析、(4) 揀貨確
認、(5) 單據列印、(6) 出貨確認，WMS 揀貨與出庫管理具有下列功能：

(1) 提供依據倉別、客戶別、作業別、地區別、路線別、店宅配、訂單指定、數量別、
貨品類別的方式進行訂單分類。

(2) 提供依據先進先出、後進先出、效期順序等方式進行訂單分類。

(3) 提供〔訂單式〕、〔批次〕及〔CAPS〕三種揀貨模式（**請參閱 7-2 物流中心
倉儲作業流程第四項揀貨作業**），進行快速揀貨流程。

(4) 最佳化揀貨路徑規劃，一次性完成大量訂單揀貨作業。

(5) 流通加工現場作業，可使用電腦或行動裝置即時收集並回報系統，確認核對出貨明細。並執行貨確認動。

5. 帳務管理

WMS 帳務管理具有下列功能：

(1) 物流計價功能：提供自訂公式及自動運算功能，可以依倉別、作業別、客戶、運區、供應商、商品類別、車輛種類、安裝、運送方式等條件、自訂計費公式、自動計算帳務、並提供批次運算、匯出入等功能。

(2) 提供應收、應付、沖帳作業功能，同時支援代收、代付功能。

(3) 提供日週月年多週期，多式樣帳務報表，並可連結與整合至 ERP 會計帳務系統。

6. 績效管理

WMS 績效管理具有下列功能：

(1) 提供進入庫流程、品保驗收、上架作業、揀貨效率、出貨彙整等、進度或達成率等績效評量指標資訊。

(2) 提供商品查詢、訂單查詢、庫存查詢及儲位查詢功能，並可產生各類報表提供管理者評估與決策。

倉儲管理系統可以協助業者做好儲位管理，有效、即時、正確的管理倉庫中的商品與貨物，提升倉儲空間的有效運用，並提高進貨與出貨作業流程的品質、正確性與速度，並可以大幅度的減少訂單處理與庫存盤點的時間與錯誤率，降低企業存貨成本，提升企業營運績效與競爭力。

二、運輸管理系統 (TMS)

運輸管理系統是可以對眾多車輛進行管理的軟體，對車輛調度、運行、裝運計劃、貨物裝載量、裝運方式、駕駛的勞務管理以及成本核算等，提供全方位的管理，並可即時監控配送狀況與配送後的績效管理。

運輸管理系統分為三個階段：配送前（排車計畫）⇒ 配送時（即時監控）⇒ 配送後（績效管理）。目前市面上的運輸管理系統各有其功能，以下乃參考工業技術研究院所發展的輸配送系統，分成五個模組：(1) 基本資料模組、(2) 基本設定模組、(3) 排車作業模組、(4) 車輛管理模組、(5) 績效管理模組等。

(一) 基本資料模組

包含以下有關人、物、車、地（送貨地點）等的基本資料設定：

1. 貨主：儲存在物流中心的貨物擁有者（有時第三方物流業者稱貨主為客戶或廠商）。

2. 供應商：物流中心需採購項目的供應者。

3. 客戶：出貨對象或送貨地點（有時第三方物流業者稱客戶為店家）。

4. 物流士：基本資料、可開車型等。

5. 商品：儲存商品的屬性（商品編號、名稱、尺寸、商品類別、最小訂購量、貨主、保存年限、溫層等）。

6. 運輸公司：委外車隊的公司（公司名稱、統編、服務區域等）。

7. 車輛：如圖 9.6 所示，車輛的屬性（車號、車型、所屬公司、最大載重、最大載積、品牌、可用年限等）。

8. 其他功能

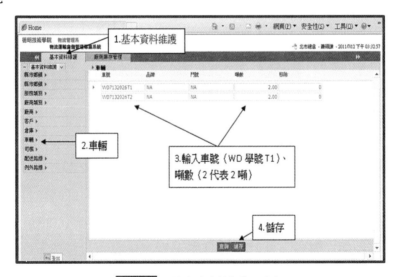

圖 9.6　基本資料維護－車輛

資料來源：中華民國物流協會（民 104）

(二) 基本設定模組

1. 區域資料：設定分區、是否可跨區等資料。

2. 成本資料：設定車輛成本、作業成本等資料。

3. 距離資料：設定任二點間的距離與時間資料等資料。

4. 其他功能

(三) 車輛排班作業模組車

1. 車輛調度：可分爲預約班表、當日班表、當月班表與臨時班表（因應車輛故障、事故或路況等突發狀況），產生趟次資料。

2. 路線與趟次調整：如圖 9.7 所示，進行趟次內與趟次間的送貨單順序調整。

3. 車輛人員指派：設定各運送路線之車輛安排與人員（物流士）的工時、休假安排。

4. 其他功能

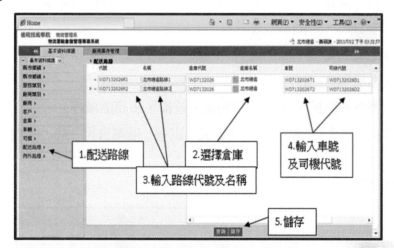

圖 9.7 基本資料維護－配送路線
資料來源：中華民國物流協會（民 104）

(四) 車輛管理模組

1. 費用管理：車輛保險、油耗、維修與保養等營運成本管理。

2. 維修管理：車輛維修與保養記錄。

3. 車輛與貨況監控：確保貨物在運送過程中的安全性，包含即時監控、歷史軌跡查詢、超速查詢等功能，也可以運用電子地圖與衛星定位系統 (GPS)，確保車輛與貨況監控的正確性與完整性。同時提供運輸業者、供應商、客戶，即時車輛與貨況監控訊息。

4. 其他功能

(五) 績效管理模組

1. 時間管理：如圖 9.8 所示，出廠時間、配送到達時間、驗收狀況。

2. 績效管理：各類績效報表。

3. 其他功能

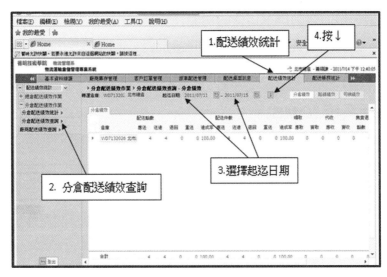

圖 9.8 績效管理模組維護－配送路線
資料來源：中華民國物流協會（民 104）

依據工業技術研究院，彙總廠商評選出之運輸與配送績效指標，如表 9.2 所示：

表 9.2 運輸與配送績效指標

運輸派遣績效		運輸執行績效		訂單管理	
目標	績效指標	目標	績效指標	目標	績效指標
經濟	空車率	正確	配送短缺率	滿意	滿意 - 訂單取消率
	自用 / 外包車使用率		回單準時率		滿意 - 客戶抱怨率
					客戶抱怨率
效率	載材率 / 載重率	經濟	單位 / 趟次 / 材積配送成本收益	正確	單據異常比率
		準時	配送延遲率		
	每人配送量 / 車次	安全	配送損壞率		貨品異常比率

運輸管理系統的應用，在於提升客戶服務的滿意度，同時盡可能降低營運成本，減少車輛閒置，並強化安全營運。其中亦可能包含路線規劃的功能，所謂路線規劃是提供車輛運行路徑方案並進行優化的功能。該功能是根據多項商業邏輯及標準，根據地理資訊系統所提供的資訊，產生多種模式與多種貨運路線的方案，並且提供不同條

件下優化的建議。然而自動排車這樣的功能在實務應用上，因為變數過多導致日常的使用並不普及。但對於中長期言，考慮不同運量與其他限制時，自動排車的演算法可以提供一個較佳的參考方案，供有經驗的排車人員作為參考。

三、訂單管理系統 (OMS)

OMS 是物流管理資訊系統的一部分，主要提供企業內部、供應商或者客戶，進行訂單建立與業務資訊查詢的系統，透過系統查詢，可以即時的掌握訂單和追蹤貨物的進出及庫存狀況。通過對客戶下達的訂單進行管理及跟蹤，動態掌握訂單的進展和完成情況，提升物流過程中的作業效率，從而縮短訂單處理時間與作業成本，提高訂單處理正確性與顧客滿意度，強化企業的市場競爭力。

另一方面，訂單管理系統是提供企業內部或者經認可的外部使用者，進行業務資訊查詢的系統。被授權使用者可進行高效率與多元的查詢，獲得貨物進出與庫存的即時數據，使供應商與客戶可以依據訂單狀況，即時調整備料、產能與交期，或是與供應商或客戶進行線上採購或交易，及相關帳務、結算或支付的作業。例如：可與供應商和客戶分享資料，客戶和供應商無論在何時何地，只要登錄系統，就可以獲得最新的資訊。目前許多的三方物流業者 (3PL) 多有提供客戶上網查詢訂單處理的即時資訊，例如：一般民眾常使用的宅配與快遞服務，可依據宅配單上的單號，上網查詢宅配單處理與到貨狀況，如郵局的國內快捷 / 掛號 / 包裹查詢服務（圖 9.9）：(http://postserv.post.gov.tw/pstmail/main_mail.html?targetTxn=EB500100)。

圖 9.9 郵局的國內快捷 / 掛號 / 包裹查詢服務
資料來源：中華郵政全球資訊網（民 110）

四、ERP 系統與物流資訊管理系統整合

物流管理資訊系統包含訂單管理系統 (OMS)、運輸管理系統 (TMS) 及倉儲管理系統 (WMS) 相關之進貨、入庫、存貨管理、揀貨策略、流通加工、包裝、出貨、盤點、補貨、越庫、退貨、人力管理、物料搬運、物流計費與等作業管理功能，可以依據不同的物流作業需求或企業營運模式，來規劃客製化的作業系統，更重要的是能依據使用者不同的營運模式或作業管理，修正或擴充系統功能，建立更完整的決策支援系統。

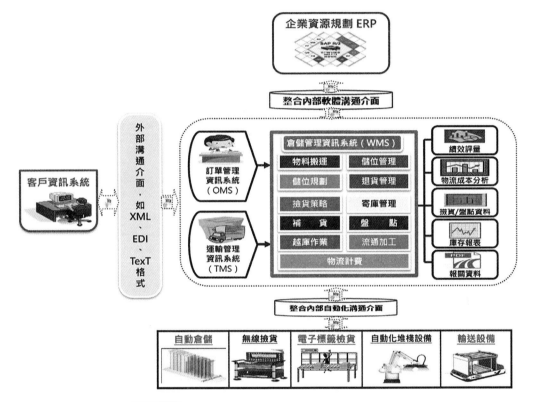

圖 9.10 ERP 系統與物流資訊管理系統的整合
參考資料：[7]、[9]、[15]

如圖 9.10 所示，一個整合的物流管理資訊系統的功能與運作，除了涵蓋基本物流作業管理功能外，需具備溝通介面 (Interface) 與標準轉換格式（例如：XML、EDI、TexT 格式），才能與其他外部商業系統連接，或是指揮與管理相關倉儲或搬運設備（例如：自動倉儲、電子標籤檢貨或無線撿貨等）；同時可連結企業內部的 ERP 系統與外部客戶資訊系統，建立完整的上下游供應鏈資訊分享與交換機制，發揮供應鏈整合綜效 (Synergy)，提升物流作業的效率與顧客服務品質，快速回應市場需求，建構企業核心能力與競爭優勢，同時強化整體供應鏈管理營運績效。

9-4　物流 e 化資訊平台

在複雜的國際物流與供應鏈體系中，涉及多個國家、多個地區的實體物流作業系統，如圖 9.11 所示，國際物流成員包含國際承攬業者、報關行、倉儲業者、陸運業者、航運業者、航空業者、鐵路業者、航空貨運集散站及貨櫃集散站等業者，各司其職彼此進行聯繫與協同作業，方能順利將貨物準時、準確的由起始地送達目的地。

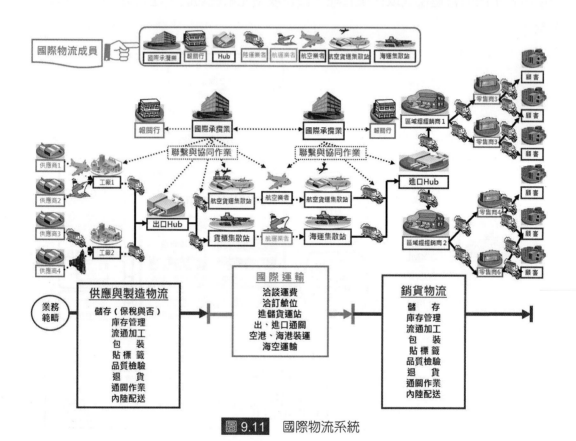

圖 9.11　國際物流系統

供應與製造物流部分，供應商透過各種運輸模式，將原物料運送至工廠生產及製造成產品後，因時、因地制宜選擇不同的運輸工具，將貨物運送至海運或空運進出口集散站。在國際運輸方面，考量運輸成本與顧客交期等因素，選擇以海運或空運的運輸模式，將貨物運送至進口國港口或機場。在銷貨物流方面，準備進口的貨物則須完成通關、拆櫃、分裝等作業，再經由當地陸運業者將貨物運送至區域經銷商、發貨中心 (Hub)，或直接運送至顧客手中。

在此全球供應鏈系統中，牽涉複雜的海空運複合運輸、報關、倉儲管理、流通加工與配送等實體物流服務。出口過程中成員包括原料供應商、出口廠商、國際承攬業者、報關行、倉儲業者、陸運輸業者、航運業者、航空業者、航空貨運集散站、海運集散站、國外代理行、進口廠商與貿易商、國外倉儲配送與最終顧客。以往顧客需面對多種或多家不同的國際物流業者與成員，牽涉眾多的業者與不同的業務。而傳統作業模式，以傳統的電話、電子郵件或傳真作為溝通聯繫方式，缺乏建立全球資訊管理系統和電子商務服務平台，與國際物流成員進行資訊分享，在傳遞文件、聯絡及後續的追蹤事宜，將耗費很多的時間與成本。

隨著總體經濟環境快速變化，顧客在不斷要求成本降低與提昇效益的壓力下，建立物流共同資訊平台，以單一窗口提供顧客與國際物流成員進行供應鏈管理必要且即時的資訊，同時以協同作業串聯與整合國際物流中相關採購、訂單、通關、運輸、入出庫、庫存、交貨及帳務管理等實體物流活動。

鑒於未來全球供應鏈發展趨勢及因應各類型的國際物流作業模式，如圖 9.12 所示。藉由建立 e 化物流資訊共同平台，串連國際物流系統的成員，包含供應商、進出口廠商、倉儲業者、報關行、海關、航空貨運站、海運集散棧、陸運業者、航空業者與航運業者，進行資料交換；提供原料供應商、進出口廠商、顧客與國際物流成員全球即時資訊系統服務，建立國際物流協同作業。進而達到提升訂單處理的正確性、降低安全庫存、縮短接單到發貨的交期、合理安排運輸路線、提升車輛裝載率與利用率、貨況追蹤、即時庫存查詢、文件與單據無紙化、倉儲與揀貨作業的正確性等效益。

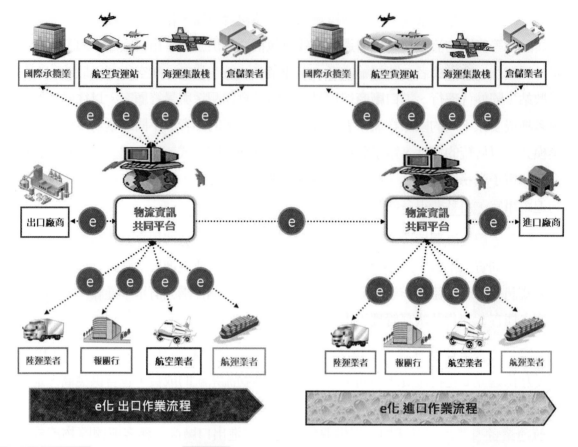

圖 9.12 物流 e 化資訊共同平台架構

　　e 化物流資訊共同平台提供原料供應商、進出口廠商、最終顧客與國際物流成員 e 化服務，其服務項目及功能如表 9.3 所示，包含 e-Hub、e-Booking、e-Document、e-Billing 及 e-Tracking 等五項 e 化服務，其效益如圖 9.13，說明如下：

一、建立單一窗口服務

　　供應商、進出口廠商、顧客與國際物流成員均可進入 e 化物流資訊共同平台查詢最新的貨物追蹤資訊、即時庫存資訊及通關放行訊息等，使資訊傳遞的型態由以往的「接力式資訊傳遞」，轉變成「同步式資訊傳遞」。平台提供廠商、最終顧客或國際物流成員必要的物流、關務流、貨物動態追蹤與即時庫存查詢等相關資訊與功能，避免傳統的電話或傳真聯絡所發生的資訊延遲或錯誤，節省供應商、進出口廠商、顧客與國際物流成員聯繫時間與成本，確實掌握貨物動態與交期，提昇整體供應鏈協同合作的績效。

表 9.3　e 化物流資訊共同平台 e 化服務項目及功能

e 化服務項目	功能說明	
e-Hub	庫存查詢	提供顧客正確、及時的庫存訊息，進行存貨管理，確實掌握存貨動態與補貨時間，降低廠商與國際物流成員聯繫時間、成本及缺貨風險。
	線上下單	因應顧客物流作業需求量身訂做，提供顧客客制化線上下單系統介面與選項欄位，提升顧客訂單處理的正確性及效率。
	庫存報表	因應顧客存貨管理需求，提供客制化庫存報表。
e-Booking	船期或航班查詢	供應商、進出口廠商、顧客與國際物流成員透過物流資訊共同平台進入船期查詢頁面，輸入停靠港口或機場可得停靠該港口或機場所有航線資訊。輸入船名或航班資料，可查詢該船運行航線之船期資料或是該班機運行航線之航班資料，避免傳統的 E-mail 或電話聯繫查詢所耗費的成本與時間。
	電子訂艙與訂艙資訊查詢	供應商、進出口廠商、顧客與國際物流成員透過物流資訊共同平台進入訂艙畫面，直接進行線上訂艙及航班、航線艙位資訊查詢，並確認是否接受訂艙的即時資訊，避免傳統的 E-mail 或電話聯繫查詢所耗費的成本與時間。
e-Document	資料傳輸與轉檔	供應商、進出口廠商、顧客與國際物流成員將報關資料電子檔格式化，進行資料傳輸與轉檔，避免人工繕打所產生的人為失誤，傳統的傳真或 E-mail 傳送耗費的成本及文件遺失的風險。
	通關放行訊息	供應商、進出口廠商、顧客與國際物流成員輸入報單號碼，主動回覆貨物通關放行訊息，避免傳統的 E-mail 或電話聯繫查詢所耗費的成本與時間。
e-Billing	電子化帳單	提供顧客電子帳務明細單與電子化帳單的功能，減少人工對帳所產生的人為失誤，提升帳務處理的正確性與效率。
e-Tracking	國際運輸貨況追蹤	供應商、進出口廠商、顧客與國際物流成員輸入海運或空運提單相關資料與訊息，主動回覆貨物於國際運輸每一運送階段的貨況，避免傳統的 E-mail 或電話聯繫查詢所耗費的成本與時間。
	內陸運輸貨況追蹤	供應商、進出口廠商、顧客與國際物流成員輸入訂單號碼，主動回覆貨物於內陸運輸的貨況，避免傳統的 E-mail 或電話聯繫查詢所耗費的成本與時間。

參考資料：[6]、[7]、[8]

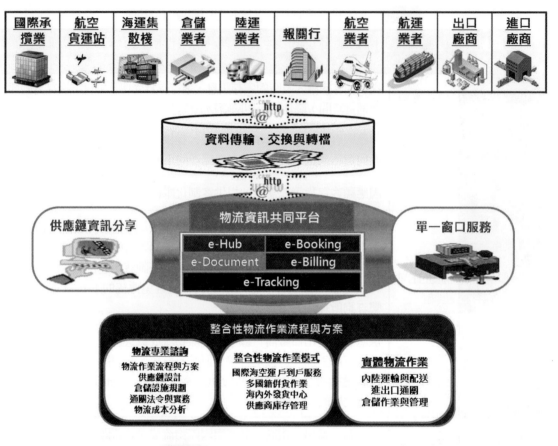

圖 9.13 物流 e 化資訊共同平台的效益

二、供應鏈資訊分享

提供供應商、進出口廠商、顧客與國際物流成員資訊 e 化作業界面與平台，進行資料傳輸、交換與轉檔，以整合式的協同作業改善傳統獨立作業產生重複訊息輸入、連絡與回覆的缺點，並簡化傳統人工輸入作業所造成的人為失誤，降低通訊時間與成本。另一方面，國際物流成員間可藉由彼此之核心業務互補建立策略夥伴關係，擴大各國際物流成員協同合作的績效與策略夥伴關係。

三、提供顧客整合性物流作業流程與方案

由表 9.3 顯示 e 化物流資訊共同平台之 5 項 e 化項目的功能，可提供供應商、進出口廠商、顧客或國際物流成員相關整合性物流作業流程與方案，包含下列三項，分述如下：

1. 物流專業諮詢

   針對供應商、進出口廠商與顧客實際物流需求，提供包含物流作業流程與方案、供應鏈設計、倉儲設施規劃、通關法令與實務物流成本分析等五項量身訂做的差異化物流服務與專業諮詢。

2. 整合性物流作業模式

   針對供應商、進出口廠商與顧客實際物流需求，建立國際物流作業模式，包含國際海空運戶到戶 (Door to Door) 服務、多國籍併貨作業 (MCC)、海內外發貨中心 (HUB)、供應商庫存管理 (VMI) 等四項整合性物流營運模式。

3. 實體物流作業

   依據針對供應商、進出口廠商與顧客實際物流需求與規劃，串聯包含倉儲作業與管理、內陸運輸與配送及進出口通關等三項實體物流作業。

　　建立 e 化物流資訊共同平台的目的為串連進出口廠商、最終顧客、倉儲業者、報關行、海關、航空貨運站、海運集散棧、陸運業者、航空業者與航運業者等國際物流成員，進行資料傳輸、交換與轉檔，提供顧客單一窗口與供應鏈資訊分享服務。達到提升訂單處理的正確性、降低安全庫存、縮短訂單前置時間（交期）、合理安排運輸路線、提升車輛裝載率與利用率、貨況追蹤、即時庫存查詢、文件與單據無紙化、倉儲與揀貨作業的正確性等效益，進而維持國際物流協同作業的順暢性，避免長鞭效應的發生，及提升整體供應鏈管理的效益與附加價值。

自我練習

第一部分：選擇題

第一節 供應鏈資訊管理系統

( ) 1. 現代供應鏈管理資訊系統需具備的特性，下列選項何者**正確**？

A. 促進資訊分享、交流及支援企業與供應商之協同合作

B. 上下游資訊分享與協同合作，有效降低長鞭效應

C. 提升企業運籌管理與快速反應能力

D. 提升決策資訊的正確性

① AB　② ABC　③ ACD　④ ABCD

( ) 2. 有關**電子化採購 (e-Procurement)** 的特性，下列選項何者**正確**？

① 市場價格透明化與降低搜尋成本

② 採購作業標準化、提升員工的滿意度

③ 縮短訂單周期時間、提升採購作業效率

④ 選項①、②、③皆正確

( ) 3. 下列選項何者為**先進規劃與排程 (APS)** 的分析技術，下列選項何者**正確**？

A. 預測與時間序列分析 (Forecasting and Time Series Analysis)

B. 線性規劃 (Linear Programming)、限制式規劃 (Constraint Programming) 等

C. What-If 與模擬技術之情境規劃 (Scenario Planning)

① A、B、C 皆正確　　　　② A、B 正確，C 不正確

③ A、C 正確，B 不正確　　④ B、C 正確，A 不正確

( ) 4. 在**主生產排程 (MPS)** 系統中必需輸入的資料，下列選項何者**錯誤**？

① 人員薪資　② 客戶訂單　③ 銷售預測　④ 安全庫存量

( ) 5. 有關**供應商存貨管理 (VMI)** 的功能與特性，下列選項何者**正確**？

A. 縮短訂購前置時間

B. 維持庫存量的最適化

C. 快速回應市場變化與消費者的需求

① A、B 正確，C 不正確　　② A、B、C 皆正確

③ A、C 正確，B 不正確　　④ B、C 正確，A 不正確

( ) 6. 有關**顧客關係管理 (CRM)** 的功能與特性，下列選項何者**錯誤**？

①追求最佳化效益　　　　②提升生產管理效率

③提升客戶滿意度與忠誠度　④提升企業利潤貢獻度

( ) 7. 有關**運輸管理系統 (TMS)** 的功能與特性，下列選項何者**正確**？

①追求最佳化效益　　　　②提升生產管理效率

③提升客戶滿意度與忠誠度　④提升企業利潤貢獻度

( ) 8. 以下對於**倉儲管理系統 (WMS)** 的應用，哪個**不正確**？

① 可大幅減少訂單處理與庫存盤點的時間

② 為倉儲相關活動提供即時而正確的資訊

③ 路線規劃與選擇

④ 人力及設備的規劃與運用

( ) 9. 以下哪些描述是為**無線射頻識別 (RFID)** 的特性？

A. 體積大　　　　　　B. 資料可讀寫　　　　　C. 耐用性

D. 數據的記憶容量大　　E. 必需要固定在紙張上才能使用

① AB　② ABC　③ BCD　④ ABCD

( )10. 有關**無線射頻識別 (RFID)** 的功能與特性，下列敘述何者**錯誤**？

① 體積大必需要固定在紙張上才能使用

② 具備防盜的功能

③ 大幅提高貨物運輸、入庫、庫存盤點的效率

④ 快速地完成上架、取貨與補貨等作業

第二節　企業資源規劃 (ERP) 系統模組與功能

( )11. 下列選項何者為**企業資源規劃系統 (ERP)** 主要的管理模組？

A. 物料管理模組　　　　B. 生產規劃管理模組

C. 銷售管理模組　　　　D. 財務會計管理模組

E. 人力資源管理模組　　F. 品質管理模組

① ABC　② ABCD　③ ABCDE　④ ABCDEF

(　)12. 有關 ERP 系統「**物料管理模組 (Materials Management) 模組**」功能，下列選項何者**正確**？

A. 建立物料庫存資訊及供補作業

B. 提供及時物料需求分析

C. 適時支援生產及銷售的需求

① A、B、C 皆正確 　　　　② A、B 正確，C 不正確

③ A、C 正確，B 不正確 　　④ B、C 正確，A 不正確

(　)13. 下列選項何者為 ERP 系統「**物料管理模組 (Materials Management) 模組**」的功能？

A. 品質檢驗 　　　　　B. 採購作業 　　　　　C. 供應商主檔維護

D. 庫存管理 　　　　　E. 採購作業 　　　　　F. 物料需求規劃

① ABC 　② ABCD 　③ BCDEF 　④ ABCDEF

(　)14. 有關 ERP 系統「**生產規劃管理 (Production Planning) 模組**」功能，下列選項何者**正確**？

① 建立物料庫存資訊及供補作業，適時支援生產及銷售的需求

② 讓企業發揮最佳的產能，兼顧彈性生產的能力

③ 選項①、②皆正確

④ 選項①、②皆不正確

(　)15. 下列選項何者為 ERP 系統「**生產規劃管理 (Production Planning) 模組**」的功能？

A. 訂單作業 　　　　　B. 生產工單 　　　　　C. 生產排程

D. 產能規劃 　　　　　E. 製程管理 　　　　　F. 維修管理

① ABCD 　② BCDE 　③ ABCDE 　④ ABCDEF

(　)16. 有關 ERP 系統「**銷售運籌管理 (Sales and Distribution) 模組**」功能，下列選項何者**正確**？

A. 提供客戶詢價、報價、訂單、出貨管理、運輸規劃及帳單流程處理等功能

B. 協助組織有效且快速地掌握市場銷售等相關資訊

C. 提供各類型的銷售分析，使組織能夠針對市場需求做出即時回應

① A、B、C 皆正確 　　　　② A、B 正確，C 不正確

③ A、C 正確，B 不正確 　　④ B、C 正確，A 不正確

( )17. 下列選項何者爲 ERP 系統「**銷售運籌管理 (Sales and Distribution) 模組**」的功能？

A. 業務夥伴主檔（含客戶、業務員、貨運公司等）

B. 詢報價作業　　　　　C. 發票及請款　　　　　D. 訂單作業

E. 銷售分析　　　　　　F. 物料需求規劃

① ABC　② ABCD　③ ABCDE　④ ABCDEF

( )18. 有關 ERP 系統「**品質管理 (Quality Management) 模組**」功能，下列選項何者**正確**？

A. 建立與品質相關的作業與管理，滿足 ISO9000 中所定義的作業條件

B. 支援製造及銷售所重視的品質管理相關作業

C. 提升產品品質及競爭力

① A、B、C 皆正確　　　　② A、B 正確，C 不正確

③ A、C 正確，B 不正確　　④ B、C 正確，A 不正確

( )19. 下列選項何者爲 ERP 系統「**品質管理 (Quality Management) 模組**」的功能？

A. 品質規劃　　　　　　B. 品質檢驗　　　　　C. 品質控制

D. 測試設備管理　　　　E. 採購作業　　　　　F. 生產規劃

① ABC　② ABCD　③ ABCDE　④ ABCDEF

( )20. 有關 ERP 系統「**財務會計管理 (Financial Accounting) 模組**」功能，下列選項何者**正確**？

A. 記錄企業交易資訊　　　　B. 彙總各項績效管控及分析資料

C. 編製財務報表

① A、B 正確，C 不正確　　② A、B、C 皆正確

③ A、C 正確，B 不正確　　④ B、C 正確，A 不正確

( )21. 下列選項何者爲 ERP 系統「**財務會計管理 (Financial Accounting) 模組**」的功能？

A. 應收帳款　　　　　　B. 應付帳款　　　　　C. 固定資產

D. 會計總帳　　　　　　E. 庫存盤點

① AB　② ACD　③ ABCD　④ ABCDE

(   )22. 有關 ERP 系統「人力資源管理 (Human Resources) 模組」功能，下列選項何者**正確**？

A. 人事管理、考勤及薪資結算　　　B. 整合教育訓練及績效考核的記錄

C. 企業的人力資源改善與持續發展

① A、B 正確，C 不正確　　② A、B、C 皆正確

③ A、C 正確，B 不正確　　④ B、C 正確，A 不正確

(   )23. 下列選項何者為 ERP 系統「人力資源管理 (Human Resources) 模組」的功能？

A. 員工招募　B. 人事管理　C. 考勤管理　D. 薪資管理　E. 績效考核

① AB　② ACD　③ ABCD　④ ABCDE

(   )24. 有關 ERP 的效益與企業價值 (Business Value)，下列選項何者**正確**？

A. 企業內部資訊資源（硬體、軟體等）的整合

B. 提升企業快速反應能力

C. 提升決策資訊的正確性

D. 現行流程的自動化、合理化與再造

E. 提升客戶的滿意度

F. 提升全球運籌管理的能力

① ABC　② ABCD　③ ABCDE　④ ABCDEF

第三節　物流管理資訊系統

(   )25. 物流管理資訊系統是由下列哪一項作業軟體組成？

A. 倉儲管理系統 (WMS)　　　B. 運輸管理系統 (TMS)

C. 訂單管理系統 (OMS)

① A、B 正確，C 不正確　　② A、B、C 皆正確

③ A、C 正確，B 不正確　　④ B、C 正確，A 不正確

(   )26. 有關物流管理資訊系統的功能描述，以下選項何者**錯誤**？

① 縮短訂單周期時間　　　② 庫存最適化

③ 增加客戶服務的可靠性　④ 增加管理的不確定性

(   )27. 有關物流管理資訊系統的功能描述，以下選項何者**錯誤**？

① 可以幫助企業對物流活動的各個環節進行有效的計劃

② 可對相關資訊進行挖掘和分析，但無法提供下一步活動的指示性資訊

③ 可以幫助企業對物流活動的各個環節進行有效的協調與控制

④ 對物流活動的各個環節進行有效的協調與控制，是藉由資訊的回饋來達成

( )28. 物流資訊有助於提高物流管理和決策水準，以下哪個決策較無法藉由物流資訊系統達成？
①物流中心位置決策　　　　②運輸配送決策
③採購決策　　　　　　　　④行政人員錄用的決策

( )29. 下列何者資料屬於倉儲管理系統 (WMS) 中「**基本資料模組**」設定？
A. 廠商　　B. 客戶　　C. 商品　　D. 員工　　E. 儲位
① ABC　② ABCD　③ BCDE　④ ABCDE

( )30. 下列哪一選項屬於倉儲管理系統 (WMS)「**入庫作業管理**」的功能？
A. 可自訂多種入庫單據資料格式，並提供多樣資料匯入模式
B. 提供入匯總功能，針對大量相同入庫品項之入庫單據，大幅縮短處理時間
C. 可依據貨品之客戶，供應商，效期、批號、貨櫃號碼、提單號碼、報關單號或報關項次、指定儲位、指定儲區、指定溫層等資料進行上架作業
① A、B 正確，C 不正確　　② A、B、C 皆正確
③ A、C 正確，B 不正確　　④ B、C 正確，A 不正確

( )31. 下列哪一選項屬於倉儲管理系統 (WMS)「**儲位管理**」的功能？
A. 提供批次儲位建立功能，可自訂儲位編碼，快速建立大量儲位
B. 提供多倉、多地點、客戶、供應商、作業別、溫層、貨架型態、揀貨優先，長寬高等儲位管理資訊
C. 提供倉儲庫存結算功能，統計存放容積、面積、周轉率，進出量等管理資訊
① A、B、C 皆正確　　② A、B 正確，C 不正確
③ A、C 正確，B 不正確　　④ B、C 正確，A 不正確

( )32. 下列哪一選項屬於倉儲管理系統 (WMS)「**流通加工作業**」的功能？
A. 可自訂多種加工單據資料格式，並提供多樣資料匯入模式
B. 支援拆包、改包、改標、裝填、分裝、庫存單位轉換等功能
C. 提供產品單位用料清表 BOM 功能，明確定義各類加工投入與產出物料資訊及所需時間及費用等
① A、B 正確，C 不正確　　② A、C 正確，B 不正確
③ A、B、C 皆正確　　④ B、C 正確，A 不正確

( )33. 下列哪一選項屬於倉儲管理系統 (WMS)「**揀貨與出庫管理**」的功能？

A. 提供依據先進先出、後進先出、效期順序等方式進行訂單分類

B. 提供【訂單式】、【批次】及【CAPS】三種揀貨模式，進行快速揀貨流程

C. 最佳化揀貨路徑規劃，一次性完成大量訂單揀貨作業

① A、B、C 皆正確　　　　　② A、B 正確，C 不正確

③ A、C 正確，B 不正確　　　④ B、C 正確，A 不正確

( )34. 有關倉儲管理系統 (WMS) 中「**績效管理**」的功能，下列選項何者**正確**？

A. 提供進入庫流程、品保驗收、上架作業、揀貨效率、出貨彙整等、進度或達成率等績效評量指標資訊

B. 提供商品查詢、訂單查詢、庫存查詢及儲位查詢功能，並可產生各類報表提供管理者評估與決策

① A 正確，B 不正確　　　　② A 不正確，B 正確

③ A、B 皆正確　　　　　　④ A、B 皆不正確

( )35. 有關物流管理資訊系統的作用描述，以下選項何者**正確**？

A. 有效、即時、正確的管理倉庫中的商品與貨物

B. 提升倉儲空間的有效運用

C. 提高進貨與出貨作業流程的品質、正確性與速度

D. 大幅度的減少訂單處理與庫存盤點的時間與錯誤率

E. 降低企業存貨成本，提升企業營運績效與競爭力

① ABC　② ABCD　③ BCDE　④ ABCDE

( )36. 下列何者資料屬於運輸管理系統 (TMS) 中「**基本資料模組**」設定？

A. 貨主　　B. 商品　　C. 運輸公司　　D. 物流士　　E. 車輛

① ABC　② ABCD　③ BCDE　④ ABCDE

( )37. 下列何者資料屬於運輸管理系統 (TMS) 中「**車輛排班作業模組**」設定？

A. 車輛調度　　　B. 路線與趟次調整　　　C. 車輛人員指派

① A、B 正確，C 不正確　　② A、C 正確，B 不正確

③ A、B、C 皆正確　　　　④ B、C 正確，A 不正確

( )38. 下列何者資料屬於運輸管理系統 (TMS) 中「**車輛管理模組**」設定？

A. 費用管理　　　B. 維修管理　　　C. 車輛與貨況監控

① A、B、C 皆正確　　　　② A、B 正確，C 不正確

③ A、C 正確，B 不正確　　④ B、C 正確，A 不正確

（　　）39. 有關運輸管理系統 (TMS) 中「**績效管理**」的功能，下列選項何者**正確**？

    A. 配送延遲率　　　B. 配送損壞率　　　C. 客戶抱怨率

    D. 回單準時率　　　E. 載材率 / 載重率

    ① ABC　② ABCD　③ BCDE　④ ABCDE

（　　）40. 有關運輸管理系統 (TMS) 的功能描述，下列選項何者**正確**？

    A. 降低營運成本　　　　　　B. 提供車輛運行路徑方案

    C. 減少車輛閒置　　　　　　D. 強化安全營運

    ① AB　② ABC　③ BCD　④ ABCD

（　　）41. 有關訂單管理系統 (OMS) 的作用描述，下列選項何者**正確**？

    A. 動態掌握訂單的進展和完成情況

    B. 提升物流過程的作業效率

    C. 縮短訂單處理時間與作業成本

    D. 提高訂單處理正確性與顧客滿意度

    ① AB　② ABC　③ BCD　④ ABCD

（　　）42. 一個整合的物流管理資訊系統所具備的功能與運作，下列選項何者**正確**？

    A. 建立完整的上下游供應鏈資訊分享與交換機制，發揮供應鏈整合綜效

    B. 提升物流作業的效率與顧客服務品質

    C. 快速回應市場需求

    D. 建構企業核心能力與競爭優勢，強化整體供應鏈管理營運績效

    ① AB　② ABC　③ BCD　④ ABCD

第四節　物流 e 化資訊平台

（　　）43. 有關「**e 化物流資訊共同平台**」之服務項目及功能，下列選項何者**正確**？

    A. e-Hub　　　　　　　B. e-Booking

    C. e-Document　　　　　D. e-Billing

    E. e-Tracking　　　　　F. e-Learning

    ① ABC　② ABCD　③ ABCDE　④ ABCDEF

（　　）44. 有關「**e 化物流資訊共同平台**」之服務項目及功能，下列選項何者**正確**？

    A. 庫存查詢與庫存報表　　B. 電子訂艙與訂艙資訊查詢

    C. 線上下單　　　　　　　D. 資料傳輸與轉檔

    E. 貨況追蹤　　　　　　　F. 採購成本分析

    ① ABC　② ABCD　③ ABCDE　④ ABCDEF

(   )45. 有關「e化物流資訊共同平台」之功能，下列選項何者**錯誤**？
　　① 嚴密控制供應鏈各成員之採購成本　　② 建立單一窗口服務
　　③ 提供顧客整合性物流作業流程與方案　　④ 供應鏈資訊分享

(   )46. 建立「e化物流資訊共同平台」之功能，下列選項何者**正確**？
　　A. 供應鏈各成員核心業務互補建立策略夥伴關係
　　B. 確實掌握貨物動態與交期，提昇整體供應鏈協同合作的績效
　　C. 縮短訂單前置時間（交期）與降低安全庫存，避免長鞭效應的發生
　　① A、B、C 皆正確　　② A、B 正確，C 不正確
　　③ A、C 正確，B 不正確　　④ B、C 正確，A 不正確

(   )47. 建立「e化物流資訊共同平台」對於提升整體供應鏈之績效，下列選項何者**正確**？
　　A. 提升訂單處理的正確性　　B. 降低安全庫存
　　C. 縮短接單到發貨的交期　　D. 貨況追蹤
　　E. 增加供應鏈各成員的聯繫、協商與出貨成本
　　① ABC　② ABCD　③ BCDE　④ ABCDE

第二部分：簡答題

1. 現代供應鏈管理資訊系統需具備的特性為何？
2. 請試述：何謂「先進規劃與排程 (APS)」？
3. 請試述：何謂「主生產排程 (MPS)」及執行 MPS 必須蒐集的資訊為何？
4. 請試述：何謂「物料需求規劃 (MPS)」？
5. 請試述：推動「供應商存貨管理 (VMI)」的效益為何？
6. 請試述：推動「協同規劃、預測與補貨 (CPFR)」對於提升整體供應鏈管理的效益為何？
7. 請試述：無線射頻識別 (RFID) 的應用對於提升供應鏈管理的效益為何？
8. 企業導入企業資源規劃 (ERP) 系統的主要效益為何？（請列舉 4 項）
9. 請簡述：物流管理資訊系統是由下列哪一項作業軟體組成？
10. 請試述：「倉儲管理系統 (WMS)」的功能與效益為何？
11. 請試述：「運輸管理系統 (TMS)」的功能與效益為何？
12. 請試述：有關訂單管理系統 (OMS) 的功能與效益為何？
13. 鑒於未來全球供應鏈發展及因應各類型國際物流作業模式，藉由建立 e 化物流資訊共同平台的效益為何？

參考文獻

1. 中華郵政全球資訊網：http://postserv.post.gov.tw，民國 110 年。

2. 工業技術研究院，物流效能診斷與改善服務系統發展及應用推動輔導現況，民國 94 年。

3. 王立志，系統化運籌與供應鏈管理，滄海書局，民國 95 年。

4. 中華民國物流協會主編，物流運籌管理 4 版，中華民國物流協會「物流運籌人才－物流管理」證照指定教材，前程文化，民國 107 年。

5. 中華民國物流協會主編，倉儲與運輸管理，中華民國物流協會「物流運籌人才－倉儲與運輸管理」證照指定教材，前程文化，民國 104 年。

6. 朱海成，管理資訊系統，1 版，碁峰資訊，民國 106 年。

7. 吳仁和，資訊管理－企業創新與價值，智勝文化事業有限公司，7 版，民國 107 年。

8. 呂錦山、王翊和、楊清喬、林繼昌，國際物流與供應鏈管理，4 版，滄海書局，民國 108 年。

9. 林東清，資訊管理：e 化企業的核心競爭能力，7 版，智勝文化事業，民國 107 年。

10. 承穎科技網站：https://www.bizpro.com.tw，民國 110 年。

11. 洪興暉，供應鏈不是有料就好，美商麥格羅希爾國際股份有限公司臺灣分公司，民國 106 年。

12. 展輝科技網站：https://www.zhtech.com.tw，民國 110 年。

13. 陳世興，雲端運算：技術、應用、標準和商業模式，全華圖書，民國 101 年。

14. 陳其華等，智慧化海空運物流資訊服務規劃，交通部運輸研究所，民國 101 年。

15. 葉懿琛，建構第三方物流業者倉儲管理資訊系統之需求屬性分析，國立高雄第一科技大學 運籌管理研究所 碩士論文，民國 92 年。

16. SAP 網站：http://www.sap.com，民國 110 年。

Note

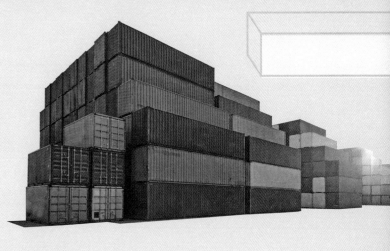

第參篇

供應鏈管理－實務案例篇

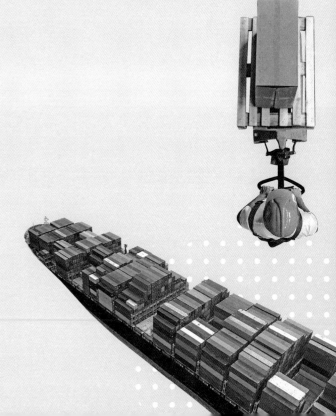

臺灣企業供應鏈管理與保稅商業模式

（本章內容不列入中華民國「供應鏈管理專業認證－營運管理師」考試範圍）

10-1　臺灣企業全球供應鏈管理模式

　　對於臺灣企業而言，委託代工 OEM(Original Equipment Manufacturing, OEM)、委託設計加工 (Original Design Manufacturer, ODM) 與零組件模組化快速出貨服務 (Component Module Move & Service, CMMS) 之代工策略已是進入國際市場的主要生產與配銷模式。代工生產不用承擔龐大研發經費與消費市場不確定的風險，只要承接國際品牌大廠（如 Nike、Dell、HP、SONY 等）訂單，及設計與規格要求進行生產。然而為了提升國際代工業務的競爭力，代工廠必須擴大產能、根據比較利益法則將生產基地移轉至低成本地區，建立垂直分工生產模式；從備料、庫存、生產、出貨、當地組裝到當地配銷，必須能夠掌握供應鏈管理的流程。本節依據委託代工 (OEM)、委託設計加工 (ODM)、零組件模組化快速出貨服務 (CMMS) 之代工模式，分述如下：

一、委託代工 (OEM)

　　早期我國企業較不重視研發活動，主要是利用國內廉價的原料及勞工，在臺灣製造成最終產品之後，再以出口貿易的方式外銷至歐美或其他國家，而國外進口商在付款取得貨品後，再直接銷售至當地的消費者。如圖 10.1 所示。

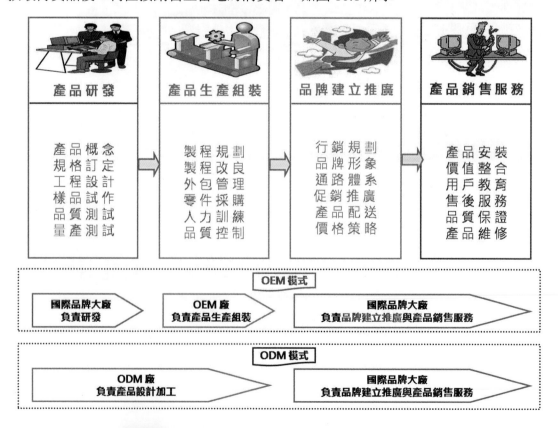

　　圖 10.1　委託代工 (OEM) 與委託設計加工 (ODM) 模式

在此價值鏈中，臺灣廠商從事附加價值最低的原料及製造活動，而附加價值最高的銷售及售後服務則由國外進口商來做。根據我國對外貿易發展協會的定義；所謂 OEM 模式，就是受委託廠商按原廠之需求與授權，依特定的材質、規格、加工程序、檢驗標準及品牌或標示，生產零配件、半成品或成品。在此種分工結構下，OEM 廠商在價值鏈活動上只涉及生產組裝部分的活動，產品技術與市場皆由 OEM 買主提供，整個交易活動主導權與利益分配都由 OEM 買主決定。因此 OEM 廠商議價能力較弱，價值創造空間有限，OEM 業務型態是建立在 OEM 買主維持高度的產品技術領先與充分的行銷業務能力，而 OEM 廠商則持續提供生產成本與效率的優勢。例如：寶成企業替 NIKE 代工製造球鞋，明碁替 Motorloa 代工製造手機。

二、委託設計加工 (ODM)

所謂 ODM 模式即架構在產品設計與發展的活動上，經由高效能的產品開發速度與具競爭力的製造效能，滿足買主面對高度市場競爭的外包需求。如圖 10.1 所示，ODM 業務型態，是指產品製造商自行設計產品，爭取買主訂單並使用買主品牌出貨的交易方式。ODM 廠商具備完整的產品設計與生產能力，ODM 買主則專注於經營產品品牌、通路與銷售服務等活動。雙方不同能力專長的互補合作型態。例如：我國廣達電腦替惠普 HP 設計代工製造筆記型電腦。值得注意的是現今企業的全球供應鏈體系之經營範疇要比傳統的 OEM 與 ODM 來的廣泛，亦即由圖 10.1 中原先國際品牌大廠伙關的產品配送、產品安裝、售後服務及維修等項目，皆由臺灣製造商或代工廠接手進行。

三、自有品牌生產 (Own Branding Manufacturing, OBM)

所謂 **OBM**，即廠商自行設計產品、建立自有品牌與行銷通路，直接經營市場。臺灣長期扮演世界代工廠的角色，然而面對 OEM 與 ODM 廠商附加價值較低及無法擺脫微利的現實，在研發—製造—配銷的價值鏈中，唯有將價值鏈延伸至前端的研發設計，以及末端配銷的品牌、服務，才能提昇附加價值。臺灣目前已有少數廠商成功發展自有品牌，例如：巨大公司的捷安特 (Giant) 自行車、宏碁 (Acer) 電腦、華碩 (Asus) 電腦等享譽國際的品牌大廠。

四、零組件模組化快速出貨服務 (CMMS)

有別於傳統的 OEM 及 ODM 的接單模式，「零組件模組化快速出貨服務」，是在全球資訊產業普遍面臨供過於求的困境下，鴻海集團應用此概念，將服務的範圍從零組件延伸至機械模組、電子模組、系統組裝和測試。客戶可以向鴻海集團購買任何一零組件或模組，也可以要求鴻海進行成品組裝。從零組件、模組設計到系統組裝的整合，不僅可以提升整體的營業額，又可以提供客戶最有利的報價。鴻海的競爭利器是以一地研發（臺灣總部：台北土城）、三地出產（臺灣土城；中國大陸深圳、上海及北京；捷克布拉格）的全球生產策略，快速精準的行銷至全球市場。這一創新模式，不僅保持了電子專業代工的成本、品質與規模三大優勢，更為客戶提供了產品設計及全球服務的附加價值，有別於傳統電子業代工的營運模式，建立鴻海集團進行全球供應鏈與運籌管理的企業競爭優勢。

臺灣企業具有彈性製造、良率與品質管理與成本控制等競爭能力，因而成為許多國際品牌大廠的代工合作對象。自 1990 年代末期後市場全球化趨勢，國際品牌大廠需要建立完整的全球供應鏈體系，使其全球市場策略得以順利運作。臺灣廠商在中國大陸、東南亞與東歐設立生產據點，利用全球資源與區位優勢，接近市場、降低生產與物流成本，並具備接單後生產與組裝的全球供應能力，將供應服務延伸至全球運籌、甚至通路的價值鏈活動，建立競爭優勢。相較於傳統的 OEM 與 ODM 模式，此作業方式可大幅提升其與國際品牌大廠（買方）的議價能力。

五、臺灣企業全球供應鏈生產配銷模式

臺灣自 1980 年代起，眾多國內企業從事對外投資而成為跨國企業，臺灣企業在全球供應鏈的生產與配銷模式，分述如下：

1. 臺灣母公司接單，臺灣或國外供應商供料，於臺灣生產後直接出口運籌模式

   早期臺灣扮演製造中心與世界工廠的角色，採取全球接單、臺灣供應之生產配銷模式，主要是利用國內廉價的原料及勞工，配合政府提供相關的保稅機制（如加工出口區及科學園工業園區）進口國外關鍵零組件、機器設備，同時提供相關租稅優惠，在臺灣製造成最終產品之後，再以出口貿易的方式外銷至歐美或其他國家的運籌模式，創造臺灣經濟奇蹟。隨著總體經濟成長，臺灣相關生產要素（土地、人工、原料、租稅）的比較利益優勢與大陸及東南亞地區比較，逐漸失去優勢，成衣、製鞋等傳統產業逐漸外移，取而代之的是半導體及光電之高科技產業，成為現今臺灣重要的明星產業。

如圖 10.2 所示，臺灣母公司在接收到國外客戶訂單後，分別向國內或國外供應商採購原物料或半成品，於臺灣母公司工廠進行組裝或製造後，直接出口至國外客戶或是指定的發貨倉庫。

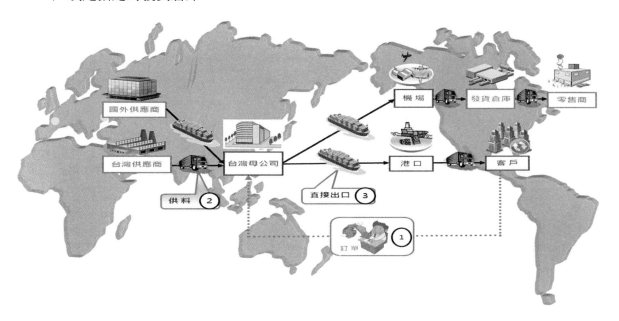

圖 10.2　臺灣母公司接單，臺灣或國外供應商供料，於臺灣生產後直接出口運籌模式

2. 臺灣母公司接單，臺灣或國外供應商供料，委託境外工廠加工後直接出口

在 1960 年 1980 年間，隨著臺灣經濟的快速成長，相關生產要素成本逐漸上升，企業基於生產及成本上的考量，在世界不同的區域（主要為中國大陸及東南亞）設立境外工廠與生產組裝據點，利用地主國生產要素（土地、人工、原料、運輸）成本上的比較利益，充分利用產能，並藉由大量生產的規模經濟 (Economics of Scale) 低成本優勢，將所有生產活動集中在一個或少數的生產地點，然後供給至全球各地市場，以求有效降低整體供應鏈成本。台商的資訊大廠，大部分採取此種模式，例如：鴻海、仁寶、英業達、廣達、華碩等大廠，其生產據點大致以臺灣及中國大陸華中地區（上海、昆山、蘇州）等重要據點為主，臺灣的母廠生產高階產品，大陸工廠則是生產中低階產品之垂直整合生產模式。

如圖 10.3 所示，臺灣母公司在接收到國外客戶訂單後，分別向國內或國外供應商採購原物料或半成品，於境外公司工廠進行組裝或製造後，直接出口至國外客戶或是指定的發貨倉庫。

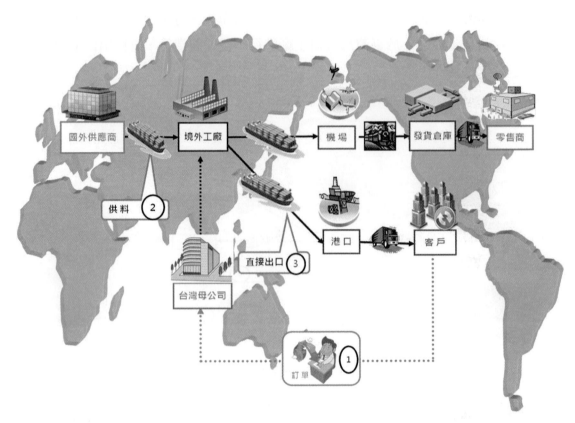

圖 10.3 臺灣母公司接單，由臺灣或國外供應商供料，委託境外工廠加工後直接出口

3. 境外工廠接單，臺灣或國外供應商供料至境外工廠加工後外銷或內銷

近年來，中國大陸是吸引外資最多的地區，除了生產要素的考量，許多到大陸投資的台商，主要考量中國大陸為新興且具成長潛力的市場及當地交貨接近市場以提高市場反應力，希望透過先設立生產據點作為進入當地市場的跳板，以便後續開發大陸當地市場。

如圖 10.4 所示，境外公司在接收到國外客戶訂單後，分別由臺灣或國外供應商採購原物料或半成品，於境外公司工廠進行組裝或製造後，可直接出口至國外客戶或是指定的發貨倉庫，或是經由國內的銷售通路內銷至國內市場。

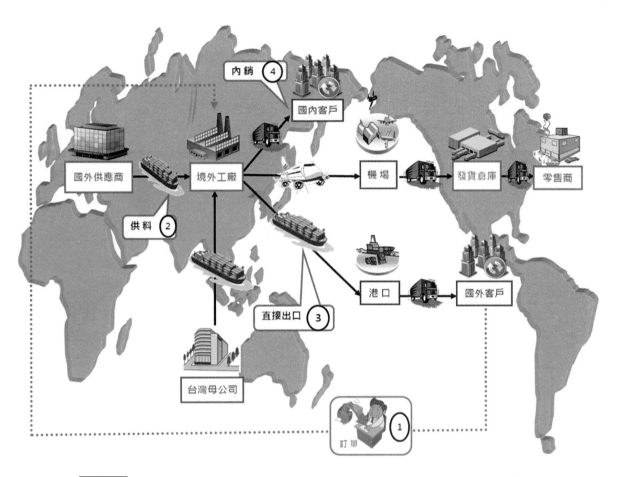

圖 10.4　境外工廠接單，由臺灣或國外供應商供料至境外工廠加工後外銷或內銷

4. 臺灣母公司接單，臺灣或境外工廠供料，於臺灣境內關外區加工後外銷或內銷

　　基於國際貿易的比較利益原則，企業的全球佈局，會在不同的國家生產不同零組配件，再匯集至某一國家或地區的轉運中心內從事組裝、製造工作，最後再轉運行銷世界各國。根據境外航運中心設置條例與自由貿易港區設置管理條例，未經經濟部公告准許間接輸入之大陸地區原物料及零組件，得進儲臺灣內陸之境內關外區域，如國際物流中心或是自由貿易港區事業，未來將更陸續開放半成品及成品。此一措施將開放自中國大陸保稅進口之貨品，經組裝，加工處理後，提升其附加價值，轉銷第三地，未來範圍將延伸至加工出口區、科學工業園區、保稅工廠及保稅倉庫。隨著台商在中國大陸的投資比重逐漸增加，外移的產業亦由傳統產業延伸至資訊高科技產業。以往臺灣接單、大陸出貨的模式，有些企業會採取大陸接單、大陸出貨的方式，造成出口衰退。在政府開放自中國大陸進口之保稅貨物可在特定區域進行加工，再轉銷至第三地後，台商可彈性規劃兩岸分工模式，

以中國大陸之勞動成本為後盾，將製程中勞力密集程度較高的部分，移轉至中國大陸，再將半成品回銷至臺灣組裝，加工為成品後轉口，或以 "Made In Taiwan" 之優良產品形象與較高的附加價值轉口至第三地，可突破因產業外移所造成出口衰退的困境。

如圖 10.5 所示，臺灣母公司在接收到國外或國內客戶訂單後，分別向臺灣或國外供應商採購原物料或半成品，於物流中心或自由港區進行組裝或製造後，可直接出口至國外客戶或指定的發貨倉庫，或內銷至國內市場。

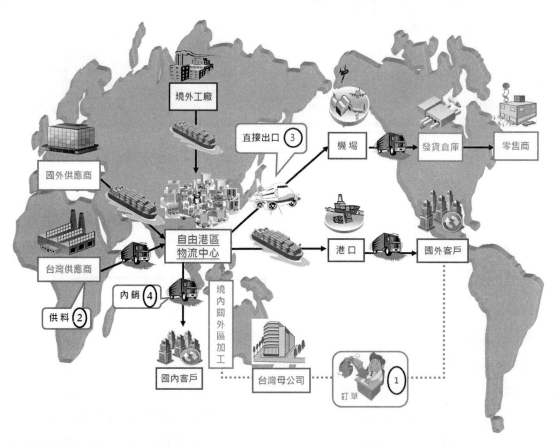

圖 10.5　臺灣母公司接單，由臺灣或境外工廠供料，於臺灣境內關外區加工後外銷或內銷

10-2 臺灣相關保稅區通關作業

　　我國海關貨物通關自 84 年 6 月起全面自動化以及關務法規的革新措施，旨在消除不必要的行政干預，促進進出口貨物的快速通關，業者如不瞭解通關作業的相關規定，進出口作業將無法順利進行。

　　以下分別介紹臺灣相關保稅區通關作業，包含國際物流中心、自由貿易港區通關作業：

(一) 國際物流中心通關作業

　　臺灣地區物流中心通關作業及實務的各項議題，以海關法令規定及實務作業為基礎，包含關稅法、物流中心貨物通關辦法及物流中心通關作業規定。我國海關貨物通關自民國 84 年 6 月起全面自動化以及關務法規的所有革新措施，促進進出口貨物與物流中心的快速通關，故物流中心貨物通關作業在現有法令規章和全面自動化，將提供廠商排除各種障礙與加速通關效率。而通關作業的順暢與否，對於整體國際物流作業品質的良窳致為關鍵，國際物流中心之通關作業，分述如下：

圖 10.6　國際物流中心通關作業

1. 課稅區貨物進儲物流中心

   如圖 10.6 路徑 1 所示；課稅區運入者，由物流中心填具「國內貨物進（出）單」，並登錄電腦後進儲，免向海關申報。

2. 國外貨物進儲物流中心

   如圖 10.6 路徑 2 所示；國外貨物進儲物流中心，物流中心應填具「轉運申請書」（L1外貨進儲物流中心）向進口地海關或以「進儲申請書」（D8 外貨進儲保稅倉）向卸存地或轉至地海關申報，以電腦連線申報，經海關記錄有案始進儲。因此國外貨物、大陸「一般貨物」與「負面表列物」皆可進儲物流中心，免徵關稅、貨物稅、營業稅、菸酒稅、菸品健康福利捐、推廣貿易服費，並可從事簡易流通加工，與國內課稅區之貨物，併裝復運出口，可使國外收貨人交期一致、簡化作業流程及降低國際運輸成本。

3. 國內保稅區保稅貨物進儲物流中心

   如圖 10.6 路徑 3、4 所示，說明如下：

   (1) 進儲申報

   國內貨物進儲物流中心，由保稅區運入者，應由物流中心與保稅區業者聯名填具相關申請書表，向原保稅區監管海關申報，經完成通關後進儲。

   (2) 保稅區保稅貨物進儲物流中心之申報如下：

   ① 由保稅工廠、科學工業園區與加工出口區進儲者〔路徑 3〕，填具出口報單；B2 保稅廠相互交易或進儲保稅倉。

   ② 由保稅倉庫或其他物流中心進儲者〔路徑 4〕，填具進口報單；D7 保稅倉相互轉儲或運往保稅廠。

   ③ 由雙方聯名向原保稅區（賣方）海關申報，經通關放行，憑電腦放行通知訊息列印「貨櫃（物）運送單（兼出進站放行准單）」或出廠放行單（保稅工廠）運出該保稅區，進儲物流中心。

   ④ 此類案件得向海關申請按月彙報，經核准者，得先憑相關文件及裝箱單，點收建檔進儲物流中心，於次月十五日前彙總填具報單辦理通關手續，並以報單放行日期視為進出口日期。

4. 物流中心貨物出口

如圖 10.6 路徑 5 所示，物流中心貨物出口時，應由物流中心或貨物持有人填具申請書表，填具 D5「出口報單」由物流中心以電腦連線向海關申報，經完成通關後，准予出口。物流中心之保稅貨物可與國內課稅區之貨物，併裝復運出口，使國外收貨人交期一致、簡化作業流程及降低國際運輸成本。

5. 物流中心貨物輸往課稅區

如圖 10.6 路徑 6 所示，物流中心貨物輸往課稅區，應由進口人填具申請書表，填具 D2「進口報單」並檢具必備文件，由物流中心以電腦連線向海關申報，經完成通關及繳納進口關稅後運出。

6. 物流中心貨物輸往保稅區

如圖 10.6 路徑 7 所示，說明如下：

(1) 輸出申報

物流中心貨物輸往保稅區，應由物流中心及保稅區業者聯名填具申請書表，並檢具必備文件，由物流中心以電腦連線向海關申報，經完成通關及加封後運出。

(2) 物流中心貨物輸往保稅區之申報如下：

① 運往保稅工廠、加工出口區、科學工業園區、保稅倉庫或其他物流中心者，填具 D7「進口報單」；保稅倉相互轉儲或運往保稅廠。

② 按月彙報：

物流中心貨物運往保稅區案件得向轄區海關申請按月彙報，次月十五日前彙總填具報單辦理通關。因此物流中心貨物輸往相關具有按月彙報資格保稅區（科學工業園區、加工出口區、物流中心、保稅工廠）之通關作業，一律免審免驗，不受海關上班時間的限制，可避免貨物通關查驗所造成的時間延遲，提升通關效率，支援產業 24 小時持續供貨，降低通關作業成本。

(二) 自由貿易港區通關作業

自由貿易港區通關作業的規劃重點，在於排除不必要政府管制措施，著重貨物的自由往來及貿易層次程序的簡化。提供區內貨物自由流通，並進行陳列、儲存、拆裝、改裝、加標籤、分類或深層加工，免除關務行政及通關申報，港區內免徵進口稅捐、貨物稅及營業稅，允許廠商在區域內進行有限度的各種商業行為，以掌握商機與降低貿易成本，提升企業進行全球運籌管理的國際競爭力。有關自由貿易港區之通關作業，說明如下：

圖 10.7 自由港區之通關作業

1. 國外貨物進儲自由港區之通關作業

   如圖 10.7 路徑 1 所示，自由港區事業自國外運入自由港區內，供營運之貨物及自用機器、設備等，得以 F1 報單報關（外貨進儲自由港區），向自由港區事業所在地海關申報進儲國外貨物。

2. 課稅區貨物輸往自由港區事業之通關作業

   如圖 10.7 路徑 2 所示，港區貨棧傳輸出口貨物進倉資料後，由貨物輸出人填具 F4 報單（自由港區與其他自由港區、課稅區間之交易），向買方自由港區事業所在地海關申報。

3. 保稅區貨物輸往自由港區事業之通關作業

   如圖 10.7 路徑 3、4 所示，說明如下：

   (1) 保稅倉庫、物流中心及保稅工廠輸往自由港區：

      如圖 10.7 路徑 3 所示，港區貨棧傳輸出口貨物進倉資料後，由貨物輸出人填具下列 D5 報單（保稅倉貨物出口），向買方自由港區事業所在地海關申報。

(2) 加工出口區、科學工業園區、農業科技園區輸往自由港區：

如圖 10.7 路徑 4 所示，由貨物輸出人填具 B9 報單（保稅廠產品出口）向原區內海關申報，完成通關程序後，憑出口貨物電腦放行通知，貨物出口區運入自由港區。

4. 自由港區事業區內交易之通關作業

如圖 10.7 路徑 5 所示，說明如下：

(1) 自由港區事業貨物售與同區內自由港區事業，毋須進儲港區貨棧，由賣方自由港區事業以 F3 報單（自由港區區內事業間之交易）向其所在地海關通報。

(2) 自由港區事業貨物售與同區內自由港區事業發生退貨情事，以 F3 報單通報退回。

5. 自由港區事業輸往國外貨物之通關作業

如圖 10.7 路徑 6 所示，自由港區事業為貨主重整、物流、加工之貨物，得由該貨主於區內直接報運輸往國外。該等案件由該外銷廠商或貨主以 F5 報單報關；自由港區貨物出口。

6. 自由港區事業貨物輸往保稅區之通關作業

如圖 10.7 路徑 7、8 所示，自由港區事業於貨物進儲港區貨棧，並由港區貨棧傳輸進口貨物進倉資料後，由納稅義務人填具下列進口報單，向賣方自由港區事業所在地海關申報：

(1) 輸往保稅倉庫或物流中心者，填具 D8（外貨進保稅倉）報單〔見路徑 7〕。

(2) 輸往保稅工廠、加工出口區、科學工業園區或農業科技園區者，填具 B6 報單；保稅廠輸入貨物、原料〔見路徑 8〕。

(3) 自由港區事業依本條例第十六條規定，自國外以間接航運方式或自保稅區進儲未開放大陸地區物品，其輸往保稅區，依下列辦理：

　① 經重整、加工、製造為經濟部公告准許輸入之大陸地區物品項目之貨品者，得准許轉售保稅區。

　② 得以原形態依相關規定轉售（轉儲）保稅區，並依相關規定進行相關作業後全數出口。

　③ 經重整、加工、製造後，其 CCC 貨品號列仍非屬經濟部公告准許輸入之大陸地區物品者，可依相關規定輸往保稅區供重整、加工、製造後限全數外銷。

(4) 依據境外航運中心設置作業辦法第二條第二項規定，自由港區事業自境外航運中心進儲貨物，於進行相關作業後，須全數出口，不得輸往保稅區。

(5) 保稅工廠、加工出口區、科學工業園區或農業科技園區保稅貨物入區退貨，以 B6 報單申報退回，並按國貨復進口之規定辦理通關手續，但不得辦理免稅沖銷。保稅倉庫、物流中心貨物入區退貨，以 D8 報單申報退回。

7. 自由港區事業貨物運往其他自由港區之通關作業

如圖 10.7 路徑 9 所示，自由港區事業於貨物進儲港區貨棧，並由港區貨棧傳輸出口貨物進倉證明書後，由自由港區事業以 F4 報單報關。

8. 自由港區事業貨物輸往課稅區之通關作業

如圖 10.7 路徑 10 所示，自由港區事業於貨物進儲港區貨棧，並由港區貨棧傳輸進口貨物進倉資料後，由納稅義務人以 F2 報單（自由港區事業貨物輸往課稅區），向賣方自由港區事業所在地海關申報。

自由港區事業依自由貿易港區貨物通關管理辦法第十六條規定，自國外以間接航運方式或自保稅區，進儲未開放大陸地區物品，其得否輸入課稅區，依下列辦理：

(1) 經重整、加工、製造為經濟部公告准許輸入之大陸地區物品項目之貨品者，得准許輸入課稅區。

(2) 不得以原形態輸往課稅區。

(3) 經重整、加工、製造後，其 CCC 貨品號列仍非屬經濟部公告准許輸入之大陸地區物品者，不得申報輸入課稅區，違者自負相關法律責任。

另外依據境外航運中心設置作業辦法第二條第二項規定，自由港區事業自境外航運中心進儲貨物，於進行相關作業後，須全數出口，不得輸往課稅區。

9. 自由港區事業其他申報案件

(1) 退貨

① 自由港區事業貨物輸往保稅工廠、加工出口區、科學工業園區及農業科技園區發生退貨，以 B8 報單申報退回。

② 自由港區事業貨物輸往保稅倉庫、物流中心發生退貨，以 D5 報單申報退回。

(2) 自由港區事業申請按月彙報作業

①　申請按月彙報資格條件

　　a.　自由港區事業得申請貨物輸往保稅區或自保稅區、課稅區輸入貨物按月彙報。

　　b.　自由港區事業具有下列條件之一者，得申請貨物輸往課稅區按月彙報：

　　　●　實際從事加工製造者。

　　　●　從事物流之自由港區事業，貨物運往其進儲時貨主或加工製造廠商者。

　　c.　自由港區事業申請貨物輸往保稅區或自保稅區輸入貨物之按月彙報，須保稅區廠商具有按月彙報資格始得辦理。

　　d.　經海關核准輸往課稅區或保稅區修理、測試、檢驗、委託加工案件，均得按月彙報，毋須向海關辦理按月彙報資格申請。

②　按月彙報報單種類

　　a.　B6 報單：自由港區事業輸往保稅工廠、加工出口區、科學工業園區或農業科技園區之交易。

　　b.　D8 報單：自由港區事業輸往保稅倉庫或物流中心者之交易。

　　c.　F2 報單：自由港區事業貨物輸往課稅區之交易。

　　d.　F4 報單：

　　　●　自由港區事業貨物運往其他自由港區。

　　　●　課稅區貨物輸往自由港區事業。

　　e.　B9 報單：加工出口區、科學工業園區、農業科技園區輸往自由港區之交易。

　　f.　D5 報單：保稅倉庫、物流中心及保稅工廠輸往自由港區之交易。

10-3　保稅商業模式－進口物流作業模式

臺灣地狹人稠，資源貧乏，大部分民生必需品、生產製造所需之原物料、半成品、關鍵零組件、生產設備皆須仰賴國外進口。就臺灣進口物流型態而言，可區分兩種作業模式；包括進口製成品與進口原物料及半製成品兩種物流作業。以下即針對此兩種作業模式，依作業流程、通關流程與營運利基做說明：

一、進口製成品物流作業

所謂進口製成品物流作業是指從國外進口製成品至臺灣所涉及運輸、倉儲及配送等物流作業，國外供應商為能夠提供臺灣及時供貨，在台成立發貨中心，以配合顧客的需求。作業流程說明如下：

（一）進口製成品物流作業流程

進口商由國外地區之進口貨物，可利用自由貿易港區或國際物流中心作為國外企業之收貨人申報進儲，對於在臺灣無代理人或收貨人之外國企業，在尚未確知實際貨物買主前，可委託自由貿易港區或國際物流中心作為收貨人申報進儲。若進口商於貨物進口時仍未決定臺灣買主為何，則所進口之貨品可以保稅狀態進儲自由貿易港區或國際物流中心，進口提單上可先以自由貿易港區或國際物流中心為收貨人，待進口商找到臺灣買主時，屆時再將收貨人更正為真正買主名義即可。若所進儲之產品最終無法找到臺灣買主時，進口商仍可於保稅狀態下將此批進口貨物轉出口至第三地。另一方面，企業欲進行三角貿易、轉運發貨、儲存，進口貨物中，同一訂單中包含各地工廠不同品項，並對進口貨物先行加工後，在自由貿易港區或國際物流中心合併裝櫃 /車後，集中配送至臺灣客戶。如圖 10.8 所示，進口商進口貨物可以保稅狀態進儲自由貿易港區或國際物流中心作為發貨中心，經由相關流通加工作業，包含組裝、簡易或深層加工、貼標籤、檢測、包裝等流程，不僅可檢視進口貨物之品質，更可以優惠之加工成本彈性調度訂單，提升貨物附加價值，符合客戶少量、多樣化與及時化之供貨需求。在接收到客戶訂單後，完成進口通關作業，繳納進口關稅、貨物稅與營業稅等相關稅費後，即可進行配送至臺灣各地市場。

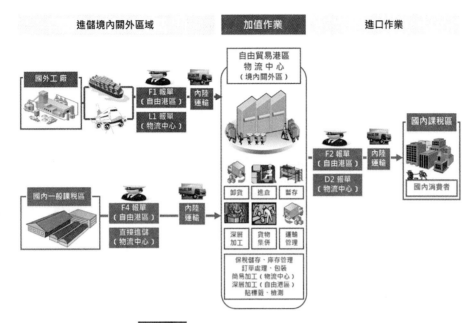

圖 10.8 進口製成品物流作業模式

（二）進口製成品物流通關流程

進口製成品物流通關流程主要分為兩個階段，分別向海關申報貨物通關與查驗；第一階段為貨物進儲自由貿易港區與國際物流中心，相關通關流程如貨物來源、報單種類及申報方式如表 10.1 所示。

表 10.1 進口製成品貨物進入自由貿易港區與國際物流中心通關流程

比較 貨物 來源	自由貿易港區			國際物流中心		
	報單 種類	逐筆申報 或 按月彙報	申報方式	報單 種類	逐筆申報 或 按月彙報	申報方式
國外 貨物進入	F1 報單	逐筆申報	向自由港區事業所在地海關申報進儲。	L1 報單	逐筆申報	物流中心應填具申請書表，以電腦連線向海關申報，經海關電腦紀錄有案，始得進儲。
課稅區 貨物進入	F4 報單	逐筆申報	由貨物輸出人向買方自由港區事業所在地海關申報。	—	免向海關 申報	由課稅區運入者，由物流中心填具「臺灣貨物進（出）單」，並登錄電腦後進儲，免向海關申報。

第二階段為貨物由自由貿易港區與國際物流中心輸入至臺灣課稅區，必須繳納完進口關稅、貨物稅、營業稅及相關稅費，貨物放行後輸入，相關通關流程如表 10.2 所示。

表 10.2　自由貿易港區與國際物流中心進口製成品貨物輸往課稅區通關流程

比較 輸出 區域	自由貿易港區			國際物流中心		
	報單 種類	逐筆申報 或 按月彙報	申報方式	報單 種類	逐筆申報 或 按月彙報	申報方式
輸往 課稅區	F2 報單	逐筆申報 或 按月彙報	由納稅義務人向賣方自由港區事業所在地海關申報。自由港區事業具有下列條件之一者得申請貨物輸往課稅區按月彙報： 1. 實際從事加工造業者。 2. 從事物流之自由港區事業，貨物運往其進儲時貨主或加工製造廠商者。	D2 報單	逐筆申報	由進口人填具申請書表，並檢具必備文件，由物流中心以電腦連線向海關申報，經完成通關後運出。

歸納業者利用自由貿易港區或國際物流中心進行進口製成品貨物作業之營運利基：

1. 對於在臺灣無代理人或收貨人之外國企業，在尚未確知實際貨物買主前，可委託自由貿易港區或國際物流中心作為收貨人申報進儲。
2. 保稅貨物可無限期儲存於自由貿易港區或國際物流中心，免徵關稅、貨物稅、營業稅、菸酒稅、菸品健康福利捐與推廣貿易服務費。
3. 單次批量進口，貨物未完成交易前以保稅狀態暫存於自由貿易港區或國際物流中心，於接單後一次或分批次報關、繳納進口關稅、貨物稅、營業稅等相關稅費、出貨、配送。符合客戶少量多樣的需求，彈性融通與調度營運資金。
4. 降低國際運輸成本及改善交期不一的情形。
5. 避免國外原產地貨物供應來源曝光，維持商業機密與合理利潤。
6. 增加產品附加價值。

（三）進口製成品物流作業個案說明

　　某 A 公司成立於 1969 年，爲一專業之汽車零配件製造廠商。生產據點位於臺灣與越南二地，針對臺灣內銷市場是透過臺灣量販業的通路模式銷售，供貨模式如下：

1. 臺灣本廠位於高雄大樹鄉，生產的產品爲防反光後視鏡，產品直接存放於自用倉庫（租賃鄰境工業區廠房、聘用專人負責倉儲作業），在接到量販業的訂單後，根據不同的品項進行撿貨與檢驗，交由委託之貨運公司運送至量販業指定交貨之倉儲中心。

2. 越南工廠位於胡志明市，生產之產品爲汽車矽膠雨刷，在接到量販業的訂單後，直接安排海運進口至高雄港，在完成相關進口作業及繳納相關稅費，包含 10% 進口關稅、貨物稅、營業稅及推廣貿易服費後，由高雄港運送至量販業指定交貨之倉儲中心。

　　然而在此種供貨模式下，卻衍生出下列問題與困擾，亟待 A 公司解決：

(1) 自用倉庫的租金及倉儲人事成本居高不下，曾經發生過失竊及火警損失慘重，貨物安全與倉儲管理堪慮。

(2) 10% 進口關稅及 5% 加值型營業稅必須在貨物進口地（高雄港）一次繳納，負擔沉重，不利營運資金週轉及調度。

(3) 越南工廠生產之雨刷產品常有包裝不良或破損情形，造成量販業者的報怨，影響商譽。

　　對此本個案擬以物流中心境內關外機制進行下列相關進口物流作業模式的評估，如圖 10.9 所示。

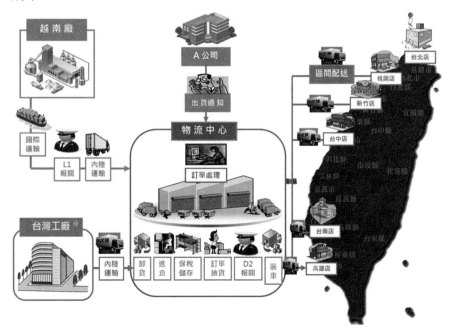

圖 10.9　A 公司汽車零配件配銷商進口物流作業

歸納 A 公司由現行自有倉庫移轉至物流中心作為發貨中心,可獲得的營運利基如下:

1. 藉由租用國際物流中心公用倉庫及委託進行倉儲作業與管理,可有效降低倉儲租金與人事成本,同時兼顧貨物安全。

2. 由越南工廠直接安排海運,以 L1 報單申報國外貨物保稅進儲物流中心,暫時免徵關稅、貨物稅、營業稅。在 A 公司接收到量販業的訂單,僅就此訂單的批量,正式申報 D2 報單,於繳納相關稅費,包含 10% 進口關稅、貨物稅、營業稅後配送至量販業指定交貨之倉儲中心。其餘的存放於物流中心的庫存,依舊維持保稅狀態,有效解決營運資金週轉與調度的問題。

3. 於國際物流中心訂單撿貨時,進行必要的品質檢驗,如有包裝不良或破損情形,立即更換包裝,維持出貨品質與商譽。

二、進口原物料與半製成品物流作業

　　所謂進口原物料與半製成品物流是指從國外進口原料或半製成品,以提供臺灣製造商生產產品在臺灣銷售或出口,所涉及運輸、倉儲等物流作業活動。如圖 10.10 所示,依作業流程、通關流程及營運利基,分述如下:

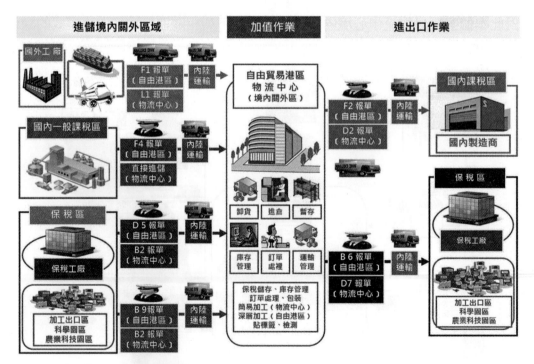

圖 10.10　進口原物料與半製成品物流作業模式

（一）進口原物料與半製成品物流作業流程

1. 進儲自由貿易港區或國際物流中心

供應商將成品、半成品、關鍵零組件由國外、一般課稅區廠商、保稅區（包含保稅倉庫、保稅工廠、加工出口區、科學工業園區）等地區進儲或移運至終端客戶附近之國際物流中心或自由港區事業作為發貨中心。

2. 加值作業

進行相關物流作業包含保稅儲存、庫存管理、訂單處理、簡易或深層加工、貼標籤、檢測、包裝等物流加值作業。

3. 進出口作業

供應商在獲得製造訂單後，在完成相關通關作業後，配送至臺灣製造商，包含一般課稅區廠商與保稅倉庫、保稅工廠、加工出口區、科學工業園區。

（二）進口原物料與半製成品貨物通關流程

通關流程主要分為兩個階段，分別向海關申報貨物通關與查驗。第一階段為貨物進儲自由貿易港區與國際物流中心通關流程，如表 10.3 所示，來源主要為國外、臺灣課稅區或是保稅倉庫、保稅工廠及加工出口區及科學工業園區輸入。

表 10.3　原物料與半製成品貨物進入自由貿易港區與國際物流中心通關流程

比較 貨物來源	自由貿易港區			國際物流中心		
	報單種類	逐筆申報或按月彙報	申報方式	報單種類	逐筆申報或按月彙報	申報方式
國外貨物輸入	F1報單	逐筆申報	向自由港區事業所在地海關申報進儲。	L1報單	逐筆申報	物流中心應填具申請書表，以電腦連線向海關申報，經海關電腦紀錄有案，始得進儲。
課稅區貨物輸入	F4報單	逐筆申報	由貨物輸出人向買方自由港區事業所在地海關申報。	—	免向海關申報	由課稅區運入者，由物流中心填具「臺灣貨物進（出）單」，並登錄電腦後進儲，免向海關申報。

比較 貨物 來源	自由貿易港區			國際物流中心		
	報單 種類	逐筆申報 或 按月彙報	申報方式	報單 種類	逐筆申報 或 按月彙報	申報方式
保稅工廠輸入	D5 報單	按月彙報	由貨物輸出人向買方自由港區事業所在地海關申報。	B2 報單	按月彙報	由物流中心與保稅區業者聯名填具相關申請書表，向原保稅區監管海關申報，經完成通關後進儲。
加工出口區及科學工業園區輸入	B9 報單	按月彙報	由貨物輸出人向買方自由港區事業所在地海關申報。	B2 報單	按月彙報	同上

第二階段為貨物由自由貿易港區與國際物流中心輸往至臺灣相關生產製造區域之通關流程，如表10.4所示，包含臺灣課稅區及特定保稅區；包含保稅倉庫或物流中心、保稅工廠、加工出口區、科學工業園區或農業科技園區。輸往臺灣課稅區的貨物，必須繳納完進口關稅、貨物稅、營業稅及相關稅費，貨物放行後輸入。

表 10.4 自由貿易港區與國際物流中心原物料與半製成品貨物輸往課稅區與保稅區通關流程

比較 輸出 區域	自由貿易港區			國際物流中心		
	報單 種類	逐筆申報 或 按月彙報	申報方式	報單 種類	逐筆申報 或 按月彙報	申報方式
輸往課稅區	F2 報單	逐筆申報 或 按月彙報	由納稅義務人向賣方自由港區事業所在地海關申報。自由港區事業具有下列條件之一者得申請貨物輸往課稅區按月彙報： 1. 實際從事加工造業者。 2. 從事物流之自由港區事業，貨物運往其進儲時貨主或加工製造廠商者。	D2 報單	逐筆申報	由進口人填具申請書表，並檢具必備文件，由物流中心以電腦連線向海關申報，經完成通關後運出。

比較　　輸出區域	自由貿易港區			國際物流中心		
	報單種類	逐筆申報或按月彙報	申報方式	報單種類	逐筆申報或按月彙報	申報方式
輸往保稅工廠、加工出口區、科學工業園區或農業科技園區	B6報單	按月彙報	由納稅義務人，向賣方自由港區事業所在地海關申報	D7報單	按月彙報	同上

歸納業者利用自由貿易港區或國際物流中心進行原物料與半製成品貨物進行物流作業的利基如下：

1. 對於在臺灣無代理人或收貨人之外國企業，在尚未確知實際貨物買主前，可委託自由貿易港區事業或國際物流中心作為收貨人申報進儲。

2. 保稅貨物可儲存於自由貿易港區事業或國際物流中心，免徵關稅、貨物稅、營業稅、菸酒稅、菸品健康福利捐、推廣貿易服費。

3. 自由貿易港區或國際物流中心貨物輸往相關具有按月彙報資格保稅區（科學工業園區、加工出口區、保稅工廠等）之通關作業，一律免審免驗，可避免貨物通關查驗所造成不必要的毀損，有效提升通關效率，降低通關作業成本。

4. 貨物以保稅狀態於自由貿易港區事業或國際物流中心可進行相關簡易或深層加工，增加產品附加價值。

5. 降低國際運輸成本及改善交期不一的情形。

6. 避免貨物供應來源外洩及符合客戶少量多樣的需求。

（三）原物料與半製成品貨物物流作業個案說明

　　某 B 電子材料公司（以下簡稱 B 公司）為 12 吋晶圓 (Wafer) 重要供應商，目前北部發貨中心設立於國際物流中心，供應位於新竹科學園區內台積電、聯華電子、茂德及力晶半導體等晶圓廠。相關物流作業如圖 10.11 所示，晶圓製造工廠位於美國洛杉磯，B 電子材料公司委託航空貨運承攬業以空運的方式運送至桃園國際機場，再由第三方物流公司進行相關物流作業，B 公司在接到供應台積電、聯華電子等晶圓廠出貨通知後，必須於接單後 120 分鐘內送達，提供半導體業 JIT 及時供貨服務。

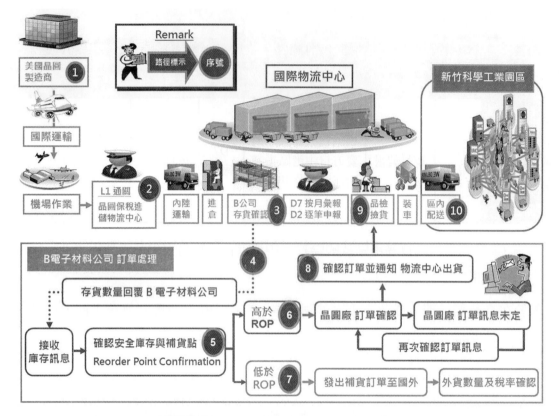

圖 10.11 B 電子材料公司進口物流作業模式

如圖 10.11 所示，B 電子材料公司進口物流作業說明如下：

1. 國際運輸

路徑 1 所示，B 電子材料公司委託航空貨運承攬業以空運的方式運送至桃園國際機場，在完成卸貨後移運至航空貨運倉儲暫存，等待 B 電子材料公司辦理通關與提貨作業，由報關行進行通關作業。

2. 進儲物流中心

路徑 2 所示，B 電子材料公司委託報關行進行通關與提領貨物作業，並指派內陸運輸公司將 12 吋晶圓移運至指定之物流中心入儲暫存，等候晶圓廠的訂單。

3. 存貨控管

(1) 路徑 3 所示，貨物進倉後立即進行統計存貨數量

(2) 路徑 4 所示，將存貨數量回覆至 B 電子材料公司。

(3) 路徑 5 所示，B 電子材料公司確認目前安全庫存量與訂購點。

(4) 路徑 6 所示，若安全庫存量高於再訂購點，暫時不向美國洛杉磯工廠發出補貨通知，並透過與各晶圓廠 ERP 資訊系統連線，確認晶圓廠之訂單訊息。

4. 補貨作業

路徑 7 所示，若安全庫存量低於再訂購點，立即向美國洛杉磯工廠發出補貨通知，交由指定航空貨運承攬業運送一定批量的晶圓至物流中心，以維持安全庫存量。

5. 訂單處理

路徑 8、9 所示，在確認晶圓廠訂單後，立即發出出貨通知國際物流中心，根據指定的批號與料號撿貨，並完成出貨前必要的品質檢驗。

6. 配送

路徑 10 所示，貨物出倉後交由指定的運輸公司進行即時配送，於接單後 120 分鐘內送達指定交貨之晶圓廠。

B 電子材料公司進口通關作業流程方面：

1. 輸入貨物至物流中心

貨物從國外輸入至物流中心要依物流中心貨物通關辦法，依 L1 報單逐筆申報，由物流中心填具申請書表，以電腦連線向海關申報，經海關電腦記錄有案，始得進儲。

2. 物流中心輸出貨物

貨物輸往科學工業園區依物流中心貨物通關辦法，依 D7 報單按月彙報，由物流中心及保稅區業者聯名填具申請書表，並檢具必備文件，由物流中心以電腦連線向海關申報，經完成通關及加封後運出。

B 電子材料公司運用國際物流中心進行供應商存貨管理作業之利基如下：

1. 簡單加工重整業務無須海關監視。
2. 輸至保稅區可按月彙報。
3. 保稅貨及課稅貨得合併存儲。
4. 貨物存放時間無限制。
5. 進出 24 小時作業倉作業時間。
6. 委外檢驗、測試、重整或簡單加工作業代理供應商可向海關申請，貨物以保稅狀態至保稅區或課稅區進行委外加工。
7. 代理供應商之貨物，保稅進儲物流中心或自由港區，可以代理供應商保稅貨物銷售至晶圓廠。

10-4　保稅商業模式－出口物流作業模式

　　就臺灣出口物流作業方式而言，可區分為臺灣不同地區貨物集併出口與海轉空聯運兩種物流作業模式。以下即以自由貿易港區與國際物流中心兩種「境內關外」機制，針對這兩種物流作業模式依其背景、作業流程、通關流程及提供企業營運之利基說明。

一、臺灣不同地區貨物集併出口

　　針對臺灣不同地區的出口商，企業可利用自由貿易港區或國際物流中心從事貨物併裝、重整、包裝、測試或檢驗後集併出口的業務，相較於利用傳統航空或海運貨櫃集散站之功能，經由國際機場或海港出口的方式，較具通關時效性、採購多樣化、貨物集併與加值的效益。

（一）臺灣不同地區貨物集併出口物流作業流程

　　貨物集併出口物流作業模式如圖 10.12 所示，一般非保稅區及保稅區（包含科學工業園區、加工出口區、保稅工廠及保稅倉庫），包含保稅貨品與非保稅貨品之不同品項之出口貨物，可透過自由貿易港區或國際物流中心從事包含改包裝、貼標籤、更換嘜頭、品質檢驗及併裝集運等簡易加工後，集中配送至國外客戶。

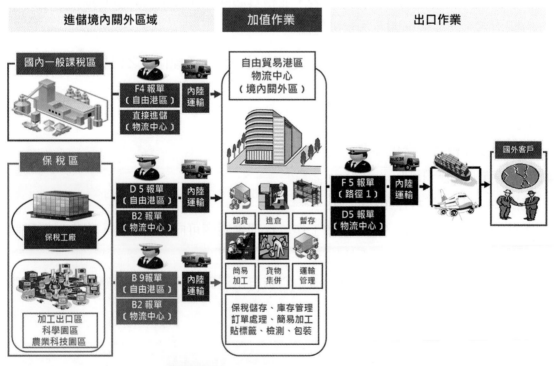

圖 10.12　貨物集併出口物流作業模式

（二）臺灣不同地區貨物集併出口通關流程

臺灣不同地區貨物集併出口通關流程主要分為兩個階段，分別向海關申報貨物通關與查驗。第一階段為貨物進儲自由貿易港區與國際物流中心，通關流程如表 10.5 所示，貨物來源主要為臺灣課稅區及特定保稅區；如保稅工廠、加工出口區及科學工業園區輸入。

第二階段為貨物由自由貿易港區與國際物流中心輸出至國外，通關流程如表 10.6 所示。

表 10.5　輸入貨物至自由貿易港區或國際物流中心集併出口通關流程

比較 輸入 來源	自由貿易港區			國際物流中心		
	報單 種類	逐筆申報 或 按月彙報	申報方式	報單 種類	逐筆申報 或 按月彙報	申報方式
課稅區 貨物輸入	F4 報單	逐筆申報	由貨物輸出人向買方自由港區事業所在地海關申報。	—	免向海關 申報	由課稅區運入者，由物流中心填具「臺灣貨物進（出）單」，並登錄電腦後進儲，免向海關申報。
保稅工廠 輸入	D5 報單	按月彙報	由貨物輸出人向買方自由港區事業所在地海關申報。	B2 報單	按月彙報	由物流中心與保稅區業者聯名填具相關申請書表，向原保稅區監管海關申報，經完成通關後進儲。
加工出口區及科學工業園區輸入	B9 報單	按月彙報	由貨物輸出人向買方自由港區事業所在地海關申報。	B2 報單	按月彙報	同上

表 10.6　自由貿易港區或國際物流中心貨物輸出至國外通關流程

比較 輸出 區域	自由貿易港區			國際物流中心		
	報單 種類	逐筆申報 或 按月彙報	申報方式	報單 種類	逐筆申報 或 按月彙報	申報方式
貨物輸出 至國外	F5 報單	逐筆申報	自由港區事業為貨主重整、物流、加工之貨物，得由該貨主於區內直接報運輸往國外。該等案件由該外銷廠商或貨主以 F5 報單報關。	D5 報單	逐筆申報	由物流中心或貨物持有人填具申請書表，由物流中心以電腦連線向海關申報，經完成通關後，准予出口。

　　歸納業者利用自由貿易港區與國際物流中心進行臺灣不同地區貨物集併出口的營運利基如下：

1. 採購貨物可多樣化，自臺灣不同地區，包含一般非保稅區及保稅區進行採購，符合客戶少量、多樣化之需求。

2. 在自由貿易港區或國際物流中心合併裝櫃後，集中出口至國外客戶端，改善交期不一的情形及簡化作業流程，降低國際運輸成本。

3. 貨物於自由貿易港區或國際物流中心進行相關簡易或深層加工作業，無須海關監視及繳交相關規費。

4. 經由改包裝、貼標籤等簡易加工，避免原產地貨物供應來源曝光，維持商業機密與合理利潤。

5. 經由自由貿易港區或國際物流中心輸出至國外之通關作業，貨物查驗比例較低，避免因等待貨物查驗與放行而延誤航班與交期，並可節省相關海關作業規費。

（三）臺灣不同地區集併出口物流作業個案說明

　　例如：某 C 貿易商成立於 1990 年，為一專業之汽車零配件貿易商，近日內接收到一南美洲客戶之訂單，採購項目包含 LED 車燈、儀表板、保險桿與鋁合金輪圈四項產品，四項產品臺灣的製造商分佈於台南縣市，分別為：

1. LED 車燈：台南科技工業園區（保稅工廠）
2. 儀表板：台南市安平工業區（一般課稅區工廠）
3. 保險桿：台南市和順工業區（一般課稅區工廠）
4. 鋁合金輪圈：台南縣永康工業區（一般課稅區工廠）

　　四項產品集中由臺灣集併出口至南美洲客戶，以避免交期不一與單一品項缺貨情形，本案例以國際物流中心作業模式與簡易加工機制進行下列相關出口物流作業模式的評估。貨物集併出口物流作業模式，如圖 10.13 所示：

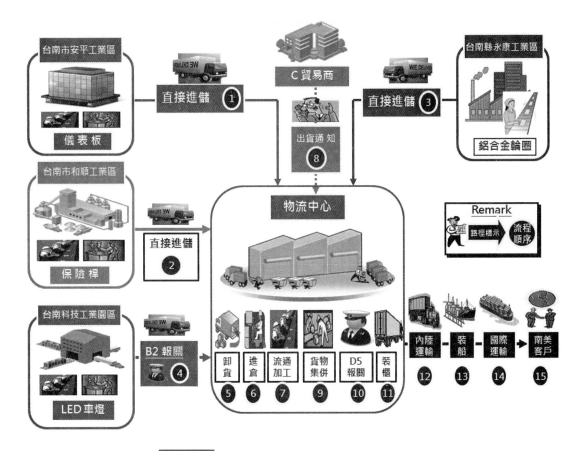

圖 10.13　C 貿易商貨物集併出口物流作業模式

1. C 貿易商向製造商採購之四項產品，其中儀表板、保險桿與鋁合金輪圈三項產品（非保稅品），分別由各製造商自行委託一般貨運公司，將產品運送至國際物流中心進儲，無須辦理報關。
2. LED 車燈製造商之保稅工廠移運至國際物流中心，須辦理 B2 報關。

3. C 貿易商為一般課稅區貿易商，不具備與保稅區交易的條件，因此 C 貿易商必須運用國際物流中心的保稅資格，將 LED 車燈的貨物所有權以保稅狀態由製造商移轉至 C 貿易商。

4. 四項產品在國際物流中心進行換包裝與貼標籤作業，以避免南美洲客戶得知產品實際製造來源，進而直接向製造商採購。

5. 完成 D5 出口報關放行後，在國際物流中心完成集併裝櫃，直接運送至高雄港裝船，完成貨物集併出口作業。

此種作業模式不僅可避免產品供應來源曝光至南美洲客戶，維持 C 貿易商之商業機密與合理利潤，同時改善交期不一的情形、簡化作業流程及降低海運成本，快速反應客戶即時需求，建立顧客關係。

二、海轉空聯運模式

臺灣處於亞太地區交通的輻輳中心，包括機場和港口，與亞洲各國之間的距離相近，至西太平洋七大城市的平均飛行時間為 2 小時 55 分。高雄港優越地理位置，航行至亞洲各主要港口之平均時間 53 小時。企業可利用保稅方式在加工出口區、科學工業園區、保稅工廠、保稅倉庫、物流中心從事加工、重整與倉儲等作業。台商企業在大陸生產的貨品，可利用臺灣港口轉運，提升其附加價值。由於相同產品在臺灣生產，相對於東南亞的產品在國際市場上消費者願意付較高的價格購買，此一國際市場上價格的優勢，加上台商為保留關鍵技術或訂單移轉，多願意把最後製程留在臺灣進行，對於低附加價值或需要大量低廉勞力的生產作業，則會移往東南亞生產。亞太產業垂直分工模式，可利用海空聯運模式來進行。

（一）海轉空聯運物流作業流程

海空聯運物流作業模式，如圖 10.14 所示，海運貨物經由海空運承攬業者由大陸廈門、福州或是其他東南亞國家運抵基隆或是高雄港，並委託報關業者向海關申報 L1 或 F1 報關，國外貨物保稅進儲國際物流中心或自由貿易港區的通關作業，待海關宣告貨物放行後，根據船公司指定的專用碼頭或貨櫃（物）集散場所辦理提領貨櫃或貨物，將貨櫃或貨物移運至國際物流中心或自由貿易港區卸貨進倉。從事包含改包裝、貼標籤、更換嘜頭、品質檢驗及併裝集運等簡易加工後，由海空運承攬業者委託報關行向海關申報 D5 或 F5 報關，貨物輸出至國外的通關作業，待海關宣告貨物放行後，隨即進行裝車（保稅車）或裝櫃（需加封海關封條）後，移運至國際機場等待裝機。

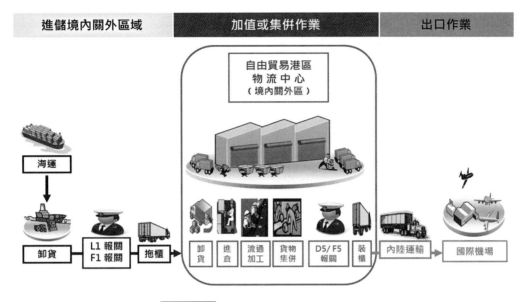

圖 10.14 海轉空聯運物流作業模式

（二）海轉空聯運通關流程

參考前節：貨物集併出口通關流程。歸納業者利用自由貿易港區與國際物流中心進行海轉空聯運物流作業營運利基如下：

1. 爭取出口貨物時效性

   大陸成為全球生產之世界工廠，對台商在大陸生產基地生產的外銷貨物運輸效率而言，出貨時程的縮短與可靠，是提升競爭力的重要方式之一，尤其對重視時效的高價值電子類貨品。

2. 提升臺灣航班的艙位利用率

   目前因大陸航權尚未全面開放，由於大陸至歐美國家的艙位與航班有限，等候艙位曠日費時，且相較於臺灣的空運費用高出很多。海空聯運作業模式可提升臺灣航空業貨源，增加航班的艙位利用率與利潤。

3. 通關便利

   海空聯運轉口貨物卸岸及進儲，如為海運貨物，其船長或由其委託之船舶所屬業者應依照「進口船舶申領普通卸貨准單與特別准單程序」之規定申領准單憑以卸貨及進儲，並依海關管理進口貨物（櫃）之規定及准單所示負責將貨物安全迅速運達海關指定地點。故使用 T6 方式通關，必須請船公司申領准單予報關行作業。一般而言，自由貿易港區或國際物流中心之通關作業貨物查驗比例相對於 T6 通關作業之通關作業為低，可避免因等待貨物查驗與放行而延誤航班與交期，並可節省相關海關作業規費。

4. 提升產品附加價值

前段經由海運由大陸或東南亞地區運送至自由貿易港區或國際物流中心，進行改包裝、貼標籤、組裝、檢驗等簡易加工流程，不僅增加產品的附加價值，而且後段經由空運輸往歐美國家的裝貨地點為臺灣，可以避免原產地貨物供應來源曝光，維持商業機密與合理利潤。

（三）海轉空聯運模式物流作業個案說明

　　某 D 國際貨運承攬業成立於 2001 年，提供全球進出口、海運 / 空運、三角貿易、快遞等國際運輸承攬業務，為服務前往越南設置生產基地的台商，於首都胡志明市設有銷售據點。因應台商由越南出口至美國的空運需求，D 國際貨運承攬業向航空公司洽談運費與艙位，承攬越南台商由越南運往美國的空運出口貨，遭遇下列問題。

1. 由越南飛往美國的艙位與航班有限，等候艙位曠日費時，且相較於臺灣的空運費用高出很多。

2. 如果以一般 T6 海空聯運轉口模式，除了必須請船公司申領准單予報關行作業外。一般而言，從東南亞來的貨物，使用 T6 海空聯運轉口模式的驗關比率高達 90%，常因等待貨物查驗與放行而延誤航班與交期。

3. 有些越南台商的美國客戶訂單，同時包含臺灣母廠生產與越南工廠生產的產品，以目前各生產據點分批出貨之模式，勢必造成交期不一與缺貨情形。因此須將臺灣母廠與越南工廠生產的產品，在臺灣集併後出口至美國客戶。

　　本案例以國際物流中心作業模式進行海空聯運轉口模式的評估，如圖 10.15 所示。

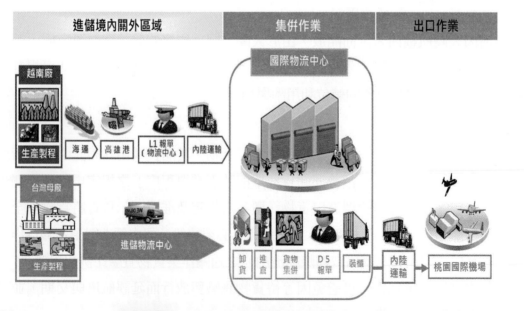

　　圖 10.15　D 國際貨運承攬業海空聯運轉口模式

(1) D 國際貨運承攬業於越南將貨物進儲國際物流中心作業

D 國際貨運承攬業於越南承攬台商出口至美國的貨物，選擇適當船期，直接安排海運，以 L1 報單申報國外貨物以保稅狀態進儲國際物流中心，暫時免徵關稅、貨物稅、營業稅。

(2) 台商於臺灣母廠作業

自行委託一般貨運公司，將產品運送至國際物流中心進儲，無須辦理報關。

(3) 國際物流中心作業

D 國際貨運承攬業，分別將越南空運出口貨物與台商於臺灣母廠的貨物，在國際物流中心進行併裝作業。

(4) 國際物流中心出口作業

完成 D5 出口報關放行後，選擇適當的航空公司與航班，直接運送至桃園國際機場裝機，完成出口作業。

此種作業模式不僅避免因等待貨物查驗與放行而延誤航班與交期，並可集併台商越南工廠與臺灣母廠的貨物，同時利用臺灣較多航班的艙位，爭取貨物出口時效性。

10-5　保稅商業模式－轉口物流作業模式

近年來，隨著國際分工及企業全球化的發展，國際企業依據比較利益原則在不同的國家生產不同零組配件，再匯集至某一國度的轉運中心內從事組裝工作，以利日後再輸往他國或本國銷售。由歐、美、日輸入關鍵零組件，以及由亞太地區輸入原料、零配件或半成品，在臺灣從事加工、製造、最後再轉運行銷世界各國。企業如能將臺灣、東南亞、大陸等地區之半成品，透過國際物流中心或自由貿易港區從事加值活動，如組裝、貼標籤、檢測、包裝等簡易加工，或生產及製造之深層加工，可提升產品之附加價值及利潤。以下將轉口加值型物流作業區分為在國際物流中心進行簡單加工再轉運出口物流作業模式及在自由貿易港區進行深層加工再轉運出口兩種作業模式，分述如下：

一、在國際物流中心進行簡易加工再轉運出口物流作業模式

如圖 10.16 所示，企業可自國外、臺灣一般課稅區、相關保稅區包含加工出口區、科學工業園區及保稅工廠採購相關原物料、半成品及成品以保稅狀態於國際物流中心進行下列相關作業：

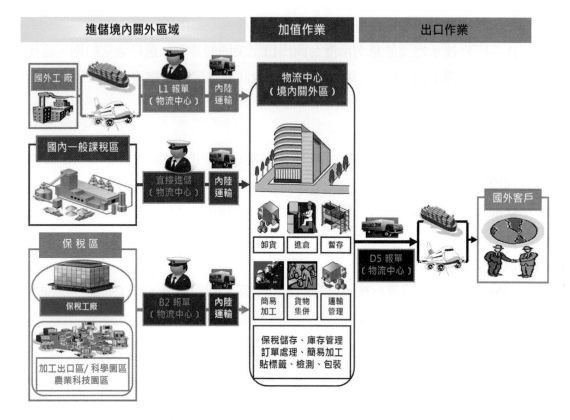

圖 10.16　物流中心進行簡單加工再轉運出口物流作業模式

（一）簡易加工

在收貨人不要求提示產地證明的前提下，企業可於國際物流中心進行重整、裝箱、併櫃、簡易流通加工等作業，貼上臺灣組裝標籤 Assembly in Taiwan，再轉運出口至國外，提升產品附加價值。

（二）簡單加工再轉運出口通關流程

簡易加工再轉運出口物流作業模式主要分為兩個階段，分別向海關申報貨物通關與查驗。第一階段為貨物進儲國際物流中心，通關流程如表 10.7 所示，貨物來源主要為國外、臺灣課稅區及特定保稅區；如保稅工廠、加工出口區及科學工業園區輸入。

表 10.7　國際物流中心進口物流作業通關流程

比較 輸入 來源	國際物流中心		
	報單種類	逐筆申報或按月彙報	申報方式
國外貨物 輸入	L1 報單	逐筆申報	物流中心應填具申請書表，以電腦連線向海關申報，經海關電腦紀錄有案，始得進儲。
課稅區貨 物輸入	－	免向海關申報	由課稅區運入者，由物流中心填具「臺灣貨物進（出）單」，並登錄電腦後進儲，免向海關申報。
保稅工廠 輸入	B2 報單	按月彙報	由物流中心與保稅區業者聯名填具相關申請書表，向原保稅區監管海關申報，經完成通關後進儲。
加工出口 區及科學 工業園區 輸入	B2 報單	按月彙報	同上

參考資料：[10]、[11]

第二階段為貨物由國際物流中心輸出至國外，通關流程如表 10.8 所示。

表 10.8　國際物流中心貨物出口通關流程

比較 輸出 區域	國際物流中心		
	報單種類	逐筆申報或按月彙報	申報方式
貨物輸出 到國外	D5 報單	逐筆申報	由物流中心或貨物持有人填具申請書表，由物流中心以電腦連線向海關申報，經完成通關後，准予出口。

參考資料：[10]、[11]

業者利用國際物流中心進行簡單加工再轉運出口物流作業營運利基如下：

(1) 國外貨物、大陸「一般貨物」與「負面表列物」皆可進儲國際物流中心，從事簡易流通加工，貼上臺灣組裝標籤 Assembly in Taiwan 復運出口。

(2) 保稅貨物儲存於國際物流中心，免徵關稅、貨物稅、營業稅、推廣貿易服費。

(3) 符合客戶少量、多樣化之需求。

(4) 在國際物流中心合併裝櫃後，集中配送至客戶端，改善交期不一的情形、簡化作業流程及降低國際運輸成本。

(5) 企業可充分運用國際物流中心，進行國際垂直分工與全球運籌管理。

(6) 避免國外原產地貨物供應來源曝光，維持商業機密與合理利潤。

（三）國際物流中心簡易加工再轉運出口物流作業個案說明

E 貿易商為一家具貿易商，負責為美國知名家具通路商於亞洲採購相關家具用品，近日內接收到美國客戶之採購訂單，採購項目包含床墊、吊飾燈、櫥櫃與茶几四項產品。基於成本考量，櫥櫃向中國大陸的工廠採購，茶几向印尼的工廠採購。考量品質與技術等因素，床墊與吊飾燈則向臺灣工廠採購，臺灣外的工廠分佈如下：

1. 床墊：臺灣台南縣永康廠

2. 吊飾燈：臺灣高雄縣大寮廠

3. 櫥櫃：越南胡志明 (Ho Chi Minh) 廠

4. 茶几：印尼雅加達 (Jakarta) 廠

四項產品集中由臺灣集併出口至美國東岸紐約，根據過去的經驗與美國客戶對交易條件的要求，有下列問題必須克服；

1. 商業機密外洩

E 貿易商向越南工廠採購貨品，並由越南工廠直接出口至美國客戶時，過去曾有越南工廠蓄意曝光工廠來源地予美國客戶，將公司與產品簡介 (Direct Mail) 放入貨櫃中，美國客戶因此不透過 E 貿易商，而直接向越南工廠採購的情形，造成商業機密曝光產生無法彌補的利益損失。

2. 包裝不良

印尼工廠因成本考量，一向忽視對於貨物於裝卸與運送過程中，提供必要的保護及美觀，常因包裝作業的因陋就簡，造成貨物於裝卸與運送過程中受損，因此美國客戶抱怨不良品比率過高的情況時時常發生。

3. 交期不一與缺貨

越南工廠、印尼工廠與臺灣工廠生產之產品各自獨立，且為互補品，以目前各生產據點分批出貨之模式，勢必造成交期不一與缺貨情形，且不論是由臺灣、印尼或中國大陸運往美國東岸紐約的船期較長，影響美國紐約發貨中心之集貨與配銷作業之順暢性。

4. 信用狀 (L/C) 規定

E 貿易商美國客戶採用信用狀交易，明白規定對於裝運港 (Loading Port)、分批裝運 (Partial Shipment) 及轉運 (Transshipment) 的要求：

(1) Loading Port：TaiwanPort

(2) Partial Shipment： ☐ allowed　☒ not allowed

(3) Transshipment： ☐ allowed　☒ not allowed

　　因此本案例以國際物流中心相關運籌機制，進行下列簡易加工再轉運出口模式的評估，如圖 10.17 所示。

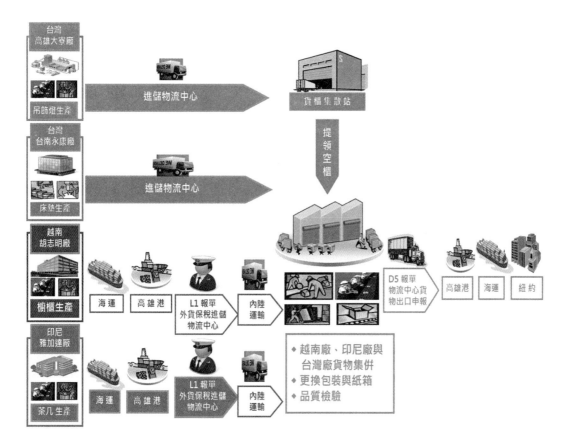

圖 10.17 E 貿易商國外貨物與臺灣貨物集併出口物流作業模式（物流中心作業模式）

1. 越南與印尼工廠貨物進儲國際物流中心作業

   在接到美國客戶的訂單後，櫥櫃與茶几兩項產品分別由越南與印尼的工廠，選擇適當的船期，直接安排海運，以 L1 報單申報國外貨物以保稅狀態進儲物流中心，暫時免徵關稅、貨物稅、營業稅。

2. 臺灣工廠作業

   吊飾燈與櫥櫃兩項產品（非保稅品），分別由各製造商自行委託一般貨運公司，將產品運送至國際物流中心進儲，無須辦理報關。

3. 國際物流中心簡易加工作業

   在美國收貨人不要求提示產地證明的前提下，將越南與印尼工廠出口的兩項產品（櫥櫃與茶几）在國際物流中心進行品質檢驗、改換包裝與貼標籤等簡易加工作業，以避免美國客戶得知產品實際製造來源，進而直接向製造商採購，並同時改善貨物包裝不良的問題。

4. 國際物流中心集併出口作業

   完成 D5 出口報關放行後，在國際物流中心完成集併裝櫃，選擇適當的船期，直接運送至高雄港裝船，完成貨物集併出口作業。

   此種作業模式不僅可避免產品供應來源曝光至美國客戶，維持 E 貿易商之商業機密與合理利潤，同時改善交期不一的情形、遵守信用狀 (L/C) 之交易條件，同時進行品質檢測、全盤掌控整體進貨與出貨狀態，快速反應客戶即時需求，建立顧客關係。

二、在自由貿易港區進行深層加工再轉運出口物流作業模式

   自由貿易港區事業可自國外、臺灣一般課稅區、相關保稅區包含加工出口區、科學工業園區及保稅工廠採購相關原物料、半成品及成品以保稅狀態於自由貿易港區事業進行下列相關作業，如圖 10.18 所示。

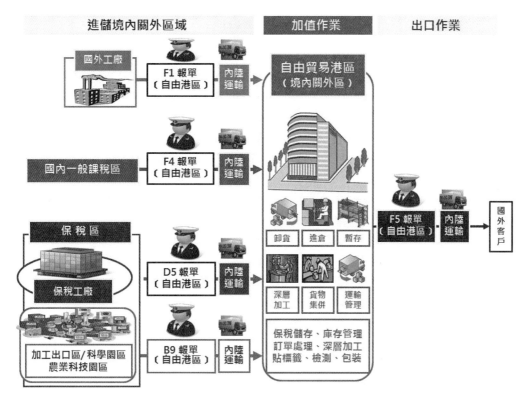

圖 10.18 深層加工再轉運出口物流作業模式（自由貿易港區物流作業模式）

（一）深層加工

在自由貿易港區內廠商除可從事國際物流中心物流作業簡易加工外，也可從國外進口原物料、半成品、成品在自由貿易港區從事製造及深層加工（加工比例超過原本價值 35% 以上），使原貨品實質轉型，則可獲得臺灣當地產地證明，再轉運出口至國外。根據物流中心貨物通關作業辦法第二十六條規定；物流中心貨物之重整或簡單加工以貨物在流通過程所必需者為限，不得以大型複雜機器設備從事加工，物流中心之貨物於物流中心內重整或簡單加工，應於重整及加工專用倉區辦理。

另一方面，就深層加工比例的認定部分，根據原產地證明書管理辦法第四條規定；原產地證明書管理辦法第四條針對貨物實質轉型之認定如下：

1. 原材料經加工或製造後所產生之貨品與其原材料歸屬之我國海關進口稅則前六位碼號列相異者。

2. 貨品之加工或製造雖未造成前款所述號列改變，但已完成重要製程或附加價值率超過百分之三十五者。前項附加價值率之計算公式如下：

$$貨品出口價格\,(F.O.B.)\,－直、間接進口原材料及零件價格\,(C.I.F.)$$

$$＝貨品出口價格\,(F.O.B.)$$

而從事下列之作業者，不得認定為實質轉型作業：

(1) 運送或儲存期間所必要之保存作業。

(2) 貨品為銷售或為裝運所為之分類、分級、分裝或包裝等作業。

(3) 貨品之組合或混合作業，未使組合後或混合後之貨品與被組合或混合貨品之特性造成重大差異。

(4) 簡單之裝配作業。

(5) 簡單之稀釋作業而未改變其性質者。

（二）通關流程

深層加工再轉運出口物流作業模式主要分為兩個階段，分別向海關申報貨物通關與查驗。第一階段為貨物進儲自由貿易港區，通關流程如表 10.9 所示，貨物來源主要為國外、臺灣課稅區及特定保稅區，如保稅工廠、加工出口區及科學工業園區輸入。

表 10.9　國外貨物進儲自由貿易港區通關流程

比較 輸入 來源	自由貿易港區		
	報單種類	逐筆申報或按月彙報	申報方式
國外貨物 輸入	F1 報單	逐筆申報	向自由港區事業所在地海關申報進儲。
課稅區貨 物輸入	F4 報單	逐筆申報	由貨物輸出人向買方自由港區事業所在地海關申報。
保稅工廠 輸入	D5 報單	按月彙報	由貨物輸出人向買方自由港區事業所在地海關申報。
加工出口 區及科學 工業園區 輸入	B9 報單	按月彙報	由貨物輸出人向買方自由港區事業所在地海關申報。

1. 第二階段為貨物由自由貿易港區輸出至國外，通關流程如表 10.10 所示。

表 10.10 自由貿易港區貨物出口通關流程

比較 輸入 來源	自由貿易港區		
	報單種類	逐筆申報或按月彙報	申報方式
貨物輸出 至國外	F5 報單	逐筆申報	自由港區事業為貨主重整、物流、加工之貨物，得由該貨主於區內直接運輸往國外。該等案件由該外銷廠商或貨主以 F5 報單報關。

2. 歸納業者利用自由貿易港區進行深層加工再轉運出口作業營運利基如下：

(1) 國外貨物、大陸「一般貨物」與「負面表列物」皆可進儲自由貿易港區，從事簡易流通加工，貼上臺灣組裝標籤 Assembly in Taiwan 復運出口。

(2) 自由貿易港區事業自臺灣課稅區或保稅區採購相關供營運之貨物，其營業稅率為零，因此賣方（臺灣一般課稅區）開立零稅率發票予買方（自由貿易港區事業）。

(3) 保稅貨物可儲存於自由貿易港區事業，免徵關稅、貨物稅、營業稅、菸酒稅、菸品健康福利捐、推廣貿易服費。

(4) 符合客戶少量、多樣化之需求。

(5) 在自由貿易港區事業合併裝櫃後，集中配送至客戶端，除了可改善交期不一的情形，並簡化作業流程及降低海運成本。

(6) 自由貿易港區事業，可從事製造及組裝之深層加工（加工比例超過 35%），使原貨品實質轉型，改變原產地，可獲得臺灣產地證明 (Made in Taiwan)，增加產品附加價值。

(7) 放寬外勞雇用比例，凡為區內廠商皆可申請外籍勞工 40% 比例。

(8) 企業可充分運用自由貿易港區，進行全球運籌管理。

(9) 避免國外原產地貨物供應來源曝光，維持商業機密。

3. 深層加工再轉運出口物流作業個案說明

某 F 公司成立於 1982 年，為一專業之汽車車燈製造廠商。目前生產據點分佈臺灣、印尼、越南為主。產品行銷歐、美加等七十餘國。目前之運籌模式為臺灣、印尼及越南生產之產品，分別出貨至美國洛杉磯發貨中心，再經由洛杉磯發貨中心統籌安排出貨至美國其他分處，然而美國客戶對於此供貨模式提出下列質疑：

(1) 印尼、越南生產據點不論是產能與良率尚未達到穩定，終端客戶抱怨缺貨與不良品比率過高的情況。

(2) 各生產據點包含臺灣、印尼及越南生產之產品各自獨立，且為互補品，以目前各生產據點分批出貨之模式，勢必造成交期不一與缺貨情形，影響美國洛杉磯發貨中心之集貨與配銷作業之順暢性。

因此美國客戶要求 F 公司必須以臺灣原廠之產品供貨，以符合品質要求，美國客戶改變與 F 公司之貿易條件如下：

(1) F 公司必須提示臺灣原產地證明及產品標示 MADE IN TAIWAN。

(2) 所有產品集中由臺灣出口，避免交期不一與單一品項缺貨情形。為因應客戶要求所造成生產與物流成本大幅增加的困境，擬以自由貿易港區境內關外與深層加工機制進行下列相關物流作業模式的評估。

如圖 10.19 所示，F 公司申請進駐自由貿易港區，並將部分深層加工機器設備由課稅區工廠移運入區，設置生產線，雇用適當比例之外勞以降低生產成本。國外部分則委託航商或海運承攬業，自印尼、越南生產據點的半成品以保稅狀態進口貨櫃於自由貿易港區事業進行深層加工作業，可有效解決產能與良率不穩定的情形，同時使原貨品實質轉型（加工比例超過35%），獲得臺灣產地證明(Made in Taiwan)。另一方面，由臺灣保稅工廠採購關鍵零組件進行簡易加工後，最後將印尼、越南及臺灣產品，於自由貿易港事業合併裝櫃，轉運出口，集中配送至客戶端，避免交期不一與單一品項缺貨情形。以滿足 F 公司美國客戶對於品質與交期的要求。

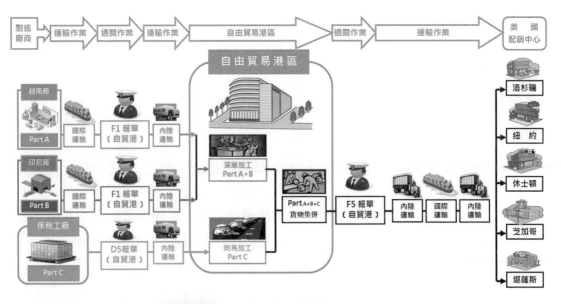

圖 10.19　F 公司多國籍併貨物流作業模式

近年來，臺灣企業基於成本的考量，在不同的國家依據比較利益原則生產不同零組配件，再匯集在某一國度的轉運中心內從事組裝工作，以利他日再輸往他國或本國銷售。或是由歐、美、日輸入關鍵零組件，以及由亞太地區輸入原料、零配件、成品或半成品，在臺灣從事加工、製造、最後再轉運行銷世界各國。透過上述兩種作業模式，廠商可從產品設計及研發、採購、製造及組裝、運輸與倉儲（含存貨管理）、市場行銷、顧客服務、後勤補給、供應商等做整體管理及運作，避免產品因運輸或儲存的過程，造成產品價值因產品生命週期結束而逐漸降低，以快速回應市場的變化及顧客的需求，降低經營成本、庫存壓力與營運風險。

　　二十一世紀為企業經營無國界的時代，經濟的全面自由化使資金、貨品、技術、服務及人才在國際間可以來去自如，這種局面改變了全球產業的競爭結構。現今，企業間的競爭已演變為供應鏈對供應鏈的競爭，為了建立以供應鏈管理為軸心的經營體系，企業的首要之務在於建立優質且有彈性的物流系統並強化企業運籌整合—有效整合採購、生產、組裝、儲存、配送、售後服務及 IT 技術。

 參考文獻

1. 好好國際物流股份有限公司網站，http://www.yeslogistics.com，民國 110 年。

2. 江清榮，各類型保稅倉庫、物流中心之比較分析，財政部台北關稅局四十週年紀念特刊，財政部台北關稅局，80-87 頁，民國 98 年 6 月。

3. 行政院經濟建設委員會，我國自由貿易港區之規劃及相關國家作法研析報告書，民國 92 年。

4. 呂錦山、王翊和、楊清喬、林繼昌，國際物流與供應鏈管理 4 版，滄海書局，民國 108 年。

5. 林大傑、王翊和、張立言，我國國家運輸物流競爭力指標系統之建立，交通部運輸研究所，民國 102 年。

6. 法務部，自由貿易港區貨物通關管理辦法，全國法規資料庫，http://law.moj.gov.tw，民國 110 年。

7. 法務部，自由貿易港區通關作業手冊，全國法規資料庫，http:www.law.moj.gov.tw，民國 110 年。

8. 法務部，自由貿易港區設置管理條例，全國法規資料庫，http:law.moj.gov.tw，民國 110 年。

9. 法務部，物流中心貨物通關辦法，全國法規資料庫，http://law.moj.gov.tw，民國 110 年。

10. 法務部，物流中心業者實施自主管理作業手冊，全國法規資料庫網站 http:www.law.moj.gov.tw，民國 110 年。

11. 財政部關務署臺北關網站，http://taipei.customs.gov.tw，民國 110 年。

12. 經濟部國際貿易局，經貿資訊網，http: www.trade.gov.tw，民國 110 年。

13. 臺灣港務股份有限公司，網站：http://www.twport.com.tw

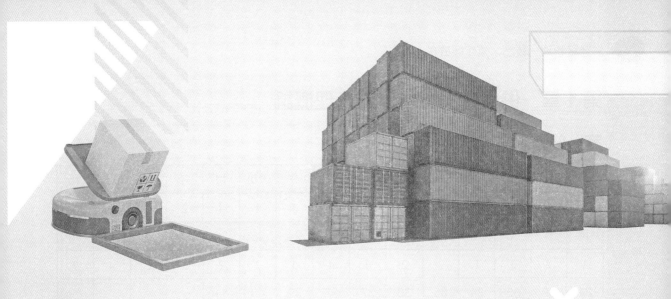

附錄

自我練習解答

第1章 供應鏈與全球運籌管理概論

第一部分：選擇題

1	2	3	4	5	6	7	8	9	10	11	12	13	14	15
2	1	2	3	4	3	3	4	3	1	4	2	3	4	4
16	17	18	19	20	21	22	23	24	25	26	27	28	29	30
1	2	3	1	2	2	4	4	3	2	2	3	2	4	3
31	32	33	34	35	36	37	38	39	40	41				
3	1	1	1	2	3	4	1	1	2	3				

第二部分：簡答題

1. (1) 市場的考量、(2) 技術的考量、(3) 成本的考量、(4) 經濟和政治層面的考量。

2. 為企業與其供應商、配銷中心與下游顧客為確保在最適當的時間，生產及配送最適當的產品至最適當的地點來滿足下游顧客與市場的需求，進而達到降低整體營運成本，及提昇供應鏈中所有成員競爭力的目標，所進行的資訊與流程整合。

3. 特色:將零組件模組化視為成品，接單後再依據客戶實際的需求進行模組的組裝，滿足客戶對於產品客製化 (Customization) 與及時 (Just in Time) 供應的需求。

4. (1) 倉儲管理能力、(2) 國際運輸管理能力、(3) 資訊管理能力。

5. 盡可能使產品保持在共同性、一般性及模組化 (Modularization) 的狀態下，直到客製化 (Customization) 需求確定時，再進行最後組裝或製造的程序，以降低需求不確定性及縮短生產的前置時間。

6. 依據訂單或企業所設定的銷售計畫目標，考量整體的供需狀況，進行生產計畫及供應的規劃，達成供給與需求的平衡；排程的規劃是以生產計畫為依據，擬定在特定時間內完成特定數量的產品，所以能有效發揮產能，縮短接單至出貨的時間。

7. 提供貨物集併、儲存、拆裝與流通加工的功能，且多數集中在經海關核准登記供儲存保稅貨物的保稅倉庫或國際物流中心，賦予相關租稅的優惠，並進行因國際物流必須之重整、貼標、改包裝、品質檢驗及流通加工，提升貨品的附加價值。

8. 有效進行市場需求預測、提升訂單處理的正確性、降低安全庫存、縮短接單到發貨的交期、合理安排運輸路線、提升車輛裝載率與利用率、貨況追蹤與庫存查詢、文件與單據無紙化、提升倉儲與撿貨作業的正確性等效益。

9. (1) 降低生產與運輸成本、縮短交期時間，快速回應市場變化與客戶需求。

   (2) 依據市場即時需求生產，將企業整體經營成本、庫存與風險降至最低。

   (3) 建構企業核心能力與競爭優勢，創造企業整體經營最大綜效。

10. (1) 多國籍企業、(2) 國際型企業、(3) 全球化企業、(4) 全球運籌型企業。

11. (1) 直接運送模式、(2) 當地補貨中心、(3) 海外組裝中心。

12. (1) 滿足本土市場需求：充分考量各地環境差異，彈性因應各地市場的特殊需求，運用全球資源力量來快速滿足當地的需求。

   (2) 全球資源整合與經營效率提升：將全球資源整合起來，以最有效率方式進行運作，以發揮企業整體綜效。

   (3) 全球知識分享與創新：將研發成果與技術知識在全球據點進行分享，並運用全球資源進行技術創新，以提升跨國企業在各市場的競爭力。

13. (1) 運送至客戶當地規劃中心。

   (2) 可視每日客戶訂單需求量，再由海外組裝中心安排運至客戶端。

第 2 章　供應鏈生產管理

第一部分：選擇題

1	2	3	4	5	6	7	8	9	10	11	12	13	14	15
1	2	3	2	1	2	3	4	4	1	1	4	2	3	1
16	17	18	19	20	21	22	23	24	25	26	27	28	29	30
3	3	1	1	4	4	1	3	1	4	3	1	3	4	4
31	32	33	34	35	36	37	38	39	40	41	42	43	44	45
3	1	2	3	4	4	2	1	4	1	2	2	2	4	2
46	47	48	49	50	51	52	53	54	55	56				
3	1	3	1	3	2	1	2	4	3	2				

第二部分：簡答題

1.　(1) 提供管理者使用資源之依據，避免發生資源閒置或過度負荷，進而降低生產成本。

　　(2) 透過銷售預測以使生產資源完成更適切的分配，除了滿足客戶需求，並實現銷售計畫。

　　(3) 在需求變動大或季節性的不穩定環境下，幫助提早完成產能分配。

　　(4) 製造資源不足時，幫助充分使用資源以獲得最大產出，或提出產能擴充計畫擴大獲利。

2.　(1) 產品存貨成本高昂、(2) 產品容易陳腐，故不能存貨太久、(3) 產品壽命周期太短，容易過時，故不宜堆積存貨。

3.　擬訂「產品」或「半成品」於「何時生產」及「生產多少數量」的規劃系統，其產出為「主生產排程」(MPS)。經過 MPS 的計算，可以得到提供訂單以外的「可允交貨量」(ATP)，讓銷售人員依據此可允交貨量，了解可以接受客戶額外與臨時訂單的時間與數量。

4.　優點是持有成本最低，沒有庫存壓力。缺點如下：

　　(1) 生產線的切換頻率高，容易產生較高的整備成本 (Setup Cost)。

　　(2) 每次訂購量不同，無法以批量訂購、以量制價的方式取得採購上的折扣優惠。

5. (1) 降低在製品庫存。

(2) 精確掌握主生產排程計畫產能需求與物料需求資訊。

(3) 有效控管生產前置時間。

6. (1) 生產效率 = 800 罐 / 900 罐 = 88.8%

(2) 產能利用率 = 800 罐 /1000 罐 = 80%

7. (1) 設備因素：包括維修工具是否齊全，數量是否足夠；位址因素，如維修點與收件門市的距離；環境因素，如維修環境的光線與通風。

(2) 產品與服務因素：如維修工程師負責維修的項目的多寡。

(3) 製程因素：包括維修的收、送件流程；維修問題的評估；與消費者溝通的流程。

(4) 人為因素：員工維修技術的提升、員工的工作滿意度、缺席率。

(5) 政策因素：工作時間是否需要調整、是否需要加班或採輪班制。

(6) 作業因素：料件的存貨決策，排程問題。

(7) 供應鏈因素：運輸與維修時間是否適配、維修收件門市的產能。

(8) 外部因素：政府的環保政策、工會的限制條款。

8. (1) 增加系統的產出、(2) 降低整體庫存水準、(3) 降低整體作業費用。

9. (1) 既有產線的產能擴充：

瓶頸製程加工速度提升（單位時間產出增加）。

瓶頸製程有效作業時間提升（減少故障與保養頻率、縮短修復時間與保養時間）。

瓶頸製程作業效率提升（自動化物流設備導入、快速模具更換系統導入）。

(2) 非既有產線的產能擴充：

關鍵製程外包給公司以外的產線進行生產。

增購關鍵製程的機台、擴編關鍵製程的人員、興建新生產線等。

10. 提高產能利用率、縮短生產週期時間、降低庫存水準、減少整備成本。

第 3 章　供應鏈存貨管理

第一部分：選擇題

1	2	3	4	5	6	7	8	9	10	11	12	13	14	15
3	2	2	1	2	4	2	2	4	3	4	1	2	2	3
16	17	18	19	20	21	22	23	24	25	26	27	28	29	30
3	1	4	2	4	3	3	3	1	4	4	2	3	4	2
31	32	33	34	35	36	37	38	39						
1	3	4	4	3	1	1	3	1						

第二部分：簡答題

1.　(1) 可滿足顧客的需求、(2) 降低訂購成本、(3) 減少缺貨成本、(4) 提升生產作業的穩定與彈性、(5) 提供原物料價格波動時的緩衝。

2.　(1) 遴選優良供應商、(2) 縮短前置時間、(3) 強化銷售預測能力、(4) 實施及時供應系統、(5) 採行經濟訂購量、(6) 確保存量記錄之正確性、(7) 降低物料品質不良率)。

3.　(1) 緩衝需求的不穩定性：避免需求預測不準確所造成的缺貨損失。

　　(2) 提升供應的穩定性：避免因供貨來源不可靠，如前置時間變動過大或是物料不良率太高，而造成的缺貨損失。

4.　(1) 前置時間與需求量、(2) 前置時間與需求量之變異、(3) 服務水準、(4) 前置時間。

5.　(1) 再訂購點係指存貨水準降至某預定數量時，進行一定數量的補貨。

　　(2) 安全存量、前置時間 (Lead Time)、平均物料消耗率、服務水準與缺貨風險。

6.　(1) 定期訂購：指按固定周期時間進行採購，每次採購量不同；定量訂購：指低於再訂購點時進行採購，採購數量一定但採購周期不固定。

　　(2) C 類商品建議採定期訂購，因為在資訊記錄與採購的執行上都較為容易。

7.　(1) 低於再訂購點 (Reorder Point) 時訂貨。

　　(2) 再訂購點 = 前置時間平均需求量 + 安全存量。

8.　(1) 確保物料供應穩定、(2) 合理控制庫存、(3) 成本與利潤的計算、(4) 避免物料耗損與呆料發生。

9. (1) 係指以固定的時間如一週或一個月，對倉庫存貨進行盤點，以瞭解實際庫存情形，並作為核算該期物料成本的依據及物料請購之參考。

(2) 成本計算：物料成本 = 期初存貨 + 本月進貨 − 期末存貨

10. 平均庫存金額 = (15 + 10) / 2 = 12.5 → 庫存周轉率 = (125 / 12.5) * 100% = 1000%

第 4 章　採購與供應管理

第一部分：選擇題

1	2	3	4	5	6	7	8	9	10	11	12	13	14	15
1	3	4	4	3	4	1	4	1	2	3	3	4	4	3
16	17	18	19	20	21	22	23	24	25	26	27	28	29	30
3	2	4	1	1	2	3	3	4	3	2	1	1	4	1
31	32	33	34	35	36	37	38	39	40	41	42	43	44	45
4	3	1	2	2	1	4	4	1	1	4	2	1	1	3
46	47	48												
3	1	3												

第二部分：簡答題

1. 供應商 (Supplier)、交期 (Delivery Time)、價格 (Price)、數量 (Quantity) 及品質 (Quality)。

2. (1) 商務出差費用、(2) 交貨前置時間、(3) 供應彈性、(4) 批量與配送頻率、(5) 供應品質、(6) 運輸與倉儲成本、(7) 付款條件、(8) 資訊協同能力、(9) 匯率、稅率及關稅、(10) 國貿條規、(11) 售後維修與服務。

3. 品質 (Quality)、成本 (Cost)、交期 (Delivery)、服務 (Service) 與彈性 (Flexibility)

4. (1) 產品特性：為高價值、高取得風險的產品項目。
   (2) 採購策略：建立彼此互信的聯盟關係、及整體供應鏈體系效益提升，以增進策略聯盟的價值，強化企業競爭優勢。

5. (1) 產品特性：為低價值、高取得風險的產品項目。
   (2) 採購策略：著重於風險管理，而非降低成本的議價或談判。

6. (1) 產品特性：為高價值、低取得風險的產品項目。
   (2) 採購策略：批量訂購，設定目標價格與供應商談判，及物流成本的持續改善。

7. 價格變動率、數量折扣、匯率、稅率及關稅、區域考量、法規限制。

8. 退貨百分比、TQM 觀念認知程度、測試設備的有效性、品質可靠度、檢驗證明、品質認證。

9. 逾期交貨率、訂單催交率、物流成本、數量達交率、交貨頻率、交期排程。

10. (1) 降低供應商接單的變化性。

   (2) 減少整備時間。

   (3) 提升生產線的瓶頸製程產能。

   (4) 降低運輸前置時間。

   (5) 及時供應採購。

   (6) 建立供應商存貨管理模式。

   (7) 降低行政作業時間。

11. (1) 提供不間斷的原物料服務的供應。

   (2) 安全庫存維持最低限度，但是生產線或通路無缺料、缺貨之虞。

   (3) 維持準時交貨及提高品質，確保良率無慮。

   (4) 依據市場需求，找尋或發展具有競爭力與潛力的供應商。

   (5) 在適當的條件，將所購原物料、設備機器與服務標準化。

   (6) 以 Total cost ownership(TOC) 為出發點，追求最低總成本獲得所需的資材和服務。

   (7) 在企業內部和其他職能部門間，建立和諧而有效率的夥伴關係。

   (8) 儘可能以最低管理成本實現採購目標與部門績效，同時兼顧社會責任。

   (9) 採購績效可提升提公司的企業競爭優勢。

第 5 章　供應鏈協同規劃與作業

第一部分：選擇題

1	2	3	4	5	6	7	8	9	10	11	12	13	14	15
3	3	4	1	4	1	2	3	3	4	1	2	1	4	4
16	17	18	19	20	21	22	23	24	25	26	27	28	29	30
3	1	3	2	4	2	2	4	1	2	3	2	3	3	4
31	32	33	34	35	36	37	38	39	40	41	42			
2	1	3	3	2	3	1	4	3	2	3	2			

第二部分：簡答題

1. 在複雜的供應鏈系統中，成員包括供應商、製造商、配銷商、零售商、消費端，因某端需求發生變異而產生波動，隨著供應鏈各階層資訊需求的傳遞被扭曲所造成的波動，其加乘效果傳到上游時造成劇大的變動。而供應鏈愈長，所形成的波動就愈大，此現象稱為長鞭效應。

2. (1) 降低產品價格的變動性。

   (2) 需求資訊共享。

   (3) 縮短 (Order To Delivery, OTD) 前置時間。

   (4) 彈性製造能力與先進規劃與排程。

   (5) 供應商存貨管理模式。

3. 以電子資料交換作為資訊交換與分享的媒介，並藉由瞭解供應鏈體系中合作夥伴間的需求預測、採購計畫、庫存策略及配銷計畫，提供企業進行市場需求預測、存貨管理與補貨機制的建立，同時透過發貨倉庫的功能，進行及時供貨模式，達到降低庫存、增加存貨週轉率、縮短運送前置時間及提升顧客服務的效益。

4. (1) 降低因預測不準確所產生的誤備材料成本。

   (2) 降低下游配銷商或零售商因缺貨而導致的銷售損失。

   (3) 降低平均存貨與資金積壓。

   (4) 強化供應鏈夥伴關係，提升協同規劃預測與補貨模式的效益。

   (5) 縮短採購前置時間與接單出貨時間，降低存貨風險。

   (6) 提升供應鏈接單彈性，快速回應市場變化。

5. (1) 信任關係的建立、(2) 知識管理的建構、(3) 快速回應市場、(4) 全球運籌管理。

6. 供應商的效益為增加預測與計畫的準確度、減少生產與庫存浪費、提高投資報酬率與提升客戶滿意度；對經銷商的效益為強化與製造商雙方合作關係、減少缺貨、增加銷售與提升消費者滿意度。

7. (1) 買方部分：

   資訊透明化，不易受供應商隱瞞或拱抬價格、減少員工舞弊。

   透過電子化交易平台，降低採購作業成本。

   小型採購商可加入，形成集體議價力量。

   了解合作供應商之競爭力，有助於尋找更具競爭力的優質供應商。

   (2) 供應商部分：

   結合其他供應商，提供更完善的服務給買方。

   可在公平環境中競爭，了解並改善自身競爭力。

   降低銷售成本。

   擴大市場接觸面，精確掌握市場需求。

8. 意涵：為協助企業與協力廠商的產品研發團隊，可以突破地理限制、系統與格式的差異，將產品研發的資訊與相關資源進行整合，使合作夥伴之間有效率的交換訊息與溝通，以減少錯誤或疏失，進而提升產品設計品質、降低製造成本、縮短上市時間。

   優點（列舉 3 項）：(1) 供應商與客戶提早參與、(2) 達成跨國與跨企業之協同設計作業模式、(3) 提升研發速度與品質、(4) 零組件的採購更有彈性、(5) 減少人員出差往返時間與成本、(6) 減少產品規格修正之次數、(7) 減少研發時間與成本、(8) 保存與傳承研發經驗。

9. 供應鏈上下游或平行的部分成員透過協商的方式，建立產銷資訊平台提供供應商、各生產基地與客戶間進行資料傳輸與交換，依據本身產能條件，調整彼此的生產計畫與排程，擬定出最佳的聯合生產計劃，提升整體供應鏈的營運效益。

10. (1) 在數量上，必須考量到儲運中心 (Hub) 的儲存空間與運輸能量。

    (2) 在時間方面，必須考量到產品的有效期限、安全存量、客戶要求的交期及運輸時間等因素。

    (3) 在空間方面，則必須考量到市場的涵蓋範圍，生產基地至儲運中心的距離，儲運中心至通路與客戶的距離等。

11. 供應鏈合作夥伴以資訊分享建立訂單、價格、品牌等管理流程共享的方式，共同執行產品的行銷與銷售的推動與合作，支持顧客對產品或服務的需求。

第 6 章　國際運輸

第一部分：選擇題

1	2	3	4	5	6	7	8	9	10	11	12	13	14	15
1	4	3	1	1	4	3	4	3	2	3	4	1	3	2
16	17	18	19	20	21	22	23	24	25	26	27	28	29	30
3	1	2	3	4	1	1	2	1	1	3	1	1	4	2
31	32	33	34	35	36	37	38	39	40	41	42	43	44	
4	1	4	3	1	2	4	2	1	3	4	3	3	4	

第二部分：問答題

1. (1) 具有堅固、密封的特點，可避免貨物在運輸途中受到損壞。

   (2) 具有單元負載 (Unit load) 特性，裝卸效率很高。

   (3) 適合於複合式聯運，責任劃分清楚。

2. 材數 = 40 cm×50 cm×60 cm / 28,317 = 4.2377 材數 (cuft)

   4.2377cuft×500 箱 = 2,119cuft / 35.315 = 60CBM

3. 貨櫃自遠東啓運，至美國太平洋港口卸下，再利用內陸運輸轉運至內陸城市的聯運方式。運輸時間較全程水路運輸服務 (All Water) 快，但運費較 All Water 昂貴。

4. 貨櫃船由遠東地區橫越太平洋如，繞道至巴拿馬運河，達美南之墨西哥灣，載至美國東岸之紐約港。運輸時間較迷你陸橋服務 (MLB) 慢，但運費較 MLB 節省。

5. 爲貨物由目的地經由兩種或以上之運輸工具（如船舶、拖車及鐵路），配合完整之輸配送系統運送至目的地，並提供單一載貨證卷，以明確規範運送人與貨主的權利與義務。

6. (1) 託運人直接與船舶運送業（以下簡稱船公司）或船務代理公司之託運方式。

   (2) 以海運承攬運送業（以下簡稱承攬業）爲主之託運方式。

   (3) 以報關行爲主之託運方式。

7. (1) 洽談運送條件、(2) 選定運送人與適當船期、(3) 提領空櫃、(4) 裝櫃、(5) 交運重櫃、(6) 出口通關手續、(7) 船邊裝船、(8) 簽發提單。

8. (1) 運送人到貨通知、(2) 換領提貨單 (D/O)、(3) 報關提貨。

9.　(1) 運送時間短與降低交貨成本、(2) 貨損率低、(3) 緊急供貨擴大商流。

10.　(1) 提高飛航安全、 (2) 提高貨載與燃油效率、(3) 降低作業成本、(4) 提高貨物保護性、(5) 提高航班準點率。

11.　(1) 空運提單影本、(2) 委任書一份（有申辦長期委任者免附）、(3) 商業發票、(4) 裝箱單、(5) 進口報單。

12.　檢查貨物數量是否相符，包裝是否完整，如有短損，應立即停止提貨，會同航空貨運站、承攬業及公證行開箱檢驗，照相存證，並取得短損證明，作爲日後索賠的依據。

第 7 章　倉儲作業與管理

第一部分：選擇題

1	2	3	4	5	6	7	8	9	10	11	12	13	14	15
2	1	4	2	2	4	3	1	2	3	4	4	1	4	2
16	17	18	19	20	21	22	23	24	25	26	27	28	29	30
3	4	4	1	3	2	2	3	3	2	1	2	3	3	3
31	32	33	34	35	36	37	38	39	40	41	42	43	44	45
4	4	2	1	4	3	3	4	4	4	2	2	3	3	3
46	47	48	49	50	51	52	53	54	55	56	57	58	59	60
4	1	1	1	2	1	3	1	2	3	3	1	3	3	2

第二部分：問答題

1. 縮短上、下游產業間的流程、時間與距離，增加產品的附加價值，滿足顧客對於產品快速回應的需求。

2. (1) 流程：針對進出頻率較高的貨物，在收貨後直接越過儲位存放區（不再入庫儲存），並移至出貨碼頭（暫存區）的作業。

   (2) 優點：消除庫存量、縮短貨物提前期、降低庫存成本、降低存貨風險、降低運輸費用、為企業贏得更多的利潤。

3. 確認訂單資訊→訂單資料處理→作業指派→會計與帳務處理

4. 立即拍照錄影存證，以便釐清作業疏失及保留理賠的證據，並立即通知客戶貨物目前的作業現況，是退貨或是移至暫存區待公證行或保險公司鑑定責任歸屬。

5. (1) 輕型料架總數＝ 600 ÷ (15 × 4) ＝ 10 組（輕型料架總數）

   (2) 若考量通道與作業空間占全部儲存面積的 30%，則實際儲存面積
   ＝ 10 組輕型料架 × (1.5 × 1.0) 平方公尺 × 1.3 ＝ 19.5 平方公尺

6.

優點	缺點
■ 訂單處理前置時間短，且作業簡單。 ■ 導入容易且彈性大。 ■ 作業員責任明確，派工容易、公平。 ■ 揀貨後不必再進行二次分類，適用於大量少品項訂單的處理。	■ 商品品項多時，揀貨行走距離增加，揀取效率降低。 ■ 揀取區域大時，搬運系統設計困難。 ■ 少量多次揀取時，造成揀貨路徑重複費時，效率降低。

7.

優點	缺點
■ 適合訂單數量龐大的系統。 ■ 可以縮短揀取時行走搬運的距離，增加單位時間的揀取量。 ■ 愈要求少量，多次數的配送，批量揀取就愈有效。	■ 對訂單的到來無法做及時的反應，必需等訂單達一定數量時才做一次處理，因此會有停滯的時間產生。

8. (1) 適合少量、多樣及多頻率的訂單、(2) 揀貨錯誤率低、(3) 揀貨效率高、(4) 有效調節揀貨人員工作負荷、(5) 符合人因工程，降低員工職業傷害。

9. 流通加工屬於可選擇性的附帶性服務，根據需要施加包裝、分割、組合包裝、貼標籤、掛吊牌、換中文標示及簡單裝配的作業總稱，其主要目的為提昇貨品一定程度的附加價值與滿足客製化需求。

10. 考量送貨地點、距離、路徑及收貨順序，由遠至近，依序將貨物以先進後出 (First In Last Out, FILO) 方式，搬運入車廂內裝載堆置，減少貨物運送至各個下貨點時，現場翻堆與失溫的風險。

第 8 章　貨物進出口通關作業

第一部分：選擇題

1	2	3	4	5	6	7	8	9	10	11	12	13	14	15
1	3	2	4	3	4	1	2	1	2	2	1	3	4	2

16	17	18	19	20	21	22	23	24	25	26	27	28	29	30
3	1	2	1	1	4	4	1	1	4	4	4	4	1	4

第二部分：簡答題

1. (1) 稽徵關稅、(2) 查緝走私、(3) 外銷品沖退稅、(4) 保稅業務、(5) 貿易統計、(6) 燈塔建管、(7) 代辦業務。

2. C1（免審免驗通關）、C2（文件審核通關）及 C3（貨物查驗通關）。

3. (1) 隨時收單、(2) 加速通關、(3) 線上掌握報關狀態、(4) 避免人為疏失、(5) 先放後稅、(6) 電腦通知放行、(7) 網路加值服務。

4. (1) 空運提單影本、(2) 委任書一份（有申辦長期委任者免附）、(3) 商業發票、(4) 裝箱單、(5) 進口報單。

5. (1) 線上扣繳、(2) 先放後稅、(3) 專款專戶、(4) 現金繳納。

6. 指未經海關徵稅放行之進口貨物、轉口貨物，在海關監視下的特定場所，儲存、加工或裝配、測試、整理、分割、分類，納稅義務人提供確實可靠之擔保品，允許由納稅義務人將貨物存放在海關易於控制監管方式下，暫時免除或延緩繳納義務。其關稅應否繳納，視貨物動向而定。如貨物就原狀或經加工後出口，則免徵關稅；如貨物進口，應繳納關稅。這種將未稅貨品置於海關監控之下，以免流入課稅區域之制度，稱為保稅制度。

7. (1) 彈性融通與調度營運資金、(2) 提升國際市場競爭力、(3) 吸引外資提升經濟發展、(4) 簡化通關程續有助業者營運。

8. 保稅倉庫、保稅工廠、加工出口區、科學園工業園區、農業科技園區物流中心、自由貿易港區。

9. (1) 免徵關稅、貨物稅、營業稅、商港建設費及貿易推廣費。

   (2) 在國內無代理人或收貨人之外國企業，在尚未確知實際貨物買主前，可委託物流中心作為收貨人申報進儲。

   (3) 保稅貨物進儲國際物流中心可無限期儲存。

   (4) 物流中心採自主式管理，貨物進行重整作業無須海關監視。

   (5) 輸至保稅區得按月彙報。

   (6) 保稅貨及課稅貨得合併存儲。

10. (1) 免徵關稅、貨物稅、營業稅等稅費。

    (2) 可從事簡易流通加工。

    (3) 可與國內課稅區之貨物，併裝復運出口。集中配送至客戶端，改善交期不一的情形、簡化作業流程及降低國際運輸成本。

11. 物流中心貨物輸往相關具有按月彙報資格保稅區之通關作業，一律免審免驗，不受海關上班時間的限制，可避免貨物通關查驗所造成的時間延遲，提升通關效率，支援產業 24 小時持續供貨，降低通關作業成本。

第9章　供應鏈資訊系統

第一部分：選擇題

1	2	3	4	5	6	7	8	9	10	11	12	13	14	15
4	2	1	1	2	2	1	3	3	1	4	1	3	3	2
16	17	18	19	20	21	22	23	24	25	26	27	28	29	30
1	3	1	2	2	3	2	4	4	2	4	2	4	4	2
31	32	33	34	35	36	37	38	39	40	41	42	43	44	45
1	3	1	3	4	4	3	1	4	4	4	4	3	3	1
46	47													
1	2													

第二部分：問答題

1. (1) 支援作業流程。

   (2) 促進資訊分享、交流及支援企業與供應商之協同合作。

   (3) 決策支援。

2. 依據訂單或企業所設定的銷售計劃目標，考慮整體的供需狀況，以生產計畫為依據，擬定在特定時間內完成特定數量的產品。APS 相關技術有預測與時間序列分析、最佳化技術和情境規劃。

3. MPS：規劃人員依據生產計畫而擬定，在特定時間內，完成特定數量之特定產品的一項預定生產排程；主排程規劃人員需要蒐集的資料包含銷售預測、客戶訂單、配銷點或經銷商訂單、售後服務性零件、安全庫存量等。

4. MPS 是輸入主生產排程的結果，並根據物料清單、存貨狀態及產能情況，規劃出某成品在主生產排程時所需各零組件的預定生產排程或採購計畫。

5. 縮短訂購前置時間，協助降低庫存量、改善庫存週轉率，維持庫存最適化、降低長鞭效應風險。

6. 降低發生長鞭效應的風險，為企業提升商品週轉率與營業成長、降低庫存、改善缺貨狀況、提升顧客服務水準、強化產品通路與市場佔有率，提升整體供應鏈成員的競爭優勢。

7. 貨況追蹤、貨物辨識與防盜、及時庫存數量確認、及時物料盤點、快速補貨

8. (1) 企業內部資訊資源（硬體、軟體等）的整合。

    (2) 提升企業快速反應能力。

    (3) 提升決策資訊的正確性。

    (4) 現行流程的自動化、合理化與再造。

    (5) 提升客戶的滿意度。

    (6) 提升全球運籌管理的能力。

9. (1) 倉儲管理系統 (WMS)、(2) 運輸管理系統 (TMS)、(3) 訂單管理系統 (OMS)。

10. 包含收貨、儲存、運送及倉庫自動化、報表等管理功能，其效益是提供貨品於倉庫流通的即時資訊，並利用這些資訊來達成儲位管理的最佳化、人力及設備的規劃與運用。

11. (1) 功能：支援從貨運規劃、車輛排程、運送到完成交貨的一系列流程，包括裝貨通知、日程安排、路線規劃、內部車隊調度或承運商選擇、承運商費率估算、車輛路線排程、共配運送、逆向物流管理、貨運追蹤及文件記錄等。

    (2) 效益：精確的運輸規劃，有效且靈活利用車隊以降低運輸成本，並提供追蹤及更新車輛中的存貨資訊，提升運輸服務品質。

12. (1) 掌握訂單的進展和完成情況。
    (2) 提升物流過程中的作業效率。
    (3) 縮短訂單處理時間與作業成本。
    (4) 提高訂單處理正確性與顧客滿意度。
    (5) 強化企業的市場競爭力。

13. 提升訂單處理的正確性、降低安全庫存、縮短接單到發貨的交期、合理安排運輸路線、提升車輛裝載率與利用率、貨況追蹤、即時庫存查詢、文件與單據無紙化、倉儲與揀貨作業的正確性等效益。

Note

Note

國家圖書館出版品預行編目資料

供應鏈管理－觀念、運作與實務 / 中華民國物流協會編著. – 三版. -- 新北市：全華圖書股份有限公司, 2021.05

面；　公分

ISBN 978-986-503-767-3(平裝)

1.供應鏈管理 2.物流管理

494.5　　　　　　　　　　　110007958

供應鏈管理－觀念、運作與實務(第三版)

作者 / 中華民國物流協會

發行人 / 陳本源

執行編輯 / 柯雯麗

封面設計 / 盧怡瑄

出版者 / 全華圖書股份有限公司

郵政帳號 / 0100836-1 號

印刷者 / 宏懋打字印刷股份有限公司

圖書編號 / 0825302

三版三刷 / 2024 年 03 月

定價 / 新台幣 550 元

ISBN / 978-986-503-767-3

全華圖書 / www.chwa.com.tw

全華網路書店 Open Tech / www.opentech.com.tw

若您對本書有任何問題，歡迎來信指導 book@chwa.com.tw

臺北總公司(北區營業處)
地址：23671 新北市土城區忠義路 21 號
電話：(02) 2262-5666
傳真：(02) 6637-3695、6637-3696

南區營業處
地址：80769 高雄市三民區應安街 12 號
電話：(07) 381-1377
傳真：(07) 862-5562

中區營業處
地址：40256 臺中市南區樹義一巷 26 號
電話：(04) 2261-8485
傳真：(04) 3600-9806(高中職)
　　　(04) 3601-8600(大專)

（請由此處撕下）

歡迎加入 **全華會員**

● 會員獨享

　會員享購書折扣、紅利積點、生日禮金、不定期優惠活動…等。

● 如何加入會員

　掃 QRcode 或填妥讀者回函卡直接傳真 (02) 2262-0900 或寄回，將由專人協助登入會員資料，待收到 E-MAIL 通知後即可成為會員。

如何購買 **全華書籍**

1. 網路購書

　全華網路書店「http://www.opentech.com.tw」，加入會員購書更便利，並享有紅利積點回饋等各式優惠。

2. 實體門市

　歡迎至全華門市（新北市土城區忠義路 21 號）或各大書局選購。

3. 來電訂購

(1) 訂購專線：(02) 2262-5666 轉 321-324
(2) 傳真專線：(02) 6637-3696
(3) 郵局劃撥（帳號：0100836-1　戶名：全華圖書股份有限公司）

※ 購書未滿 990 元者，酌收運費 80 元。

OpenTech 全華網路書店.com.tw

全華網路書店 www.opentech.com.tw
E-mail: service@chwa.com.tw

※ 本會員制如有變更則以最新修訂制度為準，造成不便請見諒。

讀者回函卡

掃 QRcode 線上填寫 ▶▶

姓名：

生日：西元＿＿＿＿年＿＿＿月＿＿＿日　性別：□男 □女

電話：（　　）　　　　　　手機：

e-mail：　　　　　　　　　　　　　　　　　（必填）

通訊處：□□□□□

學歷：□高中・職 □專科 □大學 □碩士 □博士

職業：□工程師 □教師 □學生 □軍・公 □其他

學校/公司：　　　　　　　　　　　　　　　科系/部門：

・需求書類：

□ A. 電子 □ B. 電機 □ C. 資訊 □ D. 機械 □ E. 汽車 □ F. 工管 □ G. 土木 □ H. 化工 □ I. 設計

□ J. 商管 □ K. 日文 □ L. 美容 □ M. 休閒 □ N. 餐飲 □ O. 其他

・本次購買圖書為：　　　　　　　　　　　　　　　　書號：

・您對本書的評價：

封面設計：□非常滿意 □滿意 □尚可 □需改善，請說明

內容表達：□非常滿意 □滿意 □尚可 □需改善，請說明

版面編排：□非常滿意 □滿意 □尚可 □需改善，請說明

印刷品質：□非常滿意 □滿意 □尚可 □需改善，請說明

書籍定價：□非常滿意 □滿意 □尚可 □需改善，請說明

整體評價：請說明

・您在何處購買本書？

□書局 □網路書店 □書展 □團購 □其他

・您購買本書的原因？（可複選）

□個人需要 □公司採購 □親友推薦 □老師指定用書 □其他

・您希望全華以何種方式提供出版訊息及特惠活動？

□電子報 □ DM □廣告（媒體名稱 　　　　　　　　 ）

・您是否上過全華網路書店？（www.opentech.com.tw）

□是 □否 您的建議

・您希望全華出版哪方面書籍？

・您希望全華加強哪些服務？

感謝您提供寶貴意見，全華將秉持服務的熱忱，出版更多好書，以饗讀者。

填寫日期：　　/　　/

2020.09 修訂

註：數字零，請用 Ф 表示，數字 1 與英文 L 請另註明並書寫端正，謝謝。

親愛的讀者：

感謝您對全華圖書的支持與愛護，雖然我們很慎重的處理每一本書，但恐仍有疏漏之處，若您發現本書有任何錯誤，請填寫於勘誤表內寄回，我們將於再版時修正，您的批評與指教是我們進步的原動力，謝謝！

全華圖書　敬上

勘誤表

書 號	頁 數	行 數	書 名	作 者
			錯誤或不當之詞句	建議修改之詞句

我有話要說：（其它之批評與建議，如封面、編排、內容、印刷品質等‧‧‧）

供應鏈管理專業認證－營運管理師

考試辦法

一、說明：

（一）證照名稱：供應鏈管理專業認證－營運管理師

（二）發證單位：中華民國物流協會

（三）代辦單位：宇柏資訊股份有限公司

二、考試辦法：

（一）考試對象：大專院校以上工商管學群相關系所學生，或對供應鏈管理有興趣之人士。

（二）考試時間：每年 1 月、5 月、6 月及 12 月舉行。

（2 月及 8 月統一舉辦個人及補考場次）

（三）考試地點：由發證單位於「中華民國物流協會證照推廣服務網」公告。

（四）命題方式：本教材第 1 ～ 5 章必考、第 6 ～ 9 章選考兩章、第 10 章不考。

（五）命題類型（必考章節）：選擇題 26 題（共 52 分）、簡答題 5 題（共 20 分）；共計 72 分。

命題類型（選考章節）：選擇題每章 5 題（二章共計 20 分）、簡答題每章 1 題（二章共計 8 分）；共計 28 分。

（選考章節請任選兩章節作答，如多寫其它章節之試題，因此導致無法判斷哪一章節為選考時，將以零分計算）

（六）考試方式：採筆試，共計 2 小時。

（含開放考生進場 20 分鐘、宣達考試規則 10 分鐘及筆試 90 分鐘）

（七）通過標準：考試成績滿分為 100 分，成績達（含）70 分者將頒予證書。

（八）報考費用：

1. 每人 NT$1,500 元。

2. 具備原住民身份及特殊身份者（含低收入戶與領有殘障手冊者），需於申請報名的同時上傳證明表件，每位 NT$1,200 元。

3. 重考生每人 NT$1,200 元。

4. 以上報考費用，依教材封面內頁下方優惠密碼報名考試，可立即享有 NT\$300 元折扣優惠一次，已使用過的優惠密碼不得再使用。（因應作業流程，完成繳費後，恕不受理後補優惠序號及 NT\$300 折扣退費申請；繳費前請確認繳納費用）

（九）報名方式：一律採線上報名，詳細報名方式及考試辦法說明請至「中華民國物流協會證照推廣服務網：http://www.talm.org.tw/certificate」查詢，准考證於考前一週至報名網站下載列印。

（十）繳費方式：請將報名費匯款至發證單位指定帳戶

銀行：華南商業銀行 懷生分行（銀行代號 008）

帳號：13110 - 0352263

戶名：「中華民國物流協會」

（十一）攜帶文件：應試當天請攜帶准考證及國民身份證、健保 IC 卡、駕照等附有照片之雙重證件進場。

（十二）監考人員：由發證單位安排監考人員到場監考。

（十三）榜單發佈：考試後一個月，由發證單位執行閱卷統計，並公告於「中華民國物流協會證照推廣服務網」。

三、考試其他相關說明：

（一）考試推薦用書：供應鏈管理－觀念、運作與實務，（全華圖書發行），本教材為中華民國物流協會『供應鏈管理專業認證－營運管理師』適用教材。

（二）成績複查：榜單公告後一週內可申請成績複查，複查工本費用 NT\$200 元。

（三）最新考試辦法說明及相關訊息，請以發證單位及「中華民國物流協會證照推廣服務網」公告為主，或電洽證照代辦單位：宇柏資訊股份有限公司 02-2523-1213#115~#116。

 中華民國物流協會
TAIWAN ASSOCIATION OF LOGISTICS MANAGEMENT
http://www.talm.org.tw

 宇柏資訊股份有限公司
UPLAS INFORMATION CORP.LTD
http://www.uplas.com.tw